LA CHASSE

AU FUSIL.

Ces Jeux, amis de la Jeunesse,
Du vice écartent les assauts :
Ils nourrissent la hardiesse ;
Ils out fait les premiers héros.

SAINT-GILLES.

LA CHASSE AU FUSIL,

OUVRAGE DIVISÉ EN DEUX PARTIES,

CONTENANT :

LA PREMIÈRE, des recherches sur les armes de trait usitées pour la chasse avant l'invention des armes à feu ; savoir l'Arc et l'Arbalète : un détail de tout ce qui concerne la fabrication des Canons de fusil, tant à Paris, et dans les différentes manufactures de France, qu'en Espagne ; avec les Marques des Canoniers de Paris : l'examen de plusieurs questions touchant la portée des canons, eu égard à leur longueur, à leur calibre, à la charge, etc. et quelques notions sommaires sur les autres parties du Fusil de chasse, avec des instructions pour parvenir à bien tirer.

LA SECONDE, les enseignemens et connoissances nécessaires pour chasser utilement les différentes espèces de gibier qui se trouvent en France ; la manière de dresser les chiens de plaine : les ruses dont on peut se servir pour approcher certains oiseaux ; et le détail de plusieurs Chasses particulières à quelques provinces, et peu connues ailleurs.

A PARIS,

DE L'IMPRIMERIE DE MONSIEUR ;

Et se vend

Chez THÉOPHILE BARROIS, Libraire, quai des Augustins, N°. 18.

M. DCC. LXXXVIII.

AVEC APPROBATION ET PRIVILÉGE DU ROI.

AVANT-PROPOS.

On a beaucoup écrit sur la Vénerie, c'est-à-dire, sur cette chasse savante, et en même temps bruyante et fastueuse, qui consiste à poursuivre les bêtes sauvages, et à les forcer avec des chiens courans ; plaisir dispendieux, et qui n'est réservé qu'aux princes, aux seigneurs et aux gens riches. Mais jusqu'à présent personne, du moins en France, n'a imaginé de traiter de la Chasse au fusil, cet amusement simple, peu dispendieux et sans appareil, qui fait à la campagne les délices de tant de gens de tout état, et est à la portée de tout le monde. Cette chasse, quoique moins savante que celle dont nous venons de parler, suppose néanmoins dans ceux qui y excellent certaines connoissances, dont l'ensemble rédigé en un corps de préceptes et d'instructions, peut former un ouvrage élémentaire, utile et agréable pour les chasseurs. C'est la tâche que je me suis proposé de remplir. Ce Traité sera divisé en deux parties : on trouvera dans la première, des recherches sur les anciennes armes de chasse qui ont précédé

l'invention des armes à feu , principalement sur l'Arbalète ; et ensuite un détail
de ce qui concerne la fabrication des
canons , leurs différentes espèces , leur
portée , etc. , toutes choses peu connues
de la plupart des chasseurs , ou sur lesquelles ils n'ont que de fausses idées.
Combien en rencontre-t-on , par exemple , qui s'imaginent qu'un canon de
fusil est foré dans un cylindre de fer
plein ? Cette partie , qui ne traite que des
instrumens de la chasse , n'est pas entièrement neuve : elle a déjà été publiée
en 1781, et réimprimée l'année suivante
sous le titre d'*Essai sur la Chasse au fusil.*
L'accueil que le public a fait à cet essai
m'a engagé à le retoucher et l'augmenter , et à en faire la première partie, et
comme l'introduction d'un traité plus
étendu sur le même sujet. J'ai rassemblé
dans la seconde partie, tant sur la Chasse
au fusil en général , que sur celle de
chaque espèce de gibier en particulier,
toutes les instructions qui m'ont paru
nécessaires , du moins autant que mes
connoissances en ce genre , fruit d'une
assez longue expérience , peuvent s'étendre. J'ai cru devoir joindre à chaque
article d'oiseau ou quadrupède , une
description succincte de sa forme , de

ses mœurs et habitudes, sans trop m'arrêter néanmoins à ceux qui sont connus
de tout le monde ; et dans la plupart
de ces descriptions, j'ai eu pour guide
l'immortel ouvrage de M. le Comte de
Buffon. Parmi les différentes chasses dont
je traite, il en est plusieurs qui sont
particulières à certaines provinces, et
pour lesquelles je me suis trouvé dans
le cas de recourir à des informations
sur les lieux mêmes ; ce qui a donné
lieu à une correspondance très-étendue
en diverses parties du royaume, dans laquelle j'ai apporté l'attention la plus scru-
puleuse pour me procurer des renseignemens exacts, et n'être point induit
en erreur.

Il m'a été facile de décrire toutes
les espèces de gibier qui se trouvent en
France ; mais il n'en est pas de même de
toutes les différentes manières de le
chasser au fusil ; et je ne doute point
qu'il n'en existe encore plusieurs, dont je
n'ai rien dit, faute d'en avoir eu connoissance ; mais il me suffit d'en avoir fait
connoître le plus grand nombre, et
je n'ai point prétendu à l'universalité.
Il est une autre omission qui a été vo-
lontaire de ma part ; c'est lorsqu'en trai-

tant de la chasse des quadrupèdes , je n'ai fait aucune mention du cerf ni du daim. A l'égard du cerf, tout le monde sait qu'il est sous la sauve-garde de l'ordonnance des chasses ; et pour ce qui est du daim, j'ai cru assez inutile d'en parler , vu qu'il ne se trouve guères en France que dans les parcs et forêts des maisons royales, qu'on a eu soin de peupler de ces animaux.

Personne en France, comme je l'ai déjà dit , n'a écrit sur le sujet que je traite, du moins *ex professo*; car on trouve quelques instructions concernant la Chasse au fusil, dans la *Maison Rustique*, les *Amusemens de la campagne* , le *Dictionnaire de chasse et de pêche* , le *Traité de vénerie et de chasse de M. Goury de Champgrand* , etc., mais si superficielles et si peu satisfaisantes, qu'on peut les compter pour rien.

Parmi les étrangers , je ne connois que trois auteurs qui se soient exercés sur ce sujet ; l'un espagnol , *Alonzo Martinez de Espinar* , porte-arquebuse de Philippe IV; et deux italiens , *Nicolas Spadoni* , et *Vita Bonfadini* , dont j'indiquerai les ouvrages à mesure que j'aurai occasion de les citer. L'ouvrage espagnol est assez étendu , cu-

rieux et très-bien fait. Quant aux deux
autres, ils sont fort succincts.

Au surplus, dans tout ce que j'ai dit
touchant la fabrication des canons, et sur
différentes parties de l'arquebuserie, je
n'ai point prétendu écrire pour les maîtres, mais uniquement pour les amateurs
de la chasse, dont la plupart pourront
puiser ici quelques connoissances sur ces
objets, qui leur seront agréables. Et à
l'égard de ce que j'ai pu avancer, touchant la portée des fusils, de contraire
à des opinions reçues et établies parmi
les arquebusiers, ceci est, pour ainsi
dire, la métaphysique de l'art. Les arquebusiers fabriquent les instrumens de la
chasse ; mais le chasseur qui se sert de
ces instrumens, et qui a étudié leurs
effets avec l'esprit de curiosité et d'observation, a bien le droit sans doute de pro-
poser ses idées, et les résultats de ses
expériences.

Quant à l'utilité réelle de cet ouvrage
pour ce qui concerne la pratique de la
chasse, je ne prétends point l'étendre jusqu'aux chasseurs de profession, à ceux qui,
par goût, ou par état, font de la chasse
leur principale occupation ; mais seule-

ment aux chasseurs novices, et à ceux qui n'usent de cet amusement que par intervalle, et comme moyen de dissipation. Mais j'ose croire que les uns et les autres y trouveront au moins quelques particularités intéressantes et nouvelles, et de quoi satisfaire leur curiosité dans le détail de plusieurs chasses très-peu connues hors des provinces où elles se font.

TABLE

DES SECTIONS ET CHAPITRES

DE LA SECONDE PARTIE.

A V I S   A U   R E L I E U R.

Toutes les figures , à la réserve de celle cotée
pag. 82, se placeront à la fin ; d'abord les planches d'arbalètes dans leur ordre numéraire ,
et ensuite les deux plans, dont celui de la *Palo-*
mière de *Lannes* doit être le premier.

LA CHASSE
AU FUSIL,
PREMIÈRE PARTIE.

CHAPITRE PREMIER.

Des armes de trait dont on se servoit pour la chasse, avant l'invention des armes à feu ; savoir, l'Arc et l'Arbalète.

I.

De l'Arc.

L'ARC est une arme connue de toute antiquité et chez tous les peuples de l'univers. L'invention en est si simple, si peu compliquée, qu'on peut supposer que, dès l'enfance du monde, l'idée en

A

est venue naturellement aux premiers hommes.
par-tout et en même temps , sans communication
d'un peuple à l'autre. La fronde paroît moins
ancienne, quoique cette arme , mentionnée dans
les livres saints , soit aussi de la plus haute antiquité ; et d'un usage moins universel , puisqu'elle
n'étoit point connue des habitans du nouveau
monde , lors de sa découverte , et qu'ils ne se
servoient que de l'arc.

L'arc étoit , chez les anciens , la seule arme
de trait usitée pour la chasse , si l'on en excepte
les dards ou javelots qui se lançoient à la main ,
et qu'on employoit , en quelques occasions , à
la chasse des grandes bêtes. On ne connoissoit
point encore l'arbalète , qui n'est qu'une modification de l'arc , quoiqu'on employât à la guerre
la baliste , qui elle-même dérivoit de cette invention primitive , n'étant autre chose qu'un
arbalète de la plus grande proportion ; aussi l'arbalète est-il nommé en latin *balista manualis ,
manubalista.*

Les anciens fabriquoient leurs arcs avec le
bois d'if, *taxi torquentur in arcus* (dit Virgile);
et de tout temps , ce bois a été préféré pour le
même usage , à cause de sa roideur et de son
élasticité. A son défaut , on y employoit le
cormier , l'ormeau , le frêne , l'érable , etc.
Quant à leur dimension, Homère parle d'arcs
qui avoient seize largeurs de main de longueur;
ce qui revient à cinq pieds et quelque chose de

plus. Cette dimension a été à-peu-près la même, en général, chez les modernes; mais on sent qu'elle a dû varier jusqu'à un certain point, suivant la force et la taille des hommes, et le goût particulier de chacun. C'est encore, à-peu-près, celle que l'on donne aujourd'hui aux arcs qui se fabriquent pour les compagnies du jeu de l'arc qui se sont conservées dans quelques villes du royaume. Cependant, je crois que cela ne doit s'entendre que des arcs de guerre, et que ceux de chasse ont toujours été d'une moindre proportion; sur-tout ceux destinés pour la chasse du menu gibier.

Le chanvre et la soie étoient la matière la plus ordinaire dont on se servoit pour faire la corde. Des boyaux de jeune bœuf cordés et assemblés comme de grosses cordes de harpe, et quelquefois du crin de queue de cheval, ont été employés anciennement au même usage; mais les meilleures cordes étoient celles de soie.

A l'égard des flèches, elles se faisoient de frêne, de cormier, de hêtre, et de bois de Brésil, et quelquefois aussi de bois tendre et léger, comme le peuplier, le tremble, le saule. Il paroît que, chez les anciens, l'usage le plus général étoit de les faire de roseau; car Virgile, pour désigner une flèche, se sert presque toujours du mot *arundo*. La *coche*, c'est-à-dire, l'extrémité qui embrasse la corde, se garnissoit de corne, ou d'os, et l'autre d'un fer à douille pointu et acéré, quelquefois uni, et le plus souvent armé de deux crochets, ainsi qu'on a coutume de représenter les flèches. Il s'en faisoit aussi dont le fer se terminoit en fourche, ou plutôt par une espèce de croissant, suivant l'ancienne *Maison Rustique* de Charles Etienne et Jean Liébaut (1). Voici ce qu'elle en dit :

» Pour prendre oiseaux à l'arc ou l'arbalestre
» sur maisons, arbres, buttes, faut que l'arba-
» lestrier ait sagettes doubles, forchées en la
» partie de devant, quand il voudra prendre
» oyes ou autres grands oiseaux, par-tout bien
» aiguës, qui tranchent l'aile ou le col qu'elles
» toucheront ; car la seule perçure commune
» de la sagette ne blesseroit pas tant l'oiseau
» qu'il peust demeurer là ; mais s'en iroit percé
» et blessé, combien que possible il mourroit
» ailleurs. »

Pour faire les arcs et les flèches, le bois devoit être *assaisonné*, c'est-à-dire, trempé dans l'eau pendant un certain temps, et ensuite passé au feu. Le XXIe. article des statuts des maîtres arquebusiers - arctiers - artilliers - arbalètriers de Paris, confirmés et homologués en 1575, porte :

» que les ouvriers de ce métier seront tenus de
» faire arcs de bon bois d'if, ou autre bois suffisant
» bien assaisonné, et qu'il soit gardé à ce qu'il ne
» se puisse rompre par faute d'être bien fait, etc.

(1) IIe. édit. Paris, 1574, *in*-4°. *pag. dernière.*

» Le XXIIe : » Pourront ceux dudit métier faire
» et vendre arcs de plusieurs pièces , pourvu
» qu'elles soient bien assemblées et collées de
» bonne colle et bien et suffisamment, etc. »
Et le XXXIIIe : » Qu'ils seront tenus de faire flè-
» ches de bon bois sec , bien corroyé et assai-
» sonné , et bien transversé de bonne corne ,
» bien collées, entaillées de plusieurs pièces, et
» empennées , et de suffisante longueur, c'est-
» à-dire , les flèches de deux pieds et demi et
» deux doigts de long , etc. »

Le roi Modus (1) , parle beaucoup de l'arc.
On y trouve un chapitre particulier intitulé
les enseignemens du métier d'archerie , qui
contient les élémens de l'exercice de l'arc , tel
qu'il se pratiquoit anciennement en France. Je
transcrirai ici ces enseignemens.

» Le premier est que la corde de l'arc soit de
» soie, pour trois causes: la première, que la soie
» est forte, et dure long-temps sans se rompre ;
» l'autre cause est que quand elle est bien
» assemblée , elle est si singlant, qu'elle envoye

---

(1) *Le roi Modus , Des desduits de la Chasse Venerie et Fauconnerie.*
Paris, 1560, *in-*8°. L'auteur de ce livre n'est pas connu ; mais le
passage suivant prouve qu'il vivoit vers le milieu du XIVe. siècle.
» Et en droit de moi, je vis le roi Charle-le-bel, fils du très-noble
» roi Philippe-le-bel, qui chassa en la forêt de Bertelly , en un
» buisson appellé la Boule-Guéraldet, où il print six-vingt bestes
» noires en un jour sans les embler. « Or le roi Charles-le-bel
mourut en 1328.

» une sajette (1) ou un bougon plus loing, et si
» donne greigneur coup que nulle autre corde ;
» la troisième est qu'on peut la faire si forte que
» l'on veut.

» Le second enseignement d'archerie est que
» si l'on veut traire droit, et que la flèche ou
» bougon voise bien droit où l'on veut traire ,
» regarde, quand tu mettras ta sajette en ton arc,
» qu'elle soit mise en telle manière que les pen-
» nons de ta sajette courent de plat contre l'arc
» quand tu tireras ; car si l'un des pennons étoit
» contre l'arc, pourtant qu'il y feroit une bosse,
» il n'iroit pas droit.

» Le tiers enseignement d'archerie est qu'on
» doit traire à trois doigts , et doit-on tenir la
» coche de la flèche entre le doigt qui est emprès
» le poulce , et l'autre d'emprès.

» Le quatrième enseignement est que si le fer
» qui est en ta sajette est léger, que les pennons
» d'icelle soient bas taillés et courts ; s'il est pe-
» sant, ils doivent estre plus hauts et plus longs.

» Le cinquième est que tu dois ferrer ta sajette
» en telle manière que le barbel du fer responde
» et soit en droit la coche de la sajette.

« Le sixième est que la sajette de quoi tu tire-
» ras doit avoir dix poignées de long depuis la
» coche de la sajette jusqu'aux barbeaux du fer.

---

(1) *Sajette*, de *sagitta* , est une flèche ordinaire. *Bougon* ou
Bougeon, est une flèche armée d'un fer non tranchant, ni pointu,
mais obtus et contondant, *sagitta capitata.*

» Le septième est qu'un arc de droite mison
» doit avoir de long, entre la coche du bout d'en-
» haut jusqu'à celle du bout d'en-bas, vingt-
» deux poignées étroitement.

» Le huitième est que quand ton arc sera
» tendu, qu'il ait entre l'arc et la corde pleine
» paulme et deux doigts grandement.

» Le neufvième enseignement est que tu dois
» tendre ton arc à la main droite, et le tenir en
» la main senestre.

Ecoutons maintenant Gaston-Phébus (1),
comte de Foix, qui nous donnera quelques
autres notions sur l'arme dont il s'agit, et particulièrement sur la manière de s'en servir à la
chasse des grandes bêtes.

» Et se le véneur veut aller traire aux bestes....
» l'arc doit être d'if ou d'autre bois, et doit avoir
» de long, de l'une osche où la corde se met
» jusqu'à l'autre, vingt poulces (2), et doit avoir
» entre la corde et l'arc, quand il est tendu,
« tous les cinq doigts de la paulme de large. La
» corde doit estre de soie ; car on la peut faire
» plus gresle que d'autre chose, et aussi elle est
» plus forte et dure plus que de chanvre ne de

---

(1) *Des desduitz de la chasse des bestes sauvages*, par Gaston-
Phébus, comte de Foix, *chap.* 76. Il y a plusieurs éditions de cet
ouvrage, qui a été composé sur la fin du XIVe.siècle ; Gaston-Phébus
étant mort en 1391.

(2) Je crains qu'il n'y ait ici faute de copiste ou d'impression,
en voyant *vingt pouces*, au lieu de *vingt-deux poignées*, comme le
dit *le roi Modus.*

A iv

» fil, et donne plus singlant et grand coup. L'arc
» ne doit pas être trop fort, tant que celui à qui
» il est ne le puisse bien tirer à son aise, sans
» soi trop desfrayer, guise que une beste le
» puisse voir ; et aussi le tiendra-t-il entoisé
» plus longuement, et la main plus sûre que
» s'il estoit fort ; car aucunes fois une beste
» vient longuement escoutant ; lors convient-il
» qu'il ait jà entoisé, et doit attendre ainsi
» jusqu'à ce que la beste soit près pour tirer ;
» et, s'il estoit trop fort, il ne pourroit estre
» ainsi longuement, mais le conviendroit,
» quand il tireroit, à se remouvoir tant que la
» beste le verroit. La flesche doit être de huit
» poignées de long de la boce de la coche der-
» riere jusqu'au barbel de la flesche, et elle doit
» avoir de large au bout des barbeaux quatre
» doigts, et doit tailler de chacune part, et
» estre bien affilée et aiguë, et doit avoir cinq
» doigts de long. Et quand il voudra tirer et met-
» tre sa flesche en la corde, il doit regarder
» que les pennons de la flesche aillent de plat
» contre l'arc ; car quand il décocheroit et lais-
» seroit aller sa sajette, se ses pennons estoient
» devers l'arc, ils pourroient hurter à l'arc, et
» desfrayer qu'il n'en tireroit jà droit..... Et quand
» la beste viendra aux archiers, les archiers doi-
» vent, dés ce qu'ils auront oui laisser courre,
» mettre leurs flesches en l'arc, et aussi mettre
» leurs deux mains là où elles doivent estre appa-

» reillées de traire. Car se la beste voit que on
» mist la sajette dedans l'arc , et l'homme se
« bougeât, elle s'en iroit d'autre part; pour ce, si
« est bon que ce soit toujours appareillé de tirer ,
» sans soi resmouvoir , fors de tirer du bras :
» et si la beste vient tost et tout droit de visaige
» à l'archier, il la doit laisser venir bien prés,
» et puis traire visaige parmi le pis; car s'il atten-
» doit qu'elle passât par le costé senestre , la
» beste pourroit passer par le dextre : si n'est
» mie bien aisé de tirer à dextre costé , car il
» convient que on tourne tout le corps. Et s'elle
» vient par la senestre , je loue qu'il la laisse
» venir et lui tire au costé , mais il faut qu'il
» tire au devant d'elle et non pas au costé ; car
» s'il tiroit entre les quatre membres, devant
» que la sajette fust là , la beste seroit passée
» une toise et plus oultre, si fauldroit ; et où
» plus loin passera la beste , plus doit tirer au
» devant d'elle. Et aussi est-il de grand péril qui
» tire droit à son côté , car on fault moult de
» fois à férir la beste, ou se elle est férue, la
» sajette passe tout oultre, et ainsi pourroit bles-
» ser un de ses compaignons, qui seroit au rang ;
« car par tel cas vis-je affoller messire Godefroy
» de Harcourt de l'un des bras. Pour ce, je loue
» que on tire un peu avant, non pas tout droit
» là ou est son compaignon, ou la laisse un peu
« passer son compaignon , et puis tire au long
« des costés , etc. »

A la fin du même chapitre, Gaston-Phébus dit :
» Des arcs ne sçais-je pas trop ; mais qui plus en
» voudra savoir, si aille en Angleterre, car c'est
» leur droit mestier. »

En effet, de tous les peuples de l'Europe, les
Anglois sont ceux qui ont fait le plus d'usage de
l'arc, et ils ont excellé dans le maniement de
cette arme, qui s'est conservée chez eux beaucoup plus long-temps qu'ailleurs. Ils s'en servoient encore au commencement du dernier
siècle ; et l'on remarque qu'au siège de l'île de
Ré, en 1627, il y avoit des archers parmi les troupes angloises. Il y a plus ; il existe deux traités
sur l'exercice de l'arc, en anglois, et je ne crois
pas qu'on ait écrit *ex professo*, sur ce sujet, en
aucune autre langue. L'un a été imprimé à Londres, en 1589, *in-4°*, et a pour titre : *Toxophilus*,
ou *Instruction pour tirer de l'arc*, par *Roger
Asckam* ; l'autre, le seul que j'aie lu, est intitulé : *L'Art de tirer de l'arc, contenant l'utilité
qui peut revenir de cet exercice, et tout ce qui
est nécessaire pour en acquérir la perfection,
par Gervais Marckam*, Londres, 1634, *in-8°*.
L'objet principal de ce dernier est d'exhorter le
gouvernement anglois à relever la milice des
archers. Voici quelques paragraphes de cet ouvrage, littéralement traduits, qui contiennent
des détails sur le maniement de l'arc, qui ne se
trouvent ni dans le *roi Modus*, ni dans les
Déduits de la chasse du comte de Foix, et dont

le premier , sur-tout , indique une manière de tirer la corde de l'arc différente de celle que prescrit le troisième enseignement du *roi Modus*.

» Quand un homme tire , la violence et force » de son tirer , gît dans le premier doigt et le » doigt annulaire , le doigt du milieu , qui est » le plus long , restant comme un paresseux , » et ne portant point le poids de la corde.

» L'archer doit avoir un gant à la main droite » qui tire la corde , et malgré le gant , souvent » le feu de la corde blesse les doigts , et met » hors d'état de tirer.

» Au bras gauche , il doit porter un brassart » (bracer), tant pour garantir le bras du frot- » tement de la corde , ainsi que le pourpoint , » qu'afin que la corde glissant finement et vive- » ment sur ce brassart , le coup en soit plus » fort et plus pénétrant. Ce brassart doit être « fort lisse , sans boucle , et sans aucune aspérité , » qui puisse retarder la vivacité de la corde , » lorsqu'elle est lâchée. On le fait ordinaire- » ment de cuir d'Espagne tourné en dehors , » du côté le plus lisse et le plus doux. »

S'il en faut croire Mich. Angel. Blondus , dans son traité *de Canibus et Venatione* (des Chiens et de la Chasse), imprimé à Rome en 1544 , *in-4°*, l'arc n'étoit point usité en Italie pour la chasse. Il dit (dans le chapitre *de Armis Venatoris*): *Arcus etiam tensus ferendus esset cum pharetrâ , verùm eo Itali non utuntur.*

« On pourroit aussi porter un arc et un carquois,
» mais les Italiens ne s'en servent point ». Mais,
à dire vrai , ce Mich. Angel. Blondus est un
mauvais garant ; il n'avait aucune connoissance
sur le sujet qu'il a traité ; et son livre qu'il a
osé dédier à François I, n'est qu'un ramas fasti-
dieux de lieux communs et de choses rebattues.

Je ne crois pas que chez les anciens, non plus
que chez les modernes , on ait jamais tiré au
vol avec l'arc; et il y a tout lieu de révoquer en
doute le témoignage vague de quelques voyageurs, et entre autres du P. Dutertre (*Hist. des
Antilles*), qui ont prêté cette adresse aux peuples sauvages du nouveau monde. Il est bien
vrai que Virgile, à l'occasion des jeux qu'Enée
fait célébrer en abordant en Sicile , pour l'an-
niversaire de la mort d'Anchise, fait mention
d'un pigeon tué en volant par Eurythion, après
que Mnestée eut coupé d'un coup de flèche le
lien qui l'attachoit à la cime d'un mât. Mais il
ne faut voir ici qu'un trait d'adresse particulier,
dont il a plu au poète d'orner son récit, d'autant plus que Virgile lui-même ne le donne que
comme une sorte de prodige, qu'il semble attribuer à la faveur du ciel.

I I.

De l'Arbalète.

J'ai dit , en traitant de l'arc, que l'arbalète ,
qui s'employoit également à la guerre et à la

chasse , en étoit une modification. L'un est un arc simple , et l'autre un arc plus composé. J'ai dit de même que l'arbalète n'étoit point usité chez les anciens , quoiqu'ils en eussent le type dans la baliste. Il seroit difficile d'assigner l'époque précise où l'on a commencé d'en faire usage en Europe ; mais cette époque est fort ancienne, puisque suivant la remarque du P. Daniel, dans son *Histoire de la Milice françoise,* il est fait mention d'arbalètriers dans la vie de Louis-le-gros , mort en 1137.

Comme l'arbalète est beaucoup plus composé et moins connu que l'arc , et que , si l'on en excepte la description très-succincte et fort imparfaite qu'en a donné le P. Daniel , en tant qu'arme de guerre, Alonzo Martinez de Espinar, auteur d'un excellent traité sur la chasse (1) en espagnol , est le seul qui l'ait décrit avec un détail suffisant pour le faire connoître, j'ai cru devoir joindre à la description que j'en donne les figures de plusieurs arbalètes , tant anciens que modernes , et de différente construction , précédées d'une explication pour chacune.

On trouvera dans la première planche qui représente l'arbalète de la compagnie des Chevaliers-Tireurs d'Anneci en Savoie (2), un détail

---

(1) *Arte de Ballesteria y Monteria* ; en Madrid , *en la Emprenta real* , 1644 , *in-4°.*

(2) La compagnie des Chevaliers-Tireurs d'Annèci , autrefois appellés les *Bons-compaignons* , est si ancienne qu'on ne peut fixer

exact de toutes les parties qui le composent, chacune de ces parties étant gravée et expliquée séparément. Quoique cet arbalète soit d'une plus grande proportion que ceux dont on avoit coutume de se servir pour la chasse, et qu'il en diffère en quelques autres points, il n'en est pas moins propre à donner une idée juste de la composition de l'arbalète en général, attendu sur-tout que cette planche est suivie de cinq autres, représentant six arbalètes différens, soit dans leur forme, soit dans la manière de les bander, soit dans la détente ; différences dont les explications rendront compte.

De ces six arbalètes, il n'y en a que quatre

l'époque de son institution. Le prince Philippe de Savoie, comte de Génevois, autorise leurs exercices par patente du 15 mai, 1519. Dans le même temps, il existoit à Chamberry une semblable compagnie, qui obtint d'Emmanuel - Philibert, duc de Savoie, le 6 avril 1566, une patente confirmative de ses priviléges ; mais ses exercices sont actuellement réduits au seul jeu de l'arquebuse, comme à Rumilly, la Roche, Thonon et Moutiers. Il y a eu, autrefois, des compagnies semblables dans la plupart des villes de France, où il existe aujourd'hui des compagnies d'arquebusiers ; mais le jeu de l'arbalète a fait place à celui de l'arquebuse, quoique, dans quelques villes, tous deux aient existé long-temps ensemble ; et insensiblement, toutes les compagnies d'arbalétriers se sont abolies, si ce n'est dans la Flandre-françoise, où il en existe encore quelques-unes. Lille a eu autrefois la sienne, qui étoit sur pied dès 1379, suivant les registres de l'hôtel-de-ville, et à laquelle les ducs de Bourgogne avoient donné des priviléges. Elle fut supprimée par arrêt du conseil, du 8 novembre 1543, sous le règne de François I, et ses biens réunis à l'hôpital-général de la ville. Il en existe encore une aujourd'hui à Roubaix, bourg

qui soient faits pour lancer des traits ou flèches; et des quatre, trois seulement qui paroissent propres pour la chasse, savoir ceux des planches III, IV et V; car celui de la pl. II est encore un arbalète qui a servi à quelque compagnie d'arbalètriers, à l'instar de celle d'Anneci. A l'égard des deux autres représentés par la pl. VI, qui sont à double corde, et qui étoient des arbalètes de chasse, ils ne lançoient point de traits, mais de petites balles de plomb, ou de terre cuite; et ceux-ci, pour les distinguer des autres, étoient appellés arcs-à-jallet. J'en donnerai une description particulière à la fin de ce chapitre.

Au moyen des planches dont je viens de par-

à une lieue de Lille, instituée par Pierre de Roubaix, seigneur du lieu, en 1491, de même qu'à Lannoy, le Quesnoy et Commines. Les compagnies de Valenciennes et de Douai, ne sont abolies que depuis peu d'années. La première avoit été établie sous Charles V, en 1503, et ses priviléges furent maintenus et renouvellés en 1678. Il n'y a plus aujourd'hui, dans ces villes, que des compagnies de canonniers, archers et arquebusiers, dits *Joueurs d'armes*. Il est à observer que les compagnies du jeu de l'arbalète sont de deux sortes; les unes, telles que celles dont je viens de parler, dites de *grand jeu et grand arbalète*, les autres de *petit arbalète*. Leur différence est indiquée par leur dénomination; c'est-à-dire, que les premières se servent d'arbalètes de grande proportion, et tirent le prix à une plus grande distance que les secondes, dont l'arbalète est plus petit. Du nombre de ces dernières, sont les compagnies de la Bassée, et de Hautbourdin, bourg à une lieue de Lille.

Les compagnies du jeu de l'arbalète se sont conservées jusqu'à présent dans la plupart des villes des Pays-bas autrichiens; à Anvers, Gand, Bruges, Louvain, Malines, Courtray, Alost, etc.

ler, auxquelles je renvoie mes lecteurs pour les menus détails, je me bornerai ici à des notions succinctes sur la composition de l'arbalète, et ne m'attacherai principalement qu'à décrire les particularités qui concernent l'usage qu'on a fait autrefois de cette arme pour la chasse, en commençant par l'arbalète à trait.

L'arbalète étoit composé de plusieurs pièces, dont chacune avoit sa dénomination. Le bois ou fût qui portoit toutes ces pièces s'appelloit *l'arbrier*. Il étoit tout droit, et ordinairement d'une forme quarrée et aplatie qui alloit en diminuant jusqu'à son extrémité sur le derrière. Cette bande d'acier, en forme d'arc, qui le traverse à son extrémité sur le devant, et qui est le principal agent du jeu de cette arme, est appellée *l'arc* ou le *ressort*. Cet arc se faisoit quelquefois de bois, et il est mention au XXVIIe. article des statuts de l'arquebuserie de Paris, déja cités ci-devant, d'*arbalètes de bois ou d'acier :* mais il est à croire qu'on n'y employoit le bois que par économie, l'acier étant infiniment meilleur pour cet usage. La corde étoit un assemblage de plusieurs fils entourés et serrés par une ficelle, de la grosseur du doigt ou environ. Un cylindre de corne, et pour le mieux, de cet os de la tête d'un cerf qu'on appelle *la meule*, d'environ un pouce d'épaisseur sur un pouce et demi de diamètre, étoit posé de champ et enchâssé dans la partie supérieure de l'arbrier, et avoit un cran en-

dessus

dessus où la corde venoit s'arrêter : il étoit contenu en dessous par une gache à ressort, qui
s'engrénoit dans un autre cran moins profond,
comme la gachette s'engrène dans la noix d'une
platine de fusil ; aussi ce cylindre s'appelloit-il
la *noix*, et c'est par analogie que ce nom fut
donné ensuite à une des pièces de la platine des
armes à feu. Une longue pièce de fer, appellée
la *clé*, placée sous l'arbrier, et dont l'extrémité
portant une clavette s'ajustoit intérieurement à
la gache, de manière à la faire sortir du cran
de la noix, en la serrant de la main droite contre l'arbrier, servoit à détendre l'arbalète, et à
faire partir le trait. Telle étoit la détente des anciens arbalètes (voyez pl. v, et pl. vi, fig. 1). Les
plus modernes, et ceux qui se fabriquent encore
aujourd'hui pour les compagnies du jeu de l'arbalète, ont pour la plupart une courte détente,
recouverte d'une sous-garde, à-peu-près pareille
à celle d'un fusil (voyez les pl. i et ii). Une
rainure peu profonde, faite pour recevoir le trait,
commençoit sur la noix même, et delà se pro-
longeoit jusqu'à l'extrémité de l'arbrier. A trois ou
quatre pouces au-dessous de la noix, étoit posé le
fronteau de mire : on appelloit ainsi une lame
de fer d'environ quatre pouces de haut, percée
de plusieurs trous, pour mirer les objets à différentes distances, et qui, dans quelques arbalètes, se couchoit ou se relevoit à volonté, au
moyen d'une charnière (voyez pl. i) ; dans d'au-

tres étoit fixée sur l'arbrier par un petit pivot à écrou qu'elle avoit à sa partie inférieure (voyez pl. II). Mais j'observerai que le fronteau de mire ne faisoit pas une partie essentielle de l'arbalète à trait , et sur-tout de ceux dont on se servoit pour la chasse ; ceux des pl. III, IV et V, n'en ont point ; mais il paroît qu'il étoit nécessaire aux arcs-à-jallet. Quant à la pièce appellée *lient-tout*, qu'on voit pl. I et III, comme elle ne sert que pour contenir le trait , lorsqu'on tire presque perpendiculairement, ce qui n'a lieu que dans les exercices du jeu de l'arbalète , pour tirer à l'oiseau ou papegai , elle devient inutile aux arbalètes de chasse.

A l'extrémité supérieure de l'arbrier , c'est-à-dire, immédiatement au-dessus de l'arc , étoit une boucle de fer en forme d'étrier , qui servoit à contenir l'arbalète, en mettant le pied dedans , lorsque pour le bander , on se servoit du bandage appellé *guindard* , dont la forme est représentée pl. I ; car tous les arbalètes ne se bandent pas avec le même instrument. Cette boucle , dans quelques-uns , étoit remplacée par une pointe de fer qui se fichoit dans la terre (voyez pl. I). C'est avec le guindard que se bandoient les anciens arbalètes de guerre, ainsi que je l'ai observé dans les costumes du XIVe. siècle , au cabinet des estampes du roi. Il peut aussi avoir servi pour la chasse. L'arbalète de la pl. V se bandoit avec cet instrument, dont je n'ai pu me procurer le dessin, parce qu'il s'est trouvé détraqué et mutilé. Il convenoit sur-tout pour les grands arbalètes, qui demandoient beaucoup de force pour les bander. Cet instrument est probablement le même qui s'appelloit autrefois *cranequin* , d'où l'ancienne dénomination de *cranequiniers* , donnée quelquefois aux arbalètriers. Mais le bandage le plus usité pour la chasse , étoit celui de la pl. II , fig. 3 , auquel je ne connois point d'autre nom , en françois, que le nom générique de *bandage* , si ce n'est qu'on veuille l'appeller *griffe* , qui est celui que donnent nos arquebusiers à un instrument à-peu-près semblable , qui sert à bander de petits arbalètes à crosse de fusil , que quelques-uns d'eux font encore aujourd'hui , mais qui, à tous égards, n'offrent qu'une imitation très-imparfaite des anciens, et ne sont, en comparaison , que des jouets d'enfans. Le bandage dont il s'agit s'appelloit *gafa* , en espagnol. Les arbalètes , disposés pour s'en servir, avoient , à quelque distance de la noix, un tourillon saillant des deux côtés de l'arbrier , sur lequel s'appuyoient et glissoient les deux branches de la griffe , lorsqu'après avoir pris la corde avec les deux crochets, on fouloit de la main sur le levier qui fait partie de l'instrument , pour l'amener jusqu'au cran de la noix. La boucle ou étrier qui termine l'arbrier, servoit alors à tenir l'arbalète de la main gauche dans une position verticale, pendant que la droite agissoit. La pl. III représente un autre bandage en bois, appellé *pied-de-chèvre*, qui est fort simple, et a pu servir aussi pour la chasse. Le bandage représenté dans la pl. IV, est une espèce de cric d'une structure fort singulière ; et il seroit peut-être difficile d'en trouver un pareil employé au même usage.

Il y avoit des arbalètes de différente proportion, comme depuis deux jusqu'à trois pieds. et demi de longueur (1). L'arbrier de celui de la pl. I n'a que deux pieds cinq pouces de long ; mais il en auroit d'avantage si les chevaliers-tireurs d'Anneci, n'avoient pas jugé à propos de substituer une crosse de fusil à la forme ancienne, telle qu'elle se voit dans les pl. II (2)

---

(1) Il ne s'agit ici que des arbalètes de main ; car il y en avoit anciennement d'autres d'une grandeur démesurée, qu'on appelloit *arbalètes de passe* ou *ribaudequins*. « On donnoit ce nom, suivant Fauchet (*Antiquités Gauloises*), à un grand arbalète dont l'arc avoit
» 12 ou 15 pieds, plus ou moins long, arrêté sur un arbre (ainsi
» appelloit-on la longue pièce ou tenoit l'arc) long à proportion
» convenable, pour le moins large d'un pied, et creusé d'un canal
» pour y mettre un dard de 5 à 6 pieds de long, ferré, et néan-
» moins empenné de corne mince comme celle d'une lanterne, ou
» de bois léger, pour le tenir en équilibre. Ces arbalètes restoient
» à demeure sur les murs des forteresses, et à l'aide d'un tour ma-
» nié par un, deux ou quatre hommes, selon la grandeur de
» l'arbalète, se bandoit ce grand arc pour lâcher le dard, qui sou-
» vent perçoit trois ou quatre hommes. »

(2) Il faut retrancher de la forme des anciens arbalètes cette saillie considérable que fait l'arbrier en dessous dans la figure de la pl. II, qui paroit n'appartenir qu'à ceux des compagnies du jeu de l'arbalète, et dont je ne puis bien rendre raison, si ce n'est qu'en plaçant la main gauche en avant de cette saillie, elle se trouve moins exposée au choc de la corde, lorsqu'elle se détend. La vraie forme des plus anciens arbalètes est celle qu'on voit dans la pl. V.

et v ; et cela pour plus de commodité, et afin de pouvoir l'appuyer contre l'épaule, et le mettre en joue comme un fusil : car il ne faut pas croire que cela se pratiquât ainsi avec les arbalètes de forme ancienne. Lorsque l'arbalètrier mettoit en joue, la partie inférieure de l'arbrier reposoit sur le haut de son épaule, qu'elle dépassoit par derrière (1); et cette manière de tirer s'est conservée dans les jeux d'arbalète de la Flandre françoise et autrichienne. Mais dans plusieurs de ceux qui existoient encore, il y a peu d'années, dans la Flandre françoise, nonseulement on avoit substitué la crosse de fusil à la forme ancienne, mais on avoit fait d'autres changemens à différentes parties de l'arme ; ce que je puis assurer au moins de l'arbalète de Valenciennes, dont je me suis procuré un dessin. Par exemple, on avoit remplacé la noix par une coche ou entaillure faite à l'arbrier même, où la corde venoit s'arrêter ; et elle y étoit maintenue par une platine d'acier, s'ouvrant et se refermant comme une soupape. Elle se détendoit par le moyen d'une clé, telle que celle dont

____

(1) Dans un recueil de chasses gravé d'après Stradan, intitulé : *Venationes Ferarum*, on voit un chasseur tirer dans cette attitude. Mais ce qui me paroît bien singulier, c'est d'y voir des chasseurs tirant de l'arquebuse à mèche de la même manière, c'est-à-dire, la crosse posée sur le haut de l'épaule ; et d'autres tirant pareillement la crosse posée sur le haut de l'épaule, mais avec cette différence que l'extrémité de la crosse est appuyée sur la paume de la main droite ; position aussi gênante que bizarre, et qui paroît même impraticable. Stradan, né en 1536, mourut en 1605.

B iij

j'ai parlé ci-devant, qui faisoit jouer un ressort
dans le corps du fût ou arbrier, pour la retenir
en fixant la platine sur l'entaillure, ou la laisser
échapper en la soulevant. Ce mécanisme est
celui de l'arbalète de la pl. III, excepté qu'au
lieu de clé, c'est une double détente recouverte
d'une sous-garde, qui fait jouer la platine.

Disons maintenant quelque chose des traits
ou flèches qui se lançoient avec l'arbalète. Il y
en avoit de différentes sortes, soit pour la longueur et grosseur, soit quant à la manière dont
ils étoient empennés, soit quant au fer dont ils
étoient armés. Les uns étoient empennés de
plume, les autres de corne très-mince. Dans
d'autres, le bois étoit simplement évuidé sur
trois sens, de manière à former trois lames fort
minces disposées en triangle, qui tenoient lieu
de plume ou de corne ; ceux-ci étoient gros et
courts. Les uns étoient armés d'un fer plus ou
moins pointu, les autres d'un fer obtus et dentelé,
ou en losange. Tous ces traits avoient des noms
différens suivant leur forme : *vire*, *vireton*,
sagette, *garrot*, *bougon*. Ils étoient, en général,
moins longs de plus de moitié que ceux des
arcs, dont la longueur ordinaire étoit d'environ
deux pieds et demi. Les statuts de l'arquebuserie
de Paris portent » que le chef-d'œuvre des aspi-
« rans à la maîtrise sera d'une arbalète garnie
» de son bandage, et d'une douzaine de garrots
» brisés suffisamment et duement faits de bon

» bois d'if ou autre bois bien assaisonné, et d'une
« trousse de flèches garnies d'un volet, ou d'une
» arquebuse à rouet montée et affûtée, etc. On
voit, par cet article, que l'arbalète étoit encore
d'un grand usage en France, à l'époque de 1575,
qui est la date de ces statuts.

Après avoir fait connoître l'arbalète en général
et ses différentes parties, il me reste à traiter
plus particulièrement de cette arme, en tant
qu'instrument de chasse; et c'est ici que je me
suis réservé à entrer dans le détail des principes
de sa construction, des attentions nécessaires de
la part de l'ouvrier pour lui donner toute la
perfection requise, et de plusieurs particularités
concernant l'usage qu'on en a fait autrefois à
la chasse ; usage beaucoup plus général que
celui de l'arc, sur lequel il avoit l'avantage de
porter et plus juste et plus loin. Tout ce que
j'ai à dire à ce sujet, je l'emprunterai d'Espinar, qui, comme je l'ai déja observé, est le
seul auteur qui ait traité de cette partie de la
balistique.

Il paroît que l'arbalète a été autrefois en
Espagne, ce qu'étoit l'arc en Angleterre, c'est-
à-dire, qu'on y a suivi et perfectionné le maniement de cette arme, et qu'on y a excellé dans
sa fabrication plus qu'en aucun autre pays de
l'Europe. Espinar nous a conservé les noms ainsi
que les marques des anciens maîtres espagnols
qui s'étoient fait une réputation en ce genre. Peu

de ces maîtres savoient fabriquer l'arbalète entier ; il y en avoit pour l'arc (*verga*) ; d'autres
ne faisoient que l'arbrier (*tablero*) et le bandage
(*gafa*). Il y avoit des ouvriers particuliers pour
les traits , qui , comme en France , avoient des
noms différens suivant leur forme : *virote ,
jara , sostrone , passadore ,* etc.

Les arbalètes de chasse avoient , en général,
environ deux pieds de long ; j'en juge par la
longueur de ceux des pl. IV et V, qui sont de
cette dimension. Je ne parle point de celui de
la pl. III, parce qu'il est tout moderne ; quoiqu'à cet égard, il approche de la proportion
de ceux d'autrefois, n'ayant que deux pieds trois
pouces ; mais il n'a ni noix ni clé. Quant à la
forme de l'arbrier, la plus ancienne et la plus
ordinaire étoit un quarré un peu aplati , se
rétrécissant insensiblement jusqu'à l'extrémité,
comme dans la pl. V. C'est celle que l'on trouve
dans les costumes des XIVe. et XVe. siècles , du
cabinet des estampes du roi. Mais il paroît que
cette forme a varié par la suite, témoin l'arbalète de la pl. IV, fait en 1579 , dont l'arbrier
n'est point quarré, mais presque rond. Malheu-
reusement, Espinar ne me donne aucune lumière
pour déterminer la véritable forme des arbalètes
de chasse, dans les derniers temps. Comme il
écrivoit, il y a environ 150 ans, à une époque
où cette arme étoit encore très-connue, quoique
son usage fût déja presque entièrement aboli ,

il n'a pas cru devoir entrer dans ce détail, et n'a d'ailleurs joint aucune figure à la description qu'il en fait. Il dit seulement que, comme tous les chasseurs ne s'accommodent pas d'une même couche (*encaro*), il y a des arbalètes tout droits depuis la tête (*cabeza*) jusqu'à la queue (*rabera*) : c'est ainsi qu'il appelle le devant et le derrière de l'arme. D'autres qu'il appelle arbalètes morts (*ballestas muertas*), prennent une courbure insensible depuis la noix jusqu'à la queue ; mais il ajoute que ceux dont l'arbrier est tout droit, sont les meilleurs et les plus parfaits. Il décrit ensuite ainsi l'action de mettre en joue et de tirer avec l'arbalète droit. On pose le pouce sur l'extrémité de l'arbalète, empoignant tout d'un temps l'arbrier et la clé ; on porte ensuite le pouce jusque sous l'œil, de manière à pouvoir découvrir la tête du trait ; on ajuste, et l'on serre la clé pour le faire partir. A l'égard de l'arbalète mort, c'est-à-dire, un peu courbé, on le tire (dit-il) seulement de la joue, sans l'approcher de l'œil ; différence dont il déduit assez longuement les raisons, aisées à sentir pour qui connoît l'effet que doit produire le plus ou le moins de courbure dans la couche d'un fusil. Tout cela ne dit point si l'on épauloit, pour tirer de l'arbalète, comme pour tirer avec le fusil, c'est-à-dire, si l'on appuyoit la queue de l'arbrier contre l'épaule. C'est ce qui paroît assez vraisemblable ; car il est difficile d'imaginer qu'on pût tirer juste à bras tendus. D'un autre côté, en supposant, comme il y a lieu de le croire, que dans l'arbalète, tel qu'il étoit du temps d'Espinar, il n'y eût pas plus de distance depuis la détente jusqu'à la queue qu'il n'y en a dans ceux des pl. III et IV, dont l'un est moderne à la vérité, mais probablement construit, à cet égard, dans les proportions anciennes, et l'autre date de 1579, la comparaison de cette distance, qui n'est que de six à sept pouces, avec celle qui se trouve entre l'extrémité de la crosse d'un fusil et sa détente, qui est de treize à quatorze pouces, et qui forme ce qu'on appelle *la couche*, en termes d'arquebuserie, fait qu'on a peine à imaginer qu'on pût épauler avec une pareille arme (1).

____

(1) Il est bien vrai que d'anciennes arquebuses rayées ou carabinées du XVIe. siècle, qu'on rencontre encore dans des cabinets, sont à cet égard au pair des arbalètes dont je parle, n'ayant pas plus de six à sept pouces de couche. Mais il paroît que celles-ci se tiroient, non à l'épaule, mais appuyées sur la poitrine. On le voit par ce passage de Brantôme, dans l'éloge de M. de Strozzi (*Cap. Franç.*) à propos de certaines arquebuses faites à Milan. « Voilà » d'où premièrement nous avons eu l'usage de ces gros canons de » calibre, que quand on les tiroit, vous eussiez dit que c'étoit des » mousquetades..... Mais il ne faut point douter qu'il y en avoit » plusieurs bien mouchés et balafrés, et par les joues, d'autant » que vilipendé et mesprisé estoit celui grandement qui ne cou-» chast en joue..... Un honnête gentilhomme que je ne nommerai » point, de peur de me glorifier, trouva la façon à coucher contre » l'estomac, et non contre l'épaule, comme estoit la coutume alors » (en 1565); car la crosse de l'arquebuse estoit fort longue et gros-» sière, et n'étoit comme aujourd'hui courte et gentille, et bien » plus aisée à manier. «

L'arbalète (dit Espinar) doit être presque insensible à la joue du tireur, pour ne point l'offenser, ce qu'il exprime par le mot *sabrosa,* savoureux; doux à la détente, et sûr pour ne point partir de lui-même lorsqu'il est bandé. Il doit porter juste, et c'est là sa plus grande perfection, et en quoi consiste sa force et sa sûreté; car quand le trait ne va pas droit, mais en tortillant et serpentant, il n'a pas la moitié de sa portée, et le chasseur n'est jamais sûr de son coup. Ce défaut peut provenir de plusieurs causes. Quand l'arc n'est pas bien ajusté à l'arbrier, et que l'un de ses bras est plus haut que l'autre, la force de l'impulsion n'est point égale des deux côtés, attendu que le bras le plus ~~haut~~ maîtrise l'autre, et cela fait que le trait ne peut être lancé droit. Ceci est la faute de l'ouvrier qui a ajusté l'arc. Quand son assiette est juste, et que l'arbalète ne porte pas droit, ce défaut provient de l'arc même qui a un bras plus bas que l'autre; et bien que l'ouvrier cherche à les égaliser, en faisant en sorte que le bras qui surmonte l'autre soit assis un peu plus bas sur l'arbrier, pour peu que la disparité soit considérable, il en résulte un autre inconvénient capital, qui est que la corde ne se trouve pas prise dans le point juste où elle doit l'être, et avec ce défaut, l'arbalète ne peut être de bon service. Si le défaut vient de la mal-adresse de celui qui a ajusté l'arc, on y remédie, en le démontant, et le posant de façon que les deux bras soient dans une assiette parfaitement juste, de manière qu'il n'y ait pas la plus petite différence. Quand cette égalité parfaite ne s'y trouve pas, il faut, de toute nécessité, que la corde se bande mal, c'est-à-dire, que le cran de la noix ne marque pas la corde dans son juste milieu. Cette marque que la noix imprime sur la corde ne doit pas anticiper de l'épaisseur d'un fil plus d'un côté que de l'autre.

L'arbalète peut être parfaitement bien ajusté quant à l'égalité dont il vient d'être parlé, et néanmoins avoir le défaut en question : c'est lorsque les deux extrémités de la goupille ou tourillon où s'appuient les branches du bandage (*gafa*) ne sont pas bien de niveau ; attendu que celle qui est plus basse ou plus haute qu'elle ne doit être, forcera la corde, et la poussera plus d'un côté que de l'autre. Il arrive encore que le tourillon étant placé comme il doit l'être, l'arbalète ne porte pas juste, parce que le cran de la noix n'est pas égal, et parfaitement dressé, et que par conséquent la corde se trouve plus pressée d'un côté que de l'autre. Ainsi la perfection de l'arbalète consiste en ce que l'arc soit assis également, que le tourillon soit bien posé, et que les griffes du bandage soient aussi de niveau, de même que le cran de la noix, de manière que toutes ces différentes parties opèrent avec la même égalité.

Il y a encore deux choses qui font que l'arbalète lance mal les traits; la première, c'est lorsque la corde serre sur l'arbrier plus qu'elle ne doit; ce qui diminue la force des bras de l'arc, et les empêche de jouer librement. D'un autre côté, cela fait que la corde ne donne pas dans le milieu de l'extrémité du trait qu'elle doit lancer, mais plus bas; et le trait n'étant pas pris par le milieu, tortille en l'air, et ne va pas droit. Même inconvénient arrive, lorsque la corde excède plus qu'il ne faut la surface de l'arbrier; car alors, prenant le trait trop haut, elle l'abat et le précipite vers la terre. Enfin, un arbalète lance mal les traits, lorsqu'ils frottent sur l'arbrier en partant; et pour qu'ils soient bien lancés, ils ne doivent porter que sur l'échancrure de la noix, et vers la tête de l'arbrier; tout le reste doit être en l'air.

Quelques arbalètes sont rudes au débander, et offensent le tireur, et cela naît de deux causes. La première, c'est lorsque l'arc est trop massif, et l'arbrier trop léger. Alors le trop de force de l'acier maîtrise le bois, et lui donne une secousse violente qui blesse le visage. Ainsi, il faut faire attention que l'arbrier soit massif en proportion de l'arc, de manière qu'en tirant, il reste immobile. La seconde est lorsque l'arc ne porte pas à plomb de toute sa largeur sur le bois, appuyant plus dans une partie que dans l'autre, soit devant, soit derrière. Cela occasionne une secousse au

débander; d'où il arrive que l'arbalète repousse.
Pour remédier à ce défaut, il faut que l'arc soit
démonté, et remis dans une assiette juste.

Il est nécessaire de savoir (ajoute Espinar)
qu'en général, la portée de l'arbalète de but en
blanc est de vingt-cinq pas. A cette distance, le
coup doit porter juste : cinq pas de plus, déja
le trait commence à perdre de sa force, et le
coup baisse, suivant le plus ou moins de roideur de l'arc; celui qui est mou, avec cette
seule différence de cinq pas, baissera de deux
doigts; et celui qui est plus roide, d'un doigt
seulement. On doit se régler d'après cette connoissance, pour prendre sa mire plus ou moins
haut, suivant l'éloignement.

On demandera quelle étoit la portée de l'arbalète de chasse. Suivant l'auteur espagnol, il
tuoit à 150 pas et plus. L'arbalète de guerre,
d'une plus grande proportion, avoit plus de portée, et tuoit à la distance de 200 pas, et au delà.
» L'archer et l'arbalètrier, dit l'auteur de la *Dis-*
» *cipline militaire* (1) occira aussi bien un homme
» nud de cent ou deux cent pas loing que le
» meilleur arquebusier; et telle fois, que le
» harnois, s'il n'est des plus forts, n'y pourra
» résister. « Il n'y a rien ici d'exagéré. M. l'abbé
Collomb, chanoine d'Anneci, ayant bien voulu,
à ma prière, faire essayer en sa présence plu-

___

(1) Cet ouvrage, imprimé à Paris en 1548, *in fol.* est attribué
à du Bellay-Langey, mort en 1543.

sieurs arbalètes de la compagnie des arbalètriers
de cette ville, en les tirant sur une ligne à-peu-
près horizontale, quelques-uns ont porté le trait
jusqu'à 400 pas, d'autres à 320, et la moindre
portée à été de 260. Le pas dont il s'agit est
le pas ordinaire, d'environ 18 à 20 pouces.

L'arme à feu a sans doute de grands avantages sur l'arbalète ; elle est plus maniable, plus
expéditive, et plus meurtrière ; mais l'arbalète
en avoit un qu'on ne peut lui disputer, celui
de tuer sans bruit, et de ne point épouvanter
le gibier. Sa devise (dit Espinar), étoit *mata
y non espanta,* il tue et n'effraye point. Dominique Boccamazza, qui a fait un traité des chasses
de la campagne de Rome, imprimé en 1548 (1),
dit que les arquebuses y avoient tellement épou-
vanté et étrangé les bêtes fauves , que leur nombre y étoit considérablement diminué.

Espinar nous apprend qu'en Espagne les chasseurs à l'arbalète , pour la chasse des grandes
bêtes, avoient coutume d'empoisonner les traits,
en trempant leur pointe dans le suc préparé
de racines d'ellébore blanc (*veratrum album*)
cueilli au mois d'août, dont l'effet, qui est la
coagulation du sang, étoit si prompt que, quelque légérement que la bête fût frappée, elle
ne pouvoit fuir plus loin que 150 ou 200 pas,

---

(1) *Caccie della campagna di Roma , cioè , della Trasteverina , dell'-
Isola del Latio , dilà dallo Arrone , da Domenico Boccamazza.* Roma ,
1548 , *in-4°.*

et mouroit en peu de minutes. Par cette raison, l'ellébore blanc étoit appellé en Espagne, *yerva da ballestero*, herbe d'arbalètrier. Je ne puis dire si cette méthode, familière à quelques nations sauvages, qui empoisonnent leurs flèches, non-seulement à la chasse, mais aussi à la guerre, étoit usitée également dans les autres pays de l'Europe où on se servoit de l'arbalète. Ce qui me feroit croire qu'elle étoit particulière à l'Espagne, c'est que ni le *roi Modus*, ni Phébus, comte de Foix, n'en font mention, en décrivant la chasse des grandes bêtes. Il est vrai qu'ils n'ont parlé que de l'arc; mais si cette coutume eût eu lieu dans les pays où ils écrivoient, elle eût été pour l'arc également comme pour l'arbalète.

L'arbalète étoit donc, avant l'invention des armes à feu, l'arme principale des chasseurs, et d'un usage bien plus général que l'arc, sur lequel il avoit, comme je l'ai déja dit, l'avantage de porter et plus juste et plus loin. D'ailleurs, on pouvoit y ajuster des traits différens, suivant l'espèce du gibier. Qu'on imagine quelle devoit être alors la justesse de mire d'un chasseur qui se piquoit de bien manier l'arbalète, puisque tirer avec cette arme étoit la même chose que tirer à balle seule avec un fusil. Comme l'arbalètrier ne tiroit point au vol (1), et rare-

______

(1) Quoique très-certainement on n'ait jamais tiré au vol avec l'arbalète, j'ai vu dans une miniature d'un manuscrit de *Rusucan*

ment

ment en courant, un chien d'arrêt lui étoit bien plus nécessaire, qu'il ne l'est aujourd'hui, surtout pour chasser la perdrix et le liévre. Il lui falloit aussi beaucoup plus de soins pour dresser et perfectionner son chien, ainsi qu'une grande habitude, et une finesse de vue particulière pour découvrir le gibier à terre, lorsqu'il le tenoit en arrêt. Combien de ruses, d'adresse et de précaution ne lui falloit-il pas d'ailleurs pour suppléer à l'imperfection de son instrument, comparé à celui dont nous nous servons aujourd'hui ?

L'usage de l'arbalète se conserva encore long-temps après l'invention des arquebuses, même l'orsqu'elles eurent été perfectionnées et rendues plus maniables qu'elles ne l'étoient dans leur première origine. Ce ne fut que vers la fin du XVIe. siècle que cette arme fut presque totalement abandonnée (1), lorsqu'enfin l'usage de l'arquebuse fut perfectionné au point de pou-

du Labour des champs, ouvrage du XIVe. siècle, un arbalétrier qui tire un oiseau volant; mais c'est un caprice du peintre.

(1) Je dis presque totalement ; car on s'en servoit encore quelfois au commencement du XVIIe. siècle, en Espagne, en Italie et ailleurs. Quant à l'Espagne, on le voit par le livre d'Espinar lui-même, qui en parle assez souvent à l'occasion de certaines chasses, et dit d'ailleurs que Philippe IV, roi d'Espagne, dont il étoit porte - arquebuse, avoit à son service un ouvrier pour les arbalètes, nommé Juan de Lastra. Et à l'égard de l'Italie, on voit encore des chasseurs à l'arbalète dans les figures du Traité des oiseaux d'Olina, imprimé en 1622, et dans celles du Traité des chasses d'Eugenio Raimondi, imprimé en 1626. Salnove, auteur d'un livre de vénerie fort connu, qui écrivoit sous le règne de

voir tirer au vol, ce qui n'étoit point praticable avec l'arbalète, qui n'étoit propre qu'à tirer à coup posé, du moins quant au menu gibier; car quant aux grandes bêtes, il est aisé de croire qu'on pouvoit, en certaines occasions, les tirer en courant, et bien mieux encore, lorsqu'elles se rencontroient allant *d'assurance*, et sans être poursuivies.

Quoique l'arbalète soit absolument aboli en Espagne, comme ailleurs, le nom de *ballestero*, arbalètrier, s'y est toujours conservé pour désigner un chasseur; mais il ne se donne pas indifféremment à tous chasseurs. On appelle *cazador*, celui qui s'occupe de la chasse du menu gibier; *montero*, celui qui chasse les bêtes fauves et noires avec le fusil et les chiens courans; car le sol d'Espagne, étant presque partout inégal et montueux, ne permet guère de les forcer comme en France; et *ballestero*, l'homme expert et consommé en tout genre de chasse: et le plus grand éloge qu'on puisse faire d'un chasseur, est de dire qu'il est grand arbalètrier (*gran ballestero*); ce qui semble prouver qu'en effet, comme le dit Espinar, l'exercice de l'arbalète a été plus suivi, plus perfectionné, et plus en honneur en Espagne qu'en aucun autre pays de l'Europe.

Louis XIII, se plaint que, de son temps, les souverains de plusieurs nations, au lieu de chasser noblement et de forcer les bêtes fauves, les tuoient avec l'arbalète ou l'arquebuse.

Jusqu'ici je n'ai parlé que des arbalètes à trait. Il me reste à faire connoître les arbalètes à boulet, autrement dits *arcs-à-jallet* (1), représentés pl vi. Ceux-ci étoient d'une construction beaucoup plus légère que les autres, et d'ailleurs très-différente ; d'abord en ce que l'arbrier étoit creusé dans sa partie supérieure, et ensuite quant à la corde qui étoit double, et dont les deux branches étoient séparées, à droite et à gauche, par deux petits cylindres de fer ou d'ivoire, à égale distance des deux extrémités de l'arc et du centre. Au milieu de cette corde, étoit une petite bourse, appellée la *fronde*, et sous la fronde une boucle appellée l'*œillet ;* et pour bander l'arme, il falloit que la corde vînt s'accrocher, soit à une noix, comme dans la figure 1 de la pl. vi ; soit à un crochet, marqué *a* dans la fig. 2 de la même planche. Quant à la manière de bander ces sortes d'arbalète, je sais que les plus petits se bandoient à la main; celui de la pl. vi, marqué 2, est de ce nombre. Mais pour les plus forts, il falloit se servir, comme pour les autres, d'un bandage, que j'imagine cependant, vu la double corde et l'œillet, avoir été différent de tous ceux dont j'ai parlé pour les arbalètes à trait, mais sur lequel mes recherches ne m'ont procuré aucunes lumières.

---

(1) Jallet, *globus missilis*, proprement, petites boules de terre que l'on tire aux oiseaux. — Arc-à-jallet, *balista globularia*. Dictionn. de Nicot.

L'arme bandée, on garnissoit la fronde d'un petit boulet de terre cuite ou desséchée (1), qui s'y trouvoit comprimé par la tension de la corde, de manière à ne point s'en échapper. La détente s'opéroit par le moyen d'une clé, ou d'une simple languette, comme dans les figures 1 et 2 de la pl. VI. Tous les arcs-à-jallet avoient le *fronteau de mire*, et le *point*. J'ai déja expliqué ci-devant ce que c'est que le fronteau de mire. Dans quelques-uns, pour en tenir lieu, étoit une petite boucle de fer en forme d'anse, ayant en-haut sur le milieu un petit trait ou rainure comme la visière d'une carabine, marqué *b* dans la fig. 2 de la pl. VI. En tête et sur l'extrémité de l'arbrier, sont deux petits pilastres de fer perpendiculaires, l'un à droite et l'autre à gauche, traversés par un fil de laiton très-delié, dans lequel est enfilé un petit globule ; c'est ce qu'on appelle le *point*, qui étoit à l'arbalète ce que le guidon est au fusil.

Au demeurant, l'arc-à-jallet n'étoit fait que pour tirer aux menus oiseaux, tels que grives, merles, alouettes, ortolans etc., et tout au plus, peut-être, aux perdrix et cailles. Espinar, qui est entré dans un si grand détail sur l'arbalète à trait, n'en dit pas un mot, et il semble qu'il ait dédaigné d'en parler.

---

(1) On appelle encore aujourd'hui, en Italie, certaine terre grasse de couleur cendrée, *terra da palle di balestra*, terre propre à faire des boulets d'arbalète.

Voici un passage du poème intitulé *Le Plaisir des champs*, par Claude Gauchet, Dampmartinois, imprimé pour la première fois en 1583, in-4°, qui peint assez bien la manœuvre de cet ancien instrument de chasse ; et d'autant plus intéressant, qu'il nous a conservé plusieurs termes techniques appartenans à son usage, dont je me suis servi pour le décrire, et qu'il seroit difficile de retrouver ailleurs. Il s'agit d'un merle tué avec l'arc-à-jallet.

> Lors avec l'arbalestre à la main je m'approche,
> Je bande, et le *boulet dans la fronde j'encoche*
> Et *l'œillet* dans la noix ; puis par le trou je voy
> Et le merle et le *poinct* ; alors m'arrestant coy
> Je desserre la *clef*. La serre se desbande,
> Et l'arc qui se rejette avecque force grande,
> Envoye en l'air le plomb qui vers l'oiseau dressé,
> L'atteinct et l'abat mort d'oultre en oultre percé.

S'il n'y a point ici d'exagération poétique, comme je le soupçonne, il falloit que le boulet fût poussé d'une grande force pour percer ainsi l'oiseau de part en part. Je remarquerai encore que Gauchet parle ici d'une balle de plomb au lieu d'une boule de terre ; mais il y a lieu de croire que le monosyllabe *plomb* lui a mieux convenu que *boulet* pour la mesure de son vers ; car je ne pense pas que pour l'arc-à-jallet, surtout lorsqu'il étoit d'une petite proportion, et qu'il se bandoit à la main, on pût se servir d'une balle de plomb, qui par son poids, auroit amorti la force de la corde.

CHAPITRE II.

De l'origine des Arquebuses ; et quand on a commencé à s'en servir pour la chasse.

CE fut dans les premières années du XVIe siècle, un peu avant l'avénement de François I, devenu roi en 1515, que l'on commença à se servir, à la guerre, d'armes à feu portatives montées sur un fût, et propres à être mises en joue, que l'on appella d'abord *hacquebutes*, et en suite *harquebuses* ou *arquebuses*. Outre les arquebuses à main, il y en avoit d'autres appellées *arquebuses à croc*. C'étoit un canon nud, de la forme à-peu-près de ceux des arquebuses à main, mais plus long, plus renforcé, et de plus grand calibre, portant une balle de plomb de trois onces, suivant la *Pyrotechnie* de Hanzlet. Ce canon étoit soutenu en l'air sur un chevalet en forme de trépied, et ajusté de manière à pouvoir être braqué à volonté, comme une pièce d'artillerie. On y mettoit le feu de même avec un boute-feu. Les arquebuses à croc, qui ont précédé de plusieurs années les arquebuses à main, servoient non-seulement à garnir les créneaux et meurtrières des anciens châteaux et forteresses, mais on les employoit aussi en campagne. Il s'en trouva beaucoup dans l'armée espagnole à la journée de Ravenne en 1512, ainsi qu'à la retraite de Rebec, où fut tué Bayard, en 1524. Son histoire, par Symphorien Champier, dit, en parlant de cette retraite, que les *ennemis boutèrent leur harquebutiers bien quatre milles devant, et avoient beaucoup d'arquebutes à crochet ;* ce qui veut dire des arquebuses à croc. Revenons à l'arquebuse à main.

Cette arme s'exécutoit avec une mèche (1) : sa platine étoit d'un jeu fort simple ; elle portoit, à son extrémité d'en-bas, un chien nommé *serpentin* à cause de sa figure, à la mâchoire duquel s'ajustoit la mèche : en pressant avec la main une longue détente, à-peu-près semblable à celle d'un arbalète, et appellée de même la *clé,* on faisoit jouer une espèce de bascule intérieure qui abaissoit le serpentin garni de sa mèche allumée, sur le bassinet, où il enflammoit la poudre. Ces premières arquebuses furent d'abord très-pesantes (2); il

------

(1) La mèche est une corde de chanvre préparée, qui, une fois enflammée, brûle jusqu'au bout sans s'éteindre. Dans les premiers temps, le soldat, lorsqu'il étoit de service, portoit une certaine longueur de cette corde roulée autour du bras gauche, tenant seulement l'extrémité enflammée dans la main, pour l'ajuster au serpentin. Par la suite, on trouva plus à propos de porter la mèche pendante à la main, et allumée par les deux bouts, qui se tenoient entre les deux premiers doigts.

(2) On peut juger de leur poids, par ce qu'en dit, toujours à

falloit, pour les porter, des soldats vigoureux et choisis, auxquels on donnoit une haute paye; et ceux qui en étoient armés, portoient, en même temps, un bâton ferré par le bas, et garni en-haut d'une fourchette, sur laquelle ils l'appuyoient pour mettre en joue. Du reste, dans ces commencemens, les arquebusiers ne furent qu'en très-petit nombre dans les armées; la plus grande partie de l'infanterie étoit armée d'arbalètes et de piques. Il y avoit aussi des arbalétriers à cheval. Vers 1530, l'usage de l'arbalête commença à se perdre, du moins en France, car il se conserva plus long-temps en d'autres pays.

Après les arquebuses à mèche, vinrent celles à rouet, qui s'exécutoient par le moyen d'une pierre à feu, mais dont la platine étoit toute

---

l'occasion de l'affaire de Rebec, une ancienne vie de Bayard, différente de celle de Champier, et dont l'auteur ne s'est fait connoître que sous le nom du *Loyal Serviteur.* Il y est mention de *hacquebouses qui portent pierres aussi grosses que une hacqueboute à croc* Mais il ne faut pas prendre le mot de *pierres* à la lettre, comme l'ont fait les auteurs du *Dictionnaire de Trévoux*, au mot *arquebuse*, en disant que Bayard et Vandenesse, furent tués par de grosses arquebuses qu'on chargeoit avec des pierres. Ce mot doit être pris ici pour balle, ou petit boulet de plomb ou de fer; et de même, lorsqu'on lit, dans la vie que je viens de citer, que *fut tiré un coup de hacqueboute dont la pierre le veint frapper* (Bayard) *au travers des reins, et lui rompit tout le gros orteil de l'eschine.* Quant à ce qu'ajoute le *Dictionnaire de Trévoux*, qu'il falloit deux hommes pour porter ces premières arquebuses, cela me paroît assez vraisemblable, quoique aucun historien du temps, que je sache, ne soit entré dans ce détail.

différente de celle d'aujourd'hui. J'en donnerai
ici la description le plus clairement qu'il me
sera possible. Le chien, garni d'une pierre de
mine brute, comme celui de nos platines l'est
d'un caillou (*silex*) taillé en biseau, est situé
à la partie inférieure de cette platine, dans
un sens opposé à ce qu'on voit aujourd'hui.
Il s'abat sur le bassinet, ou se renverse en
arrière avec la main, au moyen d'un ressort
extérieur sur lequel il roule par en-bas. Au
fond du bassinet, qui se ferme exactement par
un couvercle en coulisse et à ressort, une petite roue d'acier, cannelée dans son portour,
présente de champ une portion de sa circonférence : c'est ce qu'on appelle le rouet ; et ce
rouet est traversé, dans son centre, par un
essieu saillant en-dedans et en-dehors. Au bout
intérieur de cet essieu, tient une chaînette de
trois chaînons, attachée par son autre extrémité à un ressort. L'arme chargée, au moment qu'on veut tirer, on commence par découvrir le bassinet ; ensuite on monte le rouet
avec une clé ou manivelle, dans laquelle s'a-
juste le bout extérieur de l'essieu, et on le
fait tourner de gauche à droite, jusqu'à ce
qu'un petit trou qui y est pratiqué en-dedans, se
rencontre avec un pivot qui s'y engrène et
l'arrête. En faisant un tour ou environ, le rouet
bande le ressort avec lequel il correspond par
la chaînette. Cela fait, on amorce, on ramène

le couvercle sur le bassinet, et on abat le chien, de manière que la pierre porte sur le couvercle. Alors, en appuyant sur la détente, le petit pivot à ressort, dont j'ai parlé, sort de son trou; le rouet se détourne avec beaucoup de vivacité; et au même instant que, par une mécanique particulière qui dépend de l'essieu, il renvoie le couvercle du bassinet, ce qui se fait d'autant plus prestement que la surface extérieure de ce couvercle forme un plan incliné, il enflamme l'amorce par son frottement contre la pierre, qui, le couvercle retiré, retombe immédiatement sur le rouet. Ce rouet de la platine ancienne fait l'office de la batterie dans la platine moderne. Son essieu, qui, par dedans, n'est pas quarré, comme au dehors, mais aplati d'un côté, et renflé de l'autre, fait à-peu-près l'office de la noix, et le ressort qu'il bande en tournant, celui du grand ressort. Enfin la chaînette qui tient à l'un et à l'autre est précisément le modèle de celle que, dans ces derniers temps, quelques arquebusiers ont imaginé d'adapter à la griffe du grand ressort et à celle de la noix, pour éviter un frottement, et rendre le jeu de la platine plus doux. Au reste, toutes les platines à rouet ne sont pas faites exactement sur le modèle que je viens de décrire. Dans la plupart, le rouet et son ressort sont en-dedans; dans quelques autres, par dehors. Il y a aussi quelque variété dans le mécanisme du couvercle du bassinet; mais ces différences n'empêchent pas que le jeu du rouet et du chien, qui sont les pièces principales, ne soit toujours le même. Il est aisé de voir, par le détail que je viens de donner, après avoir eu les objets sous les yeux, et les avoir attentivement examinés, que la description, ainsi que la figure de l'arquebuse à rouet qu'on trouve dans l'*Histoire de la Milice françoise* du P. Daniel, sont fautives en plusieurs points. En outre, il s'est trompé sur l'époque de cette invention, et sur celle du premier usage qui s'en fit en Allemagne, faute d'avoir entendu un passage de Louis Collado, auteur d'un traité d'artillerie en espagnol, intitulé *Pratica manual de artiglieria*, imprimé, de son vivant, à Milan, en 1592, *in-fol.*, et en lui faisant dire ce qu'il n'a point dit (1).

____

(1) » Si nous en croyons (dit le P. Daniel) Luigi Collado dans
» son Traité de l'artillerie , imprimé à Venise en 1586, on ne
» commença que de son temps à se servir des arquebuses à rouet
» en Allemagne , » (*nell' Alamagna etiandio fù ritrovata l'inventione*
degli archibuggi da ruota). Sur quoi j'observerai, 1°. que le texte
cité n'est point le texte original de Louis Collado, que le P. Daniel
n'a pas connu, mais celui d'une traduction italienne de son traité,
faussement datée de 1586, puisque l'édition originale est de 1592;
2°. que ce passage, même dans la traduction italienne citée, ne
veut pas dire que ce ne fut que du temps de l'auteur que l'on commença à se servir en Allemagne des arquebuses à rouet, mais que
ces armes furent inventées par les Allemands. Voici le propre texte
de l'auteur espagnol : *Alemanes assimismo inventaron el uso de los*

La platine à rouet fut inventée en Allemagne, au plus tard vers 1540, puisque, dans les *Mémoires de Du-Bellay*, il est fait fait mention de pistolets (1), sous l'année 1544; que, d'ailleurs, une ordonnance de Henri II, pour le ban et arrière-ban, du 9 février 1547, porte que les archers faisant partie des compagnies formées de cette milice devoient avoir le pistolet à l'arçon de la selle, au lieu de l'arc dont ils étoient armés auparavant. Or, les pistolets n'étant point une arme de nature

---

arcabuses de pedernal, mediante los quales esta machina fue muy mas prejudicial, y mas secreta : c'est-à-dire, » les Allemands inventèrent » aussi l'usage des arquebuses à rouet, invention qui rendit les » armes à feu beaucoup plus meurtrières, et plus secrètes dans leur » exécution. »

Je ferai ici une remarque particulière à l'occasion du mot espagnol *pedernal* (caillou, pierre-à-feu). Je pense que c'est de-là qu'est venu le nom de *pétrinal* ou *poitrinal*, donné en France autrefois à une arquebuse à rouet fort courte et de gros calibre, que Fauchet (*Antiquit. Gaul.*) dit être une *invention de bandouliers des Monts-Pyrénées*; et non pas de ce que, pour tirer, on l'appuyoit sur la poitrine, comme le dit Nicot dans son Dictionnaire.

(1) Voici l'origine du nom de *pistolet*, tirée de la préface du *Traité de la conformité du langage françois avec le grec*, de Henri Étienne. » Pistolet, petite arme dont les Reîtres usent princi- » palement. A Pistoye, petite ville qui est à une bonne journée » de Florence, se souloient faire de petits poignards, lesquels » étant par nouveauté apportés en France, furent appellés du nom » du lieu, premièrement *pistoyers*, depuis *pistoliers*, et enfin *pis-* » *tolets*. Quelque temps après, étant venue l'invention des petites » arquebuses, on leur transporta le nom de ces petits poignards; » et ce pauvre mot ayant été pourmené long-temps, en la fin a en- » core été mené jusques en Espagne et Italie pour signifier leurs » petits escus. »

à être exécutée avec la mèche , il est indubitable qu'ils s'exécutoient avec le rouet , dès le premier usage que l'on en fit. En outre, on voit par l'histoire des guerres de ce temps-là, qu'à cette époque il y avoit déjà , dans nos armées, des arquebusiers à cheval ; et certainement leurs arquebuses étoient à rouet, et non à mèche.

Quand je dis que le rouet succéda à la mèche, il ne faut pas croire que cette nouvelle méthode fit proscrire l'ancienne ; car l'une et l'autre subsistèrent long-temps ensemble. Les arquebuses à rouet, qu'on fit beaucoup plus courtes , et bien moins pesantes que celles à mèche , devinrent l'arme d'une cavalerie légère, qu'on appella arquebusiers à cheval ; et les arquebuses à mèche furent , avec la pique, l'arme de l'infanterie. Ces arquebuses à mèche portoient une balle de deux onces ; on les appella par la suite mousquets ; et alors le nom d'arquebuse fut réservé pour des armes plus légères, et de moindre calibre, s'exécutant de même avec la mèche , dont une partie seulement des compagnies de gens de pied fut armée, tandis que l'autre l'étoit de mousquets. Ces arquebuses, qui se donnoient aux soldats les moins vigoureux , se tiroient sans fourchette ; mais quoique les mousquets fussent moins massifs que n'avoient été les arquebuses dans leur première origine, il n'en falloit pas moins une fourchette pour les tirer, et cette fourchette faisoit partie de l'armement du mousquetaire, jusque bien avant dans le siècle dernier. Non-seulement on la voit dans le *Maréchal de bataille* de Lostelnau, imprimé en 1647, mais il paroît qu'elle avoit encore lieu en 1670, puisque François Mazzioli, qui a fait un traité du maniement des armes, en italien, imprimé cette année, propose de la supprimer, et de la réserver seulement pour le service des places de guerre, parce que les mousquets qu'on y emploie sont plus pesans que ceux de campagne. Les mousquets ayant été rendus plus légers et de moindre calibre vers la fin du dernier siècle, on abandonna la fourchette ; mais, en 1696, ils s'exécutoient encore avec la mèche : les grenadiers seuls, alors répartis dans les compagnies, étoient armés de fusils dans le goût de ceux d'à présent. C'est ce qu'on voit dans l'*Art militaire François pour l'Infanterie*, imprimé en 1696, *in-8°*. Ce ne fut qu'aux environs de 1700, que les fusils furent substitués aux mousquets dans toute l'infanterie. Qu'on ne croie pas néanmoins que la platine que nous voyons aujourd'hui soit aussi moderne que la fin du dernier siècle; elle existoit bien auparavant, et il est mention dans les voyages de Pietro della Valle, sous l'année 1617, de pistolets avec la platine actuelle : *pistole a focile , che non s'ha da perder tempo a tirar sù la ruota ;* c'est-à-dire , » pistolets à » fusil, avec lesquels on ne perd point de » temps à remonter le rouet « (1).

Le rouet n'étoit pas encore entièrement banni de l'arquebuserie vers 1650 , puisque Vita Bonfadini dans un petit ouvrage intitulé, *la Caccia dell'arcobugio ,* imprimé à Milan en 1648 , *in-*12 , parle d'arquebuses de chasse à rouet , dont quelques chasseurs se servoient encore en ce temps ; et des arquebuses à fusil (*a focile) ,* c'est-à-dire , à platine moderne , qu'il préfère de beaucoup aux autres, tant pour la commodité et la promptitude de l'exécution , que pour la solidité , le rouet étant sujet à se détraquer, et demandant d'ailleurs à être remonté à chaque coup avec une clé. Il parle même aussi d'arquebuses à mèche , qu'il dit n'être propres qu'à tirer à coup posé.

Nicolà Spadoni , qui a fait un autre traité sur la chasse au fusil , intitulé *la Caccia dello schioppo ,* imprimé à Bologne en 1673 , *in-*12, fait aussi mention de l'arquebuse à mèche, comme étant encore en usage de son temps

---

(1) Le mot *focile* (fusil), signifie également, tant en italien qu'en françois, soit le caillou , soit l'instrument d'acier , dont on se sert pour en tirer du feu, soit la partie de la platine appellée batterie , soit la platine entière ; et l'on a fini , en France , par appliquer cette dénomination à l'arme même , en cessant de l'appeller arquebuse , lorsque les platines à rouet ou à mèche ont été tout-à-fait abandonnées.

parmi quelques chasseurs qui, s'en servoient même pour tirer au vol, et préféroient la mèche à la pierre à fusil, prétendant que son feu étoit plus sûr et plus prompt que celui de la pierre. Spadoni soutient le contraire, et cela est aisé à prouver; il combat d'ailleurs cette préférence par d'autres bonnes raisons qui se présentent d'elles-mêmes, telles que la sujettion de porter la mèche, de l'ajuster au serpentin, de la compasser avec le bassinet; indépendamment de la mauvaise odeur qu'elle répand, propre à faire fuir les oiseaux qui ont l'odorat fin.

Ainsi, pendant long-temps on s'est servi concurremment à la chasse, de la mèche, du rouet, et de la platine telle qu'elle est aujourd'hui, qui enfin, comme la plus commode, la plus simple et la plus expéditive pour l'exécution des armes à feu, est restée seule, et a fait condamner les deux autres à l'oubli; quoique, cependant, il se fasse encore aujourd'hui, pour la chasse, des armes à rouet en Allemagne, et qu'il se trouve aussi, dans les arsenaux des places de guerre, quelques gros fusils appellés *fusils de rempart*, qui s'exécutent avec la mèche.

En même temps que l'on a commencé à faire usage à la guerre d'armes à feu portatives, on a dû aussi les employer à la chasse : et en effet, l'ordonnance des chasses de François I, de
l'année

l'année 1515, fait déjà mention de *haquebutes* et *échopettes*, comme instrumens de chasse. C'est la plus ancienne où il en soit parlé. A l'époque de 1525 (1), il y avoit déjà, en plusieurs villes du royaume , des compagnies de chevaliers de l'arquebuse , formées en corps et autorisées par lettres du prince, qui s'exerçoient à tirer de cette arme, en certains temps de l'année; mais dans ces premiers temps, on s'en servoit très-peu : l'arbalète étoit, et fut encore bien des années après, l'arme dominante pour la chasse, et on ne commença à l'abandonner , ainsi que je l'ai déjà observé dans le chapitre précédent, que lorsqu'on eut perfectionné le maniement de l'arquebuse, au point de pouvoir tirer au vol; car il ne faut pas croire qu'on ait tiré au vol dès le premier usage qu'on a fait des arquebuses. Il en a été de cette invention comme de toutes les autres, dont la perfectibilité ne se développe que par degrés, et suivant une progression plus ou moins lente. Il est aisé d'imaginer que d'abord on aura commencé par tirer, à balle seule, le menu gibier comme le

---

(1) Suivant la *Relation du Grand prix rendu à Beaune en août* 1778, imprimée à Dijon en 1779, la compagnie de l'arquebuse de Bourg-en-Bresse , doit être la plus ancienne du royaume. Il y est dit (*p.* 134) que » les priviléges de l'exercice de l'arc et de l'arbalète y » furent concédés par Philippe de Savoye, comte de Bresse , en » 1467 , 1480 ; et par Philibert, duc de Savoye, en 1498 ; et que » le duc Charles étendit ces priviléges au jeu de l'arquebuse , en » 1509 , confirmés en 1535 , et par Henri IV, en 1601. »

D

gros; on se sera avisé ensuite de charger à deux
ou trois balles, pour couvrir une plus grande
surface ; puis on aura augmenté le nombre de
ces balles en diminuant leur volume ; et enfin on
en sera venu progressivement à la grenaille ou
dragée, avec laquelle on se sera borné d'abord
à tirer le menu gibier, soit poil ou plume,
arrêté ; puis, insensiblement, on se sera essayé à le tirer au vol et en courant. Telle est
la gradation qui se présente naturellement à
l'esprit.

En cherchant à fixer par des faits cette dernière époque de la perfection de l'usage des
armes à feu pour la chasse, j'ai trouvé dans un
petit ouvrage intitulé *Eccellenza della caccia
di Cesare Solatio Romano*, imprimé à Rome,
en 1669, *in*-16, qu'au temps où l'auteur écrivoit, il y avoit environ 80 ans que l'on connoissoit à Rome l'usage de tirer au vol. *Da ot-
tanta anni in circa è in uso il tirare a volo in
Roma.* Ce fut donc vers 1590, qu'en Italie l'on
commença à tirer au vol; et il est naturel de
penser qu'à la même époque, cet usage devint
à-peu-près général dans les autres pays de l'Europe. Je crois donc pouvoir assurer que jusqu'en 1580, on ne tiroit point encore au vol,
ni même en courant, si ce n'est les grandes bêtes.
Je me fonde encore sur les *Chasses* de Stradan,
qui florissoit vers ce temps-là parmi lesquelles
on ne voit pas un seul chasseur à l'arquebuse,

tirant au vol , ni même en courant ; et sur le
poëme intitulé *Le Plaisir des champs* , par
Claude Gauchet, imprimé pour la première
fois en 1583, où l'auteur, chasseur de profession, décrit plusieurs chasses à l'arquebuse , et
raconte ses exploits en ce genre , et ceux de
quelques chasseurs de sa connoissance. Or , il
n'y est fait aucune mention de tirer au vol.
Tantôt ce sont des perdrix que Gauchet tire
sur la neige :

. . . .

Je romps tout aussitost ma première entreprise ,
Et de tirer sans plus par les champs je m'advise
Aux timides perdrix. Doncq' sur l'heure rangeant
Lict sur lict maint drageon , je charge diligent ;
Puis tournant à l'entour de la troupe escartée ,
Peu à peu je m'approche , afin qu'espouvantée
Ne se lève aussitost. . . . .
En ayant choisi sept en troupe, je les tire ;
Des sept j'en frappe trois ; le reste dedans l'air ,
Espouvanté du coup , se haste de voler, etc.

Tantôt c'est un canard sauvage , qui pour
éviter les serres du faucon qui le poursuit, s'a-
bat dans une mare, où il est tué d'un coup
d'arquebuse :

Une fois on le tire, une fois il s'évade ,
Mais il demeure enfin d'une autre arquebusade , etc.

Une autre fois , ce sont plusieurs canards poursuivis de même par le faucon, et tirés de la
même manière sur une mare , où ils se sont
réfugiés :

> Mais Arnault bon tireur, ainsi qu'on lui commande,
> D'une arquebuse tire au milieu de la bande , etc.

Mais en aucun endroit, pas un mot de tirer en volant.

S'il s'agit de quadrupèdes , excepté un seul cas, où un sanglier , chassé par des chiens courans , est tiré par Gauchet, qui , *de deux plombs impiteux tout oultre l'a percé*, il n'est pas plus mention de tirer en courant.

Un autre sanglier est tué par lui ; mais c'est à l'affût , et arrêté :

> Tantost j'oy traverser je ne sais quoi qui brousse ;
> Aussitost pour tirer l'escopette je trousse,
> J'abats le chien tout prest et regarde attentif,
> De n'estre pour tirer ni tardif ni hastif.
>
> . . . .
>
> Ainsi j'attends venir (caché d'une rochée)
> La beste, tant qu'ell' soit de plus prés approchée :
> A tant je vois que c'est un grand sanglier miré ,
> Qui vient droict à la vigne où le fruict l'a tiré.
> A la fin j'apperçoy la malheureuse beste ,
> Qui aux rais de la lune à *quinze pas s'arreste ;*
> Alors je couche en joue et tire vistement ,
> De peur qu'estant trop long ell' n'ait de moi le vent ;
> Le coup n'est point en vain , etc.

Dans une autre occasion , Gauchet tue un chevreuil ; mais il le tire de même arrêté :

> Sitost je n'eus chanté que voici traversant
> Non loing de moi ravi le chevreuil bondissant ,
> *Qui s'arreste assez prés :* alors plus ne m'amuse,
> Ains vistement en main je prends la harquebuse ;

En joue je la couche , et mire son costé ,
Puis lui perçant le flanc par terre l'ai porté.

Ailleurs, il tire sur des marcassins , et toujours
à coup posé :

> Or estant près d'Ivor , dans un bled sarrasin ,
> Je vois le long du bois maint et maint marcassin
> Par la laye mené , qui jà déjà doubteuse
> Bransloit pour regagner la forest sabloneuse.
> Lors loing je me retire , et pour la rassurer ,
> Mon homme à deux cents pas d'elle fais demeurer ,
> Lui chargeant qu'aussitost qu'il verra dans la taille ,
> Que je serai rentré , ni aisant il ne faille
> A se monstrer à elle , et qu'il se garde bien
> De trop l'espouvanter , afin que le moyen
> J'aye de la mirer : elle ira d'assurance ,
> D'autant qu'à l'autre embusche encore elle ne pense :
> J'ente le *tireplomb* dedans l'*encroue* , afin
> De recharger de quoi tirer au marcassim.
> Or estant à l'endroit où je m'escroy la beste
> Devoir entrer au bois , à tirer je m'appreste.
> Mon homme j'advertis , qui pas à pas venant
> Vers le gourmand troupeau , droit me va l'admenant.
> *A la rive il s'arreste* aux costés de la mere ,
> Qui tourner derechef vers le gaignage espere.
> Lors ne voulant tirer pour un seul à la fois ,
> J'en mire quatre ou cinq , dont j'en culbute trois.
> La mere espouvantée à travers le boscage
> Fuit , etc.

Enfin , Gauchet allant le long d'un bois , au
point du jour , apperçoit un renard qui vient de
se saisir d'un levraut , et l'emporte au terrier.
Alors il se glisse sous le bois , pour gagner le
devant , et le tire au passage ; mais il ne le

tire qu'au moment où il s'arreste pour mieux charger sa proye.

. . . .

> Or le voyant tarder pour mieux charger sa proye,
> Je le tire et le paye en pareille monnoye,
> Si bien que sur le lieu je culbute à l'instant
> Le galant, etc.

De ces différens récits, et de ce que dans un ouvrage de ce genre, il n'est jamais mention de tirer autrement qu'à coup posé, je croisqu'on peut hardiment conclure, qu'en 1583, on ne tiroit encore, ni au vol, ni en courant; et cela s'accorde parfaitement avec le témoignage de l'auteur italien que j'ai cité.

CHAPITRE III.

De la fabrication des canons.

§. 1. De la forge.

Pour fabriquer un canon ordinaire, c'est-à-dire, de 32 ou 33 pouces de longueur, et du poids d'environ deux livres et demie, tels qu'ils se font aujourd'hui le plus communément, on commence par forger et bien corroyer une barre de fer plat de 12 à 15 livres, jusqu'à ce qu'elle soit réduite en lame suffisamment aplatie, la renforçant à l'extrémité qui doit former le derrière du canon. Le fer le plus doux et le plus

liant est celui que l'on doit choisir ; nos canoniers de Paris y emploient celui de *Clavières* en
Berry, le meilleur que nous ayions en France.

On plie ensuite cette lame sur l'enclume avec
le marteau, et on la roule à peu près comme une
oublie.

Cette première opération faite , il s'agit de
forger le canon , et de lui donner la première
forme en soudant les deux bords de la lame, que
l'on fait *chevaucher* l'un sur l'autre , ce qui se
fait peu-à-peu et successivement, au moyen de
plusieurs *chaudes* données au même endroit;
faisant entrer à chaque chaude dans le creux
du canon , une broche bien arrondie, qui en
ébauche l'*ame* ou le cylindre. Les chaudes se
donnent de deux en deux pouces aux canons fins,
au nombre de six ou sept, plus ou moins, sur
chaque longueur de deux pouces.

On sent qu'il faut deux hommes pour forger :
l'ouvrier principal chauffe , tandis que l'autre
souffle, et tient la broche prête pour l'introduire dans le canon , à l'instant qu'il sort du
feu ; après quoi tous deux le battent ensemble
sur l'enclume.

Le canonier, en chauffant son canon , a soin
de donner , de moment à autre , horizontalement de petits coups de marteau sur l'extrémité qu'il tient de la main gauche : cette attention est nécessaire , d'abord pour refouler et
resserrer les parties du fer, prêtes à se quitter

lorsqu'il arrive au degré de chaleur qu'on appelle *blanc-soudant*, degré qui précède immédiatement la fusion, et empêcher par-là que le canon ne se partage en deux à l'endroit de la chaude ; cela sert aussi pour prévenir les *travers*, pour ouvrir et dilater les *fentes* et *pailles*, s'il s'en trouve, et les disposer à se réunir, en chassant par ce refoulement les crasses et impuretés qui les forment. C'est dans cette même vue qu'en retirant le canon de la forge, il frappe horizontalement contre l'enclume l'autre extrémité du canon, ce qui s'appelle *estoquer*.

La fente est une solution de continuité en long ; le travers une solution de continuité en large.

La paille est autre chose ; c'est une petite lame ou écaille mince détachée du canon, et qui n'y tient que par une base plus ou moins étendue. Ce sont des défauts plus ou moins considédérables, selon leur profondeur et l'endroit où ils sont placés.

La fente, ainsi que la paille, sont plus de conséquence que le travers, pour la sureté, attendu que l'effort de la poudre se fait sur le diamètre, et non sur la longueur du canon. C'est le contraire dans une lame d'épée : s'il s'y rencontre un travers un peu profond, elle se rompra, pour peu qu'on la ploie, parce que l'effort est longitudinal ; si elle n'a qu'une paille ou fente, elle résistera. Au surplus, les pailles se rencontrent bien plus souvent que

les fentes. Lorsqu'elles sont au dehors et superficielles, ce n'est qu'un défaut de propreté :
au-dedans, elles peuvent former une *chambre*
en s'enlevant, et alors c'est un défaut capital,
sur-tout si la paille pénètre jusqu'au dehors. Il
en est de même des fentes.

A mesure que le canon se forge, on le porte
de temps en temps bien rouge à un étau, dans
lequel on serre une de ses extrémités, tandis
qu'on passe dans l'autre un fer coudé, au moyen
duquel on le tord. Cette opération ajoute beaucoup à sa solidité, en donnant à la soudure,
et aux fibres du fer une direction spirale, bien
plus résistible à l'effort de la poudre, que la
direction longitudinale. Mais il est bon d'observer que les chaudes qui se donnent ensuite
sur les *torses*, pour concentrer les fibres du
fer dans cette direction spirale, et ragréer le
canon, ne doivent pas être trop vives, sans
quoi le nerf du fer reprendroit son état naturel, et le canon redeviendroit un canon ordinaire.

Observons encore que la plupart des canons
qu'on appelle *tordus*, ne le sont qu'en partie ;
car il y a au moins six pouces du devant, et
(ce qui importe bien davantage) sept à huit
du derrière qui ne le sont pas ; et voici pourquoi. Comme il faut que le canon soit très-chaud,
lorsqu'on le porte à l'étau pour le tordre, si
on le chauffoit au même degré jusqu'à ses ex-

trémités, alors ce fer coudé qui sert à tordre, n'auroit plus de prise, et ne tordroit pas : mais il est aisé aux canoniers de parer à cet incon-vénient, en forgeant le canon assez long pour pouvoir en retrancher la partie non tordue.

Tous les canons qui se font à Paris sont ainsi tordus; mais à Saint-Etienne, et dans les autres manufactures d'armes, ils ne le sont pas toujours.

Le grand point pour bien forger un canon, est de savoir chauffer le fer à propos, et lui donner le degré de feu convenable. Une chose encore très-importante pour la forge d'un canon, c'est d'y employer le moins de fer possible, eu égard au poids qu'il doit avoir, afin de laisser à la lime le moins à faire qu'il se peut, ce qui s'ap-pelle *forger près de la lime;* et la raison en est sensible. Moins le fer est épais, mieux il se chauffe et se purifie par l'action du feu. Plus un canon aura été forgé massif, plus il restera d'ouvrage à faire à la lime ; et comme la partie extérieure du fer est celle qui a reçu le plus immédiatement le travail du marteau, que par conséquent cette partie est la mieux purgée et la plus corroyée, il faut tâcher d'en ôter le moins possible; et ce ne peut être qu'en forgeant le canon le plus près qu'il se peut de l'épais-seur qu'il doit avoir lorsqu'il sera limé et fini.

On s'étonnera peut-être que pour fabriquer un canon du poids d'environ deux livres et demie, il faille employer jusqu'à douze livres de fer et plus , comme nous l'avons dit : ce déchet est inévitable. Le grand nombre de chaudes nécessaires , tant pour purger et cor- royer la lame , que pour bien souder le canon , en emporte la majeure partie ; le reste est pour l'ouvrage des forets et de la lime. Au reste , la quantité de fer dépend aussi beaucoup de sa qualité , de celle du charbon , et de la main du forgeron.

§. 2. *Comment se forent les canons.*

Lorsque le canon est forgé , il s'agit de le *forer ;* c'est-à-dire , de le réduire au calibre qu'on veut lui donner. L'ame se trouve ébauchée par la broche sur laquelle il a été forgé ; mais elle est inégale, raboteuse, et a beaucoup moins de diamètre qu'elle ne doit en avoir , afin de laisser une certaine épaisseur pour le travail du foret.

La machine qui sert à forer les canons , appel- lée *banc à forer ,* est composée de deux jumelles de six à sept pieds de long , et à-peu-près de six pouces en quarré. Ces deux jumelles sont posées horizontalement , et emmortoisées par leurs extrémités , chacune dans deux montans de trois pieds de haut solidement établis : lais- sant entre elles un espace d'environ cinq pouces , dans lequel s'adapte une pièce de bois, enclavée de chaque côté dans une rainure pratiquée sur toute la longueur de ces jumelles.

Cette pièce de bois, appellée *mouton*, est traversée dans son milieu par un boulon de fer percé en haut d'une ouverture assez grande pour y passer le derrière du canon, et l'y assujettir avec une cheville de fer qui fait l'office de coin. Une forte manivelle, dans une extrémité de laquelle s'emmanche le foret, et dont l'autre bout est garni d'une roue, ou de deux pièces de bois en croix, pour lui donner du poids, étant tournée à force de bras, fait mouvoir le foret qu'on a introduit dans le canon, qui avance peu-à-peu avec le mouton sur lequel il est assujetti, et à mesure que le foret fait sa trace ; et cela par l'effet d'une corde ou chaîne attachée par un bout au mouton, et de l'autre à une planche chargée d'une grosse pierre, et placée au-dessous du banc à forer ; laquelle planche, à mesure qu'elle est descendue à terre, se relève par un petit cric destiné à cet usage.

Le foret est une broche de fer garnie d'un carré d'acier de quatre à cinq pouces de long, qui, en tournant dans le canon, coupe et enlève toutes les inégalités et aspérités que la forge y a laissées, et efface les petites cavités qui s'y trouvent, qu'on appelle *taches de forge*. On passe successivement dans le canon jusqu'à vingt ou vingt-cinq forets de différentes grosseurs, bien graissés d'huile ; ce qui varie en plus ou en moins, suivant les différens calibres.

.L'action du foret échauffe beaucoup le canon, le tourmente et le plie fréquemment;
c'est pourquoi on a soin de le couvrir d'un
linge mouillé, qui empêche d'ailleurs que le
foret ne se détrempe ; et on le retire du banc
de temps en temps , pour le redresser sur l'enclume à coups de marteau. Lorsque les forets
ont bien nettoyé l'ame du canon, on y passe
plusieurs fois la *mèche*, pour effacer seulement les plus gros traits du foret ; et c'est alors
qu'il faut le dresser par-dedans.

Cette opération essentielle pour la perfection
d'un canon, s'appelle *dresser au cordeau.*

Le *cordeau* est un fil de laiton, tendu au
moyen d'un arc auquel il s'accroche par les
deux bouts. Le canonier le passe dans le canon, et examine soigneusement, en le présentant au jour, et en le retournant sur tous les
sens, les endroits de l'ame où le cordeau ne
pose pas. Il marque ces endroits par dehors
avec le doigt, et fait rentrer le fer en dedans
à coups de marteau sur l'enclume; on remet
ensuite le canon sur le banc, pour y passer la
mèche, qui emporte toutes les parties de fer
excédentes que le marteau a fait rentrer, ainsi
que les traits du foret.

La *mèche* est une espèce de foret dont le
carré de dix à douze pouces est poli, et dont
les arêtes sont plus vives, et coupent le fer
plus finement. Ce carré va en diminuant vers

le bout, afin de pouvoir y ajuster sur une des faces une petite lame de bois appellée *etelle*, qui fait que deux arêtes seulement travaillent. À mesure que l'ételle se lâche, on la fait serrer à volonté avec de petites bandes de papier qui s'interposent entre elle et la mèche. Il est essentiel que le carré de la mèche, qui dresse l'ame du canon en même temps qu'il la polit, soit lui-même parfaitement droit, et que la trempe ne l'ait pas déjetté.

On dresse ainsi le canon à plusieurs reprises, c'est-à-dire, en répétant alternativement l'opération du cordeau et celle de la mèche; jusqu'à ce qu'enfin le cordeau se trouve porter également dans toute la longueur et le pourtour de l'ame du canon, de quelque côté qu'on le retourne, et qu'il ne présente plus à l'œil qu'une surface parfaitement unie.

§. 3. *Comment on lime les canons.*

Le canon étant dressé et calibré par dedans, reste à le limer, et à lui donner la forme extérieure et les proportions qu'il doit avoir, tant sur le devant que sur le derrière. Pour le faire avec justesse, on commence par y former quatre pans, qu'on partage en huit, et les huit en seize, sauf huit à neuf pouces, plus ou moins, suivant la longueur du canon, qui doivent rester à huit pans sur le derrière, et former ce qu'on appelle le carré (1). Alors il se trouve presque arrondi, et il ne s'agit plus que d'enlever avec la lime toutes les arêtes que forment ces seize pans.

Il est très-essentiel pour la solidité d'un canon, qu'il soit par-tout égal de fer, c'est-à-dire, qu'il ne s'y trouve pas plus d'épaisseur d'un côté que de l'autre. Pour parvenir, autant qu'il se peut, à ce point de précision, les canoniers emploient un outil , appellé *compas d'epaisseur ;* c'est une verge de fer ployée de façon qu'elle forme deux branches parallèles, très-rapprochées l'une de l'autre ; l'une de ces branches s'introduit dans le canon, et y est ferme, au moyen d'un ressort dont elle est garnie par en bas ; l'autre descend parallèlement par dehors le long du canon, et est traversée à son extrémité par une vis horizon-

---

(1) Les canoniers de Paris sont dans l'usage de faire des carrés très-courts, de 7 à 8 pouces, par exemple, pour un canon de 32 ou 33 pouces. Il me semble qu'un carré d'environ le tiers de la longueur, donneroit plus de grace au canon. Mais il faut convenir aussi que généralement on leur commande aujourd'hui les canons si légers, qu'ils ne peuvent atteindre cette légéreté qu'en tenant le carré plus court et moins étoffé. On étoit dans le goût autrefois d'arrondir le derrière des canons doubles. Pendant quelques années, ce goût avoit changé, et ils se faisoient à 8 pans comme les simples, dont il se fait très-peu de ronds sur le derrière. Mais on revient aujourd'hui à l'usage de les arrondir. Cette forme est peut-être moins gracieuse ; mais elle est non-seulement plus solide, en ce que le fer s'y trouve plus également réparti ; elle est aussi plus favorable pour la damasquinure , qui s'y déploie avec bien plus d'avantage que sur des pans.

tâle. En faisant tourner le compas dans le canon, cette vis indique les endroits où il y a trop de fer; et on en ôte avec la lime, jusqu'à ce qu'en promenant le compas sur toute la longueur et la circonférence extérieure du canon, elle s'en trouve toujours à une égale distance (1). Pour donner à cette opération toute la justesse dont elle est susceptible, il est à propos d'ajouter à la branche intérieure du compas, un mandrin de trois à quatre doigts de long, percé dans son centre, et fait en quille, afin de pouvoir s'ajuster à tous les calibres, dans lequel cette branche se trouvant

---

(1) Le sieur Pelletier, machiniste de S. A. R. dom Gabriel, infant d'Espagne, annonça, il y a quelques années, dans les papiers publics, une machine de son invention, destinée à rendre les canons de fusil d'une épaisseur parfaitement égale dans tous les points correspondans de leur circonférence. Je veux croire que cette machine, approuvée par l'académie des sciences, et que je ne connois point, peut opérer cette égalité avec plus de précision que le compas d'épaisseur dont se servent les canoniers: mais pour rehausser le mérite de son invention, il déprise trop les moyens connus. Suivant son *Prospectus*, les canons les plus chers et les mieux faits, coupés par bouts transversalement, présentent le plus souvent des inégalités d'épaisseur du double en plus et en moins; il prétend que les armes de chasse *des personnes les plus précieuses et des plus puissans souverains partagent cet inconvénient avec celles du dernier sauvage.* C'est de quoi ne conviendront ni les canoniers, ni ceux qui connoissent la fabrication des canons. Une inégalité aussi considérable ne doit jamais se trouver dans un canon bien dressé par dedans, et bien limé. Avec le compas d'épaisseur, on peut obtenir, sinon une précision géométrique, au moins une approximation très-suffisante pour rassurer sur le danger de cette inégalité d'épaisseur, de même

engagée,

engagée, tourne avec bien moins de jeu que lorsqu'elle est en liberté dans l'ame du canon, et ne peut déverser en aucun sens. Cette précaution n'est pas toujours employée ; mais aucun canonier, jaloux de la perfection de son ouvrage, ne doit la négliger.

Le canon ainsi limé et dressé par dehors, on y soude les tenons au cuivre, et le guidon à la soudure d'argent, ce qui s'appelle *garnir*. Ensuite on y repasse la mèche pour ôter les saletés que le feu y a occasionnées en le garnissant, après quoi on le culasse. Cette dernière opération est importante.

---

que sur les inconvéniens que le sieur Pelletier dit en résulter, tels qu'*un dérangement, une divergence dans la portée, et une commotion dans l'arme, qui incommode beaucoup et blesse souvent celui qui la tient :* inconvéniens qui, s'ils ne sont pas imaginaires, sont au moins fort exagérés. Le sieur Pelletier ne persuadera donc point aux gens de l'art, ni aux connoisseurs, qu'une différence d'épaisseur de deux ou trois feuilles de papier, d'un sou-marqué, de deux s'il le veut, qui est, en cavant au plus fort, celle qui peut se rencontrer quelquefois entre certains points de la circonférence d'un canon fin bien limé ; il ne leur persuadera point, dis-je, qu'une pareille différence mérite tant d'attention. Il n'y a certainement point de canon commun, ou demi-fin, de ceux qui se font pour le commerce dans les manufactures, point de canon de soldat où on ne trouvât au moins cette inégalité d'épaisseur ; et cependant il est de fait, pour ces derniers, qu'à l'épreuve, où la charge est triplée, du moins en poudre, il n'en crève pas quatre sur cent. D'ailleurs, en attachant autant d'importance qu'il le prétend à la parfaite égalité d'épaisseur des canons, sa machine ne peut la procurer qu'avec le concours du canonier ; cette précision rigoureuse suppose toujours l'ame du canon parfaitement dressée au cordeau, et ce parfait niveau est une donnée indispensable pour le succès de son opération.

E

Pour culasser un canon, on se sert d'abord d'un taraud long et un peu conique, appellé *quille*, à cause de sa forme. On le fait entrer à force dans le canon avec le tourne-à-gauche, jusqu'à ce qu'il ait ébauché les deux ou trois premiers filets ; alors on y passe un autre taraud moyen, moins conique ; et quand celui-ci avec le tourne-à-gauche a été mis à fond, c'est-à-dire, assez loin pour former la longueur de la culasse, on y passe un troisième taraud à-peu-près égal de grosseur, et semblable à la culasse qui doit remplir les écrous formés dans le canon. Cette culasse doit être faite dans une filière, non à la lime. Les filets doivent être nets et vifs ; et il faut prendre garde qu'elle remplisse exactement tous les écrous que le taraud a ouverts dans le canon. Une culasse de sept ou huit filets est suffisamment longue.

Cela fait, il ne reste plus que d'achever de polir le canon par dehors avec des limes douces et de l'huile, jusqu'à ce qu'il ne présente plus à l'œil, d'un bout à l'autre et sur tous les sens, qu'une surface très-unie, sans inégalités ni ondes. C'est en quoi consiste la perfection extérieure d'un canon, et ce qui distingue un canon fin d'un canon commun.

Le détail que nous venons de donner de la manière tant de forer que de limer les canons, s'exécute dans les manufactures, comme à Saint-Etienne, à Charleville et ailleurs, par le moyen de l'eau : une roue fait tourner plusieurs forets à-la-fois. De même, c'est sur une meule que l'eau fait mouvoir, que l'on ébauche et dégrossit les canons, au lieu de faire cet ouvrage à la lime.

Reste à parler des canons doubles ; c'est-à-dire, de la manière de les assembler et de les ajuster. Lorsque les canons destinés à former un canon double sont limés au point où ils doivent l'être, on dresse chacun d'eux du côté où ils doivent se joindre, de manière qu'en les présentant l'un sur l'autre, ils s'approchent au plus près possible dans toute leur longueur ; sauf le petit jour qui résulte nécessairement, vers le milieu, de la différence de l'épaisseur du derrière à celle du devant. Alors on fait deux entailles correspondantes aux deux extrémités de chaque canon, dans lesquelles on fait entrer deux petites clavettes de fer, afin de les maintenir, en prenant bien garde à ce qu'ils soient parfaitement de niveau, et que l'un n'excède pas l'autre. Cela fait, on y ajuste la *plate-bande*, qui est cette petite bande faite en triangle qui règne entre les deux canons, et remplit le vuide qui s'y trouve. On l'assujettit de distance en distance avec des liens de fil de fer, et on soude en même temps la plate-bande et les canons au cuivre et à la terre, ce qui se fait à plusieurs reprises.

Lorsque les canons sont ainsi assemblés, on

les finit, et on dresse et polit la plate-bande avec la lime douce et l'huile ; ensuite on garnit ce canon double ; c'est-à-dire, qu'on y soude à la soudure d'argent un guidon et deux porte-baguettes, et au cuivre un tenon double, où doit passer le tiroir qui contient la monture : enfin, on y repasse la mèche pour nettoyer le dedans, et on le culasse.

Si un canon double n'a pas été assez dégagé sur le derrière, du côté où les canons sont assemblés, il arrive de-là que, pour s'approcher comme ils le doivent, ils sont obligés de céder et d'obéir sensiblement l'un et l'autre, ce qui d'abord est désagréable à la vue ; et c'est ce qu'on appelle des canons *bridés*. D'ailleurs, lorsqu'on y repasse la mèche après les avoir assemblés, comme ils ne sont plus droits, elle prend plus d'un côté que de l'autre, et par-là le calibre devient inégal. Il faut donc que deux canons qu'on assemble soient limés sur le derrière de façon que les deux épaisseurs, du côté où ils se joignent, ne forment ensemble que celle qu'a chaque canon dans tout le reste de son contour.

On faisoit autrefois les fusils doubles de deux canons détachés, l'un dessus, l'autre dessous. Le mécanisme de cette arme appellée *fusil tournant*, consiste dans une brisure tournante, pratiquée au défaut de la culasse, au moyen de laquelle, lorsque le premier coup est tiré,

d'un tour de main, en appuyant de l'autre sur
le pontet de la sous-garde, on retourne en dessus le canon qui reste chargé. La platine de ce
fusil est aussi brisée, et tout le jeu intérieur se
fait dans la partie d'en-haut qui reste immobile, celle d'en-bas ne portant que la batterie
et le bassinet. Cette partie d'en-bas est double,
au lieu que celle d'en-haut est simple ; c'est-à-dire, qu'il n'y a qu'un chien, mais une batterie et un bassinet en-dessus, et autant en-dessous ; de manière qu'en ramenant le canon de
dessous en dessus, après avoir tiré le premier
coup et remis le chien au bandé, on ramène
pareillement une autre batterie et un autre bassinet qui se présentent vis-à-vis le chien, et
mettent en état de tirer le second coup. On
sent qu'il est assez difficile de s'en servir pour
tirer sur la même pièce de gibier (1). Les fu-

----

(1) Il n'y a pas plus de 50 ans que les fusils doubles à canons soudés
sont en usage. *Jean le Clerc*, mort en 1739, oncle du sieur *Nicolas
Le Clerc*, aujourd'hui canonier du Roi bréveté, est le premier qui
ait fait de ces canons à Paris vers 1738 ; mais l'invention vient de
Saint-Etienne, où, à cette époque, il s'en faisoit déjà depuis quelques années. Je ne puis dire si les canons doublés assemblés parallèlement par des tenons et des vis, qui se séparent à volonté,
et qu'on appelle à *plate-bande détachée*, les ont précédés, comme il
est assez naturel de le croire ; mais ce que je puis assurer, c'est
que l'invention du fusil double formé de deux canons parallèles,
avec deux platines, l'une à droite, l'autre à gauche, date de beaucoup plus loin qu'on ne le croit communément. J'ai vu au garde-meubles de la couronne deux anciens fusils de cette espèce ; l'un
de 38 à 40 pouces de canon, calibre d'environ 40 ; l'autre de près

sils doubles d'aujourd'hui sont infiniment plus commodes et plus expéditifs. Cependant il se fait encore à présent quelques fusils tournans, et il s'en fait même quelques-uns à quatre coups. Il est aisé de concevoir que le mécanisme de la brisure tournante peut s'appliquer à deux canons doubles, comme à deux canons simples ; il faut alors deux chiens, quatre batteries et quatre bassinets. Ces fusils à quatre coups sont nécessairement pesans ; et, pour être passablement solides, leur poids ne peut être moindre que de huit à neuf livres, dont environ cinq pour les canons, supposés de trente pouces, et du calibre de vingt-huit à trente. On a imaginé depuis quelque temps une nouvelle espèce de fusils à quatre coups, non tournans. Ce sont quatre canons soudés ensemble, deux dessus, deux dessous ; ces derniers plus courts de trois pouces, et avec quatre

---

de 4 pieds et demi de canon, calibre d'environ 24. Le premier a des platines à rouet, et est monté en ébène d'un goût très-antique ; et il paroît avoir été fait vers 1600 au plus tard , probablement pour Henri IV. Le second , quoiqu'il ait des platines à-peu-près construites comme celles d'aujourd'hui , ne paroît guères moins ancien. La seule différence de ces fusils doubles à ceux dont nous nous servons , c'est que les canons n'en sont point soudés ; ils sont simplement ajustés l'un contre l'autre , et maintenus d'abord par les queues de leurs culasses , et ensuite le long de la monture par trois ou quatre goupilles , passant dans des tenons placés à chacun des canons , l'un vis-à-vis de l'autre. Du reste, chaque canon a sa visière et son guidon ; et l'entre-deux , n'étant point rempli par une plate-bande, forme une coulisse triangulaire.

plates-bandes pour remplir les vuides extérieurs
que forme cet assemblage. Le vuide du milieu
sert à placer la baguette. Ces fusils ont quatre
platines et quatre détentes; par conséquent une
pièce de détente et le pontet de la sous-garde
plus alongés qu'à l'ordinaire pour les fusils
doubles. On sent que les deux platines qui sont
de chaque côté ne doivent pas être sur la
même ligne, deux des canons se trouvant plus
bas que les autres. Elles sont placées, l'une à
l'extrémité de l'autre, de façon cependant que
celle du canon long empiéte un peu sur celle
du canon court, afin que les détentes se trouvent moins éloignées; et pour que la platine
supérieure ne gêne point le jeu de la plus
basse, les ressorts de batterie se placent en dedans, au lieu d'être en dehors, comme dans
les platines ordinaires. Si d'un côté les fusils
quadruples de cette nouvelle construction, ont
sur les tournans l'avantage d'une plus prompte
exécution, ils ont de l'autre un inconvénient
que n'ont pas ces derniers ; savoir, un défaut
de justesse dans la portée des canons de dessous, qui, tirés sous le même point de mire
que les canons supérieurs, portent nécessairement beaucoup plus bas. Ajoutez à cela qu'ils
sont encore plus pesans. J'en ai vu un dont les
canons longs sont de 31 pouces, qui pèse dix
livres et demie. Il y a peu de chasseurs qui
s'accommodassent d'une arme de ce poids. Au

surplus, les rencontres où un chasseur pourroit desirer un fusil à quatre coups sont si
rares, qu'une pareille arme ne doit être con-
sidérée que comme une pièce de cabinet, plus
faite pour la curiosité que pour le service.

CHAPITRE IV.

Des canons à ruban.

IL y a des canons d'une fabrique particulière,
connus sous le nom de *canons à ruban*, qui
sont très-renommés pour la sûreté et la solidité, et se paient beaucoup plus cher que les
autres, attendu qu'ils exigent beaucoup plus
de travail. Voici comme ils se font : on forge
une lame d'environ une ligne d'épaisseur, on
la ploie et on la soude dans toute sa longueur
pour en former un canon à l'ordinaire, sauf
qu'il est beaucoup plus mince : ce canon mince
et léger se nomme la *chemise ;* sur cette chemise se roule une lame de l'épaisseur d'environ trois lignes, plus épaisse à l'extrémité qui
doit couvrir le derrière du canon, large d'environ un pouce, et amincie d'un côté en bi-
zeau, en la mettant au feu, et la chauffant à
plusieurs reprises : cette lame est ce qu'on appelle le *ruban.* Il est bon d'observer qu'un canon à ruban ne se forge pas ordinairement

tout d'une pièce comme les autres , à cause
de la difficulté qu'il y auroit à rouler ce ruban
(quoique tourné d'abord en ressort à boudin
pour le rendre plus maniable) sur une longueur telle que celle d'un canon ordinaire,
c'est-à-dire, d'environ trois pieds. Il se fait donc
le plus souvent de trois pièces qui se soudent
l'une au bout de l'autre. On compte cinq pieds
de ruban pour un pied de canon. Quand le
ruban est ainsi tourné en spirale sur toute la
longueur de la chemise , en le faisant chevaucher bord sur bord d'environ un quart de
sa largeur, alors on donne des chaudes , de
deux en deux pouces, pour forger le tout ensemble , comme pour un canon à l'ordinaire ;
on fore ensuite ce canon , jusqu'à ce que la
chemise soit en grande partie mangée par
les forets , et qu'il ne reste à peu près que le
ruban dont on l'a couverte. On ne peut disconvenir qu'un canon fabriqué de cette manière
ne soit d'une solidité supérieure à celle des canons ordinaires , en ce qu'il n'a , pour ainsi
dire , point de soudure, ou du moins qu'elle se
trouve presque transversale , ce qui oppose
bien plus de résistance à l'explosion de la
poudre, que si elle étoit en long, et même en
spirale , comme dans les canons simplement
tordus. Cependant nous pensons non-seulement
qu'il suffiroit de forger à ruban la partie renforcée du canon, c'est-à-dire, 15 pouces sur le

derrière, et de tordre simplement le devant ; mais nous croyons même, d'après d'habiles canoniers, que cette manière seroit plus avantageuse, attendu que s'il se trouve le moindre défaut dans la soudure du ruban à la partie mince du canon, et que par quelque chute ou autre accident il vienne à se plier, il est sujet à se *criquer*, et même à se rompre, ce qui peut arriver en le redressant, si cela n'arrive pas dans la chute ; inconvénient qui n'est point à craindre dans les canons ordinaires. Il est très-difficile de faire un canon à ruban sans défaut, et de bien souder toutes les spires du ruban. La moindre crasse glissée entre les parties du fer les empêche de se souder ; et il est sur-tout assez ordinaire de rencontrer dans le charbon de terre de la *charmine*, espèce de pierre sulfureuse qui produit cet effet, et détériore singulièrement le fer.

Pour s'assurer si un canon est vraiment forgé à ruban, il ne s'agit que de choisir une petite place dans telle partie du dessous qu'on jugera à propos ; de l'adoucir, s'il le faut, avec une lime douce, et d'y passer ensuite de l'eau-forte avec la barbe d'une plume : alors, si le canon est à ruban, on appercevra facilement la direction spirale du ruban. Par ce même moyen on peut s'assurer également si un canon est tordu ; mais dans ce dernier cas, il faut avoir attention de ne pas faire cet essai aux extrémités du

canou , attendu que , comme nous l'avons ci-
devant observé *(Chap. III)* , les canons , pour
l'ordinaire , ne sont pas tordus dans toute leur
longueur.

CHAPITRE V.

Des canons inventés par le sieur *BARROIS ,* dits canons filés.

UN particulier industrieux , nommé le sieur
Barrois , établi à Paris , où il est mort depuis
peu , d'après l'opinion qui fait qu'on prise tant les
canons à ruban , en avoit imaginé d'autres d'une
nouvelle espèce , qu'il appelloit *canons filés.*
Voici son procédé. Sur un canon forgé , limé et
dressé à l'ordinaire , on tourne un fil de fer recuit , à-peu-près de la grosseur d'une plume
de corbeau , qui d'abord ne couvre qu'environ
un pied du canon , c'est-à-dire , cette partie renforcée qu'on appelle le *tonnerre.* On soude cette
couche de fil de fer avec une soudure composée particulière à l'inventeur , et dont il faisoit
un secret. Cela fait, on blanchit à la lime cette
partie du canon seulement pour le nettoyer,
afin de ne pas affoiblir le nerf du fil de fer ;
et sur cette première couche on en soude une
seconde du même fil de fer , mais qui embrasse
les deux tiers du canon. On blanchit cette se-

conde couche comme la première , et on en ajoute enfin une troisième qui couvre toute la longueur du canon.

Je conviendrai que, quant à la solidité, le procédé du sieur Barrois est ingénieux et bien raisonné, et peut équivaloir à celui qu'on emploie pour les canons à ruban ; et j'ai même connoissance qu'un de ses canons , qu'on a forcé à l'épreuve , s'est tordu et boursoufflé sans crever. Mais, pour tout dire, ses canons sont d'ailleurs sujets à des inconvéniens auxquels il n'est pas possible de parer. Ils ont principalement celui de ne pouvoir être dressés par-dedans aussi bien que les autres. Je veux que la chemise ait été dressée au cordeau; mais en chauffant le canon à plusieurs reprises pour souder les spires de fil de fer qui le couvrent , il est nécessairement fort tourmenté par le feu, et il auroit grand besoin, après ces chaudes réitérées, qu'on y fît encore passer le cordeau , ce qui n'est plus possible. En outre, comme il se trouve nécessairement dans le fil de fer quelques pailles et défauts, indépendamment de quelques petits interstices qu'on peut supposer n'avoir pas été remplis exactement par la soudure ; quand ces canons sont finis , et qu'on veut les mettre en couleur d'eau , le fer en plusieurs endroits cède au frottement de la sanguine , et forme de petits creux ; ensorte que, pour éviter ces enfoncemens, on est obligé de passer la pierre en travers sur le canon, au lieu de la passer en long. A plus forte raison, comment redresser un canon de cette espèce, s'il vient à se fausser, sans risquer d'y faire de ces enfoncemens, et sans le défigurer ? On pourroit citer encore d'autres inconvéniens particuliers à ces canons : du reste, lorsqu'ils sont mis en couleur d'eau, leur couleur devient singulière, et présente des nuances fort agréables. Quant à l'épreuve à trois charges, à laquelle le sieur Barrois se soumettoit par le *Prospectus* qu'il publia en 1771, elle n'a rien d'extraordinaire. Nos canoniers de Paris ne s'y refusent pas, lorsqu'on l'exige d'eux, pourvu que les canons soient d'un poids raisonnable. Le sieur Barrois vendoit ses canons fort cher ; le prix des simples étoit fixé à 120 livres, celui des doubles à 240 livres. Mais le débit n'a pas répondu à son attente.

CHAPITRE VI.

Des canons de Saint-Etienne, de Charleville, de Maubeuge, de Tulle, de Joux, et spécialement de ceux de Paris.

SAINT-ETIENNE en Forez, Charleville en Champagne, Maubeuge en Hainaut, et Tulle dans le Bas-Limosin, sont les manufactures

d'armes les plus considérables du royaume.
C'est là que se fabriquent toutes les armes pour
le compte du Roi, et où il s'en fait en même
temps une très-grande quantité pour le commerce, principalement à Saint-Etienne ; car
cette seule manufacture fournit presque autant
pour le service du Roi, et infiniment plus pour
le commerce, que les trois autres ensemble.
Celle de Tulle, sur-tout, n'est gueres occu-
pée que pour la marine royale et l'armement
des troupes de nos colonies ; et il n'en sort que
très-peu d'armes pour la chasse. Il se fabrique
aussi très-peu de ces dernières à Maubeuge ;
en sorte qu'il ne faut guères compter en France
que deux manufactures d'armes pour le commerce, savoir, Saint-Etienne et Charleville : encore cette dernière fabrique-t-elle beaucoup de
platines et peu de canons ; car plus des quatre
cinquièmes des platines employées par les arquebusiers de Paris sont tirées en blanc de
Charleville, et le très-petit nombre de celles
qui se font à Paris y sont faites par des ouvriers
la plupart Charlevillois, qui, à la vérité, entendent parfaitement cette partie de l'arquebuserie. Lorsque les arquebusiers de Paris emploient des canons de manufacture, ils préfèrent ordinairement ceux de Charleville,
parce qu'ils sont, à prix égal, mieux dressés
que ceux de Saint-Etienne, et qu'ils les ont à
meilleur compte. Mais, pour la qualité du fer,

ils ne valent pas ceux de Saint-Etienne, où l'on
emploie les fers de Franche-Comté, bien supérieurs aux fers de Lorraine et de Champagne
dont on se sert pour l'ordinaire à Charleville.
Souvent même, à Saint-Etienne, on emploie
pour les canons fins du fer de Berry. On peut
dire d'ailleurs de cette manufacture, qu'on y
travaille avec plus de goût qu'à Charleville, et
qu'il s'y fait de très-belles armes.

Outre les manufactures dont je viens de parler, il y en a encore une particulière à Pontarlier en Franche-Comté, dont les canons ont été
de tout temps très-renommés parmi les chasseurs, tant pour la main-d'œuvre que pour la
qualité du fer, et le sont surtout dans les provinces limitrophes de la Franche-Comté. Ces
canons sont connus sous le nom de canons de
Joux, parce que, dans l'origine, la manufacture où ils se fabriquoient étoit établie au pied
de la montagne où est situé le fort de Joux,
à une petite lieue de la ville de Pontarlier. Elle
appartenoit à une famille d'arquebusiers du nom
de *La Ferrière-Piquet*, laquelle ensuite a trans-
féré ses ateliers à Pontarlier même, où elle est établie depuis près de 200 ans, après avoir fabriqué
pendant un siècle au pied de la montagne de
Joux, sans compter un séjour de 60 ans à la
Ferrière-sous-Jougne, village à quatre lieues
de Pontarlier, d'où cette famille est originaire.
Elle s'y occupoit, dès-lors, de la fabrication

des petits canons d'affût et de rempart , ensorte
qu'il y a environ 350 ans qu'elle subsiste , sans
interruption , dans le même état. Il seroit difficile d'en trouver une aussi anciennement connue dans l'arquebuserie. Les *La Ferrière* dits
Piquet sont aujourd'hui cinq frères, associés et
travaillant ensemble à Pontarlier , dont *Claude-
François*, l'aîné , conduit la manufacture. Leur
père (*Claude-Antoine*) vit encore , mais ne
travaille plus à cause de son grand âge. Ils
fabriquent non - seulement des canons, mais
le fusil entier. Ils ont fait, en divers temps,
des fournitures au Roi , tant d'armes à feu
que de cuirasses, etc. En 1738 , le Roi leur ac-
corda un cours d'eau , en acensement , avec
un terrein, pour y établir une manufacture.
Les canons de leur fabrique, parmi lesquels il
s'en fait beaucoup à ruban, portent le nom de
Piquet à Joux, avec une marque qui représente le fort de Joux. J'observerai , au sujet
des canons à ruban, qu'outre ceux fabriqués à
l'ordinaire, ces artistes en font d'autres d'une
manière particulière, et que je ne crois pas être
pratiquée ailleurs. La chemise de ces canons est
une tôle fort mince tournée sur une broche , et
recouverte en gros fil de fer n°. 18 ; et le tout
se soude au feu comme pour les canons à ruban
ordinaires ; mais avec grande précaution pour
bien lier et souder ce fil de fer. On assure que
ces canons sont d'une excellente qualité. Les

sieurs

sieurs Piquet n'emploient point à la forge
le charbon de terre , mais le charbon de bois
de hêtre et de sapin , auquel ils ajoutent une
terre grasse qu'ils disent très-propre à conserver
la douceur du fer et à lui donner une qualité
supérieure. Les fers qu'ils emploient sont ceux
de la forge de *Scey* , à six lieues de Pontarlier ,
qui, avec ceux de *Monelaye* , de *Pesme* et de
Fraisan , sont réputés les meilleurs de la Franche-Comté. On appelle *canons de Joux* tous ceux
qui se font ou se sont faits à Pontarlier , quoiqu'ils ne soient pas de la fabrication des Piquet.
Outre leur manufacture , il y en a encore une
autre à un quart de lieue de cette ville , appartenante au sieur *Longchamp* , élève d'un maître
nommé *Beuque* , qui travailloit au même endroit , et a eu de la réputation.

Les canons de Paris ont acquis depuis long-
temps la préférence sur tous les autres , tant
parce qu'on n'y emploie que du fer d'une qualité supérieure , que parce qu'il y a toujours
eu , dans cette capitale , de très-habiles maîtres
en ce genre. D'ailleurs , la cherté de la main-
d'œuvre ne permettant pas qu'on y travaille
en grosserie comme dans les manufactures , il
ne s'y fait point de canons communs , et on n'y
en fabrique qu'à mesure qu'ils sont commandés
par les arquebusiers de Paris et de la province ,
ou par des particuliers. Il ne faut donc pas re-

garder la préférence que l'on donne aux canons de Paris, comme une suite du préjugé
qui existe assez généralement en faveur des
ouvrages de la capitale.

Les canons simples de Paris se paient 24 liv.,
et les doubles 72 liv. Sur ce prix, il y a une
remise pour les arquebusiers. Ceux qui se font
pour le roi, qui sont tous simples, sont payés
60 liv.

Les canoniers de Paris, qui ne font qu'un
même corps avec les arquebusiers, sont au
nombre de quatre seulement. Il n'y en a jamais
eu davantage, et cela suffit pour les demandes
de Paris et de la province. Il paroît même que
deux suffisoient autrefois, et ce n'est que depuis une trentaine d'années environ que le
nombre s'en est accru jusqu'à quatre.

J'ai pensé que les chasseurs et amateurs d'arquebuserie verroient ici avec plaisir les marques
des maîtres actuellement existans dans cette
ville, et en même temps, celles des maîtres
qui y sont morts, ou qui y ont travaillé quelque
temps, à dater, à-peu-près, du commencement
de ce siècle; et j'ai fait graver ces marques
dans la planche qui se trouve ici jointe. J'y
ajouterai quelques observations pour mieux les
faire connoître.

MAITRES vivans.

Les quatre maîtres aujourd'hui vivans sont les

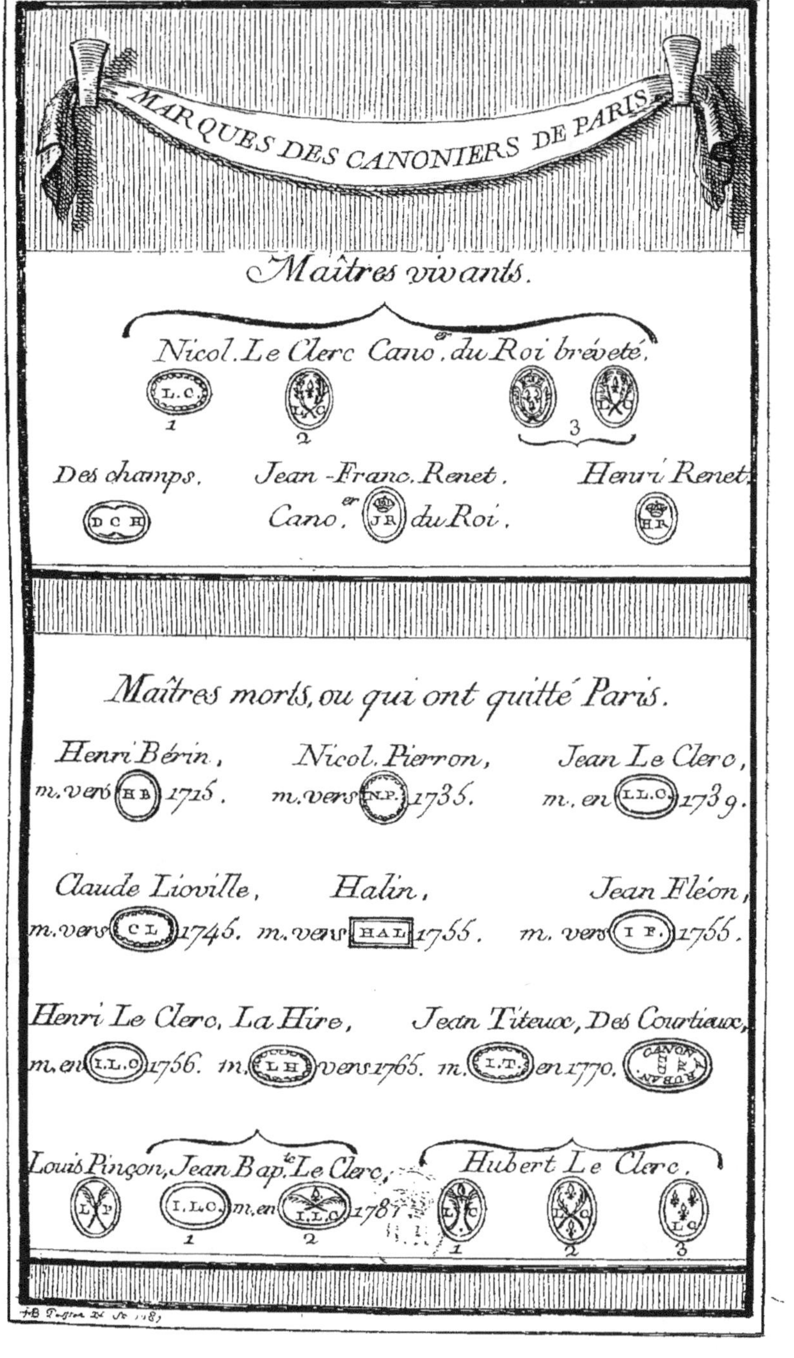
MARQUES DES CANONIERS DE PARIS.
Maîtres vivants.
Nicol. Le Clerc Canor. du Roi breveté.
L.C
1
2
3
Des champs.
D C H
Jean-Franc. Renet.
Canor. JR du Roi.
Henri Renet.
H R
Maîtres morts, ou qui ont quitté Paris.
Henri Bérin,
m. vers HB 1715.
Nicol. Pierron,
m. vers NP. 1735.
Jean Le Clerc,
m. en I.L.C. 1739.
Claude Lioville,
m. vers C L 1746.
Halin,
m. vers HAL 1755.
Jean Fléon,
m. vers I F. 1755.
Henri Le Clerc, La Hire,
m. en I.L.C. 1756. m. LH vers 1765.
Jean Titeux, Des Courtiaux,
m. I.T. en 1770.
CANON
DE
RUBAN
Louis Pinçon, Jean Bapte. Le Clerc,
L.P I.L.C. m. en I.L.C. 1787.
1   2
Hubert Le Clerc.
I.L.C
1
I.L.C
2
I.L.C
3

sieurs *Nicolas Le Clerc*, demeurant rue *des Gravilliers*; *Pierre-André Deschamps*, rue *Au-maire*; *Jean-François Renette*, rue de *Verneuil*, et *Henri Renette*, son frère, rue de *Touraine au Marais*. Des quatre, deux ont le titre de canonier du roi, savoir *Nicolas Le Clerc*, et *Jean-François Renette*. Le premier est seul bréveté, et a, par son brevet, la permission d'ajouter à sa marque les armes de France. Je ne puis me dispenser d'observer, à son égard, que le nom de *Le Clerc* est avantageusement connu depuis plus de soixante ans, à Paris et dans tout le royaume, par *Jean Le Clerc* et *Henri Le Clerc*, ses oncles, tous deux canoniers du roi, et par *Jean-Baptiste Le Clerc* son frère, aussi canonier du roi, mort en 1781. Le sieur *Nicolas Le Clerc* s'est servi de trois marques; il prit la seconde, vers 1768, et en 1773 il lui fut permis d'ajouter à cette seconde marque les armes de France, ce qui forme la troisième dont il se sert aujourd'hui.

MAITRES morts, ou qui ont quitté Paris.

Parmi les anciens maîtres, *Henri Bérin*, *Nico-las Pierron*, *Jean Le Clerc*, *Henri Le Clerc* son frère, et *Nicolas Halin*, sont ceux qui ont eu le plus de réputation. *Bérin* est le plus ancien canonier dont on ait mémoire aujourd'hui à Paris : il a travaillé pour Louis XIV, dans les dernières années de son règne. Je n'ai jamais vu de ses canons ; mais quelques arquebusiers qui en ont vu , et qui m'ont donné connoissance de sa marque , m'ont assuré qu'ils étoient parfaitement bien dressés. J'en ai rencontré plusieurs de *Pierron* qui sont très-bien faits. Je remarquerai , à l'égard de *Henri Le Clerc* , qu'il s'est toujours servi de la marque de *Jean Le Clerc* son frère (I L C) , quoique son nom de baptême ne fût pas le même ; et que *Jean-Baptiste le Clerc* , frère de *Nicolas* , aujourd'hui vivant , s'est servi aussi quelque temps de la même marque , qu'il a changée , environ dix ans avant sa mort , en y ajoutant deux palmes. Au surplus , les canons de ces anciens maîtres étant beaucoup plus longs et plus massifs que ceux qui se font aujourd'hui , on ne les recherche guère ; et il n'en est pas des anciens canons de Paris , comme de ceux de Madrid , parmi lesquels les curieux d'Espagne en distinguent quelques-uns qu'ils paient fort cher , à cause de la réputation des auteurs.

Descourtieux , quoique je le mette au rang des canoniers , ne l'étoit point : c'étoit un particulier qui , sans être du corps de l'arquebuserie , avoit établi , à Paris , dans l'enclos du Temple , lieu privilégié , il y a 18 à 20 ans , une fabrique de canons à ruban , dits forgés avec de vieux fers à cheval. Cette fabrique se soutint pendant trois ou quatre ans ; mais comme l'entrepreneur étoit sans qualité , que d'ailleurs il ne se con-

tentoit pas de fabriquer des canons , mais exer-
çoit par ses ouvriers , les autres parties de l'arquebuserie , il fut jalousé par les arquebusiers,
qui obtinrent un ordre pour faire éprouver ses
canons , en présence des jurés de la communauté , et de M. Antoine , porte-arquebuse du
roi. Il en creva quelques-uns à l'épreuve , et
dès-lors sa manufacture fut décriée, et tomba.
Descourtieux vendoit ses canons simples 96 liv.
et 192 liv. les doubles.

Jean-Baptiste Le Clerc, canonier du roi , mort
en 1781, étoit établi rue de *Touraine ,* où est
actuellement *Henri Renette.*

Hubert le Clerc , d'une famille différente de
celle des sieurs *Le Clerc* dont j'ai parlé ci-
devant , a travaillé à Paris sous trois marques,
dont la seconde pourroit être confondue avec
la seconde de *Nicolas Le Clerc ;* mais en y faisant attention , on verra que celle de *Hubert
Le Clerc* porte deux fleurs-de-lis , au lieu d'une
seule qui se trouve dans l'autre.

Outre les marques contenues dans la planche
que j'ai fait graver, *Henri Le Clerc, Jean Titeux,*
et *Jean-Baptiste Le Clerc ,* trois maîtres morts,
et *Nicolas Le Clerc ,* aujourd'hui vivant, ont fait
des canons à l'instar de ceux d'Espagne , où leur
nom se trouve tout au long sur le pan du milieu, dans un quarré surmonté d'une couronne,
et accompagné au-dessus et au-dessous de plu-

sieurs autres marques accessoires, telles qu'un lion ou un coq, une croix, et des fleurs-de-lis. Ces sortes de canons étoient, en grande partie, commandés pour l'étranger. Il s'en faisoit beaucoup plus autrefois qu'aujourd'hui.

J'observerai encore que ce n'est que depuis environ quinze ans, que les canoniers de Paris sont dans l'usage de marquer leurs canons par-dessus. Auparavant, ils les marquoient en-dessous. Lorsque ce sont des canons simples, leur marque se met sur le pan du milieu, accompagnée de deux fleurs-de-lis, l'une à droite, et l'autre à gauche. Lorsque ce sont des canons doubles, la marque est répétée sur chaque canon, sans fleurs-de-lis.

CHAPITRE VII.

Des canons d'Espagne.

LES canons d'Espagne ont toujours été en grande estime, tant à cause de la qualité supérieure du fer de ce royaume, qui est le meilleur de l'Europe, que parce qu'ils passent pour être forgés et forés avec plus de perfection que par-tout ailleurs. On observera toutefois qu'en fait de canons d'Espagne, on ne fait grand cas que de ceux qui se fabriquent dans la capitale; et leur réputation est cause qu'il

s'en fabrique beaucoup ailleurs avec les noms
et les marques des canoniers de Madrid, sur-
tout en Catalogne et en Biscaye ; on les contre-
fait même à Liège, à Prague, à Munich, etc.,
et il est aisé d'y être trompé.

Quoiqu'il y ait toujours d'excellens canoniers
à Madrid, cependant les canons les plus chers
et les plus recherchés des curieux en ce genre,
sont ceux de quelques anciens maîtres morts
il y a déja beaucoup d'années, sans autre raison
peut-être, que ce préjugé assez ordinaire qui
fait que le temps et la distance nous en imposent : *Major è longinquo reverentia.* Tels sont
les canons de *Nicolas Biz*, qui se fit connoître
à Madrid au commencement de ce siècle, et
mourut en 1724, parmi lesquels on estime
moins ceux qu'il fit dans ses dernières années.
Ceux de *Juan Belen*, et *Juan Fernandez*, con-
temporains de *Nicolas Biz*, ne sont pas moins
prisés ; et les uns comme les autres se paient
jusqu'à 1000 liv. de France. Les canons de
Diego Esquibel, d'*Alonzo Martinez*, *Gabriel
Agora*, *Agostin Ortiz*, *Mathias Vaëra*, *Luis
Santos*, *Juan Santos*, *Francesco Garcia*, *Francesco Targarone*, *Joseph Cano*, N. *Zelaya*,
tous fameux maîtres postérieurs aux précédens,
dans l'ordre où ils se sont succédé, sont encòre
très-recherchés. Les plus renommés entre ceux
qui vivent aujourd'hui à Madrid, sont *Francesco
Lopez*, *Salvador Cenarro*, *Miguel Zegarra*,

arquebusiers du roi. *Isidoro Soler*, et *Juan de Soto*, ont encore beaucoup de réputation. Les canons de ces maîtres vivans se vendent à peu près 300 liv. de France ; c'est le prix que sont payés ceux qui se font pour le roi et la famille royale. Ces derniers s'éprouvent avec trois charges de poudre la plus forte, et quatre charges de postes ou chevrotines. Il est bon d'observer qu'à Madrid, ainsi que par-tout ailleurs en Espagne, la fabrication des canons n'est point, comme en France, une partie séparée de l'arquebuserie, et que le même maître fabrique le fusil en entier. Aussi n'y connoît-on point la dénomination de canonier, mais uniquement celle d'*armero*, qui signifie arquebusier.

Après les canons de Madrid, ceux de *Bustindui* et *Olabe* à Placencia en Biscaye, de *Jean* et *Clement Pedroesteva*, *Eudal Pous*, et *Martin Maréchal*, à Barcelone, sont les plus estimés : leur prix ordinaire est de 80 livres.

Presque tous les canons qui se font à Madrid sont fabriqués avec de vieux fers de mulet choisis ; et au lieu d'être forgés avec une même lame et d'une seule pièce, comme en France et ailleurs, ils sont de cinq ou six pièces, dont chacune est travaillée à part, et qui se soudent successivement l'une au bout de l'autre sur la broche. Deux de ces pièces forment le derrière, ou la partie renforcée du canon, et sont faites de deux lames ; la première de 7 à 8 livres, l'autre de quelque chose de moins. Ces deux lames sont le produit de deux *lopins* de vieux fers de 15 à 18 livres chacun, chauffés, purgés, corroyés et aplatis sous le marteau, et doivent encore diminuer des deux tiers ou environ par les chaudes nécessaires pour les souder, et en former le derrière du canon. Les trois ou quatre pièces restantes pour former le devant, se forgent avec des lames graduées et proportionnées, pour le poids, à la place qu'elles doivent occuper : elles ne peuvent pas employer moins de 15 à 18 livres de ces vieux fers; d'où il paroît qu'il s'en emploie 40 à 45 livres pour un canon, dont le poids, sortant brut de la forge, ne doit être que de 6 à 7 livres.

Les avantages que les canoniers espagnols prétendent résulter de cette méthode de forger les canons par pièces, ce qu'ils appellent *forjar a pedaços*, sont, 1°. de mieux façonner et purger le fer en le forgeant ainsi en détail : 2°. d'être à même, s'il se trouve quelque paille, crevasse ou travers trop considérable dans une pièce, de la rebuter, et d'en substituer une autre : 3°. de forger plus près de la lime, en proportionnant la force de chaque pièce à la place qu'elle doit occuper (1).

____

(1) Cette manière de forger les canons n'est pas la seule différence entre les procédés des canoniers espagnols, et ceux des

Espinar, dans son ouvrage déja cité, nous apprend que *Juan-Sanchez de Mirvena*, arquebusier de Philippe III, et le plus habile maître de son temps, fut le premier auteur de la méthode de forger par pièces, ainsi que l'inventeur de plusieurs instrumens (*medidas, reglas y chantillones*) pour limer et dresser les canons avec la plus grande perfection. Il dit en parlant de ceux de ce maître, qu'ils soutinrent des épreuves extraordinaires, et furent reconnus pour les meilleurs : *hizieronse grandes pruevas en ellos, y fueron conocidos por los mejores.* Il ne s'explique pas sur la nature de ces épreuves ; mais il dit des canons de Madrid en général, qu'ils s'éprouvoient de son temps lorsqu'ils étoient dressés par dedans, et avant

---

canoniers de France. Les premiers, à chaque pièce du canon qu'ils forgent, au lieu de faire simplement croiser un peu les deux bords du fer, lui font faire un tour entier sur lui-même. De plus, ces différentes pièces, appellées *pedaços* ou *troços*, sont forgées de manière que le nerf du fer, au lieu de s'étendre en long, se trouve disposé circulairement, et suit le contour du canon, ce qui produit l'effet du ruban. Les canoniers espagnols ne se servent point, pour dresser leurs canons par dedans, du fil de laiton tendu par un arc, mais d'une corde à boyau la plus égale qu'il se peut, tendue par deux poids qui s'accrochent aux deux bouts. Ils n'emploient point non plus le compas d'épaisseur pour les dresser par dehors, mais ils se servent, pour conduire leur lime, de certains calibres ou règles cintrées ; et ils achèvent de les dresser sur le tour. Quant à l'usage de la corde à boyau au lieu du fil de laiton, c'est chose assez indifférente ; mais rien, à ce qu'il me semble, ne peut remplacer le compas d'épaisseur. Aussi les canons espagnols, en général, sont-ils moins bien dressés à l'extérieur que les nôtres.

que d'être limés, avec une charge de poudre égale au poids de leur balle de calibre, et quatre fois ce même poids de chevrotines, et que cette épreuve se répétoit trois fois.

La longueur des canons d'Espagne est depuis 36 jusqu'à 40 pouces; leur calibre le plus ordinaire de 22 à 24; leur poids de 3 livres à 3 livres et demie. Le derrière du canon, qui est à huit pans, emporte les deux cinquièmes de la longueur. Environ à 10 pouces de la culasse se pose la mire ou visière d'argent; et à l'extrémité du canon, qui se termine extérieurement un peu en trompe, est le guidon, dont la hauteur ne doit point excéder la superficie du fond de la mire. Anciennement les canons, en Espagne, se faisoient beaucoup plus massifs qu'aujourd'hui, et devoient, suivant Espinar, peser au moins 4 livres et demie, pour une longueur de 40 pouces, et un calibre à-peu-près tel que nous venons de le dire. Depuis quelques années, on a commencé à les raccourcir comme en France, et il ne s'en fait plus guère au-dessus de 33 à 34 pouces.

Les canoniers espagnols se piquent de donner un grand poli à l'ame de leurs canons. Qu'on ne croie pas que cela ajoute rien à leur portée. L'essentiel d'un canon est d'être bien dressé. Peu importe que l'ame ait l'uni d'une glace. Il y a plus : nos arquebusiers prétendent que ce grand poli nuit à la portée du plomb, et le dispose à s'éparpiller davantage. C'est ce que je ne crois pas bien prouvé; mais ce que je puis assurer, c'est qu'ayant tiré un canon qui, à dessein, n'avoit point été fini à la mèche, et conservoit encore tous les traits du foret, en concurrence avec un autre canon fini, à charge et distance égale, dans une main de papier, le canon brut a percé plus vigoureusement que l'autre, et portoit par conséquent plus loin. Au surplus, quelle que soit la réputation des canons d'Espagne, on s'en sert peu en France, où on ne s'accommode point de leur forme, de leur poids, de leur longueur, sur-tout depuis qu'on a adopté la méthode de faire des canons très-courts et fort légers : ensorte qu'aujourd'hui, si quelques personnes veulent en avoir, c'est plus pour la curiosité que pour l'usage.

Comme le fer d'Espagne, et principalement celui de Biscaye, est supérieur à tous les autres, on a essayé à Paris d'en faire des canons; mais nos canoniers, jusqu'à présent, n'ont pas trouvé le degré auquel ce fer doit être chauffé, différent sans doute de celui qui convient à nos fers de France; et s'ils ont réussi quelquefois à le forger, ce n'a été qu'en le mêlant avec moitié fer de Berry. Ce que je dis ici, je ne le dis que d'après ce que j'ai ouï dire à plusieurs d'entre eux. Cette difficulté ne tient peut-être qu'à la qualité différente du charbon de terre dont ils se servent, tandis que les cano-

niers en Espagne emploient le charbon de bois.
Il y a tout lieu de croire que la chaleur du
charbon de terre , qu'on a reconnu être à celle
du charbon de bois , dans le rapport de 4 à 1,
est trop vive pour le fer d'Espagne , et que
ce fer, par sa nature, demande pour se souder
(ce qui est le point de la difficulté) un feu
plus doux , et peut-être gradué et gouverné
d'une façon particulière qui n'est pas bien
connue en France. Et comme il est toujours
difficile de détourner les ouvriers du chemin
de la routine, il est encore fort probable qu'ils
se seront rebutés dès les premiers essais qu'ils
auront faits du fer d'Espagne, et qu'un homme
adroit et intelligent qui ne se rebuteroit point,
parviendroit à faire ce que d'autres ont tenté inutilement, soit en employant le charbon de bois,
soit en étudiant et modifiant le gouvernement
du feu de charbon de terre.

Pour ce qui est de forger des canons avec de
vieux fers de cheval ou de mulet, cet usage
n'est pas particulier à l'Espagne ; cela se
pratique aussi en France et ailleurs , et on ne
peut disconvenir que cette étoffe ne soit bien
supérieure au fer en barre (en supposant néanmoins que ces fers soient triés et choisis), attendu qu'une lame formée de l'assemblage de
tant de pièces séparées, dont chacune a déjà
été chauffée et martelée à part, doit être mieux
purgée et corroyée que celle qui est forgée

avec du fer en barre. On fait aussi d'excellens
canons en mêlant et corroyant ensemble un
tiers de bon fer, avec deux tiers de vieilles faulx
d'Allemagne ; car les faulx seules seroient une
étoffe trop sèche.

On a fait anciennement grand cas en Italie,
en France, en Espagne, et dans presque toute
l'Europe, des canons de *Lazaro Cominazzo*,
qu'on appelloit vulgairement des *Lazarini*, du
nom de leur auteur. Ces canons étoient fort
longs et de petit calibre. Lazaro Cominazzo
vivoit à Bresse, en Italie, il y a plus de 150 ans ;
et il est bon de savoir qu'il n'a jamais fait,
ou du moins forgé de canons ; mais il les finis-
soit avec beaucoup de perfection, soit par dedans, en les calibrant exactement avec la
mèche, soit par dehors avec la lime, et les or-
noit de cannelures bien tirées et bien évuidées.
C'est ce que nous apprend Vita Bonfadini, dans
un petit ouvrage italien sur la chasse, que
j'ai déja cité. Au surplus, dans le temps de la
grande réputation de ces canons, il y en a eu de
contrefaits sans nombre, avec le nom de leur
auteur, et il falloit être connoisseur pour ne pas
y être trompé. On n'en voit plus aujourd'hui que
dans quelques cabinets de curieux en ce genre.

CHAPITRE VIII.

De l'épreuve des canons.

Dans les manufactures royales, telles que celles de Saint-Etienne, Charleville et autres, sont établis des inspecteurs appointés par le Roi, pour veiller à ce qu'il ne sorte point de canons de ces manufactures sans avoir été éprouvés, tant pour les fusils des troupes, que pour les fusils de chasse destinés à être vendus au public. L'épreuve fixée pour les premiers est d'une once de poudre, et d'une balle de calibre. On répète ensuite cette épreuve avec une demi-once de poudre et une pareille balle. La raison de cette seconde épreuve est, qu'on suppose que la première a pu ébranler tellement le canon, quoique sans désunir entièrement les parties du fer, qu'il n'est plus en état de supporter une moindre charge ; et en effet, il s'en trouve plusieurs qui, après avoir supporté la première épreuve, succombent à la seconde. Les canons des fusils de chasse s'éprouvent une seule fois avec une demi-once de poudre et une balle, tant les simples que les doubles. Quant aux canons qui se font à Paris, l'épreuve ordinaire est double charge de poudre et de plomb, c'est-à-dire, deux gros ou deux gros et demi de l'une, et deux onces ou deux onces et demie de l'autre. Quelques personnes exigent des canoniers l'épreuve à trois charges, et même davantage ; mais c'est fatiguer inutilement un canon, que de lui faire subir ainsi des épreuves forcées : lorsqu'il a été éprouvé à double, ou tout au plus à triple charge, on doit être satisfait.

Un cylindre de terre grasse de la hauteur de six ou huit pouces, et refoulé, au lieu de la double charge de plomb, seroit une épreuve bien plus forte que l'épreuve ordinaire. On s'en est servi quelquefois pour les pièces d'artillerie, en mettant sur la poudre deux pieds de cette terre, au lieu de boulet. Ce cylindre, en concentrant l'action de la poudre dans l'ame du canon, la fait agir sur le métal avec toute la force dont elle est capable.

CHAPITRE IX.

Des causes qui font crever les canons.

On peut assurer qu'en général un canon ne crève point hors les cas où il est mal chargé, ou surchargé outre mesure. Toutes les fois, par exemple, qu'il se trouvera du jour entre la balle et la poudre ; un canon sera en grand risque de crever : je dis qu'il sera en grand risque, parce qu'il arrive souvent qu'il ne

crève

crève pas. Il suffit pour cela du moindre jour
entre la balle et les parois du canon; et l'on
conçoit qu'il est difficile qu'une balle approche
le canon dans tous les points de sa circonférence, à moins qu'elle n'ait été chassée à force
avec une baguette de fer, auquel cas elle vient
à s'y mouler, et le bouche hermétiquement.
C'est alors qu'immanquablement il doit crever,
quelque peu de vuide qui se trouve entre la
charge de poudre et la balle, et quelque renforcé que soit le derrière du canon. Ainsi,
toutes les fois que la communication de l'air
renfermé entre la balle et la poudre avec l'air
extérieur sera totalement interceptée, il faudra
nécessairement que le canon crève. Il en sera
de même s'il se glisse de la terre ou de la
neige dans le canon, sans qu'on s'en apperçoive;
et s'il ne crève pas, c'est lorsque ces corps
étrangers ne le bouchent pas exactement. D'a-
près cela, il est aisé de concevoir qu'en tirant
un fusil dont le bout seroit enfoncé dans l'eau,
il ne peut manquer de crever, attendu qu'il
est certain alors, par la nature de l'obstacle qui
s'oppose à l'explosion de la poudre, que le
feu ne peut trouver aucun jour pour s'échapper.
Hors ces cas, et celui d'une charge démesurée,
il est bien rare, comme nous l'avons dit, qu'un
canon vienne à crever; et lorsque cela arrive,
c'est par un défaut de fabrication, soit que le
fer n'ayant pas été chauffé à propos, quelque

G

partie n'ait été soudée qu'imparfaitement , soit
qu'il s'y rencontre une paille profonde et pé-
nétrante, soit enfin que , faute de soin et d'attention en le limant, il se trouve beaucoup plus
d'épaisseur d'un côté que de l'autre. Ce dernier
défaut est le plus ordinaire , sur-tout dans les
canons de bas prix , et c'est aussi le plus dangereux. Le feu , ou si l'on veut, l'air raréfié par le
feu, qui tend toujours à se dilater , venant à
rencontrer dans le tube , où il se trouve con-
traint et resserré , une partie foible et moins
résistible , rompt l'obstacle, et se fait jour en
cet endroit; ce qui ne seroit pas arrivé , s'il
eût trouvé une résistance égale dans tous les
points de la circonférence , et si la répercussion
occasionnée par la force de la partie plus épaisse ,
n'eût pas favorisé son effort contre la partie
foible: d'où on peut conclure qu'un canon mince
et léger , mais égal de fer, est plus sûr qu'un
canon plus étoffé, mais mal limé et inégal dans
son épaisseur.

Dans tout ce que je viens de dire sur les
causes qui font crever les canons, je n'ai point
mis en compte la mauvaise qualité du fer, parce
que je ne raisonne qu'en supposant que si le fer
n'est pas de la première qualité, il est au moins
tel qu'il doit être pour être reçu dans les manufactures d'armes du roi , c'est-à-dire, présentant un nerf plombé , et un grain point trop
gros, et de couleur d'argent mat, lorsqu'il est

cassé sous l'échantillon de barreau d'un pouce. Car il est telle qualité de fer dont on pourroit forger des canons, qui, quoique traités d'ailleurs avec toutes les attentions convenables, seroient hors d'état de supporter l'épreuve la plus simple, et dont l'usage par conséquent ne pourroit manquer d'être dangereux.

CHAPITRE X.

Des causes qui font que les fusils repoussent les uns plus que les autres.

DANS toute arme à feu, l'explosion ne peut se faire sans y occasionner un mouvement rétrograde; c'est ce qu'on appelle le *recul* en fait d'artillerie. En fait de fusils, lorsque ce mouvement se fait trop sentir à l'épaule, on dit que le fusil *repousse*, ce qui peut provenir de plusieurs causes. Une des plus ordinaires, c'est lorsque le canon n'est pas calibré également; car, pour peu que l'ame se trouve plus étroite dans une partie que dans l'autre, quoique cette inégalité soit imperceptible à la vue, le feu se trouvant plus ou moins resserré dans certains points de l'espace qu'il a à parcourir, et tourmenté par les obstacles qu'il rencontre, la commotion occasionnée par l'explosion de la poudre doit être plus violente que lorsque cette explosion se fait dans un cylindre parfaitement égal.

Un canon repoussera encore, s'il arrive que, faute d'avoir fait la culasse assez longue, il reste quelques écrous qui ne soient pas remplis ; attendu que ces cavités où partie de la poudre se niche, forment un obstacle qui gêne et retarde son explosion. Un canon fort léger aura aussi certainement plus de recul, à charge égale, qu'un canon riche de fer et plus massif ; cela est aisé à comprendre, le recul étant toujours en raison de la pesanteur du projectile, et du poids de toute l'arme. Enfin un canon monté sur une couche trop droite doit repousser davantage que celui qui est monté sur une couche fort courbée, attendu que la courbure rompt et amortit l'effet du recul. Quelquefois aussi un fusil peut repousser par la faute du tireur qui *épaule* mal ; ce qui a lieu lorsque la crosse ne porte pas en plein sur l'épaule. Alors l'effort de la poudre n'ayant qu'un faux point d'appui, on se sent blessé par la partie saillante du haut de la pièce de couche qui porte sur le milieu de l'épaule, au lieu de la partie évuidée de cette même pièce qui devroit l'embrasser. La forme de couche qu'on appelle en *gigue*, à la vérité moins gracieuse que la forme ordinaire, est plus favorable qu'une autre pour bien épauler. D'ailleurs, quoique cette couche paroisse droite au premier coup-d'œil, elle est véritablement courbe au moins dans la poignée, ne se redressant insensiblement que dans le prolongement de la crosse , et par-là rend aussi le recul plus doux à l'épaule.

Parmi les causes auxquelles on attribue le trop de recul des fusils, il en est une dont je n'ai point fait mention : c'est lorsque la lumière n'est pas percée à fleur de la culasse, et que la poudre ne prend pas feu précisement à l'extrémité de sa base; d'où il arrive (dit-on) qu'une partie de son effet se fait sur la culasse, au lieu de se faire sur le projectile ; ce qui nuit d'ailleurs à la force du coup. D'après cette opinion , les arquebusiers ont imaginé , dans ces derniers temps , pour plus de précision, de fraiser les culasses, et de les creuser en forme de dez, jusques vers le troisième filet, ensorte qu'on ouvrant la lumière dans le canon , il s'en ouvre une autre dans la culasse, correspondante au fond de ce dez. Mais cette augmentation de recul produite par une lumière percée trop au-dessus de la culasse, n'est pas une chose bien prouvée ; et il ne l'est pas davantage qu'une lumière ainsi percée nuise à la force du coup. On a même prétendu que le moyen de procurer une inflammation plus complète de la poudre seroit de faire en sorte que la charge prît feu par son milieu ; ce qui paroît assez conforme au raisonnement. M. Le Clerc, canonier du roi, homme très instruit dans la théorie et la pratique de son art, m'a communiqué les expériences suivantes, par lui

G iij

faites dans la vue de déterminer l'effet d'une lumière ouverte plus ou moins haut, relativement
au recul, et qui semblent prouver que, dans
tous les cas, le recul est à-peu-près le même.

Ces expériences ont été faites avec un canon
de 3o pouces, pesant, avec un madrier garni
de plomb dans lequel il étoit encastré, dix-
huit livres, posé sur une table inclinée, à
cause de la pente du terrein, de trois degrés,
du côté de la culasse. Ce canon avoit quatre
lumières qui se bouchoient alternativement
avec des vis. La charge étoit d'un gros 12
grains de poudre de S. Joseph, autrement
poudre royale, et une once 18 grains de plomb
dit *petit quatre*. On tiroit dans une feuille de
papier gris de 20 pouces sur 16, à la distance
de dix-huit toises, à-peu-près 45 pas ordinaires.
La seule différence qu'il y ait eu entre les deux
expériences, c'est que, dans la première, les
bourres étoient de papier, et dans la seconde
de chapeau, faites à l'emporte-pièce.

Si ces expériences n'avoient eu d'autre objet
que ce qui concerne le recul, il eût été inutile
de noter la grosseur de la dragée, la dimension du blanc, la distance à laquelle on tiroit,
et le nombre de grains de plomb mis à chaque
coup dans le blanc. Mais on a voulu, en même
temps, éprouver jusqu'à quel point on pouvoit
compter sur l'égalité des coups, quant à garnir
plus ou moins une surface donnée. J'aurai occa-

sion de revenir sur le résultat qu'elles offrent
à cet égard, dans un des chapitres suivans.

Première Expérience.

		Recul.	Nombre de grains mis dans le blanc.
Lumière percée à fleur de la culasse.	1er. coup......	1 pied. 0 po. 3 l.	..36.
	2............	0......10..3..	..14.
	3............	1......0...3..	..31.
A deux lignes.	1............	1......3...9..	..45.
	2............	1......2...0..	..33.
	3............	1......3...3..	..26.
A six lignes.	1............	1......0...10.	..38.
	2............	0......11..11.	..20.
	3............	1......0...9..	..18.
A douze lignes.	1............	1......1...7..	..27.
	2............	1......0...3..	..17.
	3............	1......1...4..	..35.

Seconde Expérience.

		Recul.	Nombre de grains mis dans le blanc.
Lumière percée à fleur de la culasse.	1er. coup......	1 pied. 1 po. 1 l.	..40.
	2............	1......4...0..	..78.
	3............	1......2...0..	..37.
A deux lignes.	1............	1......0...7..	..44.
	2............	1......2...3..	..40.
	3............	1......3...3..	..41.
A six lignes.	1............	1......3...3..	..32.
	2............	1......2...9..	..50.
	3............	1......3...2..	..53.
A douze lignes.	1............	1......4...5..	..60.
	2............	1......2...7..	..21.
	3............	1......2...5..	..51.

CHAPITRE XI.

Si un canon long porte plus loin qu'un canon court.

Il y a trente à quarante ans qu'on n'auroit pas mis ceci en question. J'ai vu le temps où les chasseurs appelloient *mousqueton* un fusil de 33 ou 34 pouces de canon qui ne servoit que pour le bois, où l'on tire de près, et où la longueur du canon est incommode ; et avoient pour la plaine des fusils de 42 à 45 pouces de canon. Ce temps n'est plus, et l'on est persuadé aujourd'hui, avec raison, qu'un canon de 30 à 32 pouces atteint le gibier aussi loin qu'un canon de 3 pieds ou 3 pieds et demi. J'ai été long-temps moi-même dans l'opinion contraire, et je ne me suis rendu qu'après avoir fait sur cet objet des expériences réitérées, avec toute l'exactitude et la précision possible. J'ai tiré en concurrence, à plusieurs reprises, des canons de toutes les longueurs intermédiaires entre 28 et 38 pouces, et de calibre à peu près égal , c'est-à-dire, de 24 à 28 (1), non

---

(1) En termes d'arquebuserie, un canon du calibre de 24 , est un canon dont la balle est de 24 à la livre ; et ainsi de tous les autres calibres inférieurs ou supérieurs qui se désignent de même par le nombre de balles à leur calibre qui entre dans la livre.

point à l'épaule, mais nuds, et fixés sur un fort établi, avec des chevalets, à distance égale, et avec des charges de même poudre et même plomb exactement pesés. Ils ont été tirés dans des mains de papier gris, attachées sur des planches pour remédier aux variations que peut occasionner l'inégalité d'une muraille; et j'ai reconnu par ces expériences plusieurs fois répétées, que les canons de 28, 30, 32, 34, 36 et 38 pouces perçoient autant de feuilles les uns que les autres, et conséquemment qu'il n'y avoit aucune différence sensible dans leur portée. J'ai fait plus : j'ai fait fabriquer deux canons du calibre de 18 à 20, l'un de 66, l'autre de 33 pouces. Je les ai tirés nombre de fois comme les précédens à plusieurs distances, depuis 45 jusqu'à 100 pas, à simple et à double charge, et les résultats ont été les mêmes; c'est-à-dire, que le canon de 33 pouces a toujours percé autant de feuilles de papier que celui de 66. On peut conclure de-là, que si une canardière tue de plus loin qu'un fusil, ce n'est point à raison de sa longueur, mais de l'augmentation de la poudre, qu'on peut doubler, tripler, et même quadrupler, lorsque le canon est étoffé du derrière comme il doit l'être; ce qu'on ne peut faire dans une arme courte, quoique aussi renforcée, attendu qu'un canon de 6 pieds, tel que celui d'une canardière ordinaire, pesant au moins 6 à 7 livres, et l'arme toute montée environ 12 livres, on peut la tirer avec cette charge sans qu'elle repousse au point de blesser le tireur, son poids étant suffisant pour résister à la commotion violente occasionnée par le surcroît de poudre ; au lieu que dans un fusil de 3 pieds de canon, assez etoffé pour soutenir cette charge, mais plus léger en tout de moitié, c'est-à-dire de 5 à 6 livres, le recul ne seroit pas supportable. D'ailleurs, non-seulement on double ou triple la poudre dans une canardière, mais on y met aussi une bien plus forte charge de grosse dragée, qu'il est bon cependant, pour plus d'effet, de ne pas augmenter dans la même proportion que la poudre : cette quantité de grosse dragée, à une grande distance, garnit bien davantage, et laisse moins de vuide dans la rose qu'elle forme, que la charge ordinaire d'un fusil en dragée de pareille grosseur.

Il suit encore de ce que je viens de dire, que, pour obtenir d'un fusil de longueur ordinaire, les mêmes effets que d'une canardière, il suffiroit peut-être d'employer au canon le même poids de fer, et de le rendre assez massif pour tripler et quadrupler la charge, comme dans la canardière, sans que le recul devînt incommode. Au surplus, l'augmentation de portée produite par celle de la poudre, n'est pas aussi considérable qu'on pourroit se l'imaginer.

Je n'ignore pas les objections qu'on pourroit me faire pour combattre ce que je viens de dire sur la longueur des canons, d'après des principes assez généralement reçus en artillerie; savoir : «Qu'il ne suffit pas, pour obtenir une « plus grande portée, de faire un canon beau- « coup plus long qu'à l'ordinaire ; mais qu'il « faut que la longueur soit combinée et pro- « portionnée avec le diamètre ou calibre ; et « qu'il est une charge de poudre déterminée « pour telle longueur, et tel diamètre : que « dans un canon trop court le projectile sort « sans avoir reçu l'impulsion de la poudre en- « tière ; qu'au contraire, dans un canon trop « long, non-seulement toute la poudre est en- « flammée, mais qu'elle est en partie consu- « mée avant que le projectile en soit de- » hors. » C'est sur cette théorie que s'appuyoit le sieur Balthazar Keller, célèbre fondeur sous Louis XIV, lorsque, consulté par M. Surirey de Saint-Remy, sur les causes qui font que la coulevrine de Nancy, de 22 pieds de longueur, ne porte pas à proportion aussi loin qu'une pièce plus courte, il lui répondoit : « Qu'il y « a une certaine proportion du temps que la « poudre allumée dans la pièce doit avoir à « sortir pour produire son effet expulsif du « boulet, dont, par le retardement trop long, « la force se perd en partie, et peut aussi cau- « ser l'inégalité des coups en donnant quelque

« variation au boulet, pour le jetter d'un côté
« et d'autre, et rompre son cours droit. »
(*Mémoires d'Artillerie de Saint-Remy*, t. 1,
p. 117.) Tel est aussi le raisonnement d'un auteur italien (Nicolà Spadoni) qui a traité *ex
professo* des fusils de chasse dans un petit ouvrage intitulé : *La Caccia dello schioppo*, que
j'ai déja cité. Cet auteur va jusqu'à déterminer l'un par l'autre la longueur et le diamètre
des canons de fusil, et ensuite il assigne les
doses et qualités de poudre et de dragée proportionnées à ces différentes dimensions (1).
C'est-à-dire, qu'il fait plus qu'on n'a encore
pu faire jusqu'à présent en artillerie, malgré
les lumières que depuis un siècle les progrès
de la physique ont répandues sur la théorie des
effets de la poudre dans les armes à feu. Car,
il s'en faut bien qu'on soit encore convenu de
ces prétendues proportions correspondantes de

____

(1) Spadoni veut de la poudre d'un grain plus gros dans les
canons longs et de grand calibre, que dans les courts et de petit
calibre ; et cela respectivement à l'espace qu'elle doit parcourir
dans les uns et dans les autres ; plus grosse dans les longs, parce
que de gros grains mettent plus de temps à s'enflammer et à se
convertir en fluide élastique, et lorsqu'ils sont tous enflammés,
agissent avec plus de force que les petits sur le projectile ; plus
fine dans les courts, parce que de petits grains s'enflamment
plus soudainement ; et pour prouver que la grosse poudre a plus
de force que la poudre fine, il cite l'exemple de la poudre écrasée
qui perd sa force. Enfin, il veut de plus grosse dragée dans les
canons longs, parce que les grains, par leur poids, opposent plus de
résistance à la poudre, et par leur diamètre acquièrent plus de
vîtesse.

charge, de diamètre et de longueur ; et tant qu'on n'en aura pas dressé la table d'après des expériences certaines et non contestées, ces raisonnemens ne doivent point en imposer.

On est tellement désabusé aujourd'hui sur la longueur des canons, que les arquebusiers vont jusqu'à prétendre que les courts portent plus loin que les longs ; et la raison qu'ils en donnent, est la prolongation du frottement dans un long canon, qui nuit à la force du coup et l'amortit. En supposant l'effet de cette prolongation de frottement, il me seroit aisé de détruire ce raisonnement par un autre, et je répondrois que cet effet doit être compensé par la plus longue durée, dans un canon long, de la pression que le fluide élastique produit par la poudre enflammée exerce sur le projectile. Quoi qu'il en soit, je puis assurer, d'après les expériences que j'ai faites, que si la longueur est inutile, au moins elle ne nuit point à la portée.

Mais, dira quelqu'un, si un canon de 28 pouces porte aussi loin qu'un canon de 36, pourquoi ne les raccourciroit-on pas encore, et ne les feroit-on pas de 24, de 22, etc.? Ceci est un problême que je ne puis résoudre par l'expérience, n'ayant jamais essayé de canons au-dessous de 28 pouces. Mais voici ce que j'en pense ; il faut qu'un canon ait assez de longueur pour donner le temps à toute la poudre de s'enflammer avant de parvenir à l'embouchure. On sait qu'à la rigueur cette inflammation n'est jamais complète, et qu'il y a beaucoup de grains de poudre qui ne prennent pas feu : ainsi, je n'entends par-là que l'inflammation la plus complète possible. On croit communément parmi les gens de l'art, que cette inflammation peut avoir lieu dans une longueur de 18 à 20 pouces de canon (1). Il s'ensuivroit de-là qu'un pistolet un peu plus long qu'à l'ordinaire porteroit aussi loin qu'un canon de 36 pouces ; c'est ce qu'il est difficile de croire. Au surplus, quand cela seroit démontré, je n'approuverois jamais des armes aussi courtes.

1°. Il est certain qu'avec une pareille arme, on n'ajuste pas aussi bien son coup, sur-tout en tirant de loin, qu'avec un fusil d'une longueur

____

(1) Je raisonne ici d'après l'opinion la plus généralement adoptée sur l'inflammation de la poudre dans l'ame du canon. Mais qu'on ne croie pas cette hypothèse si bien établie, qu'elle ne puisse être contredite. Benjamin Robins (*Nouv. Principes d'Artillerie*) prétend que c'est une ancienne erreur de croire que cette inflammation se fait suivant une progression, et voici l'expérience dont il s'est servi pour le démontrer. Il a raccourci un canon au point que la charge étoit presque de niveau avec la bouche de la pièce, et il n'a été ramassé de poudre non-enflammée qu'environ un douzième de la charge : que sera-ce donc dans un canon ordinaire ? Encore n'est-il pas bien certain que les grains qu'on ramasse après l'explosion, au moyen d'un drap étendu au-devant de la pièce, ne soient pas des parties de grains déja enflammés, et éteints par l'explosion même avant que d'être tout-à-fait consumés, ou des grains moins susceptibles d'inflammation par l'inégalité accidentelle du mélange des matières. Enfin Robins prétend qu'à un *minimum*

raisonnable ; sur cela, j'en appelle au témoignage de tous les bons chasseurs : d'ailleurs, il
est reconnu en artillerie qu'une pièce longue a
plus de justesse, du côté du pointement, qu'une
pièce courte. 2°. Un fusil trop court est moins
commode à charger. 3°. Comme on ne sauroit
trop se précautionner contre les dangers des armes à feu, dont les accidens sont si fréquens,
il est beaucoup plus sûr pour le chasseur qu'il
soit assez haut, pour que, soit en le chargeant,
soit en se posant dessus, l'embouchure ne se
trouve jamais vis-à-vis de son corps. Ainsi, je
serai toujours d'avis qu'un fusil de chasse ait
au moins 33 ou 34 pouces de canon. C'est une
longueur mitoyenne dont la portée est sûre et
connue, également propre au bois et à la plaine.
Je serai encore d'avis que ce canon de 33 ou
34 pouces (j'entends parler d'un canon double)

---

près , qui ne mérite presque aucune attention dans le calcul des
vîtesses communiquées aux projectiles par l'action de la poudre, on
peut supposer en toute sureté la totalité de la poudre enflammée
avant que le boulet ait été mis sensiblement en mouvement. Si ce
système de Robins sur l'inflammation instantanée et non progres-
sive de la poudre est vrai, comme on est assez tenté de le croire
après une expérience aussi décisive que celle qu'il a faite ; que
penser de cette maxime si universellement reçue dans la théorie
des armes à feu , savoir : *Que dans les armes trop courtes il n'y a*
que la partie de poudre qui s'enflamme la première , qui chasse le projec-
tile, et que l'autre partie ne s'enflamme que lorsqu'il est sorti de l'ame
du canon ; qu'ainsi donc la perfection d'une arme à feu se réduit à en
déterminer si bien la longueur , que toute la charge soit enflammée au
moment que le corps qu'elle chasse est sur le point de partir.

ne pèse pas moins de trois livres et demie. Un canon d'un certain poids a plus d'assiette à l'épaule, est moins ébranlé, moins tourmenté par l'explosion, repousse moins, et doit par conséquent porter plus juste, et même plus loin que ces canons doubles de deux livres, tels qu'il s'en fait aujourd'hui pour les bras énervés de quelques chasseurs de la cour et de la capitale.

Au surplus, ce que je viens de dire sur la portée des fusils ne doit pas être pris en rigueur mathématique ; car c'est une chose absolument démontrée en artillerie, qu'une pièce longue, à charge égale, imprime plus de vîtesse au boulet, et le porte par conséquent plus loin qu'une pièce plus courte. Cette vérité a été combattue dans ces derniers temps, et il s'est élevé un nouveau systême, dont les partisans ont soutenu qu'on pouvoit raccourcir considérablement le canon dans tous les calibres, et le rendre par conséquent d'un transport bien plus facile, sans qu'il perdît pour cela de sa portée ; mais ce systême n'a pas fait beaucoup de prosélytes. Les expériences sans nombre faites par les célèbres mathématiciens, Euler, à Pétersbourg ; Benjamin Robins, à Londres ; par M. Papacino d'Antoni, directeur de l'artillerie à Turin ; en France, par M. le chevalier d'Arcy, qui a répété et confirmé les expériences de Robins, ont invinciblement démontré la supériorité de portée des pièces longues,

déjà

déja établie par la tradition de plusieurs siècles écoulés depuis l'invention de l'artillerie. Toutes ces expériences ont été résumées dans un excellent mémoire de feu M. le marquis de Vallière, directeur-général de l'artillerie de France; et quand on voit un homme aussi célèbre, constamment attaché aux anciens principes, appuyer cette vérité démontrée par les expériences des plus savans mathématiciens, de cinquante années d'expériences pratiques et faites à la guerre, tant sous sa direction, que sous celle de son père, il ne doit plus rester de doutes à ce sujet. » La poudre enflammée pro-» duit un fluide élastique dont les pressions re-» doublées sur le boulet, continuant plus long-» temps dans une pièce longue que dans une » pièce plus courte, doivent par conséquent le » chasser plus loin dans l'une que dans l'autre. » C'est sur ce principe, aujourd'hui reconnu pour incontestable, qu'est fondée la supériorité de portée des pièces longues sur les pièces courtes; et ce principe s'applique également à toutes les armes à feu. Il est donc très-certain qu'absolument parlant, un fusil long porte plus loin qu'un fusil court; mais il est vrai aussi que la différence est si peu sensible, que ceux qui ont du goût pour les armes courtes, peuvent se satisfaire sans inconvénient du côté de la portée. Consultons là-dessus Robins, l'homme de l'Europe peut-être qui a calculé et démontré

avec le plus de précision les effets de la poudre
à canon ; il nous dira que » plus une pièce est
» longue, plus elle a de portée, mais que les
» portées diminueront très-peu, à moins que
» les longueurs ne soient extrêmement dispro-
» portionnées. Prenez, (ajoute-t-il) un canon
» de mousquet de 40 pouces, tirez-le avec une
» charge égale à la moitié du poids de la balle.
» Raccourcissez-le de moitié, et le tirez ainsi
» raccourci avec la même charge, la vîtesse
» sera d'un sixième plus petite, que lorsqu'il
» étoit de toute sa longueur ; et si vous dou-
» blez cette longueur, elle ne sera augmentée
» que d'un huitième. » Le même *Robins* dit
avoir éprouvé qu'une coulevrine longue de 60
fois son diamètre, tirée dans le bois, y en-
fonçoit son boulet à une profondeur plus que
double de celle à laquelle il pénétroit, en le
tirant ensuite avec la même pièce, raccourcie
au point que sa longueur n'étoit plus que de
20 diamètres. Cette progression supposée la
même pour la dragée que pour la balle, comme
cela doit être, il ne faut plus s'étonner si,
dans mes expériences, je n'ai trouvé aucune différence sensible entre les canons longs et les
canons courts, d'autant plus que les longueurs
n'étoient point, à beaucoup près, aussi dispropor-
tionnées que celles dont il s'agit dans l'exemple
de la coulevrine.

CHAPITRE XII.

S'il est des canons qui portent mieux la dragée les uns que les autres.

Il pourra paroître extraordinaire à bien des chasseurs, que je mette ceci en question. Que sera-ce donc si j'ose la décider par une négative? On est si accoutumé à entendre dire : Tel canon *porte admirablement* , tel autre *écarte ,* que beaucoup de gens regarderont comme un radotage ce que je pourrai avancer de contraire à un préjugé aussi universellement reçu. Quoi qu'il en soit , je dirai cependant qu'en général tous les canons des fusils de chasse n'ont à cet égard aucun avantage les uns sur les autres; et je le dirai d'après des épreuves multipliées que j'ai faites pour m'en assurer. Le petit nombre d'arquebusiers et de curieux vraiment instruits sur cet objet, savent que la portée d'un fusil de chasse , quant à rassembler ou à disperser plus ou moins la dragée , est sujette à une infinité de variations ; et que, par l'effet du hasard et de circonstances fortuites qu'on ne peut ni apprécier ni prévoir, les grains de plomb qui composent la charge d'un fusil doivent, à l'instant de l'explosion, se combi-

H ij

ner et s'arranger si diversement d'un coup à l'autre, que toutes les épreuves qu'on pourra faire à ce sujet ne présenteront jamais des résultats, je ne dirai pas uniformes, mais d'une approximation suffisante pour convaincre les personnes qui examinent de près, et ne se laissent point préoccuper. J'ai tiré jusqu'à vingt fois de suite, *à main posée*, le même fusil, chargé de même, a même distance, etc., et j'ai mis dans le blanc depuis 30 jusqu'à 70 grains de plomb. Tous les intermédiaires entre ces deux extrémités ont été remplis, 35, 40, 45, 50, etc. (1). J'ai fait cette épreuve à plusieurs reprises, et je l'ai faite avec différentes armes en concurrence, sans jamais avoir observé de différence notable, et sur laquelle il y ait lieu d'établir une préférence de l'une à l'autre.

J'en dirai à peu près de même d'une autre opinion assez généralement établie parmi les chasseurs ; savoir, que les canons de petit calibre serrent davantage le plomb que ceux d'un calibre plus large. J'ai encore soumis cette

---

(1) Voyez *chap. X*, les expériences faites par M. Le Clerc, canonier du roi. Elles confirment les miennes. On observera cependant que, dans la seconde, les coups sont plus égaux et plus garnis que dans la première ; ce que, peut-être, il faut attribuer aux bourres de chapeau faites à l'emporte-pièce, plus propres à rassembler la dragée que celles de papier. Quoi qu'il en soit, les deux extrêmes de la première sont 14 et 45, et le moyen terme, en négligeant les fractions, 23 ; de la seconde 21 et 78, et le moyen terme 44.

opinion à l'expérience, et j'ai reconnu qu'un canon de 22 à 24, qui est le plus fort calibre des fusils de chasse, serroit autant qu'un canon de 30 ou 32, qui est l'extrême opposé, c'est-à-dire, du plus petit calibre. J'ai seulement remarqué que les canons de petit calibre étoient beaucoup plus sujets que les autres à *peloter*, et même à faire balle quelquefois (1), principalement lorsqu'ils sont neufs, et encore lorsqu'ils sont frais lavés. Et c'est en vain qu'on m'objecteroit que cette inclination à peloter et à faire balle que je donne aux petits calibres, prouve contre moi, et qu'on en peut conclure qu'ils sont plus disposés que les autres à serrer le plomb. Hors les cas que je viens de dire, qui ne sont pas fréquens, qui d'ailleurs ne sont pas un avantage à beaucoup près, l'expérience, je le répète, m'a prouvé que les canons de petit calibre ne serrent pas plus que les canons d'un calibre

______

(1) *Peloter* se dit de certains coups où le plomb, au lieu de se distribuer à-peu-près également sur toute la surface qu'il doit couvrir, forme un ou plusieurs *pelotons* de 10, 12, 15 grains plus ou moins, entassés les uns sur les autres, qui percent ensemble et ne font qu'un seul trou, et quelquefois un seul peloton du tiers ou de la moitié de la charge. Il arrive même, mais beaucoup plus rarement, que la totalité de la charge se rassemble ainsi, et perce une planche de huit à dix lignes d'épaisseur, à la distance de 40 ou 45 pas. Tous ces coups différens, j'ai eu occasion de les observer plusieurs fois, sur-tout en tirant d'un fusil double, du calibre de 32, dont je me sers depuis long-temps ; ce qui ne m'est pas arrivé avec d'autres fusils de 26 ou 28 que j'ai eus précédemment.

H iij

plus large, qui d'ailleurs sont préférables pour l'usage, en ce qu'ils s'encrassent moins vîte; et particulièrement pour la chasse au bois, attendu qu'ils portent de plus grosses balles.

C'est une chose risible pour quiconque est un peu instruit sur l'arquebuserie et la portée des fusils, que les propos qu'on entend tenir journellement à ce sujet à quelques chasseurs. Combien en rencontre-t-on qui vous disent froidement posséder ou avoir vu un fusil portant tout son coup à 40 ou 50 pas dans la forme d'un chapeau? Ceux d'entre eux qui n'ont pas le bonheur d'en avoir un de cette espèce, sont si persuadés qu'il en existe, et qu'un habile canonier peut atteindre par ses soins à ce point de perfection, que j'ai vu, entre les mains d'un canonier de Paris, une lettre d'un gentilhomme de province, par laquelle il lui commandoit un canon, dont il n'entendoit se livrer que dans le cas où *à 50 pas il porteroit tout son coup dans la forme d'un chapeau, et à 80, 15 grains de plomb dans une feuille de papier à lettre :* ce sont ses propres termes. Pour moi qui, avec un goût très-vif pour la chasse, que j'ai pratiquée pendant plus de trente ans, ai toujours eu une curiosité particulière pour m'instruire de tous les détails de l'arquebuserie, et plus encore de tout ce que l'on peut apprendre par l'expérience sur la portée des fusils, j'avoue qu'après avoir tiré au blanc des coups sans nombre, et de cent fusils différens, il ne m'est point encore arrivé d'en rencontrer un qui portât tout son coup, à la distance de 50 pas, je ne dirai pas dans la forme d'un chapeau, mais dans un blanc de 3 pieds en carré. Quiconque voudra se convaincre par ses yeux de ce que j'avance ici, peut former un blanc de cette dimension, en collant ensemble plusieurs feuilles de papier, et y tirer à main posée, après avoir préalablement compté les grains d'une charge de plomb, comme je l'ai fait plusieurs fois; il verra qu'au moins un sixième de la charge aura donné hors de la feuille.

CAAPITRE XIII.

S'il est des moyens de perfectionner ou rectifier la portée des canons.

D'APRÈS les préjugés qui règnent presque généralement parmi les chasseurs, et même les arquebusiers, sur la portée des canons, pour ce qui est de serrer ou disperser plus ou moins la dragée, il est tout naturel de penser que les arquebusiers ont cherché des moyens de remédier à ce défaut vrai ou prétendu de trop écarter, qu'on reproche à certains canons. Les uns se servent à cet effet d'un outil appellé *ramasse*. C'est un mandrin de bois de 4 à 5 pouces de

longueur, garni dessus et dessous de deux petites limes hachées seulement en travers, qui
sont encastrées dant le bois. On adapte ce mandrin au bout d'une baguette de fer, qui porte
à l'autre extrémité un manche de tarière, au
moyen duquel on promène ce mandrin dans le
canon sur tous les sens. C'est avec les rayures
superficielles que forme cet outil, qu'on prétend rectifier la portée d'un canon. D'autres,
au moyen de la mèche, élargissent le canon, à
son embouchure, à la profondeur de 3 ou 4 doigts
seulement : ce dernier moyen, s'il n'est pas le
plus efficace, est au moins très-anciennement
connu dans l'arquebuserie. Espinar, l'homme
qui a le mieux écrit sur la matière que je traite,
et qui, je ne le dissimule pas, étoit d'un sentiment opposé au mien, et admettoit beaucoup
de différence entre les canons pour la portée
du plomb; cet auteur espagnol, dis-je, en parle
dans son ouvrage que j'ai déja cité, et assure
même l'avoir toujours vu réussir. Je sens qu'en
citant ici contre moi l'autorité d'un auteur,
aux connoissances duquel je rends moi-même
hommage, je ne dispose pas mes lecteurs à
m'en croire sur ma parole, ceux sur-tout à qui
les noms en imposent. Quoi qu'il en soit, j'en
appelle aux plus habiles maîtres en arquebuserie, qui voudront être de bonne foi. J'en ai
connu plusieurs qui, sans être de mon avis
sur le reste, ne croyoient pas plus que moi à

l'efficacité de ces deux procédés, qui ont été employés plus d'une fois à ma connoissance, et n'ont rien produit. Et en effet, si le dernier sur-tout étoit aussi spécifique que l'assure Espinar, on ne verroit pas tant de chasseurs mécontens de leur fusil. Il y a plus, les canoniers auroient l'attention, en fabriquant les canons, de les tenir tous indifféremment un peu plus ouverts à l'embouchure.

Puisque j'ai cité Espinar à ce sujet, il ne sera pas hors de propos de rapporter de quelle manière il explique le défaut qu'il prétend qu'ont certains canons de trop disperser le plomb. Il convient que cela ne dépend point de la main de l'ouvrier, et que ceux des plus habiles maîtres y sont sujets comme les autres. Il pense que cela provient de la différente qualité du fer qui a été employé pour forger le canon. Il peut se faire, dit-il, que les deux tiers depuis la culasse, c'est-à-dire, la partie la plus renforcée, se trouve être d'un fer plus dur, plus roide, et de pores plus serrés ; et que l'autre tiers qui forme la partie la plus déliée, c'est-à-dire, le devant, soit d'un fer plus liant et plus doux. Alors la flamme de la poudre qui, dans cette partie du devant, trouve une bien moindre résistance, tant à raison de la moindre épaisseur du fer, que de sa qualité différente, agite, tourmente et secoue cette partie bien plus que l'autre ; d'où résulte, selon lui, la trop grande dispersion de la dragée. Or, il prétend que cette augmentation de diamètre à l'embouchure du canon, pratiquée de la manière que nous l'avons dit ci-devant, modère la violence de la poudre et de son action sur cette partie en facilitant son explosion ; et que par ce moyen le plomb se disperse moins, et porte plus ensemble. Je ne m'arrêterai point à discuter ni à combattre cette opinion, qui explique un fait que je conteste. J'observerai seulement que l'hypothèse de l'auteur sur la différente qualité du fer du derrière au devant du canon, ne peut s'appliquer tout au plus qu'aux canons d'Espagne, qui sont forgés de plusieurs pièces entées et soudées les unes au bout des autres, et non à nos canons de France, et sur-tout à ceux qui se font à Paris, lesquels pour l'ordinaire sont tous forgés avec une lame d'une seule pièce, et par conséquent de même qualité.

Pour ne rien omettre de ce qui peut satisfaire les curieux sur la matière que je traite, j'ajouterai encore qu'aujourd'hui la plupart des canoniers prétendent que pour qu'un canon porte bien le plomb, il ne doit pas être partout d'un calibre égal. En conséquence de ce système, les uns donnent avec la mèche un peu plus de diamètre sur le derrière et sur le devant, et laissent le milieu un peu moins large que le reste ; d'autres (et c'est à présent

le plus grand nombre) rétrécissent insensiblement le calibre depuis la culasse jusqu'à l'embouchure. Mais, en supposant que l'une ou
l'autre de ces méthodes fût avantageuse, toutes
deux me paroissent au moins très-propres à
faire repousser le fusil, par les raisons que j'ai
expliquées ci-devant (*Chap. X*).

De tout ce que j'ai dit dans ce chapitre et
le précédent, il résulte qu'à charge égale
tous les fusils portent la dragée à peu près les
uns comme les autres; qu'il ne faut ajouter
aucune foi à ces canons merveilleux qu'on entend vanter tous les jours; que la portée varie
singulièrement d'un coup à l'autre; et que si
un fusil tiré à 50 pas, avec la charge d'une once
de plomb, n°. 4*, dans une feuille de papier
gris de grande forme, (d'environ 18 pouces
sur 22) y met 60 grains, ce qui est beaucoup,
et ce qu'on peut appeller *porter parfaitement*,
quoique ces 60 grains ne forment que le tiers
du coup; que ce même fusil, dis-je, en continuant de le tirer dans d'autres feuilles pareilles, n'y en mettra peut-être pas, les quatre
ou cinq coups suivans, 36 grains l'un portant
l'autre; et qu'en un mot, ce qu'un fusil fait à
cet égard, un autre peut le faire.

CHAPITRE XIV.

S'il est possible d'augmenter la portée des canons.

JE ne parlerai point ici des carabines ou armes rayées en dedans, soit en ligne droite, soit en spirale, qui ne sont faites que pour tirer à balle, et que tout le monde sait porter plus loin que les armes ordinaires : j'en traiterai à part dans le chapitre suivant. Je n'entends parler que des moyens qu'il pourroit y avoir pour faire porter plus loin les canons ordinaires, dont l'ame est lisse et polie. C'est un principe adopté en artillerie, que dans toute arme à feu, plus la base par laquelle la poudre prend feu a de diamètre, plus il s'en enflamme ; et c'est de ce degré d'inflammation plus ou moins grand, que dépend celui de l'impulsion donnée au projectile. D'après ce principe, on a essayé de pratiquer dans des pièces d'artillerie, pour recevoir la charge de la poudre, une chambre plus large que le restant de l'ame du canon. Il a été reconnu qu'une chambre de forme sphérique produit la plus grande inflammation possible de la poudre; mais cette forme a des inconvéniens qui l'ont fait abandonner, en ce que le diamètre de la chambre étant beaucoup plus petit à l'entrée que celui de la chambre même, les grains de poudre enflammés, qui ne rencontrent point une issue libre pour s'échapper, heurtent les parois de cette chambre, se trouvent dans un mouvement confus et troublé, et agissent et réagissent violemment les uns contre les autres ; ce qui tourmente excessivement le canon et son affût. Mais au surplus, cette chambre sphérique ne pouvant guères se pratiquer dans un canon de fusil, parlons d'une autre chambre imaginée par le célèbre chevalier de Follard, qu'il est très-possible d'y employer. C'est une chambre conique, ou à cône tronqué, c'est-à-dire, notablement plus large à sa base qu'à sa partie supérieure. L'expérience a prouvé que cette chambre a, au moins en grande partie, l'avantage de la chambre sphérique, c'est-à-dire, de procurer une inflammation plus complète de la poudre, en la rassemblant en plus grande quantité autour de la lumière. Elle n'en a point l'inconvénient ; attendu que les parois du cône tronqué allant rencontrer, en adoucissant, l'entrée de la chambre, la flamme, quoique gênée et emprisonnée à un certain point, s'échappe plus facilement que dans la sphérique, en glissant, pour ainsi dire, contre ses parois, et ne produit pas, à beaucoup près, autant de secousses et d'ébranlement dans le canon. Cette chambre qu'on peut appeller *chambre à poire*, est d'usage dans l'artillerie pour certains mortiers. Il est prouvé que ces mortiers chassent la bombe plus loin que ceux à chambre cylindrique, qui sont les mortiers ordinaires. On n'a point adopté les chambres à poire pour le canon, parce qu'elles ne permettent pas de l'écouvillonner exactement.

D'après ce qu'on vient de dire sur les effets de la chambre à cône tronqué ou à poire dans les pièces d'artillerie, il est certain qu'on canon de fusil, disposé de cette façon, porteroit plus loin qu'un canon ordinaire. Je conviens qu'en augmentant la portée, on augmenteroit aussi le recul ; mais je suis persuadé qu'il seroit très-supportable, sur-tout en donnant au canon un certain poids ; et bien des chasseurs sacrifieroient ce petit désagrément à l'avantage d'avoir un fusil supérieur aux autres pour la portée.

Cette chambre, pratiquée dans un calibre de chasse moyen, c'est-à-dire, de 26 ou 28, pour être dans les proportions convenables, doit avoir 9 à 10 lignes de profondeur, et à sa base environ une ligne de diamètre, plus que le restant du canon. C'est l'espace nécessaire pour contenir la charge de poudre supposée d'un gros, et quelque chose de plus, qui, dans la chambre cylindrique, c'est-à-dire, pareille à l'ame du canon, occuperoit une profondeur d'environ 14 lignes. Il est essentiel que la capa-

cité de cette chambre n'excède point le volume
de la poudre, et qu'elle s'en trouve exactement
remplie, afin que le tampon ne puisse descendre
plus bas qu'à fleur de son entrée, sans quoi il
se trouveroit trop lâche , et ne serreroit pas
suffisamment.

Jusqu'à présent je n'ai point encore fait l'é-
preuve de cette chambre à poire, mais j'ai eu
au moins la curiosité de la faire exécuter (1).
Cette opération, qui ne peut se faire que sur le
tour, n'est point du ressort du canonier; et je
me suis adressé pour cela au sieur Le Roi, ser-
rurier-mécanicien , à Paris, cour de l'abbaye
S. Martin, qui, dans un derrière d'ancien canon d'environ 20 pouces que je lui ai fourni,
l'a exécutée avec beaucoup d'adresse et de précision, sans même gâter les filets de la culasse.
Ainsi, cette chambre peut se former dans un
canon, même après qu'il est culassé; mais il
est à propos qu'un canon qu'on veut ainsi disposer, soit tenu plus épais qu'un autre sur le derrière, afin de regagner ce que la chambre peut
ôter de la solidité.

Voici, mais sans garantie, une autre invention pour augmenter la portée des fusils, que
je trouve dans un petit traité curieux, écrit en

____

(1) J'ai fait exécuter cette chambre , avant que de savoir qu'elle
avoit déja été proposée pour les fusils , par George Leuttman ,
académicien de Pétersbourg , dans un mémoire que j'aurai occasion
de citer par la suite.

italien, et intitulé : *Breve trattato d'alcune invenzioni che sono state fatte per rinforzare et raddoppiare li tiri degli Archibuggi ; etc. da Giuliano Bossi*, imprimé à Anvers en 1625, *in*-8°.

Il s'agit d'adapter à vis sur la culasse un petit tube tellement proportionné pour la hauteur et le diamètre, qu'il contienne le tiers de la charge de poudre; que le second tiers l'environne, et que le troisième l'excède et le couvre : ce tube doit être percé tout autour de petits trous. Bossi prétend qu'il doit résulter delà une inflammation plus complète de la poudre, en ce que le feu, communiqué par la lumière, circule d'abord autour du tube; enflamme la portion de poudre qui l'entoure, et très-rapidement celle qu'il contient, au moyen des petits trous dont nous avons parlé, et ces deux parties enflammées celle qui excède le tube, de façon que la poudre brûle toute entière. Il ajoute que ceux qui adoptent ce moyen, font le tube plus ou moins long et large ; mais que les proportions qu'il assigne lui paroissent les plus avantageuses pour produire l'effet désiré.

Bossi propose encore un autre moyen propre à favoriser l'inflammation de la poudre, et conséquemment à augmenter la portée des fusils : le voici. Pour former la lumière, il faut introduire dans le canon un grain d'une certaine

grosseur

grosseur, et l'ajuster de façon que l'entrée de la lumière, du côté du bassinet, soit étroite, et telle qu'elle doit être ; mais qu'en dedans, du côté de la culasse, elle soit fort large, et évasée en trompe le plus qu'il se peut ; en prenant d'ailleurs ses dimensions de manière que la culasse vienne à masquer par-dedans la moitié de la lumière, et que pour la découvrir entièrement, il soit besoin de faire une petite échancrure à la culasse. Au lieu de former cette lumière avec un grain, on pourroit percer le canon même de la grandeur dont on la veut, et la rétrécir ensuite du côté du bassinet, en la recouvrant d'une petite pièce ajustée *entre deux fers*, dans laquelle on ouvriroit ensuite une autre lumière correspondante à celle du dedans. La théorie de ce procédé est fondée sur le même principe que celle de la chambre à poire ; savoir, que plus la base par laquelle la poudre prend feu est large, plus il s'en enflamme. Au reste, une lumière telle que nous venons de la décrire, n'exclut point le tube dont nous avons parlé plus haut, et les deux moyens pourroient s'employer et concourir ensemble.

Enfin, le même Bossi prétend, et dit avoir éprouvé lui-même, que l'antimoine en poudre, mêlé, à la dose d'une once, dans une livre de poudre à canon, en augmente considérablement la force. Le cinnabre et le précipité ont, selon lui, la même vertu ; mais il avertit que l'usage fréquent de ces ingrédiens détérioreroit beaucoup les canons, et les exposeroit à crever.

CHAPITRE XV.

Des canons rayés, ou carabines.

Les carabines ne sont destinées que pour tirer à balle. En Allemagne, et dans tous les pays du nord, on s'en sert presque toujours pour la chasse des grandes bêtes ; mais elles sont très-peu d'usage en France : leur poids suffiroit seul pour en dégoûter ; car un canon rayé est nécessairement plus épais et plus étoffé de beaucoup qu'un canon ordinaire. De ces carabines, quelques-unes ont des raies droites ; mais la plupart sont rayées en ligne spirale, tantôt d'un demi-tour, tantôt de trois quarts de tour, et jamais de plus que le tour entier, et cela dans une longueur de 2 pieds ou 2 pieds et demi de canon. Les raies d'un tour sont, dit-on, les plus parfaites. Quant à leur nombre, cela est assez arbitraire, et dépend de la fantaisie de l'ouvrier. On n'en fait pas moins de 5, quelquefois 7, 8, 9, et même davantage. Ces raies sont plus ou moins profondes, et les plus profondes sont les meilleures.

C'est une question pour bien des gens, de savoir si, dans une carabine rayée en spirale, la balle qui, pour entrer et descendre sur la charge, a été contrainte à coups de baguette de se mouler dans les raies, et de suivre leur direction, suit encore cette même direction en sortant du canon. Plusieurs arquebusiers que j'ai interrogés là-dessus, sont persuadés du contraire. Bien plus, un abonné de l'*Affiche des Provinces* ayant demandé par la voie de cette feuille (dans celle du 18 janvier 1775) » sur » quels principes de théorie on pense que les » canons des armes à feu rayées droit ou en » spirale portent plus loin et plus droit que » les canons lisses et unis en-dedans, lui pen- » sant au contraire que plus un canon est uni » et poli, moins l'impulsion donnée à la balle » par la poudre doit souffrir d'altération par le » frottement ; de même qu'une balle poussée » sur une glace très-unie, sera chassée beau- » coup plus loin que sur la terre avec une » même force. » Il fut fait à cet abonné (dans la feuille du 15 février suivant) la réponse qui suit : » L'effort de la poudre augmente en rai- » son de la résistance qu'on lui oppose. La balle » enfoncée avec force dans un canon carabiné, » en supposant , comme cela doit être, qu'elle » est d'un calibre un peu plus fort que le ca- » non , a besoin d'une plus grande force pour » être déplacée, va plus loin, et est aussi mieux

» dirigée, puisque étant engagée dans les raies
» droites qui ont formé des rainures en la chas-
» sant dans le canon, elle n'éprouve aucun
» balottement en sortant; au lieu que dans un
» canon poli, le vent, ou la différence de la
» balle au calibre, lui laisse toujours la liberté
» de s'écarter plus ou moins de la ligne de tir.
» Quant aux armes carabinées en spirale, c'est
» une absurdité; car la balle de plomb qu'on
» enfonce dans une carabine ordinaire, avec
» une petite baguette de 6 à 7 pouces, à coups
» de marteau (et ce n'est que de cette manière
» que l'on peut charger une carabine) se moule
» en entrant dans la rayure, de façon que la
» baguette ordinaire suffit pour la pousser en-
» suite sur la charge; mais si les raies sont en
» spirale, il est clair que la balle, *qu'on ne*
» *peut enfoncer qu'en ligne droite,* ne recevra
» point de déchirement, non plus qu'à son dé-
» part *qui ne peut être qu'en ligne droite.*» C'est
donc une absurdité, suivant l'auteur de cette
réponse, que de rayer des carabines en spirale,
et de croire que la balle suit cette spirale, tant
pour entrer dans le canon, que pour en sortir.
Cependant le célèbre mathématicien Benjamin
Robins croyoit bonnement cette absurdité, et
j'avoue que je suis tenté de la croire avec lui.
On trouve dans ses *Nouveaux Principes d'Ar-*
tillerie, un petit traité sur les pièces rayées en
spirale; car cette méthode se pratique aussi

pour l'artillerie, bien entendu que le boulet alors est de plomb. Il y relève beaucoup les avantages de ces pièces rayées pour la justesse du tir; car il nie l'augmentation de portée qu'on leur attribue, et prétend, d'après les expériences qu'il a faites, que si l'on s'est persuadé que les armes rayées en spirale portent plus loin que les autres, c'est uniquement parce qu'avec de pareilles armes on peut frapper un but à des distances deux ou trois fois plus grandes qu'on ne peut le faire avec les armes ordinaires, non pas faute de portée, mais faute de justesse; et voici comme il explique cette justesse particulière aux canons rayés. Dans ceux qui ne le sont pas, et dont l'ame est lisse et polie, le projectile acquiert, par le frottement qu'il éprouve contre les parois intérieures du canon, un mouvement de rotation, outre son mouvement progressif. La position de l'axe de ce mouvement de rotation, par rapport au mouvement progressif, doit être changée continuellement par la pression inégale de la résistance que l'air oppose au devant du boulet; résistance que Robins a prouvé être bien plus considérable qu'on ne l'avoit imaginé avant lui; et ce changement de position de l'axe de rotation doit déranger la direction du boulet, en le poussant tantôt d'un côté, tantôt de l'autre, en-haut ou en-bas. Il n'en est pas de même des canons rayés en spirale : dans ceux-ci la zone

dentelée de la balle suit la courbure des raies;
et cette balle acquiert, outre son mouvement
progressif, un mouvement de rotation autour
de l'axe du cylindre; mouvement qu'elle conserve encore au sortir du canon, et qui coïn-
cide parfaitement et constamment avec sa ligne
de direction, ensorte que la pression exercée
par la résistance de l'air, est égale sur toutes
les parties de la surface qui se présente la première. On peut voir dans l'ouvrage même de
Robins le développement des principes de cette
théorie, que je ne fais qu'indiquer. Entre plusieurs expériences dont elle est appuyée, je
me contenterai de rapporter la suivante, qui
suffit pour prouver démonstrativement que
dans une carabine la balle suit en sortant la
courbure des raies, quoiqu'elle n'ait pas été
faite précisément dans cette intention, mais
seulement pour s'assurer si, dans un canon
rayé en spirale, la demi-sphère du boulet qui
se présente la première à la bouche du canon,
conserve cette même situation dans tout son
mouvement. Robins prit un canon rayé de
6 livres de balle; et, au lieu d'une balle de
plomb, fit entrer dans le cylindre une boule
de bois tendre, mais élastique, et qui se mou-
loit aisément dans les raies sans se rompre.
Tirant ensuite contre un mur assez éloigné
pour que la balle, en le frappant, ne se rom-
pît pas, il trouva toujours que la partie de la

balle qui se présentoit la première à la bouche
du canon, continuoit à se mouvoir dans la même
situation, et sans aucune déclinaison sensible,
comme il étoit facile de le connoître, en observant sur la balle les empreintes des rayures
du canon, et celle du coup qu'elle avoit donné
contre le mur. Il seroit aisé à quelqu'un qui
voudroit se convaincre sur ce point de fait par
ses propres yeux, d'en faire l'expérience à peu
de frais et sans grand appareil. Il ne s'agit que
de tirer une carabine dans un sac rempli de son
ou de laine, où la balle pourroit se retrouver
sans avoir été froissée, comme elle le seroit en
entrant dans un corps plus dur.

On trouve dans les *Mémoires de l'Académie
des sciences de Pétersbourg* (ann. 1728) un
mémoire de J. George Leuttmann : *De sulcis
cochleatis ad datam distantiam tubis sclopeto-
rum rectè inducendis.* (De la manière de bien
disposer les raies en vis spirale dans les canons
de fusil, étant donnés les intervalles qu'elles
doivent avoir entre elles). Il y explique ainsi
l'utilité de ces raies : » L'objet de celui qui in-
» venta le premier ces canons, fut sans doute
» que la balle, en tournant ainsi autour de son
» axe, pût en quelque manière percer l'air, et
» le pénétrer avec plus de facilité, afin qu'elle
» s'écartât moins de sa direction ; qu'elle frappât
» l'objet contre lequel elle étoit tirée avec plus
» de force, et y pénétrât plus avant, au moyen

» de son mouvement circulaire. » Concluons,
d'après la théorie et l'expérience d'habiles mathématiciens, que ce n'est point une absurdité
de rayer des canons en spirale. Si une pareille
invention étoit absurde, elle eût été proscrite
dès long-temps, et ne subsisteroit pas depuis
plus de 200 ans ; car les arquebuses rayées
étoient déja connues vers le milieu du xvie. siècle.

A l'égard des canons à rayure droite, ils ne
me paroissent pas avoir un grand avantage sur
les canons lisses, sur-tout lorsque dans ces derniers la balle est juste au calibre et un peu forcée ; mais si la balle n'y acquiert point, comme
dans les canons rayés en spirale, ce mouvement
de rotation autour de son axe, coïncidant avec
la ligne de tir, qui l'empêche de s'en écarter,
et qui d'ailleurs lui fait en quelque sorte percer l'air, suivant Leuttmann, il paroît au moins
que ces rayures droites, dans lesquelles elle se
trouve engagée, empêchent cet autre mouvement de rotation pareil à celui d'une boule pro-
jetée sur une surface plane, que Robins suppose être celui d'une balle tirée dans un canon
lisse, et nuisible, selon lui, à sa direction.
Quelques chasseurs se servent de ces canons
rayés droit pour tirer au plomb, prétendant
qu'ils le rassemblent mieux, et portent plus loin
que les autres; et cela est sur-tout, m'a-t-on dit,
assez commun en Allemagne. Je n'en ai point
fait l'essai, mais j'avoue que j'ai peine à le croire.

CHAPITRE XVI.

De la monture du fusil et de la platine.

Comme je n'ai pas entendu faire un traité complet d'arquebuserie, et que le canon du fusil est mon objet principal, j'ai peu de chose à dire sur la monture et la platine. Les montures de fusil se sont faites anciennement avec du poirier, du cerisier et du merisier. On se sert encore quelquefois d'érable; mais en général on a adopté aujourd'hui pour cet usage le noyer, même pour les armes des troupes. C'est un bois très-dur, bien veiné, lorsqu'il est vieux, d'un grain très-fin, et qui se polit mieux que tout autre. Pour qu'une monture soit solide, il faut sur-tout que le madrier qu'on y emploie soit choisi d'un bon fil, c'est-à-dire, que le fil du bois y soit en long, et non en travers, sans quoi elle est sujette à se rompre au moindre effort dans la poignée. Les baguettes se font pour la plupart de baleine, qui, à la vérité, n'a pas, comme le bois, l'inconvénient de se casser; mais qui, d'un autre côté, est trop molle, trop flexible, et sujette à se fendre et à s'éclater. Le chêne vert qui croit dans nos pro-vinces méridionales, est, à mon avis, bien meilleur pour cet usage que la baleine. Il est presque aussi pliant, plus roide, plus élastique, ne se casse jamais, lorsqu'il est bien choisi et sans nœuds, et prend, en se polissant, une assez belle couleur. Le micacoulier, arbre des pays méridionaux, et qui croît aussi en Provence et en Languedoc, où il est appellé *fabrecoulier* ou *falabriguier*, est encore une excellent bois pour les baguettes de fusil. Il est plus pliant, mais moins roide et moins élastique que le chêne verd. C'est avec ce bois que se font à Paris la plupart des fouets de cocher. Il y est connu des ouvriers sous le nom de *bois de Perpignan*, parce qu'il s'en trouve beaucoup dans une commune aux portes de cette ville. Au défaut de ces bois, on peut se servir de frêne ou de noyer. Le dernier est assez pliant, mais il se casse aisément. Il est bon d'avoir attention de faire tenir les porte-baguettes le plus larges qu'il se peut, afin que la baguette en soit d'autant plus grosse, ce qui la rend d'un meilleur service et moins sujette à se rompre.

J'observerai ici qu'un tiroir passant dans un double tenon, dont on se sert le plus ordinairement pour assujettir le devant d'un canon double à bascule sur son bois, n'est pas d'une grande solidité. Un tenon simple, large de quatre à cinq lignes, soudé entre les deux canons, vaut beaucoup mieux. Le tiroir à tenon double se lâche et s'égaie dans sa coulisse.

Il se courbe même, sur-tout lorsque cette partie de bois, qui sépare les deux tenons, vient à séclater et s'enlever, ce qui arrive presque toujours au bout d'un certain temps de service. Les crochets des culasses, de leur côté, s'égaient aussi avec le temps, et acquièrent du jeu dans la pièce de bascule. Alors en secouant le fusil, il est aisé de s'appercevoir que le canon n'est pas ferme sur son bois ; ce qui ne laisse pas de nuire à la justesse de la portée. L'ajustement d'un tenon simple affoiblissant moins le bois, il en reste plus pour la coulisse du tiroir, qui par-là tient plus fermement, sur-tout lorsqu'il est trempé, et d'une bonne épaisseur.

A l'égard de là platine, le corps, c'est-à-dire, cette plaque qui porte toutes les pièces, le chien et le bassinet, doivent être forgés, au moins dans leur partie extérieure, d'*étoffe* ; c'est ainsi que les arquebusiers appellent l'acier de vieilles rapes d'Allemagne et de Forès dont ils se servent à cet usage. Cette étoffe se polit mieux, est moins sujette aux pailles, et se rouille moins que le fer. Quant à la batterie, la face seulement est d'acier, tout le dessus et le talon sont de fer : autrement, vu la trempe dure et sans recuit que cette pièce exige, elle ne pourroit endurer, sans se casser, la percussion qu'elle éprouve de la part du chien, en se renversant sur le ressort de batterie. Toutes les pièces, sur-tout extérieures, doivent être nettes et sans pailles, autant qu'il se peut ; elles sont toutes trempées à différens degrés, suivant leur usage. Pour qu'une platine soit bien faite, il faut qu'aucune des pièces qui jouent n'ait de frottement sur le corps. Le chien doit être en l'air ; le ressort de batterie ne porter que de sa branche inférieure ; le grand ressort et le ressort de gachette ne poser que dans leur partie supérieure. La noix doit rouler aussi sans toucher au corps de platine, si ce n'est dans le milieu, où on laisse une petite *embase* autour de sa tige. Il en est de même de la gachette. Il est utile que le chien ait beaucoup de *chasse*, et qu'il ne lui reste de *surbande* que ce qu'il lui en faut pour qne la platine *appelle* bien au *bandé.* On entend par *surbande* le chemin que le chien peut faire encore en arrière lorsqu'il est armé ; et *appeller* se dit du son que rend une platine lorsqu'on la fait jouer, qui doit être net et clair, tant au *repos* qu'au *bandé.* Plus le chien a de chasse, c'est-à-dire, plus il se renverse en arrière, mieux il renvoie la batterie ; cela dépend de la taille de la noix et de la gachette.

Il est sur-tout essentiel que les ressorts d'une platine soient bien proportionnés entre eux quant à la force. Si le grand ressort est trop foible, et celui de la batterie trop fort, la batterie ne découvre qu'à moitié, et le coup part mal, ou ne part point. Il ne faut pas non plus que le grand ressort soit trop roide; alors il brise les pierres, et occasionne au fusil une commotion qui peut déranger le tireur.

CHAPITRE XVII.

Contenant divers détails sur la poudre, la dragée, les bourres, etc.

Si les détails dans lesquels je me propose d'entrer paroissent minutieux et superflus aux chasseurs de profession, et qui ont une longue expérience de la chasse, j'espère au moins qu'il s'en trouvera un grand nombre à qui ces détails ne déplairont pas et pourront être utiles.

Je conviens que l'adresse à tirer, qui ne s'acquiert que par l'usage, et que les chasseurs possèdent à différent degré, suivant l'aptitude dont la nature les a doués pour cet exercice, est le point capital pour réussir à la chasse; mais il n'est pas moins vrai que pour y réussir parfaitement, cette adresse doit être secondée de plusieurs moyens accessoires, et de certaines attentions et précautions qui ne doivent pas être négligées. Je commencerai par ce qui concerne la poudre, agent principal de la chasse au fusil.

§. 1. *De la poudre.*

Il se vend à l'arsenal de Paris deux sortes de poudre de chasse, l'une ordinaire, à 1 liv. 16 s., l'autre à 3 liv. la livre. Cette dernière, dite poudre de *Saint-Joseph*, du nom du moulin où elle se fabrique, plus connue dans le public sous le nom de *poudre royale*, est sans contredit la meilleure qu'on puisse avoir. De toutes les poudres qui se fabriquent en Europe, il n'en est point de plus forte, excepté celle de Dantzick. Elle égale la poudre d'Ath dans le Hainaut autrichien, et surpasse de beaucoup celle de Berne en Suisse du 1er numéro. On sait quelle a toujours été la réputation de ces deux poudres : je n'en parle qu'après en avoir fait avec l'éprouvette la comparaison répétée plusieurs fois. Laissons dire à quelques chasseurs qui ignorent les moyens que l'on a de déterminer la force de la poudre, que celle de *Saint-Joseph* n'est pas plus forte que la poudre ordinaire de l'arsenal, et tenons pour certain que la poudre de 1 liv. 16 s. est à celle de 3 liv., comme 8 ou au plus 9 est à 14. Sa supériorité est si bien connue, que les gardes-chasse des capitaineries royales des environs de Paris s'en servent pour la plupart.

Comme parmi les chasseurs, sur-tout en province, il en est beaucoup qui, quoique fort habiles, ne connoissent pas l'éprouvette, il est ßon de leur en donner une idée. Il y a des éprouvettes de différente construction, mais voici la plus ordinaire. C'est une petite roue de cuivre ou d'acier, dentelée de plusieurs crans numérotés, et disposée perpendiculairement sur un ressort qui engrène dans ces crans, taillée d'ailleurs de façon quelle porte, dans une de ses parties, un couvercle s'abaissant sur l'ouverture d'un petit tube en forme de dé à coudre, fait pour contenir quelques pincées de poudre ; ce tube est percé en-bas d'une lumière qui répond au bassinet d'une platine, et le tout est ajusté sur un canon et un fût de pistolet, dont cet instrument a la forme. On amorce, on remplit de poudre le dé, sans la presser une fois plus que l'autre ; on abat dessus le couvercle, on lâche le chien de la platine, et l'explosion force la roue, qui est contenue par le ressort, à tourner plus ou moins de crans, suivant la force de la poudre.

Il ne faut pas croire néanmoins que l'éprouvette donne toujours très-précisément les mêmes résultats. Indépendamment de quelques variations inévitables dans toutes les expériences qu'on peut faire sur les effets de la poudre, et dont les causes sont très-difficiles à démêler, il en est qui dépendent des différentes dispositions de l'air, suivant lesquelles ces effets peuvent varier singulièrement, non-seulement d'un jour à l'autre, mais même du soir au matin ; car l'air joue un grand rôle dans les effets de la poudre. M. Bélidor, en faisant des épreuves de mortiers, a remarqué que les bombes qu'il tiroit le soir après soleil couché, alloient beaucoup au-delà de la distance à laquelle elles devoient tomber ; qu'elles alloient encore plus loin dans d'autres temps où le ciel étoit chargé de vapeurs. Quelques jours après, s'il avoit fait un soleil ardent, leur portée diminuoit ; s'il tiroit dans le temps de la fraîcheur, les bombes alloient plus loin que dans le reste du jour : d'où M. Bélidor conclut que le soir et le matin l'air devoit être plus condensé que dans le jour, et encore plus quand il étoit chargé de vapeurs; qu'ayant acquis par-là une plus grande force de ressort, la poudre devoit chasser plus loin; et qu'au contraire, quand il avoit été fort dilaté par la chaleur, sa force élastique étoit moindre (1).

Au défaut d'éprouvette, voici un moyen sûr et facile pour juger de la bonté de la poudre. Pour qu'elle soit de bonne qualité, elle doit

------

(1) Il est bon d'observer qu'il en est de cette opinion touchant l'influence des différentes températures de l'air sur les effets de la poudre, comme de celle sur son inflammation succesive, dont j'ai fait mention (*Chap. XI*) ; c'est-à-dire, que plusieurs physiciens qui ont écrit sur l'artillerie ont soutenu précisément le contraire de ce que pose en fait M. Bélidor ; savoir, que les portées étoient plus grandes dans la chaleur du jour et à l'ardeur du soleil que le soir et le matin, et par un temps sec que par un temps bas et pluvieux. Il y a plus ; Robins, que j'ai deja cité plusieurs fois,

être

être de couleur d'ardoise. Quand on l'expose
au soleil, rien n'y doit briller ; le brillant dé-
note que le salpêtre n'est pas assez écrasé, ni
uni aux autres matières qui entrent dans sa
composition, le soufre et le charbon.

Pour l'éprouver, mettez-en une pincée sur
un papier blanc et sec ; approchez doucement
un charbon de feu : la bonne prend subitement,
et s'élève en colonne en l'air, sans laisser sur
le papier ni rayons, ni noirceur, ni flammèches
qui le brûlent. La mauvaise poudre fait le contraire ; le salpêtre et le soufre s'attachent au
papier, et l'on peut l'écraser avec les doigts.
Quand la poudre est bien sèche et bonne, on
peut faire cette épreuve sur la main, sans se
brûler.

Si la poudre noircit le papier, elle a trop de
charbon ; si elle laisse des taches jaunes, trop
de soufre. S'il reste sur le papier de petits
grains en forme de têtes d'épingle, mettez-y le
feu : en cas qu'ils prennent, c'est du salpêtre,
et la poudre est mal battue et mal façonnée ;

---

prétend que lorsque la poudre est bien sèche, les portées sont à
peu près les mêmes, à quelque heure du jour et dans quelque
temps que l'on tire. Voilà où l'on en est encore aujourd'hui sur la
théorie des effets de la poudre dans les bouches à feu. J'avouerai
cependant que, dans ce conflit d'opinions, celle de M. Bélidor,
avec lequel s'accordent sur ce point les officiers d'artillerie les
plus expérimentés, me paroît devoir l'emporter sur celle des
physiciens spéculatifs.

K.

s'ils ne prennent pas, c'est du sel, et le salpêtre a été mal raffiné.

Il faut avoir attention de tenir la poudre très-sèche; l'humidité l'altère toujours, quoiqu'elle soit resséchée. Faire sécher la poudre sur un feu trop violent, peut aussi l'altérer et en diminuer la force. Il est un degré de chaleur qui, quoique insuffisant pour enflammer la poudre, ne laisse pas de fondre le soufre, et de décomposer les grains. On prétend même qu'exposée à un soleil trop ardent, elle se décompose et s'affoiblit.

§. 2. *De la dragée* ou *plomb de chasse.*

Le choix de la dragée n'est pas chose indifférente; un chasseur doit y faire attention. En fait de plomb de chasse à l'eau, le meilleur est le plus égal, le plus rond et le plus plein, c'est-à-dire, le moins mêlé de grains creux. Depuis quelques années, il se fabrique à Paris une sorte de plomb, dit *plomb italien* ou *plomb blanc*, qui n'a pas l'avantage de porter plus loin que le plomb ordinaire, comme il fut annoncé dans le commencement, mais seulement celui de moins noircir les mains, au moyen d'un apprêt particulier qui lui donne une couleur argentée fort agréable. Peu de chasseurs se servent de plomb moulé, qui, lorsqu'on tire de près, peut faire plus d'effet et de déchirement que le plomb à l'eau, à raison des protubérances angulaires et tranchantes qui lui restent lorsqu'on en coupe le jet; mais qui, par cette même raison, étant moins rond que le plomb à l'eau, porte moins ensemble et moins loin. Il ne s'en fait point au-dessous du nº. 4*.

Il est important, pour le succès de la chasse, de proportionner la dragée à l'espèce de gibier que l'on a à tirer, ainsi qu'à la saison où l'on chasse. Par exemple, dans la primeur des perdreaux, depuis la mi-août jusqu'aux premiers jours de septembre, il est à propos de ne se servir que du nº. 5. Comme alors les perdreaux partent de près, et qu'on ne tire guères au-delà de 40 pas, pour peu qu'on tire juste, il n'est presque pas possible qu'à cette distance la pièce s'échappe dans les vuides de la rose que forme le coup. Les lièvres, dans cette saison, partant aussi communément d'assez près, et d'ailleurs étant peu garnis de poil, on les pelotte fort bien avec ce plomb à la distance de 30 à 35 pas. Il est encore fort à propos de se servir de ce numéro dans les pays où il y a beaucoup de cailles. Cette dragée est aussi celle qui convient plus particulièrement pour la chasse des bécassines. En se servant de plus gros plomb, quelque juste que l'on tire, on a le désagrément de manquer fréquemment, n'étant presque pas possible, vu la petitesse du gibier, qu'il ne s'échappe quelquefois dans les vuides du coup. Il y a même bien des chasseurs (et je ne les désapprouve pas) qui ne tirent les cailles et les bécassines, ainsi que les grives, dans les pays où elles abondent, qu'avec le n°. 6, même avec le 7, dit communément *menuise*, qui n'est pas le dernier, car il y a encore deux sortes au-dessous ; savoir, le 8 et le 9. Ces deux numéros sont connus sous le nom de *cendrée* ; le dernier n'est pas plus gros que la tête d'une moyenne épingle. Ils ne peuvent guères convenir que pour tirer aux ortolans et aux bec-figues.

Vers la mi-septembre, lorsque les perdreaux sont *maillés*, et qu'ils ont l'aile plus forte, le n°. 4*, ou *petit quatre*, est le plomb qui convient. Ce plomb est, selon moi, le plus avantageux dont on puisse se servir. Il tient un juste milieu entre la dragée trop grosse et la dragée trop menue, forme une rose bien garnie, pelotte un lièvre, et même un renard à 35 et 40 pas, et une perdrix à 50, pourvu que la poudre soit bonne. Il convient aussi parfaitement pour la chasse des lapins : enfin il est de toutes les saisons, et beaucoup de chasseurs s'en servent toute l'année. Le plus habile tireur que j'aie connu étoit un garde-chasse qui ne se servoit presque jamais d'autre plomb. Je conviens qu'il se présente à la chasse des coups lointains, qu'on peut manquer faute de gros plomb ; mais ces coups peu fréquens, qui auroient pu porter avec du plomb plus fort, ne peuvent entrer en compensation avec tous ceux que le gros plomb, qui ne garnit pas assez, fait manquer, sur-tout pour le gibier-plume, soit perdrix, bécasse, ramier, etc. C'est ce qu'une longue expérience m'a appris. Tirez habituellement avec de la dragée n°. 3; pour une perdrix que par hasard un grain de plomb ira tuer à 80 pas, vous en manquerez vingt à 50, qui passeront dans les vuides du coup. Il est cependant des cas particuliers où il convient de se servir de grosse dragée. Si l'on se propose expressément de tirer aux canards sauvages, on fera bien de se servir du n°. 3*, ou *petit trois*. On s'en servira de même dans les plaines où il y a beaucoup de lièvres, et sur-tout dans des battues où on ne tire que cela ; dans des temps où les perdrix ne tiennent point, et partent de très-loin ; pour tirer le lièvre et le renard devant les chiens courans. Au surplus, depuis que les fusils doubles sont presque les seuls dont on se serve, beaucoup de chasseurs sont dans l'usage, sur-tout en hiver, de charger de gros plomb, pour les occasions, un canon de leur fusil. Le 3* est, à mon avis, le plus fort dont un bon chasseur doive se servir ; il n'est point assez gros pour ne pas garnir raisonnablement, et peut faire tout ce que feroit un numéro plus gros, qui d'ailleurs ne garnit point.

Afin de rendre plus sensible la différence qui sé trouve, quant à garnir plus ou moins, entre les différentes sortes de dragée, je joins ici une petite table qui indique le nombre de grains de plomb, qui, à quelque variété près, compose une once de chaque sorte, depuis le *six* jusqu'au *trois* inclusivement, soit plomb ordinaire, soit plomb italien; car ce dernier est plus petit dans toutes les sortes. Je dis à quelque variété près, non-seulement parce que tous les grains ne peuvent être d'un volume égal, mais aussi parce que les cribles des différens fabricans n'ont pas des trous exactement du mê   diamètre. Le plomb de chasse dont je me suis servi pour dresser cette table, est celui de *la Levrette*, à Paris, porte Saint-Antoine.

TABLE.

	Plomb ordinaire.	Plomb ital.
N°. 6. (1 once.)	375.	405 grains.
N°. 5. *Id.*	250.	300
N°. 4*. *Id.*	190.	220
N°. 4. *Id.*	110.	180
N°. 3*. *Id.*	85.	140
N°. 3. *Id.*	72.	110

§. 3. *De la quantité de poudre et de plomb convenable pour charger un fusil.*

Un gros, ou tout au plus un gros $\frac{1}{4}$ de bonne poudre, telle que celle de *Saint-Joseph*, et une once ou une once $\frac{1}{4}$ de plomb, suffisent pour les fusils de calibre ordinaire, c'est-à-dire, de-

puis 24 jusqu'à 3o. Cependant, lorsqu'on veut
se servir de grosse dragée, comme le n°.3* ou 3,
il est bon alors d'augmenter la charge de plomb
d'un quart en sus, et d'avoir à cet effet une
mesure particulière, et jaugée en conséquence,
afin de compenser en partie par cette augmentation, ce que la grosseur de la dragée fait perdre en nombre de grains, et que le coup en
soit mieux garni. Espinar détermine la charge
des fusils par le poids de leur balle de calibre,
fixant le poids de la poudre au tiers du poids
de la balle, soit pour tirer à balle, soit pour
tirer à dragée ; et celui de la dragée à moitié
en sus, ou tout au plus au double du poids de
la balle, ce qui revient à-peu-près à la règle
que je viens d'établir ; sauf la différence de calibre, qui n'est pas assez grande entre les deux
termes donnés, pour exiger une gradation dans
le poids de la charge. Nicolà Spadoni, auteur
italien que j'ai déja cité, donne pour règle,
quant à la poudre, une mesure de même diamètre que le canon, et double en profondeur
de ce diamètre ; pour le plomb, unè mesure
de pareil diamètre, et d'un tiers moins profonde que celle de la poudre. Ceci s'accorde
encore assez avec la charge que j'ai fixée, au
moins pour la poudre ; car, quant à la mesure
du plomb, elle me paroît trop petite. George
Leuttmann, que j'ai déja cité lorsque j'ai parlé
des carabines ou armes rayées, fixe la poudre,

pour tirer à balle seule, à trois fois plein le moule de la balle.

Quoiqu'en genéral tous les proverbes soient assez véritables, rien de plus faux et de moins fondé en raison, que ce vieux adâge connu de tous les chasseurs, *Chiche de poudre et large de plomb*, cité par Espinar, comme existant aussi en Espagne, où il se dit de même : *Polvora poca, y perdigones hasta la boca.* Qu'arrive-t-il lorsqu'on charge de plomb outre mesure? La poudre n'a plus assez de force pour le chasser à la distance où il doit aller; si l'on tire d'un peu loin, une partie des grains de plomb, qui d'ailleurs, par leur trop grande quantité, se nuisent et se heurtent les uns les autres, tombe en chemin, et ceux qui arrivent au but sont amortis, et font peu d'effet. C'est la manie des braconniers : ils croiroient ne rien tenir, s'ils ne mettoient deux onces de gros plomb dans leur fusil. Ils détruisent beaucoup de gibier, il est vrai; mais c'est à l'affût au pied d'un arbre, où ils l'attendent pour l'assassiner, lorsqu'il se trouve à la distance de 25 ou 30 pas. J'ai vu de ces gens-là à la chasse au bois, ou dans une battue de loups, mettre jusqu'à trois balles par dessus une charge de plomb : Dieu sait aussi quels soufflets ils reçoivent en tirant. Au bois, où l'on tire de près, de pareils coups tuent quelquefois, mais, le plus souvent, ils ne font que blesser; la bête emporte le coup, et

va mourir au loin. Les balles en pareil cas s'arrêtent dans le cuir d'un vieux sanglier, sur-tout
vers les épaules, où il est extrêmement épais,
ou s'aplatissent sur les os , si elles en rencontrent. Voilà pourquoi il est si ordinaire d'en
tuer qui ont déja reçu d'anciens coups de fusil
dont on retrouve les balles sous leur cuir. Car,
qu'on ne croie pas qu'une ou deux balles de
calibre seulement, chassées par de bonne poudre, s'arrêtent dans le cuir, ou s'aplatissent
sur les os d'un sanglier tel qu'il soit; elles per-
ceront ou briseront à coup sûr.

Je dirai ici en passant, à propos de la chasse
de la grosse bête, que la meilleure charge pour
le bois est de deux balles de calibre, ou d'une
balle et d'un petit lingot : c'est celle des bons
chasseurs. Une seule balle perce sans doute encore mieux que deux: mais aussi deux balles,
quoiqu'avec un peu moins de force, tuent mieux
qu'une ; et d'ailleurs l'une manquant, l'autre
peut porter.

Je donnerai ici, d'après Leuttmann, une manière de *ramer* deux balles, qui peut être fort
avantageuse pour la chasse des grosses bêtes.
Prenez un fil de laiton un peu gros, de la longueur de 4 à 5 pouces ; et, après l'avoir bien
recuit, roulez-le en tire-bourre de la hauteur
de 5 à 6 lignes, sur un petit cylindre de fer, de
la grosseur au moins d'une plume d'oie; retirez
le cylindre, détachez une extrémité du laiton

de la spirale, et la courbez un peu tout au bout; introduisez-la dans le moule, et l'y maintenez en l'air d'une main, de façon qu'en coulant la balle de l'autre, elle se trouve enveloppée par le plomb; retirez la balle, et répétez la même opération pour l'autre extrémité du laiton : alors vous aurez deux balles solidement accouplées ensemble; il ne s'agira plus que de rajuster et resserrer la spirale en tournant les balles avec les doigts.

Voici, d'après le même auteur, une autre balle assez bien imaginée, et qui doit faire beaucoup de ravage lorsqu'une bête en est frappée; mais elle est d'une exécution un peu compliquée. Le moule dans lequel elle se fond est partagé en quatre, au moyen de deux petites lames rondes de tôle ou de cuivre, se croisant à angles droits, et soudées l'une à l'autre, qui s'y adaptent exactement. A l'endroit où elles se joignent par le bas, est soudé un petit pied d'environ un pouce de long, destiné à faciliter leur séparation d'avec la balle lorsqu'elle est fondue, et sortant du moule par un trou qu'on y a pratiqué exprès. La balle étant fondue dans le moule ainsi disposé, on retire cette cloison de tôle qui la partage en quatre, en s'aidant de la pointe d'un couteau pour faciliter sa sortie. On a soin, en coupant le jet de la balle, de lui laisser un peu d'excédent, afin que les quatre parties ne se séparent pas, et en la mettant

dans le canon, de la tourner de façon que le jet
soit en-haut. Cette espèce de balle s'ouvre et
se déploie en frappant la bête, et fait à ce
moyen une plaie bien plus large qu'une balle
ordinaire. Je ne me fierois cependant à une pareille balle que pour tirer de près. Le mémoire
de Leuttmann, d'où j'ai emprunté ces particularités, est intitulé *Annotationes et Experimenta
quædam rariora et curiosa , et ad rem sclo-
petariam pertinentia*, (Observations curieuses
et singulières concernant les fusils); et se trouve
dans les *Mémoires de l'Académie des sciences
de Pétersbourg*, année 1729.

Je ne connois point de charge moins sûre
pour le bois, que la chevrotine dont se servent
quelques chasseurs, sur-tout pour le chevreuil.
C'est un diminutif de la balle, de la grosseur
d'un pois moyen, dont on met sur la poudre
15 à 18, tout au plus. J'ai éprouvé plusieurs
fois que 18 chevrotines, à la distance de 40 à
50 pas, couvroient un espace de plus de 5 à
6 pieds en carré. Si, à cette distance, la bête
en reçoit une ou deux, c'est tout ce qu'on
peut attendre ; et à moins que le hasard ne les
adresse en quelque endroit mortel, elle ne
reste jamais. On voit par-là combien il y a peu
à compter sur une pareille charge, lorsqu'on
ne tire pas à la distance de 25 ou 30 pas; et
alors une charge de plomb à lièvre auroit suffi.
Ce n'est pas tout : la chevrotine est dangereuse

pour les chasseurs, sur-tout dans les battues où il y a beaucoup de monde dispersé çà et là; comme elle s'écarte prodigieusement, il arrive qu'à une grande distance elle va blesser un chasseur, quoique fort éloigné de la ligne sur laquelle on a tiré.

§. 4. *Des bourres* ou *tampons.*

Beaucoup de chasseurs se persuadent que le tampon, tel qu'il soit, lâche ou à plein dans le canon, et de quelque matière qu'on le fasse, est chose indifférente pour la portée du coup. Que celui qui se met sur le plomb, et qui ne sert qu'à le contenir, importe peu, à la bonne heure ; mais il n'en est pas de même de celui de la poudre. 1°. Il doit être à plein dans le canon, sans cependant y être trop serré. 2°. D'une matière molle et maniable, mais assez consistante pour chasser la dragée, et la conduire jusqu'à une certaine distance du canon. Si le tampon serre trop, s'il est d'une matière dure et roide, telle, par exemple, que du papier trop fort, le fusil repousse, et la dragée s'écarte davantage ; s'il ne serre pas assez, et est d'une matière très-légère, comme laine, coton, feuilles sèches, etc., il n'a pas assez de consistance pour chasser et conduire la dragée, et le coup perd de sa force. L'expérience m'a appris que rien n'étoit meilleur et plus commode pour faire des tampons, que le papier brouillard dont on se sert pour faire des papillottes. Il réunit la souplesse avec la consistance, se roule et s'arrondit aisément sous les doigts, et se moule parfaitement dans le canon; et j'ai toujours remarqué qu'une pareille bourre ne tomboit guères qu'à 12 ou 15 pas. Dans les pays où il y a des pommiers, on trouve sur ces arbres une mousse très-fine d'un gris verdâtre, qui est encore excellente pour bourrer, et qui a même l'avantage d'encrasser moins les canons que le papier, qui contient beaucoup d'huile. L'étoupe est aussi très-bonne pour cet usage. On peut encore, au moyen d'un emporte-pièce assorti au calibre du fusil, faire des tampons d'un vieux chapeau, ou avec des rognures de buffle, de deux ou trois lignes d'épaisseur, qui se trouvent chez les ceinturonniers. Cette dernière sorte de tampons dont je me suis beaucoup servi, est la plus prompte et la plus expéditive. Le linge ne vaut rien pour bourrer; très-souvent le plomb s'y enveloppe et fait balle. Je me rappelle d'avoir vu, dans je ne sais quel journal, il y a quelques années, une recette souscrite (*par un ancien garde-chasse*) pour augmenter la portée des fusils, qui consiste à bourrer la poudre avec un tampon de liège. Long-temps avant d'avoir vu le journal en question, j'avois eu la curiosité de faire plusieurs expériences sur les tampons, et notamment sur ceux de liège. Ceux dont je me suis servi n'excédoient pas trois lignes d'épaisseur, et je n'ai point pris à tâche qu'ils fussent aussi serrés dans le canon qu'un bouchon dans le col d'une bouteille. La vérité est que ces tampons n'ont pas produit plus d'effet que ceux de papier, de chapeau, ou de buffle, c'est-à-dire, qu'ils n'ont pas percé plus de feuilles de papier dans une main, toutes choses égales d'ailleurs. Je ne voudrois pas nier cependant qu'un tampon de liège, d'une épaisseur plus considérable que ceux que j'ai employés pour cet essai, comme d'un doigt, par exemple, tout-a-fait à plein et forcé dans le canon, ne produisît plus d'effet qu'une simple bourre de papier, en ce que, fermant plus hermétiquement le canon, il empêche le fluide élastique produit par la poudre de s'échapper, en aucune manière, entre les parois et la charge, et lui conserve toute sa force jusqu'à l'embouchure.

§. 5. *Comment se doit charger un fusil.*

La poudre ne doit être battue que très-légèrement ; il suffit d'appuyer deux ou trois fois la baguette sur le tampon ; et il ne faut pas, comme font certains chasseurs, la battre à plusieurs reprises, en lâchant la baguette, et la faisant renvoyer par le tampon. En comprimant trop la poudre, partie des grains s'écrase, et l'explosion en est moins prompte ; d'ailleurs, la dragée en écarte davantage. Il est utile, en versant la poudre dans le canon, de le tenir, le plus qu'on peut, dans la ligne perpendiculaire, afin qu'elle tombe plus aisément au fond, et qu'elle n'y forme pas le sifflet. Il est bon même de frapper un peu de la crosse du fusil contre terre, afin de détacher les grains de poudre qui s'attachent, en tombant, aux parois du canon. On ne doit jamais battre le plomb : après avoir donné un coup de crosse en terre, comme pour la poudre, afin qu'il se tasse et s'arrange mieux, on pose seulement dessus le tampon, qui doit être moins fort que celui de la poudre. Bourrer trop le plomb, le fait écarter et repousser le fusil. Lorsqu'on a tiré, on doit recharger aussitôt, pendant que le canon est échauffé ; pour peu qu'on attende, il s'y forme une certaine huile, qui retient une partie de la poudre, et l'empêche de tomber à fond. Quelques chasseurs amorcent avant que de charger ; cela peut être bon, lorsque la lumière est agrandie, et que le canon a peu d'épaisseur à la culasse ; attendu que, si on ne commence pas par amorcer, le fusil s'amorce de lui-même, ce qui diminue d'autant la charge. Mais lorsque la lumière est telle qu'elle doit être, je conseillerai toujours de n'amorcer qu'après avoir chargé ; parce qu'alors on s'assure par deux ou trois grains de poudre qui pénètrent dans le bassinet, que la lumière a jour ; sinon, lorsque la poudre ne pénètre point, on frappe sur le canon, et on épingle la lumière pour la faire sortir. Mais, soit qu'on amorce avant ou après, il est bon, à chaque coup, de passer l'épinglette dans la lumière; et ce qui est encore meilleur, pour se garantir sur-tout de ce qu'on appelle fusée ou *long-feu*, c'est d'y passer une plume d'aile de perdrix, dont les barbes la nettoient, et en emportent l'humidité.

CHAPITRE XVIII.

Règles et instructions particulières pour parvenir à bien tirer, soit au vol, soit en courant.

1°. CHAQUE chasseur a sa manière d'*épauler*, c'est-à-dire de mettre en joue, et veut la couche du fusil à sa guise; l'un courte, l'autre longue; l'un droite, l'autre courbe. Sur cela point de règle à établir. On voit tirer également bien avec ces couches différentes. Ce n'est pas cependant qu'on ne puisse établir quelques principes généraux sur la longueur, ainsi que la courbure de la couche d'un fusil. Mais l'application de ces principes se trouve souvent contrariée par le goût, et la convenance particulière de chaque tireur. A parler généralement,

il

il est certain, par exemple, que pour un homme
de haute stature et qui a les bras fort longs, la
couche du fusil doit être plus longue que pour
un petit homme qui a les bras courts. Une
couche droite convient à celui qui a les épaules
hautes et le cou court, par la raison que si elle
est fort courbée, il sera très-difficile que la
crosse, sur-tout dans le mouvement précipité
qui se fait pour tirer au vol, ou en courant,
vienne s'asseoir et s'emboîter en plein sur l'é-
paule; elle n'y portera que de sa partie supérieure, ce qui non-seulement fera relever le
bout du fusil, et par conséquent tirer haut,
mais rendra aussi le recul plus sensible que
lorsqu'elle se porte en entier sur l'épaule, et
s'y emboîte comme il faut. D'ailleurs, dans le
cas dont nous parlons, le tireur, en supposant
qu'il parvienne à bien épauler, ne pourra qu'à
peine découvrir le canon. S'il s'agit au contraire
d'un tireur qui ait les épaules basses et le cou
long, il est naturel que la couche du fusil ait
beaucoup de courbure ; si elle étoit droite, il
éprouveroit, en baissant la tête pour atteindre
l'endroit de la crosse où sa joue doit poser,
une gêne qu'il n'éprouve pas lorsque, par l'effet de la courbure, la crosse s'y prête d'elle-
même, et fait la moitié du chemin. Indépendamment, et abstraction faite de ces principes, dont l'application, comme je l'ai dit, est
sujette à beaucoup de modifications, je conseil-

L

lerai toujours une couche longue plutôt qu'une courte, courbe plutôt que droite : la raison est, qu'à mon avis, une couche longue est plus ferme à l'épaule qu'une courte, sur-tout si on a pris l'habitude de placer la main qui soutient le fusil tout près du dernier porte-baguette; car c'est une mauvaise habitude que de la placer seulement un peu au-dessus du pontet de la sous-garde, comme le font plusieurs tireurs. On n'est jamais aussi ferme en joue, aussi maître des mouvemens de son arme, que lorsqu'on s'habitue à la placer, comme j'ai dit, vers le dernier porte-baguette, en empoignant fortement le canon, au lieu de le soutenir seulement du pouce et de l'index, comme le font encore plusieurs tireurs. A l'égard de la courbure de la couche, je la crois en général plus avantageuse, pour tirer juste, qu'une couche trop droite, qui, en découvrant tout le canon à l'œil, me paroît sujette à l'inconvénient de faire tirer haut.

2°. Je conseillerai encore à un chasseur d'avoir un fusil qui relève imperceptiblement du bout, et dont le guidon soit fort petit et très-ras. Quiconque connoît la chasse, sait qu'on ne manque presque jamais pour tirer trop haut, mais pour avoir tiré dessous. Il est donc utile qu'un fusil porte tant soit peu haut ; et, d'un autre côté, plus le guidon est ras, plus la ligne de mire se trouve coïncider avec la ligne de tir; et par conséquent moins le coup doit baisser. C'est une pratique que j'ai toujours observée, et dont je me suis bien trouvé.

3°. Le vrai moyen pour ne pas manquer le gibier en travers, ou lorsqu'il barre, soit au vol, soit en courant, n'est pas seulement d'ajuster devant, comme tout le monde sait; mais encore de savoir ne pas s'arrêter involontairement, comme il arrive à beaucoup de tireurs, au moment où on lâche la détente. Pendant l'instant, quoique presque insensible, où la main s'arrête pour donner feu, l'oiseau, qui ne s'arrête point, dépasse la ligne de mire, et le coup porte derrière. Si c'est lièvre ou lapin qu'on tire en courant, sur-tout en tirant d'un peu loin, il ne reçoit tout au plus que quelques dragées dans la croupe, et on ne l'arrête que par cas fortuit. Lorsque l'oiseau file en ligne droite, alors ce défaut ne peut nuire. Si le coup est bien ajusté, il ne peut l'esquiver, hors le cas où on le tire à la partie, et avant qu'il ait pris un vol horizontal. Alors, pour peu que la main s'arrête en donnant feu, on met dessous, et on le manque. Il est donc très-essentiel d'accoutumer sa main à suivre toujours le gibier sans s'arrêter; c'est un point capital pour bien tirer; l'habitude contraire, dont il est très-difficile de se corriger, lorsqu'elle est une fois contractée, est ce qui empêche beaucoup de chasseurs, qui d'ailleurs ont la justesse de l'œil et

la prestesse de la main, d'atteindre la perfection.

Il n'est pas moins essentiel de devancer le gibier lorsqu'on tire en travers, et toujours en
proportion de la distance. Si une perdrix, par
exemple, traverse à la distance de 30 ou 35 pas,
il suffit de la prendre en tête, ou tout au plus
quelques doigts devant. Il en est à-peu-près de
même de la caille, de la bécasse, du faisan,
du canard sauvage, quoique ces oiseaux aient
l'aile moins vive que la perdrix ; mais si l'on
tire à 50, 60, 70 pas, il est nécessaire alors de
devancer au moins de demi-pied : on doit pareillement tirer en avant, d'un lièvre, d'un
lapin, d'un renard, lorsqu'ils traversent, suivant l'éloignement où ils sont, et suivant leur
allure, qui n'est pas toujours la même. Il est
encore à propos, lorsque l'on tire à une grande
distance, d'ajuster un peu au-dessus de la pièce
de gibier ; attendu que la dragée, ainsi que la
balle, n'a qu'une certaine portée de but en blanc,
passé laquelle elle commence à décrire une
ligne parabolique.

Lorsqu'un lièvre file, le guidon doit toujours
être pointé entre les deux oreilles ; sans quoi
on court risque de le manquer, ou de le tuer
mal ; car il ne suffit pas à un chasseur, qui a
l'ambition de bien tirer, de briser la cuisse
d'un lièvre, de démonter une perdrix, lorsqu'il a tiré à une distance convenable ; il faut

que le lièvre soit culbuté, qu'une perdrix soit pelottée de façon à rester sur la place, et à n'avoir pas besoin du secours de son chien. S'il a tiré de loin, c'est autre chose; il ne se fait point de reproche d'avoir démonté une perdrix, ou blessé un lièvre assez pour qu'il ne puisse lui échapper.

4°. L'usage apprend bientôt à connoître les distances où il convient de tirer. La bonne portée, celle à laquelle on doit tuer infailliblement avec la dragée, n°. 4*, une pièce de gibier quelconque, pourvu qu'elle soit bien ajustée, est depuis 25 jusqu'à 35 pas pour le poil, et jusqu'à 40 ou 45 pour la plume. Passé cette distance, jusqu'à 50 ou 55 pas, on ne laisse pas de tuer encore quelques lièvres et quelques perdrix. Pour ce qui est des lièvres, la plupart ne sont que blessés, et emportent le coup; et quant aux perdrix, quelque bien tirées qu'elles soient, leur corps présente si peu de face, qu'à cette distance elles passent très-souvent dans les vuides du coup. Ce n'est pas qu'on ne puisse encore tuer des perdrix avec le n°. 4* au-delà de 60, et même 70 pas; mais ces coups sont fort rares. Tous ceux qui ont cherché à connoître la vraie portée des armes à feu, haussent les épaules aux forfanteries de certains chasseurs, qui, à les en croire, tuent journellement avec leurs fusils merveilleux, et avec le n°. 4* ou 4, à 90 et 100 pas. Un, entre autres,

m'a assuré avoir tué avec ce plomb, un lièvre
à 110, et un faisan à 120 pas. Je ne prétends
pas nier pourtant qu'avec le n°. 3* ou 3, on ait
jamais tué par cas fortuit une perdrix, ou un
lièvre à 110, et même à 120 pas; mais ce sont
de ces coups si extraordinaires et si rares, que
la vie entière d'un chasseur de profession suffit à peine pour en citer deux ou trois. Ce sera
un grain de plomb qui, par le plus grand hasard, adresse à l'aile ou à la tête d'une perdrix;
qui frappe un lièvre à la tête et l'étourdit, ou
au défaut de l'épaule, où il n'y a, pour le blesser mortellement, qu'une peau très-mince à percer, et d'autant plus aisée à franchir, qu'elle
se trouve tendue lorsque l'animal court.

5°. Un chasseur ne doit jamais tirer plus de
20 à 25 coups sans laver son fusil; un fusil
sale part moins bien, et porte moins loin que
lorsqu'il est frais lavé. Il doit avoir soin de
bien essuyer à chaque coup la pierre, le bassinet et la batterie, ce qui contribue beaucoup
à le faire partir prestement; et sur-tout de re-
nouveller fréquemment la pierre, sans attendre
pour cela qu'elle ait manqué, comme je le
vois faire à la plupart des chasseurs. J'ai toujours eu la coutume de ne tirer que 15 à 18
coups, au plus, de la même pierre; la dépense
est trop mince pour y regarder, et à ce moyen
on s'épargne bien des regrets. On ne doit jamais tirer avec une amorce de la veille. Il peut

arriver qu'elle prenne bien feu; mais le plus souvent l'humidité l'a gagnée, elle fuse, et l'on manque son coup, faute d'avoir amorcé de frais.

Je terminerai ce dernier chapitre par indiquer ici, en faveur des chasseurs qui aiment la chasse des marais, une recette assurée pour se garantir de l'eau et de l'humidité.

Je suppose le chasseur pourvu d'une paire de bottes molles de bonne vache, bien conditionnées, et autant à l'épreuve de l'eau qu'elles peuvent l'être par la qualité du cuir et la couture.

Prenez de suif une demi-livre,

  de graisse de porc 4 onces,

  de térébenthine 2 onces,

  de cire jaune nouvelle 2 onces,

  d'huile d'olive 2 onces.

Faites fondre le tout ensemble, et mêlez bien.

La veille de la chasse on aura soin que les bottes n'aient aucune humidité; on les chauffera doucement à un feu clair; et lorsqu'elles seront bien échauffées, on les oindra avec la main, de cette composition, chauffée au point d'en endurer la chaleur; et on leur en donnera, en les maniant et remaniant à plusieurs reprises, autant que le cuir en pourra boire. Le lendemain les bottes, en les mettant, pourront paroître un peu roides; mais le moment d'après, la chaleur de la jambe leur rendra leur

L iv

souplesse. Lorsque les bottes sont neuves, avant
de leur donner cette onction, il faut les porter
deux ou trois fois, afin de leur ôter cet apprêt
gras qu'ont tous les cuirs neufs. Avec des bottes
ainsi préparées, on peut chasser les journées
entières dans les marais, sans redouter l'eau ni
l'humidité, et l'on est sûr de rentrer chez soi
la jambe et les pieds secs.

FIN DE LA PREMIÈRE PARTIE.

LA CHASSE

AU FUSIL,

SECONDE PARTIE.

SECTION PREMIÈRE.

Contenant quelques instructions préliminaires.

CHAPITRE PREMIER.

De la Chasse au fusil en général.

J'AI rassemblé, dans la première partie de cet ouvrage, toutes les instructions relatives à la connoissance et au maniement du fusil, au choix de la poudre, de la dragée etc.; en un mot, tout ce qui concerne les agens de la chasse. Il ne me reste plus à ajouter à ces instructions que quelques préceptes généraux sur la manière dont le chasseur doit agir et se gouverner, lorsqu'il se met en plaine à la poursuite du gibier. Je ne dirai rien à ce sujet, qui ne soit connu et pratiqué de tous les chasseurs de profession; aussi, n'est-ce point à eux que je parle, et n'entends-je pas leur donner des leçons: mais les jeunes gens qui commencent à se vouer à l'exercice de la chasse, ne seront point fâchés de trouver ici les élémens du métier, et de quoi suppléer à l'expérience qui leur manque.

Premièrement, un chasseur doit avoir égard à la différence des saisons, à la température de l'air, et même aux heures du jour plus ou moins favorables pour la chasse.

Pendant l'été et l'automne, il cherchera les lièvres et perdrix dans les plaines et lieux découverts; mais il doit savoir que, dans les grandes chaleurs, le gibier habite volontiers les endroits frais et humides, certains marais où il y a peu d'eau et beaucoup de grandes herbes, les bords des rivières et ruisseaux, et les coteaux exposés au nord: qu'en hiver, il se tient le plus ordinairement sur des coteaux exposés au midi, le long des haies, dans les bruyères, les pâtis garnis de broussailles et de fougère; et par les grands froids, dans les lieux bas et les plus fourrés, et dans les marais, où il trouve à se garantir du froid comme de la chaleur. Cela ne veut pas dire que , lorsque le temps est très-chaud ou très-froid, les lièvres et perdrix désertent entièrement les plaines, mais seulement la majeure partie. D'ailleurs, le gibier tient beaucoup mieux dans les lieux couverts que dans les lieux ras ; ainsi, il y a double avantage à l'y chercher.

La chasse du matin , en toute saison, à commencer lorsque la rosée est essuyée, est toujours la meilleure et la plus favorable. A cette heure , les bergers et leurs troupeaux ne sont point encore répandus dans les champs , et n'ont point fait fuir une partie du gibier, comme il arrive, lorsqu'on se met en chasse plus tard : ajoutez à cela que les voies de la nuit sont plus fraîches, et que les chiens rencontrent mieux. En outre, pour n'être pas matineux , on perd souvent des occasions qui ne se retrouvent plus. Ce sera certains oiseaux de passage , qui s'étant abattus la nuit en quelque endroit, auront été rencontrés , le matin, par des bergers qui les ont fait lever. Une autre fois, ce sera un chevreuil, qui s'étant écarté d'une forêt voisine, aura passé la nuit dans un bosquet, d'où il a été renvoyé, le matin, par quelque chien de ferme ou de berger ; et autres hasards qu'on peut imaginer, et qui sont fort ordinaires. —

2°. Il n'est pas indifférent de quelle couleur

le chasseur soit habillé. Le vert est, sans contredit, ce qui convient le mieux pendant la belle saison, et tant que les feuilles sont sur les arbres. S'il est vêtu d'une couleur tranchante avec la verdure de la campagne, il est certain que le gibier l'appercevra plus aisément, et de plus loin. En hiver, il doit s'habiller de gris foncé, ou de quelque couleur approchante de la feuille morte.

3°. Il est à propos, autant que cela se peut, de chasser toujours à bon vent, tant pour dérober au gibier le sentiment du chasseur et du chien, que pour mettre le chien à même de l'éventer de loin : je dis, autant que cela se peut, parce qu'il n'est pas possible qu'en allant et revenant sur ses pas pour bien battre le terrein, on conserve toujours l'avantage du vent. Ainsi, toutes les fois qu'on se proposera de battre quelque portion particulière de terrein, où l'on s'attend à trouver du gibier, il est indispensable de prendre le vent.

4°. Il ne faut jamais se rebuter de battre et de rebattre, sur-tout les terreins couverts de bruyères, de broussailles et de grandes herbes, de même que les jeunes tailles. Un lièvre, un lapin vous laissera passer plusieurs fois, à quatre pas de son gîte, sans se lever. Il faut encore s'obstiner davantage, lorsqu'on a remis des perdrix dans ces endroits. Souvent, lorsqu'on les a déja relevée s plusieurs fois, elles se laissent, pour ainsi dire, marcher sur le corps, avant que de partir, sur-tout si ce sont des rouges. Il en est de même d'un faisan, d'une caille, d'une bécasse. Tout en marchant, on doit avoir sans cesse l'œil au guet, et regarder soigneusement autour de soi, ne laissant jamais passer un buisson, une touffe d'herbes, sans frapper dessus du bout du fusil. Il est bon aussi de s'arrêter un instant, de temps à autre : souvent, cette interruption de mouvement détermine le gibier à partir, qui, sans cela, vous eût laissé passer. Le chasseur qui bat, foule et refoule le terrein, sans se rebuter, est toujours celui qui tue le plus de gibier. S'il chasse en compagnie, il en trouve, le plus souvent, où les autres ont passé sans rien y rencontrer.

5°. Lorsqu'après avoir tiré, on recharge son fusil, il est important de rappeller son chien, et de le tenir à ses talons, jusqu'à ce qu'on ait rechargé ; sans quoi il arrive souvent qu'on a le regret de voir lever du gibier, lorsqu'on n'est point en état de le tirer.

6°. Un des points les plus essentiels de la chasse en plaine, est de bien observer la remise des perdrix. Lorsqu'à la partie d'une compagnie, on en tue une, ce n'est pas d'aller ramasser ou faire rapporter à son chien la perdrix tuée qu'on doit s'occuper d'abord, mais de suivre les autres, jusqu'à ce qu'on les voie se poser ; ou du moins, autant que la vue peut s'é-

tendre, et qu'elle n'est point interceptée par
quelque obstacle, tel qu'un bois, une haie, etc.
Dans ce dernier cas, si on ne les a pas vues se
poser, au moins peut-on savoir à-peu-près où
elles sont, sur-tout si l'on connoît le canton où
l'on chasse. Lorsque deux chasseurs sont ensemble, et que la compagnie se divise, chacun
doit remarquer avec soin celles qui tournent
de son côté. Ce que je dis des perdrix doit s'entendre de toute autre espèce de gibier-plume.
Il est même utile, très-souvent, lorsqu'un lièvre
part de loin, de le suivre de l'œil, parce qu'on
le voit quelquefois se relaisser dans la plaine;
et qu'après l'avoir laissé s'assurer pendant quelque temps, il pourra souffrir qu'on l'approche
d'assez près pour le tirer à la partie. Si on le
voit entrer dans quelque bois de peu d'étendue,
l'occasion est encore plus favorable : on fait
passer son chien dans le bois, où il est probable
qu'il sera resté, et on l'attend à la sortie, du
côté par où l'on croit qu'il pourra débusquer.

C'est ici le lieu de parler d'une manière particulière de chasser en plaine, qui est une espèce de battue en petit. Quatre chasseurs se
réunissent, et avec eux quatre hommes armés
seulement de bâtons. Cette bande de huit hommes marche sur la même ligne, les batteurs
placés dans les intervalles qui séparent les chasseurs, ensorte qu'entre chaque homme il se
trouve une distance de dix à douze pas; ce qui

forme un front de bandière de 80 à 100 pas, au moyen duquel on balaie une grande étendue de terrein. Ces batteurs, pour faire lever le gibier, font du bruit de la voix et de leurs bâtons. Lorsqu'il part une compagnie de perdrix, si quelqu'un des chasseurs a tiré, tous les autres s'arrêtent et suspendent leur marche, jusqu'à ce qu'il ait rechargé, ayant soin, en même temps, de bien remarquer les perdrix. Si quelqu'une s'écarte du gros de la compagnie, et qu'on la voie se remettre, un des tireurs se détache pour aller la relever, et les autres font halte pour l'attendre. On ne mène point de chiens à cette chasse, ou l'on en mène un seulement, qu'on tient attaché, pour le lâcher, en cas de besoin, après un lièvre blessé, ou une perdrix démontée. S'il se rencontre quelque petit bois, on y fait entrer les batteurs pour le fouler, et les chasseurs se postent aux passages. Cette sorte de chasse est fort usitée en Italie, où on l'appelle *il rastello* (le râteau), à raison de ce qu'elle est ordinairement fort meurtrière. Elle convient particulièrement dans les lieux où il y a peu de gibier.

Le temps de l'année le plus propre pour la chasse est à compter depuis la mi-août, jusqu'à ce que les perdrix se couplent. D'abord, jusqu'au mois d'octobre, c'est la pleine saison des perdreaux et des cailles ; c'est celle des râles de genêt, des tourterelles, des hallebrans.

Les lapereaux abondent, et il se tue plus de lièvres qu'en tout autre temps. Viennent ensuite les grives, qui sont excellentes, sur-tout dans les pays de vignoble, où elles ont mangé du raisin. Vers la toussaints, arrive la bécasse; et c'est alors aussi qu'on trouve des bécassines en quantité dans les marais, et autour des étangs, qui, après les premières gelées, sont grasses et bonnes à tirer. Dans le fort de l'hiver, et sur-tout pendant les grandes gelées, les marais, les étangs où se trouvent des eaux chaudes, et les petites rivières qui ne gèlent point, offrent une chasse abondante de canards de plusieurs espèces, sarcelles, poules-d'eau, hérons, butors, etc., et autres oiseaux aquatiques, dont les espèces sont très-nombreuses et très-variées, suivant les lieux et les différens pays. Quant au printemps, et au commencement de l'été, c'est-à-dire, les mois d'avril, mai, juin et juillet, c'est en général une saison morte pour la chasse. Plus de perdrix, plus de bécasses, plus de gibier de marais. On est réduit alors presque uniquement à chasser les lièvres et les lapins; encore ne peut-on guères chasser les lièvres en plaine, dès que les blés sont un peu grands. Ajoutez à cela quelques cailles vertes, au mois de mai, pour les cantons où il y a beaucoup de prairies, et quelques oiseaux de passage particuliers à certains pays.

CHAPITRE II.

CHAPITRE II.

Instruction pour dresser un chien couchant.

Avant d'entrer en matière, il ne sera pas hors de propos de placer ici quelques observations préliminaires sur la chasse du chien couchant.

Tant qu'on ne s'est servi à la chasse que de l'arbalête, avec lequel on ne pouvoit tirer, au moins le menu gibier, qu'arrêté; et même dans les premiers temps où l'on a employé l'arquebuse, dont l'usage ne s'est perfectionné au point de pouvoir tirer au vol, que bien des années après son invention, ainsi que je l'ai observé dans la première partie de cet ouvrage, les chiens couchans ont été bien plus utiles qu'ils ne le sont aujourd'hui; ou, pour mieux dire, ils étoient d'une nécessité indispensable, principalement pour la perdrix et la caille, qui ne pouvoient se tirer autrement qu'à terre, et rarement sans le secours d'un chien couchant. Un bon chien couchant étoit donc alors un vrai trésor pour son maître ; et d'après l'intérêt qu'un chasseur avoit à perfectionner l'éducation de son chien, il est aisé de se persuader que les

M

chiens couchans de ce temps-là étoient bien
supérieurs à ceux dont nous nous servons aujourd'hui , et les chasseurs, conséquemment,
bien plus habiles et plus industrieux qu'ils ne le
sont de nos jours, où la chasse, devenue plus
facile par l'usage de tirer au vol et en courant,
n'exige pas, à beaucoup près, les mêmes fines-
ses qu'autrefois. Espinar, voisin du temps dont
je parle , et qui avoit pu , dans sa jeunesse,
voir encore et pratiquer quelques chasseurs à
l'arbalête , vante singulièrement leur science
et leur adresse , et sur-tout la perfection de
leurs chiens, auxquels il ne manquoit, comme
on dit , que la parole ; obéissant au moindre
petit sifflement, au plus léger signe de la main,
et comprenant tout ce qu'on exigeoit d'eux,
sans qu'il fût besoin de leur parler. Lorsqu'un
chien tomboit en arrêt sur des perdrix, il falloit alors bien d'autres précautions pour le servir, qu'il n'en faut aujourd'hui, et la manœuvre
du chasseur étoit bien différente. D'abord, pour
tirer son gibier , il falloit qu'il jugeât avec justesse, par l'attitude de son chien, de l'endroit
où il étoit ; et ensuite qu'il cherchât à se placer de manière à pouvoir le découvrir , ce qui
étoit quelquefois très-difficile, sur-tout dans un
terrein couvert de bois, de broussailles , ou
grandes herbes ; et il ne l'appercevoit, le plus
souvent, qu'après avoir tourné le chien plusieurs fois, ce qui devoit se faire sans bruit,

pas à pas, et avec le plus grand secret, pour ne pas le faire partir. Il avoit d'ailleurs l'attention, avant de tourner son chien, d'examiner quelle devoit être la remise des perdrix, et de prendre son tour de loin pour arriver sur elles de ce côté, par la raison que les perdrix tiennent beaucoup plus volontiers, lorsqu'elles voient le chasseur posté sur leur passage. S'il arrivoit que cette première tentative ne lui réussît pas, il s'éloignoit alors pour donner le temps aux perdrix de se rassurer, et revenoit ensuite sur elles, du même côté, mais cherchant, cette fois, à les approcher de plus près, jusqu'à ce qu'enfin il pût les appercevoir et faire son coup.

Telle étoit autrefois la chasse du menu gibier, où les chiens couchans, comme on voit, étoient des agens absolument nécessaires. Mais aujourd'hui que les ailes sont devenues inutiles aux oiseaux pour éviter le plomb mortel, et que les quadrupèdes ne peuvent plus s'en garantir par la rapidité de leur course, le talent d'arrêter, dans un chien, n'est plus, pour le chasseur, qu'un mérite secondaire, qu'un supplément d'agrément et de commodité, qui, toutes choses égales d'ailleurs, peut bien rendre la chasse plus abondante, et plus fructueuse, mais dont il est aisé de se passer, et dont se passent en effet les trois quarts des chasseurs, qui se contentent d'un *chou-pille*, c'est-à-dire, d'un chien bien à commandement, et chassant sous le bout du fusil.

Au surplus, il est bon de savoir que la chasse au chien couchant, tant à l'arquebuse qu'avec la tirasse, a été défendue, de tout temps, par les ordonnances de nos rois, comme chasse cuisinière, c'est-à-dire, destructive du gibier, et que, même encore aujourd'hui, elle est tolérée plutôt que permise. L'ordonnance de Henri III, en 1578 (époque où l'on n'avoit pas encore commencé à tirer au vol), la défend *sous peine de punition corporelle* pour les roturiers, et pour les nobles *d'encourir la disgrace du roi*. Plusieurs ordonnances de Henri IV la défendent pareillement à toutes personnes, et notamment celle de 1607, où il est dit (art. VI): *Et d'autant que la chasse du chien couchant fait qu'il ne se trouve presque plus de perdrix et de cailles, etc.* Enfin, celle de Louis XIV, en 1669, qui est la dernière sur le fait des chasses, l'interdit également *en tous lieux* par l'art. XVI; et, de plus, défend de *tirer en volant* à trois lieues des plaisirs du roi.

Venons maintenant à la manière dont on doit s'y prendre pour dresser un chien couchant.

Il y a trois espèces de chiens propres à recevoir cette instruction, le braque, l'épagneul et le griffon; ce dernier est un chien à long poil un peu frisé, et qui tient du barbet et de l'épagneul. Le braque est plus léger et plus brillant dans sa quête ; mais, en général, il n'est bon que pour la plaine ; la plupart de ces chiens craignent l'eau et les ronces, au lieu que l'épagneul et le griffon s'accoutument aisément à chasser et rapporter dans l'eau, même par les plus grands froids, et quêtent au bois et dans les lieux les plus fourrés, comme en plaine. Il y a donc toujours beaucoup plus de ressource dans ces deux espèces de chien, que dans un braque.

Avant que d'entreprendre de dresser un chien couchant, il est à propos, dès qu'il a cinq ou six mois, de l'accoutumer, s'il se peut, à rapporter ; ce qui se fait, en jouant, et sans sortir de la maison. Avec de la patience et de la douceur, si le chien est de bonne race, on en vient ordinairement à bout fort aisément ; mais, je le répéte, il faut beaucoup de douceur dans ce premier âge, et ne jamais s'obstiner jusqu'à un certain point, lorsque l'animal ne répond pas à la leçon qu'on veut lui donner. Dès qu'on voit qu'il se rebute, il faut le laisser tranquille, le caresser, et revenir à la leçon dans un autre moment. Dans le cas où l'on ne pourroit obtenir par la douceur ce qu'on lui demande, on attendra qu'il soit en âge d'être dressé, pour se servir alors du collier de force, dont il sera mention dans la suite de ce chapitre. Il sera bon de lui donner en même temps les premiers principes de l'obéissance,

en se promenant avec lui autour de la maison;
d'essayer de le faire revenir lorsqu'il s'écarte,
et de le faire passer derrière soi lorsqu'il est
revenu, en lui disant d'abord : *ici, à moi;* et ensuite : *derrière.* Il faut aussi l'accoutumer de
bonne heure à rester à l'attache, dans un che-
nil ou une écurie, où on aura soin de lui re-
nouveller souvent sa paille : mais, en ces commencemens, il est à propos de ne pas le tenir
enchaîné trop long-temps, ne fût-ce qu'en consi-
dération de son jeune âge, qui ne demande qu'à
jouer et folâtrer, et qui semble mériter quelque
indulgence; ainsi, on le lâchera dans la matinée, pour ne le remettre à l'attache que vers la
nuit. Lorsqu'on n'accoutume pas les chiens de
bonne heure à rester à la chaîne, on a le désagrément d'être étourdi par leurs cris continuels.
Il est encore à propos que celui seul qui s'est
chargé d'instruire un jeune chien, lui parle et
lui commande, et que personne autre que lui
ne se mêle de son éducation.

Lorsque le chien a atteint l'âge de dix mois
ou un an, il est temps de le mener en plaine
pour le dresser. Dans les premiers jours, lais-
sez-le faire sa volonté, sans rien exiger de lui;
il ne s'agit encore que de lui faire connoître son
gibier. Il court après tout ce qu'il rencontre,
corneilles, pigeons, alouettes, petits oiseaux,
perdrix, lièvres. Ce premier feu passé, il finit
par ne plus courir que les perdrix, auxquelles

son instinct l'attache plus particulièrement ; et
bientôt dégoûté de les poursuivre en vain, il
se contente, après les avoir fait partir, de les
suivre des yeux. Il n'en est pas de même des
lièvres : voyant qu'ils n'ont, comme lui, que
quatre jambes, et qu'ils ne quittent point la
terre, comme les perdrix, il sent qu'il y a plus
d'égalité, et ne perd point l'espérance de les
joindre ; c'est pourquoi il les courra jusqu'à
ce que l'éducation l'en ait corrigé : encore est-
ce une chose assez difficile, que d'empêcher le
chien le plus sage et le mieux dressé de courir
le lièvre.

Tous les jeunes chiens sont sujets à fouiller
et porter le nez en terre ; habitude qu'il ne faut
pas leur laisser contracter, et dont on doit les
corriger de bonne heure, s'il est possible ; car
un chien qui fouille, et suit le gibier à la piste,
ne peut jamais être qu'un mauvais chien d'arrêt. Ainsi, toutes les fois que vous vous apper-
cevrez que votre jeune chien suivra la trace des
perdrix à contre-vent, rappellez-le en le gron-
dant, et lui criant : *haut le nez :* alors, vous
le verrez inquiet, s'agiter, aller et venir de
côté et d'autre, jusqu'à ce que le vent lui ait
porté le sentiment du gibier ; et il ne lui sera
pas arrivé quatre fois de trouver les perdrix
par ce moyen, que lorsqu'il rencontrera, il cherchera à prendre le vent, et chassera le nez haut.
Il est vrai cependant qu'il y a des chiens qu'il

est presque impossible de corriger sur cet article, et qui sont faits pour chasser toujours le
nez en terre ; ce sont ceux qui péchent par le
nez. Lorsqu'on rencontre un chien de cette espèce, il ne vaut guères qu'on se donne la peine
de le dresser. Les perdrix tiennent beaucoup
mieux devant un chien qui les évente, que devant celui qui les suit le nez en terre. Le chien
éventeur ne s'en approche que par degrés, plus
ou moins, suivant qu'il les sent inquiètes ou
assurées, ce qu'il connoît par leur vent ; et,
quoiqu'elles le voient autour d'elles, elles ne
s'en épouvantent pas, ne s'appercevant point
qu'il les suit : mais rien ne les inquiète davantage, que de voir un chien s'attacher à leur
trace, et tenir la même voie qu'elles prennent
pour se dérober : et lorsqu'un chien les suit
ainsi à contre-vent, il arrive, pour l'ordinaire,
qu'il les fait partir ; ou si, par hasard, il forme
son arrêt, ce sera de fort près, attendu qu'allant à contre-vent, il n'a pu avoir le sentiment
des perdrix, que lorsqu'il s'est trouvé, pour
ainsi dire, le nez dessus ; et alors elles ne tien-
dront pas.

Quand, une fois, le jeune chien connoît son
gibier, il s'agit de le mettre à commandement.
S'il est naturellement docile, et qu'il ait pro-
fité des instructions qu'on lui a données avant
de le mener en plaine, il sera aisé d'en venir à
bout : si, au contraire, il est têtu et revêche,

comme il s'en trouve quelques-uns, alors il faudra nécessairement se servir du cordeau. Ce cordeau est de 20 à 25 brasses, et s'attache à un collier qu'on met au cou du chien. On le laisse aller, et on ne l'appelle jamais qu'on ne soit à portée de saisir le cordeau. Si, quoiqu'on le retienne par ce moyen, il continue de vouloir percer en avant, on lui donne une saccade, qui souvent le fait culbuter. Il ne manque pas, pour lors, de revenir; on le caresse, on lui donne même quelque friandise; car il ne faut jamais manquer de le caresser, lorsqu'il revient à la voix. Ensuite, pour l'accoutumer à croiser et barrer devant vous, tournez-lui le dos, et marchez du côté opposé : en vous perdant de vue, il ne manquera pas de venir vous retrouver. Par ce moyen, le chien devient inquiet, craint de vous perdre, et ne chassera point sans tourner la tête, de moment à autre, pour vous observer. Huit jours de cette manœuvre en viendront à bout, et vous le ferez tourner du côté que vous voudrez, en lui faisant seulement un signe de la main.

Lorsque votre chien en sera à ce point d'instruction, ayez soin de le tenir toujours à l'attache; ne le déchaînez plus que pour lui donner à manger; et qu'il n'en ait jamais sans l'avoir mérité. Jettez-lui un morceau de pain, en le tenant par la peau du cou, et lui criant :

tout beau ; et après l'avoir tenu un moment ainsi, dites lui : *pille.* S'il montre trop d'impatience pour se jetter sur le pain, avant que le signal lui soit donné, corrigez - le doucement et modérément, avec un petit fouet. Répétez la leçon, jusqu'à ce qu'il *garde* bien, et qu'il ne soit plus besoin de le tenir pour l'empêcher de se jetter sur le pain. Dès qu'il est bien accoutumé à ce manége, tournez le pain avec un bâton, en l'ajustant comme avec un fusil, et après l'avoir tourné, criez : *pille.* Qu'il ne mange jamais sans avoir gardé, soit à la maison, soit à la campagne. Ensuite, pour faire l'application de cette leçon au gibier, faites frire de petits morceaux de pain dans du sain-doux, avec des vuidanges de perdrix, et les portez avec vous dans un petit sac de toile. Allez en plaine dans les chaumes, terres labourées et pâturages, et posez en plusieurs endroits de ce pain frit, en les marquant par de petits piquets fendus par le haut avec une carte. Cela fait, détachez le chien, et le conduisez dans ces endroits, toujours quêtant dans le vent. Lorsque, ayant le vent du pain, il s'en approche, et s'apprête à fondre dessus, criez-lui d'un ton menaçant : *tout beau ;* et s'il ne s'arrête aussitôt, corrigez-le avec le fouet. Bientôt il comprend ce qu'on exige de lui, et s'arrête. Alors, une autre fois, prenez un fusil chargé d'un demi-coup de poudre ; tournez autour du pain, un ou deux tours seulement, et tirez, au lieu de crier *pille*. Tournez ensuite plus long-temps, et en vous éloignant davantage, jusqu'à ce que votre chien s'accoutume à ne pas s'impatienter, et attende, sans bouger, qu'on l'ait servi. Lorsqu'il gardera bien son arrêt, et sera imperturbable dans cette leçon, menez-le à la perdrix. S'il pousse, corrigez-le ; et en cas qu'il persiste, remettez-le au pain frit ; mais pour l'ordinaire il n'en est pas besoin. Il y a beaucoup de chiens qui débutent par ne pas manquer leur premier arrêt, et qui en font même plusieurs de suite, dès le premier jour. Mais, pour bien affermir un chien, il est essentiel de s'attacher à tuer quelques perdrix par terre devant lui, et sur-tout de ne jamais tirer en volant, qu'il ne soit parfaitement dressé. La saison la plus propre et la plus commode pour dresser un chien est le carême, parce qu'alors les perdrix étant couplées, tiennent davantage, et qu'il en part moins à la fois, ce qui fait que le chien est moins sujet à s'emporter, et qu'il est plus aisé de le contenir. Comme le temps de la pariade ne commence que vers la fin de février, et que, passé les premiers jours de mai, on ne peut plus mener les chiens en plaine, tant parce que les blés sont déja grands, que pour ne pas troubler la ponte des perdrix, le plus souvent, ce temps ne suffit pas pour rendre un chien parfaitement ferme, sur-tout dans les pays où le gibier n'est pas abondant. Alors on reprend son instruction au mois de septembre, et l'on acheve de le dresser pendant la saison des perdreaux.

Il y a une autre manière de dresser les chiens avec un cordeau de vingt à vingt-cinq brasses et le *collier de force*. On appelle ainsi un collier de cuir, garni de trois rangées de petits clous, dont les pointes sortent de trois à quatre lignes. On coud un double cuir sur la tête de ces clous, pour empêcher qu'ils ne reculent, lorsqu'on appuie sur la pointe. On attache un anneau à chaque extrémité du collier, parce que s'il étoit à boucle, comme les colliers ordinaires, il piqueroit continuellement le chien; et l'on passe dans ces anneaux l'extrémité du cordeau avec une boucle lâche, de manière qu'en le tirant à soi, les anneaux se rapprochent et resserrent le collier, dont alors les clous appuient sur le cou du chien, et l'avertissent de sa faute. Dès que le jeune chien qu'on veut dresser est instruit à garder son pain de la manière que je l'ai expliqué ci-dessus, on le conduit en plaine, et on le laisse chasser, le collier de force au cou, et le cordeau traînant; on a soin de ne pas le laisser trop s'écarter, et de le contenir à une distance où on puisse toujours être maître de saisir le cordeau. Aux premières perdrix qui partent, si le chien court après, ou les pousse seulement, on

lui donne quelques saccades , en lui criant:
tout beau ; s'il les arrête , on le caresse ; et
on ne le fait point chasser sans le cordeau , qu'il
ne soit bien ferme dans ses arrêts.

Dès qu'une fois un chien est instruit à arrêter la perdrix, il arrêtera de même en plaine
toute autre espèce de gibier-plume , et même
le lièvre. Mais à l'égard du lièvre , il est,
comme je l'ai déja dit, assez difficile d'empêcher
les chiens de le courir, soit qu'il les surprenne,
en partant loin devant eux, soit qu'il parte,
lorsqu'ils le tiennent en arrêt, sur-tout pour peu
qu'ils soient éloignés du chasseur, qui, alors,
fait souvent de vains efforts pour les rappeller:
car, lorsqu'un chien sent son maître près de
lui, il obéit bien plus aisément à la voix. On
ne parvient facilement à corriger les chiens de
ce défaut, si c'en est un, que dans les endroits
où il y a beaucoup de lièvres, parce qu'à force
d'en voir, ils se dégoûtent de les courir. D'ailleurs, pour qu'un chien conservât toujours l'habitude de ne point courir le lièvre , il faudroit
qu'il ne chassât jamais qu'en plaine ; car, dès
qu'on le mènera au bois, il ne manquera pas
de pousser et lièvres et lapins ; et revenu à la
plaine, il agira comme dans le bois.

Il n'y a point de chien qui ne pousse quelquefois, sur-tout quand il va avec le vent : en
ce cas, il faut seulement le gronder, mais sans
le châtier , à moins qu'il ne coure les perdrix.

Alors, vous remarquerez d'où elles sont parties. Il ne manquera pas d'y revenir, et vous
le châtierez avec le fouet ; mais il faut toujours
de la modération dans le châtiment, sur-tout
si le chien est timide. Il est de ces chiens qui,
si vous les excédez de coups, se tiennent à vos
talons, et ne veulent plus chasser ; d'autres
quittent leur maître, et retournent à la maison. Dans ce dernier cas, on donne comme un
moyen sûr pour les corriger, de planter un
pieu en terre au milieu de la cour, garni d'une
chaîne avec un collier. Lorsque le chien arrive,
un domestique aposté l'attache au pieu, et lui
donne une volée de coups de fouet, ce qu'il recommence par intervalles, pendant une heure.
Tant que cela dure, le maître ne paroît point,
et reste encore quelque temps sans se montrer,
après la dernière correction, afin que la colère
du chien ait le temps de se passer. Alors, il
vient le trouver, le caresse beaucoup, le détache, lui donne quelque friandise, et le re-
mène à la chasse. Mais cette recette n'est pas
aussi infaillible qu'il est dit dans plusieurs livres
où elle se trouve. Il arrive le plus souvent
que le chien qui a ainsi reçu les étrivières,
en arrivant une autre fois à la maison, se glisse
furtivement, va se tapir dans quelque recoin,
sans qu'on sache ce qu'il est devenu, et ne
reparoît que long-temps après. Le mieux est
d'étudier le caractère du chien, et de se

conduire en conséquence pour la correction.

J'ai dit au commencement de ce chapitre, que lorsqu'on n'avoit pu réussir à faire rapporter un jeune chien dans son premier âge, en le flattant, il falloit attendre qu'il fût plus âgé, et se servir alors du collier de force : voici comme on s'y prend. On a un morceau de bois, long de huit à neuf pouces, quarré, et d'environ un pouce d'épaisseur. On y fait des crans sur les arêtes, en manière de scie : on le perce de deux trous à chaque bout, pour y passer deux petites chevilles en croix, ensorte qu'en jettant ce bois à terre, les chevilles le soutiennent, et qu'il se trouve élevé de terre d'un bon pouce, et cela pour que le chien puisse l'engueuler plus aisément. On met le collier de force au cou du chien, et prenant le bâton, on lui en frotte les dents du côté des crans, pour lui faire ouvrir la gueule , mais, autant que cela se peut, sans le blesser; on lui tient la main gauche sous la mâchoire, pour empêcher qu'il ne le rejette, et de la droite on le flatte, en lui disant : *tout beau.* Lorsqu'on retire ses mains, le chien laisse tomber le bâton; en ce cas on le gronde, et on secoue le collier pour le châtier. On lui fait reprendre le bâton, en lui sciant les dents, et de la même manière qu'on a déja fait. Le chien se voyant puni quand il lâche le bâton, et caressé quand il le garde, s'accoutume enfin à le garder, et ouvre la gueule, quand on le lui présente. Il s'agit alors de l'amener à le prendre de lui même : il faut le lui présenter en lui disant : *pille, apporte,* et le caressant beaucoup, et en même temps lui donner de petites saccades pour le faire avancer. S'il s'avance de lui même, et prend le bâton, beaucoup de caresses, et quelque friandise. Lorsqu'il commence à avancer la tête d'un pouce, il est dressé : bientôt il prend le bâton à terre, et on lui dit toujours : *pille apporte ;* et ensuite : *apporte ici, haut,* pour l'habituer à se dresser. Lorsqu'il apporte bien le bâton, on lui fait apporter des ailes de perdrix cousues sur une pelotte de linge, et d'autres fois une peau de lièvre remplie de foin, à chaque bout de laquelle on met une pierre, pour l'accoutumer à charger un lièvre par le milieu du corps. Enfin, lorsqu'il rapporte tout sans rien refuser, on le mène en plaine, et on lui fait rapporter la première perdrix que l'on tue : s'il se fait prier, on le remet au collier de force qu'on a porté avec soi.

Pour l'accoutumer à l'eau, choisissez une mare, dont le bord soit en pente douce, et jettez lui un morceau de bois, d'abord à peu de distance, afin qu'il puisse l'atteindre, en entrant dans l'eau jusqu'à mi-jambe ; et ensuite, plus loin par degrés, jusqu'à ce qu'il l'aille prendre à la nage, ayant soin, à chaque fois qu'il rapporte le morceau de bois, de lui donner

ner quelque friandise. S'il ne se détermine pas à se mettre à la nage, il faudra s'y prendre autrement : conduisez-le à la mare avant qu'il ait déjeuné, et jettez-lui des morceaux de pain dans l'eau, toujours plus avant, par gradation ; et de cette manière vous l'accoutumerez bientôt à aller chercher son déjeuné à la nage. Ensuite, pour achever de le dresser, si vous avez une pièce d'eau ou il y ait de la profondeur, mettez y un canard, après lui avoir coupé le fouet de l'aile. Animez le chien jusqu'à ce qu'il soit entré dans l'eau pour le suivre ; le canard fuit devant lui, et plonge pour se dérober à sa poursuite, lorsqu'il se voit pressé. Après que ce manége aura duré quelque temps, finissez par tuer le canard d'un coup de fusil ; le chien ne manquera pas de vous l'apporter gaiement. C'est dans la belle saison que ces leçons doivent se donner ; on auroit de la peine à déterminer un jeune chien à se mettre à l'eau pendant l'hiver, et même cela pourroit l'en dégoûter pour toujours ; mais sur-tout, il ne faut jamais s'aviser de le jetter dans l'eau lorsqu'il refuse de s'y mettre. Avec de la patience, en s'y prenant comme je viens de le dire, on en vient toujours à bout.

La plupart des jeunes chiens ont l'habitude de courir les volailles, et il y en a quelques-uns qui courent les moutons, défauts dont il est à propos de les corriger de bonne heure.

N

Quant aux volailles, si on ne parvient pas à leur faire perdre cette habitude, avec le fouet, voici ce qu'il faut faire. Prenez un petit bâton, fendez-le par un bout, assez pour y passer la queue du chien, et liez ce bout fendu avec une ficelle, de manière à lui faire sentir de la douleur; à l'autre bout attachez une poule par le gros de l'aile, près du corps, et lâchez-le ensuite, en lui appliquant quelques coups de fouet. Il se met à courir tant qu'il peut, à cause de la douleur qu'il ressent à la queue, et qu'il croit causée par la poule. A force de la traîner, il la tue, et las de courir, il s'arrête et va se cacher dans quelque recoin. Alors détachez le bâton, et battez-lui la gueule avec la poule morte.

S'il s'agit d'un chien qui court les moutons, couplez-le avec un bélier, et en les lâchant ainsi couplés, fouettez le chien, tant que vous pourrez le suivre. Ses cris font d'abord peur au bélier, qui court à toutes jambes, et entraîne le chien; mais il se rassure ensuite, et finit par le charger à coups de tête. Découplez-les alors, et votre chien sera corrigé pour toujours de courir les moutons.

CHAPITRE III.

De quelques ruses dont on peut se servir à la chasse, principalement pour surprendre certains oiseaux qui se laissent difficilement approcher.

I.

La Vache artificielle.

Parmi les ruses que l'homme a imaginées pour tromper la vigilance continuelle que les animaux sauvages opposent à ses embûches, une des plus anciennement connues est d'avancer vers eux, en leur présentant le simulacre d'une vache, animal dont la vue leur est familière, et qu'ils sont habitués à voir dans les champs autour d'eux, à toutes les heures du jour, sans en recevoir aucun dommage.

Il y a deux manières différentes d'exécuter cette manœuvre ; l'une est de se revêtir d'un habit de toile peinte, imitant la peau d'une vache, accompagné d'un bonnet pareillement peint, représentant sa tête, avec des cornes postiches, et des trous vis-à-vis des yeux. On joint à cela deux bandes de la même étoffe, qui du

poignet pendent jusqu'à terre , pour représenter les jambes de devant de l'animal. Ainsi ac-
coûtré, on marche le dos courbé et le fusil en
main, imitant de son mieux l'allure et les mouvemens d'une vache , jusqu'à ce qu'on ait pu
s'approcher du gibier, assez près pour le tirer.
Telle est en gros l'ancienne vache artificielle,
décrite et représentée dans le livre intitulé
Les Ruses innocentes (1). Mais l'imitation me
paroît si imparfaite , que je doute qu'elle ait
jamais bien réussi. Il n'en est pas de même d'une
nouvelle vache artificielle dont la figure et l'explication se trouvent dans l'*Aviceptologie françoise* (2) ; le procédé en est beaucoup plus ingénieux ; le déguisement qui en résulte doit produire une illusion parfaite ; et je ne doute point
qu'elle ne puisse être employée avec succès.

Quant à l'autre espèce de vache artificielle,
qui se trouve aussi représentée dans les *Ruses
innocentes* , et qui est particulièrement destinée
pour *tonneler* les perdrix, elle consiste dans une
figure de cet animal peinte sur une toile de

---

(1) *Les Ruses innocentes , dans lesquelles se voit comme on prend
les oiseaux passagers , et les non-passagers , et de plusieurs sortes de
bêtes à quatre pieds , avec les plus beaux secrets de la pêche , etc.*
par F. F. F. R. D. G. (Frère François Fortin Religieux de Grammont) *dit* Le Solitaire inventif; *Paris* , 1688, *in*-4°.

(2) L'*Aviceptologie Françoise, ou Traité général de toutes les ruses
dont on peut se servir pour prendre les oiseaux qui se trouvent en
France,* par M. B***; *Paris,* 1778 , *in*-12.

quatre pieds en quarré. Cette toile, à laquelle on ajoute des cornes faites d'un vieux chapeau, et une queue de filasse, ou de corde effilée, se monte sur un chassis formé de deux bâtons en sautoir, et d'un troisième perpendiculaire, liés ensemble par le milieu. Le bâton perpendiculaire est pointu par en-bas, afin de pouvoir, en le fichant en terre, tenir la vache debout, sans le secours des mains. Vers le haut de la toile, sont pratiqués deux trous, pour observer les oiseaux qu'on veut approcher. Le chasseur se couvre de cette vache, en la portant devant soi de la main gauche, et tenant son fusil de la droite. Il n'avance pas vers les oiseaux en droiture, mais toujours de côté, en leur présentant la vache par le flanc, et jamais de face, ce qu'il ne pourroit faire sans se découvrir. Il la leur fait appercevoir du plus loin qu'il se peut, pour leur donner le temps de la bien reconnoître, et de s'assurer après l'avoir reconnue; bien entendu que cette manœuvre doit toujours se faire à bon vent. On juge, par la contenance des oiseaux, de leur inquiétude, ou de leur sécurité. S'ils ne sont pas disposés à attendre, ils lèvent la tête en l'air, et restent dans cette position, jusqu'à ce qu'ils se déterminent à prendre leur vol. Lorsqu'ils veulent attendre, ils baissent la tête, et cessent d'être inquiets. Le chasseur doit être instruit de ces particularités, pour savoir avancer et s'arrêter à propos. Lorsqu'il se voit à portée de tirer, il pique la machine en terre, ou la laisse tomber, et tire soit au vol, soit à terre, si les oiseaux lui en donnent le temps.

Quelle que soit la vache artificielle, que le chasseur lui même la représente par le déguisement dont j'ai parlé plus haut, ou que ce soit une vache peinte qu'il porte devant lui, il doit toujours se conduire comme je viens de l'expliquer. On se sert quelquefois de cette dernière dans les plaines de la Champagne, pour la chasse des outardes; et l'on peut employer également l'une ou l'autre pour approcher les grues, les cigognes, les oies sauvages, et même les pluviers et vanneaux, qui se tiennent toujours dans les plaines rases et découvertes.

Au lieu de vache artificielle, on se servoit autrefois, en Espagne, d'un bœuf véritable, dressé exprès pour cet usage. On le choisissoit de grande taille, afin que le chasseur fut mieux caché; doux et docile pour exécuter tous les mouvemens qu'on exigeoit de lui. Il ne devoit être ni noir, ni blanc, la couleur noire ou rembrunie causant de la surprise et de la défiance au gibier, et le blanc n'étant pas favorable pour bien cacher le chasseur. Le roux clair étoit la couleur qu'on jugeoit la plus avantageuse. On accoutumoit l'animal à rester immobile au bruit de l'arquebuse et de l'arbalète; et pour se rendre maître de ses mouvemens, on lui passoit au-

dessous des cornes une laisse ou licol de crin,
et par une seconde boucle, on lui enlaçoit
d'un côté l'oreille avec la corne, ce qui l'assu-
jettissoit beaucoup, et faisoit sur lui le même
effet que le mors sur un cheval. Au moment
de tirer, le chasseur laissoit échapper le licol
de sa main, et posoit le pied dessus. Ce bœuf
de chasse étoit nommé, en espagnol, *buey de
cabestrillo*, ce qui ne peut se rendre en françois
que par *bœuf enchevêtré*. On s'en servoit pour
toute espèce de gibier gros et menu, tant en
plaïne rase, qu'en tous autres lieux assez découverts pour qu'il fût possible de l'y appercevoir, et de lui montrer le bœuf de loin. On
approchoit donc par ce moyen, non seulement
lièvres, lapins, perdrix, ramiers, oies sauvages,
grues, outardes, etc., mais aussi les cerfs,
daims et chevreuils; car cette chasse ne pouvoit
avoir lieu pour le sanglier, attendu qu'il est
très-rare qu'il se fasse voir pendant le jour en
lieu découvert, et que d'ailleurs, ayant la vue
courte, il ne seroit pas possible de lui faire reconnoître le bœuf de loin, comme aux bêtes
fauves qui l'ont très-perçante, ensorte qu'en
l'appercevant, il se mettroit à fuir. Les lapins,
particulièrement, se laissoient approcher de
cette manière, sans aucune défiance, sur-tout
la nuit, par le clair de lune, et venoient souvent jusques entre les jambes du bœuf; et pourvu qu'on se servît de l'arbalète, qui fait son

exécution à petit bruit, on pouvoit en tuer plusieurs de suite, sans que ceux qui les accompagnoient prissent l'épouvante. On sent tous les avantages de cette chasse sur celle qui se fait avec la vache artificielle. Du reste, elle se conduisoit à-peu-près sur les mêmes principes, et le point capital étoit de gouverner le bœuf de façon à ne jamais montrer que lui au gibier ; ce qui demandoit beaucoup d'attention et une expérience consommée de la part du chasseur. Elle se pratiquoit encore en Espagne, du temps d'Espinar, qui en a donné un détail curieux dans un chapitre particulier, duquel j'ai extrait ce que j'en dis ici, seulement pour en donner une idée.

On voit dans les *Chasses* de Stradan, un bœuf factice, et différent, dans sa structure, de toutes les espèces de vache artificielle mentionnées ci-devant, qui pouvoit tenir lieu du bœuf enchevêtré, dont je viens de parler : mais il falloit au chasseur un second pour le manœuvrer. Ce bœuf, dont la charpente étoit probablement faite en osier, étoit affublé sur tout le corps, sauf la tête et le cou, d'une couverture traînante jusqu'à demi-pied de terre, et imitant sans doute la vraie couleur d'un bœuf, à laquelle étoit adaptée une queue postiche. Cette couverture cachoit un homme qui faisoit mouvoir le feint animal, et dirigeoit ses mouvemens au gré du chasseur, qui marchoit à côté

le dos baissé, l'arbalète ou l'arquebuse en main,
et ainsi couvert, cherchoit à s'approcher de son
gibier.

I I.

La Charrette.

Pour approcher certains oiseaux de passage,
tels que ceux dont j'ai parlé dans l'article précédent, on peut se servir d'une petite charrette,
à laquelle on accroche tout autour et sur le devant, des gerbes de paille, laissant entre celles
du devant assez de jour pour pouvoir la conduire, et en même temps, observer les oiseaux
dont on se propose d'approcher. Cette charrette
est traînée par un seul cheval, et deux hommes
sont assis dedans, cachés par la paille dont elle
est entourée, l'un pour la conduire, et l'autre
armé d'un fusil. On avance, à bon vent, comme
avec la vache artificielle (précaution nécessaire
dans tous les cas), dirigeant sa marche oblique-
ment; et lorsqu'on est arrivé à la distance convenable, alors le chasseur se lève brusquement
et fait son coup. C'est encore un des moyens
dont on se sert en Champagne pour tirer aux
outardes.

Espinar parle d'une autre espèce de charrette
ou petit chariot, usité en Espagne, pour tirer,
dans les plaines, les grues et autres oiseaux de
passage. Ce chariot est traîné par une mule ou
par deux bœufs, et tout à découvert; mais le

chasseur est armé d'un mousquet de très-gros calibre, et d'une longueur proportionnée, portant jusqu'à la distance de 150 pas, et qui, vu sa pesanteur, est soutenu et assujetti, par devant, sur un pied ou pivot de fer fixé sur le chariot, de manière qu'on peut le tourner dans tous les sens, et lui donner telle direction que l'on veut.

On s'est servi très-anciennement de la charrette pour tirer aux bêtes fauves, suivant ce passage des *Desduitz de la chasse* de Gaston Phébus, comte de Foix, qui vivoit au XIVe. siècle. « Aussi peut-on traire les bestes à l'arc. « Que on ait une charette, et ung homme dedans sur ses pieds, et la charette toute couverte de feuilles, et lui-même vêtu de verd, « et ceint par les côtés et la tête couverte de « feuilles, et ung autre sur le cheval qui mène « la charette soit aussi couvert de feuilles. « Ainsi doit-on aller tournant environ les bestes, « jusqu'à ce qu'il soit si près qu'il puisse traire « à sa guise; car jà ne s'effrayeront ne fuiront, « et les roues de la charette doivent être étroites « et serrées, afin qu'elles fassent un plus grand « bruit; car les bestes musent et écoutent, et « en attendent plus volontiers quand elles oyent « cela. »

Le même Gaston Phébus fait mention d'un autre expédient plus simple pour surprendre les bêtes fauves, et qui peut s'employer égale-

ment pour toute autre espèce de gibier. « En-
« core une autre manière (dit-il) qui est bien
« sûre et de poure gent. Monte ung homme
« sur ung cheval, et un archier aille avec lui
« toujours à pied, couvert au côté du cheval.
« Et quand il verra qu'il sera assez près, si de-
« moure l'archier sans soi bouger, et l'homme
« à cheval s'en aille : et les bestes museront
« et regarderont tousjours l'homme à cheval,
« et dont pourra l'archier bien adviser son coup
« et frapper à son aise. »

I I I.

La Hutte ambulante.

La hutte ambulante est un buisson portatif
d'environ six pieds de haut ; c'est-à-dire, de
hauteur suffisante pour qu'un homme puisse y
être caché. Cette machine est composée de
trois cercles, et de trois montans auxquels ils
sont attachés, à la distance d'un pied l'un de
l'autre, à compter du bas, qui doit être à quatre
doigts de terre ; ce qui forme une carcasse,
autour de laquelle on lie des branches d'arbre,
dont l'assemblage représente un buisson. On a
soin d'imiter la nature, suivant la saison, le
mieux qu'il est possible. Le chasseur, armé de
son fusil, se tient dans l'intérieur de ce buisson, qu'il conduit où il veut, les cercles tenant lieu d'anses pour le transporter. On laisse
un jour sur le devant, par lequel on puisse

découvrir le gibier , et le tirer , et l'on a soin
de bien garnir le derrière , afin que les oiseaux
ne puissent voir au travers. Cette ruse de chasse
peut remplir , en certains cas , le même objet
que les précédentes , particulièrement pour les
oiseaux aquatiques, le long des rivières et prairies inondées, tels qu'oies sauvages, canards,
sarcelles et autres. Ces oiseaux , lorsqu'ils se
trouvent en lieu découvert, et que les eaux où
ils se tiennent pendant le jour, sont éloignées
de tous arbres et haies , à la faveur desquels
on pourroit les surprendre , s'approchent des
bords, où ils s'amusent à barbotter, et regagnent
la grande eau lorsqu'ils apperçoivent du monde.
A la faveur de la hutte ambulante , on peut les
approcher d'assez près pour les tirer ; mais il
faut avancer très-lentement, et de manière que
les branches de la machine ne remuent point:
les oiseaux qui remuent sans cesse , et vous
voient approcher, s'imaginent que ce sont eux-
mêmes qui vont vers le buisson, et non le buisson qui avance vers eux. Arrivé à portée, vous
posez doucement la hutte à terre , pour vous
mettre en devoir de tirer. On peut voir la figure
d'une hutte ambulante dans l'*Aviceptologie
françoise*. Celle qui est décrite dans les *Ruses
innocentes* est un peu différente quant à la
manière de la porter : elle est soutenue par
quatre cordes, deux devant et deux derrière,
qui , par leurs extrémités d'en-bas, lient les

trois cercles, à la distance où ils doivent être
l'un de l'autre, et par celles d'en-haut, viennent
rendre à chaque coin d'un carré formé avec une
autre corde, lequel pose sur les épaules du chasseur, ensorte que la machine avance avec lui,
sans qu'il soit obligé d'y mettre les mains, qui
lui restent libres pour porter son fusil.

Maintenant, pour suivre le plan que je me
suis proposé, je vais traiter particulièrement
de chaque espèce de gibier, et de la manière
de le chasser avec le fusil. Car il n'entre point
dans mon plan de parler de filets, bricoles, lacets, piéges et autres engins dont on peut se
servir pour prendre le gibier. D'ailleurs, assez
d'autres en ont traité avant moi, au lieu que
personne, en France, comme je l'ai déja dit
dans l'avertissement, n'a traité *ex professo* de
la chasse au fusil. Ceux qui voudront s'instruire sur ces sortes de chasses, et en même
temps, sur la pêche, ne peuvent mieux faire
que de consulter les *Ruses innocentes.* C'est
l'ouvrage le mieux fait et le plus complet que
nous ayions en ce genre ; et c'est la source où
ont puisé, depuis quatre-vingts ans, la plupart
de ceux qui ont compilé des traités sur la chasse
et la pêche.

SECTION II.

De la chasse des quadrupèdes.

CHAPITRE PREMIER.

Du Sanglier.

JE n'entends parler ici que des différentes manières de chasser le sanglier, qui sont à la portée de tout particulier chasseur, voisin d'une forêt où il a le droit ou la permission de se procurer cet amusement, et non de la grande chasse de cet animal, telle qu'elle se fait par les princes et seigneurs qui ont des équipages en règle; quoique, le plus souvent, cette chasse ne se passe point sans tirer quelques coups de fusil, attendu qu'un sanglier est presque toujours dangereux pour les chiens, sur-tout lorsqu'il est sur ses fins, à moins qu'on n'ait l'attention de ne leur donner que de jeunes bêtes au-dessous de deux ans. Mais, avant d'en venir aux chasses qui sont de mon sujet, sans m'arrêter à déduire toutes les connoissances nécessaires à un valet de limier, il est au moins à propos de donner succinctement quelques notions principales sur la nature, les inclinations et les habitudes du sanglier.

Le sanglier est un porc sauvage, qui ressemble beaucoup au porc domestique. Il en diffère par sa couleur, qui est noire, par les oreilles qu'il a plus petites, droites et pointues, par ses défenses qui sont plus grandes. Il a d'ailleurs le boutoir plus fort, les pieds plus gros, et le dos bien plus arrondi. Les défenses du sanglier, dont il fait quelquefois un si terrible usage contre les chiens, les hommes et même les chevaux, sont deux dents recourbées, saillantes en dehors de chaque côté de la mâchoire inférieure, qui ont jusqu'à 7 à 8 pouces de long. Ces dents sont si aiguës et si tranchantes, qu'elles coupent comme un couteau. Il y en a deux autres, pareillement saillantes, de chaque côté de la mâchoire supérieure, appellées les *grais*, qui se se croisent avec les défenses, et servent à les aiguiser. La laie ou femelle n'a point de défenses; mais elle ne laisse pas d'être dangereuse par ses coups de boutoir et ses morsures.

On donne au sanglier différens noms, à mesure qu'il avance en âge : jusqu'à six mois on l'appelle *marcassin*; il est alors rayé par bandes de brun et de roussâtre, après quoi il devient roux par-tout, ce qu'on appelle *quitter la livrée*; et jusqu'à ce qu'il ait un an, il est appellé *bête rousse*. Sa première année révolue,

on lui donne le nom de *bête de compagnie*,
parce qu'alors ces animaux vont par bandes,
sans se quitter. Après deux ans, il va seul,
et porte le nom de *ragot*, jusqu'à trois. A trois
ans, c'est un sanglier *à son tiers-an*; à quatre
ans, un *quartanier*; et passé cet âge, on l'appelle *vieux sanglier*, *grand vieux sanglier*, ou
porc entier. Le ragot, le sanglier à son tiers-
an, et le quartanier, sont les plus redoutables
pour les chiens; car les vieux sangliers ne peuvent plus faire tant de mal de leurs défenses,
qui, à mesure qu'ils vieillissent, se recourbent
davantage, au point de décrire une portion de
cercle; c'est ce qu'on appelle un sanglier *ruiné*.
Cependant, il y a quelques-uns de ces vieux
sangliers qui savent les casser dans un arbre, ou
contre une roche, et qui sont alors très-dan-
gereux.

On juge de l'âge et de la taille d'un sanglier
par ses *traces*; c'est-à-dire par l'empreinte de
son pied, qui, suivant l'âge, offre des différences dans sa forme, sa grandeur et ses con-
tours. C'est en quoi consiste la principale science
d'un valet de limier; et ce jugement demande
un coup-d'œil très-exercé. On en juge aussi par
les *boutis*; c'est ainsi qu'on appelle les trous
que font les sangliers dans la terre, lorsqu'ils
fouillent pour chercher des vers et des racines.
Leur hure s'imprime dans ces trous, qui ont
quelquefois deux pieds de profondeur, et la
grosseur

grosseur et la longueur de la hure servent à juger de la taille de l'animal. Enfin, on peut encore acquérir cette connoissance par l'inspection de la bauge ; les vieux sangliers la font profonde et tout auprès, ils jettent leurs *laissées*, qui sont d'autant plus grosses que la bête est vieille et grande.

Les sangliers habitent, presque en tout temps, les forts les plus épais et les plus fourrés, où ils restent à la bauge pendant tout le jour. Ils changent de demeure suivant les saisons : l'été, ils s'approchent du bord des forêts, à portée des grains et des vignes, où ils font leurs *mangeures* pendant la nuit, et de quelque mare ou ruisseau, où ils vont prendre le *souil* et se rafraîchir plusieurs fois par jour, surtout dans les grandes chaleurs : l'automne, ils choisissent leur demeure près des futaies, où ils trouvent du gland et de la faîne, qui sont alors leur principale nourriture : en hiver, ils s'enfoncent dans le bois, où ils vivent de vers et de racines, de cresson qu'ils cherchent le long des ruisseaux, et de quelques glands qui sont restés sous les arbres.

Le rut des sangliers est en décembre, et dure tout le mois. Alors, ils n'ont point de demeure fixe, courant sans cesse à la suite des laies, se baugent dans le premier fort qu'ils rencontrent, et ne s'y arrêtent guères. Les laies portent quatre mois, et mettent bas vers

O

la fin d'avril , et dans les premiers jours de mai (1).

La chasse la plus ordinaire du sanglier, où il ne s'agit que de tirer, et non de forcer, se fait à pied par plusieurs chasseurs qui se réunissent: alors, cinq ou six chiens suffisent. Si l'on a un limier, et quelqu'un qui entende le métier de détourner, en donnant aux chiens une bête renfermée dans une enceinte, on sera plus sûr de son fait; sinon, on va les découpler dans un canton où l'on espère rencontrer des sangliers; ce qui ne doit se faire qu'après avoir donné le temps aux tireurs de gagner les devants pour se poster, à quelque distance l'un de l'autre, du côté que l'on sait être la refuite ordinaire des bêtes , soit dans les chemins qui bordent la portion de bois qu'on se propose de battre , soit sous bois dans des clairières, suivant que le permet la disposition du terrein ; bien entendu qu'il faut toujours se poster à bon vent, autant que cela est possible. Si un sanglier est lancé, et qu'il sorte de l'enceinte sans qu'on ait pu le tirer, il ne s'agit plus que de suivre la voix des chiens, et de couper au devant, pour tâcher de le joindre et le tirer sur son

____

(1) Dominique Boccamazza , qui a fait un traité des chasses de la campagne de Rome , intitulé *Caccie della campagna di Roma* , etc. imprimé à Rome en 1548, *in-*4° , dit que les laies portent deux fois par an, et mettent bas en mars et avril , et en juillet et aoust. Cela seroit-il particulier aux laies des pays méridionaux ?

passage, comme dans toute autre chasse aux chiens courans. Mais, à celle du sanglier, si l'on n'a pas un valet de chiens, il est à propos qu'un des chasseurs, soit à pied, soit à cheval, en fasse l'office, et suive les chiens au plus près possible, tant pour les appuyer, que pour être à portée de les secourir, dans le cas où le sanglier s'aviseroit de faire tête et de les charger, comme cela arrive souvent aux ragots et vieux sangliers.

On chasse quelquefois le sanglier avec deux ou trois matins ou chiens de cour, parmi lesquels il y en a beaucoup qui le chassent naturellement, et quelques-uns avec une telle ardeur, qu'ils le suivent pendant des journées entières. Ces sortes de chiens, lorsqu'ils ont joui, deviennent excellens pour cette chasse.

Il est un autre moyen plus simple et beaucoup plus sûr pour tuer des sangliers, et cette chasse est d'autant plus commode, qu'elle se fait avec un seul chien. La partie se lie entre plusieurs chasseurs : l'un d'eux, dès le matin, va à la forêt, seul et sans chien, et choisit une portion de bois isolée, et bornée par des chemins, où le pied des bêtes se fait bien mieux remarquer que sous le bois. Il en fait le tour, et voit si quelque bête y entre, et si elle en sort. Lorsqu'il s'est assuré qu'une ou plusieurs bêtes entrent et ne sortent point, il vient retrouver ses camarades à un rendez-vous donné. Alors, celui de la bande qui s'y entend le mieux, prend un limier au trait, ou tel autre chien capable d'en servir, et le conduit sur la voie de la bête, après que les autres chasseurs ont été se poster le long des routes qui bordent l'enceinte. Le conducteur du limier a grand soin de ne le laisser donner de la voix, que lorsque la bête est debout. Alors il ravale la botte à son chien, et le tient de plus court, en lui parlant tout bas, pour l'empêcher de trop crier; sur-tout si c'est un chien chaud de voix, parce qu'en criant trop fréquemment, il épouvanteroit la bête. Il faut donc, pour bien faire, que le chien donne très-peu de la voix, et seulement pour indiquer aux tireurs de quel côté perce le sanglier, afin qu'ils soient sur leurs gardes. Lorsqu'il est sorti de l'enceinte, le valet de limier, ou en faisant fonction, s'arrête pour donner le temps aux chasseurs de gagner les devants. On appelle cette chasse *routailler* un sanglier: elle est très-sûre, lorsqu'elle est bien entendue, et il est rare qu'une bête s'en échappe, au moins sans être tirée ; mais c'est un rude métier pour celui qui conduit le limier, étant obligé de le suivre par-tout, et de brosser avec lui, quelquefois pendant des journées entières, dans les forts les plus épais. Au reste, on peut routailler les bêtes fauves comme le sanglier, et c'est ce que, dans certains pays, les braconiers savent très-bien pratiquer.

Voici une autre chasse encore bien connue

des braconiers, et pour laquelle un homme
seul suffit, mais qui n'a lieu que lorsque la
terre est couverte de neige. Un chasseur va,
le matin, faire le tour d'une portion de bois,
bordée par des chemins, et s'assure, de la manière que j'ai expliquée ci-dessus, si quelque
bête y est entrée et non sortie. Assuré de son
fait, il prend son fusil, et se glisse sous le bois,
après avoir eu la précaution de se lier à la jambe,
au-dessus du genou, un clairon, espèce de son-
nette, qui se met au cou des vaches et des
chevaux de charbonnier pâturans dans les forêts, pour donner aux propriétaires de ces animaux la facilité de les retrouver. Les bêtes
fauves et noires, accoutumées à entendre nuit
et jour le son de ces clairons, ne s'en épouvantent point, ce qui donne beaucoup d'avantage au chasseur pour les approcher, et sert
en même temps, à couvrir le bruit qu'il ne
peut se dispenser de faire en marchant. Il s'a-
vance donc, pas à pas, le dos courbé, et toujours prêt à tirer, en suivant les traces de la
bête, ce que la neige lui rend fort aisé : et
comme, hormis le lièvre et le lapin, il n'est
point d'animal qui tienne davantage, lorsqu'il
est en repos, que le sanglier, très-souvent il
arrive sur lui sans qu'il se lève, et le tire à
la bauge, ou à l'instant qu'il en part, et quelquefois lorsqu'au sortir de la bauge il s'arrête
à vingt pas de là, pour reconnoître ce qui lui

a fait peur; ce que cet animal ne manque presque jamais de faire lorsqu'il est surpris, restant même assez long-temps dans cette position pour donner au chasseur tout loisir de le
tirer à son aise.

En Corse, où il y a des sangliers en quantité, mais beaucoup plus petits que les nôtres,
quelques paysans s'adonnent particulièrement
à les chasser pendant la nuit, ce qu'ils font avec
un seul chien tenu au trait comme un limier.
Ce chien est une espèce de matin de petite race,
très-chiche de voix, et quelquefois tout-à-fait
muet. Le chasseur se met en quête sur des coteaux peu élevés et couverts de bois, où ces
animaux se rencontrent le plus ordinairement,
ayant grande attention de se tenir toujours sous
le vent des lieux où il espère les trouver. Lorsque le chien rencontre une voie, il la suit jus-
quà ce qu'il ait conduit le chasseur assez près
de la bête pour qu'il puisse la découvrir. Alors
il s'arrête et se couche; après quoi c'est au chasseur à la chercher des yeux, et s'en approcher
peu-à-peu, après avoir quitté ses souliers, et
avec le plus grand secret. On sent qu'une nuit
fort obscure ne seroit pas propre pour cette
chasse. Cette manière de tuer les sangliers la
nuit, à la surprise, paroîtra fort extraordinaire à
ceux qui ne connoissent que les différentes
chasses de cet animal qui se font en France,
et j'avoue que j'ai eu peine, moi-même, à y

croire ; mais elle m'a été confirmée par des té-
moignages que je ne puis révoquer en doute.
Elle réussit sur-tout pour les jeunes bêtes. Du
reste, on ne la pratique pas également dans
toute l'isle. Les villages de *Lama*, *Ortaca*, et
Novella, situés dans la Piéve de *Petralba*,
vers le Cap-Corse, sont le canton, où se trouvent les chiens les mieux dressés pour cette
chasse. Et ce que ces chiens ont de particulier,
c'est que la plupart ne veulent point chasser le
jour, même en leur donnant un sanglier à vue
chassé par d'autres chiens.

Quant à l'affût des sangliers, il se pratique
en des endroits différens, suivant la saison.

Les grains qui se trouvent à proximité des
forêts, lorsqu'ils approchent de leur maturité,
attirent ces animaux, qui ne manquent pas d'y
venir faire leurs mangeures pendant la nuit ;
et l'occasion est favorable pour les y tuer à l'affût. Il est aisé de reconnoître les endroits où
ils hantent, par le dégât qu'ils y font, qui est
tel, que, dans le voisinage des forêts où il y en
a beaucoup, pour éviter la destruction entière
des récoltes, les gens de la campagne se trouvent dans la nécessité de garder leurs grains
pendant la nuit. Lorsque le sanglier est obligé
de sortir du bois pour chercher sa nourriture,
il ne sort que fort tard, connoissant que les
lieux découverts sont plus fréquentés de ses ennemis que les bois qu'il habite, et qu'il y court

plus de risques. C'est pour cela qu'ils ne vient aux grains, pour l'ordinaire, qu'entre onze heures et minuit. Il y arrive avec inquiétude, et, avant d'entrer, il manifeste sa défiance, en prenant les mêmes précautions qu'un voleur qui vient faire son coup. La première, c'est de venir dans l'obscurité, pour n'être point apperçu; la seconde, doucement et à petit bruit; la troisième, en prêtant l'oreille et écoutant. Il s'arrête long-temps sur le bord des grains, avant d'y entrer, et après s'être arrêté, il retourne sur ses pas, et écoute de nouveau, jusqu'à ce qu'enfin il se détermine à entrer et à manger. Souvent, quelques momens après s'être mis à manger, il s'épouvante de son propre bruit, et s'enfuit comme s'il avoit été tiré; il se met aux écoutes de nouveau, et rentre; et enfin, après avoir conservé cette inquiétude encore quelque temps, il s'assure tout-à-fait.

Lors donc qu'on a reconnu qu'un ou plusieurs sangliers viennent à un champ de blé ou de seigle, qui sont les grains où ils donnent le plus, vers les neuf ou dix heures du soir, on se met à l'affût sur les bords, près de l'endroit par où l'on a remarqué qu'ils y entrent. S'il se rencontre sur le lieu quelque arbre commode pour y monter, on en profite, et cela vaut toujours mieux; sinon, on se place à terre, le moins à découvert qu'il est possible, et l'on attend en silence le moment favorable. L'affût est beaucoup plus sûr, lorsque deux ou trois chasseurs se réunissent ensemble, et se placent à quelque distance l'un de l'autre : alors, si les sangliers viennent; il est difficile qu'en faisant les manœuvres dont j'ai parlé, ils ne s'approchent pas de quelqu'un des chasseurs. S'ils entrent dans la pièce de grain avant qu'on ait pu les tirer, après leur avoir laissé tout le temps de s'assurer, et lorsqu'on les voit bien en train de manger, ce qu'ils font avec beaucoup de bruit, se battant même entre eux lorsqu'ils sont plusieurs, on peut tenter de les approcher à bon vent, en se glissant, le plus doucement possible, le long d'un sillon : mais il ne faut pas vouloir en approcher de trop près, de crainte de les mettre en fuite. Lorsqu'on est arrivé à une certaine distance d'eux, et qu'on les entend seulement sans les voir ni les découvrir, étant couverts par la hauteur du blé ou seigle, il est à propos de s'arrêter, en posant un genou en terre, et d'attendre que le sanglier ou quelqu'un de la bande, s'ils sont plusieurs, s'approche et se découvre de lui-même, ce qui ne manque guères d'arriver, ces animaux étant naturellement inquiets, et ne restant jamais long-temps en place. Les vignes voisines des forêts, dans le temps de la maturité des raisins, ne sont pas moins exposées que les grains à la voracité des sangliers, et on peut les y attendre, en se conduisant de la même manière.

Vers la fin de septembre, qui est le temps où le gland commence à mûrir et à tomber, il fait bon les guetter sous les arbres, où ils accourent chercher cette nourriture, dont ils sont fort avides. Ce qu'on doit faire d'abord, c'est d'examiner avec attention l'endroit où ils hantent le plus, ce qui s'apperçoit par leurs traces, et par les chênes mêmes, sous lesquels ils sont venus manger. S'il y en a un dont le fruit soit plus avancé, ils le trouvent et ne manquent pas d'y venir, en attendant que celui des autres mûrisse. C'est là qu'il faut les guetter. Du moment que le chasseur a reconnu ces arbres hantés par les sangliers, il doit bien se garder de marcher en cet endroit, et dans les environs, de peur qu'ils ne rencontrent sa trace ; car, comme ils sortent là de leurs forts bien plutôt que lorsqu'ils vont faire leurs mangeures hors du bois, s'ils s'apperçoivent de quelque nouveauté dans leur chemin, ils entrent en défiance et s'arrêtent. Il faut aussi faire attention que les chênes, aux environs desquels il doit les attendre, soient en place rase, et non entourés de près par le taillis. Le matin, il ira sur les lieux à cheval, et fera tomber quelque peu de gland en deux ou trois endroits, non pas en telle quantité que le sanglier puisse se rassasier, mais seulement assez pour qu'il en trouve plus qu'à l'ordinaire ; et à l'endroit qu'il aura choisi pour s'y poster, il en fera tomber en plus grande quantité, pour les attirer là plutôt qu'ailleurs. Il répétera cette manœuvre deux ou trois jours de suite, avant de venir se mettre à l'affût, afin que les sangliers alléchés ne manquent pas d'accourir sur le lieu, ce qu'ils font, peu après soleil couché. Cet affût est très-bon dans la primeur du gland; mais quand ils s'en sont une fois rassasiés, alors il devient fort incertain, et ils y viennent beaucoup plus tard.

Il est un autre moyen pour tuer ces animaux, fort connu des braconiers riverains des forêts, qui peut réussir en tout temps, mais principalement en hiver, lorsque ne trouvant plus ni gland ni faîne sous les arbres, ils sont réduits à fouiller la terre, pour y chercher des vers et des racines; c'est de les appâter avec quelques poignées de pois gris que l'on sème, pendant plusieurs jours, dans les endroits où l'on s'est apperçu qu'ils hantent. Dès qu'une fois ils sont alléchés, ils ne manquent pas de revenir tous les jours à l'endroit où ils ont trouvé cette bonne fortune; et alors il est aisé de les surprendre, en les guettant sur le lieu.

Pendant une bonne partie de l'année, on peut guetter les sangliers à l'affût aux mares et flaques d'eau qui se trouvent situées dans les bois, où ces animaux, chauds de leur nature, viennent fréquemment se désaltérer et se vautrer dans la fange pour se rafraîchir, ce qu'on appelle *prendre le souil*. C'est sur-tout dans les grandes chaleurs de l'été qu'on peut le faire avec succès, et plus sûrement encore au commencement de l'automne, lorsque le gland est en pleine maturité, et tombe des arbres. Cette nourriture, qu'ils ont alors en abondance, les échauffe beaucoup, ce qui, joint aux approches du rut dont ils commencent à ressentir les premiers aiguillons, leur fait chercher l'eau plus qu'en tout autre temps. Mais pour réussir à cet affût, il faut des attentions particulières, le sanglier étant très-défiant et très-rusé ; car, s'il a une mauvaise vue (1), la nature l'en a dédommagé par une grande finesse d'ouïe et d'odorat ; et il n'est point d'animal à qui elle ait donné plus de sagacité pour éviter les piéges qu'on lui tend.

Lorsqu'on a reconnu une mare où les sangliers viennent prendre le souil si elle est entourée de près par un taillis épais, comme cela se trouve le plus souvent, on commence par pratiquer dans le taillis deux petits sentiers aboutissans à la mare en sens opposé, et l'un vis-à-vis de l'autre, afin de pouvoir entrer par l'un des deux, selon le vent. Ces sentiers doivent être si bien nettoyés et tellement unis, qu'un homme puisse y marcher sans faire plus de

---

(1) M. Valmont de Bomare s'est trompé, lorsqu'il a dit le contraire dans son *Dictionnaire d'Histoire naturelle.*

bruit que s'il marchoit sur un tapis. On laissera passer une nuit, avant de retourner sur
les lieux, et l'on examinera le lendemain, ce
qu'aura fait le sanglier, et s'il est entré dans la
mare, ou non. Si le sentiment qu'il aura eu
des traces de l'homme l'a mis en défiance, il ne
sera point entré dans la mare par le côté accoutumé, et il aura cherché à éventer ce qu'il
lui a paru y avoir de nouveau, en rodant tout
autour. S'il a pris cette précaution, il est à
croire qu'il en usera de même les trois ou quatre
jours suivans, jusqu'à ce que le temps l'ait ras-
suré. Il faut, en ce cas, reconnoître et suivre
attentivement sa trace et le chemin qu'il a
tenu, lorsqu'il a cherché à prendre le vent de
la mare. Si cette mare est environnée d'un taillis épais, il s'en approchera de plus près, parce
qu'il le peut sans se faire appercevoir; et il le
fait avec beaucoup de secret, posant à peine
les pieds à terre, afin que, si le danger qu'il
craint est véritable, il puisse s'en aller sans être
entendu. Lorsque la mare est en lieu découvert, il s'en approche moins, et fait sa reconnoissance de plus loin. Dès qu'une fois on s'est
assuré, par sa trace, du chemin qu'il tient en
faisant cette manœuvre, c'est à portée delà qu'il
faut se poster pour l'attendre. Le mieux est de
monter sur un arbre, s'il s'en trouve quelqu'un
placé à propos, sur-tout si le bois est foufré,
parce qu'ainsi élevé, on découvre mieux autour

de soi ; sinon , on se tapit derrière une sépée,
dans l'endroit qu'on juge le plus convenable.
L'affût doit réussir, si le vent n'a point changé,
et est toujours le même depuis que le sanglier
est venu faire sa reconnoissance. S'il ne vient
pas au poste du chasseur, et va droit à l'eau,
c'est le cas de faire usage des sentiers dont j'ai
parlé , pour tâcher d'en approcher avec le plus
grand secret possible , et le tirer dans l'eau.
L'heure la plus favorable pour cette espèce d'affût est depuis midi jusqu'à soleil couchant.

CHAPITRE II.

Du Chevreuil.

LE chevreuil est un animal fort joli, qui a de
la ressemblance avec le cerf, quoique beaucoup
plus petit. Il n'a point du tout de queue. Son
bois, proportionné à sa taille, est d'une forme
différente , et de sept à huit pouces seulement
de hauteur, avec quatre ou cinq andouillers
au plus, ce qui arrive à sa quatrième année,
temps ou il ne croît plus , et est dans sa perfection. Comme le cerf, le chevreuil met bas
sa tête , mais non dans la même saison ; elle
tombe au mois de novembre, et se refait pendant l'hiver, au lieu que le cerf la met bas au
printemps, et la refait en été. On appelle le

mâle *brocart*, et la femelle *chevrette*. Il y a
des chevreuils de deux pelages; les uns sont
bruns, les autres roux. Le rut de ces animaux
commence à la fin d'octobre, et ne dure que
quinze jours. La chevrette produit ordinairement deux faons, l'un mâle, et l'autre femelle,
quelquefois un seul, et très-rarement trois. Elle
porte cinq mois et demi, et met bas en avril ou
au commencement de mai. Au printemps, ces
animaux vont dans les jeunes tailles de trois ou
quatre ans, y manger les boutons et feuilles
naissantes : cette nourriture les enivre au point
que, dans cette saison, qu'on appelle le temps
du *broût*, on les voit en plein jour courir de
côté et d'autre dans les routes, et qu'ils sortent à la campagne, où on les rencontre souvent dans les petits bois isolés.

On peut chasser le chevreuil, pour le tirer,
avec trois ou quatre chiens courans. Tout le
monde sait que cet animal est d'une extrême
légèreté, et qu'il franchit ordinairement les
routes de plein saut, sans y poser le pied, ce
qui le rend très-difficile à tirer; c'est pourquoi
il vaut mieux l'attendre sous le bois, lorsqu'il
est un peu clair, que dans les chemins, parce
qu'il s'y amuse, et s'arrête même quelquefois
pour écouter, lorsqu'il a beaucoup d'avance sur
les chiens. On routaille le chevreuil de même
que le sanglier, c'est-à-dire, qu'on le chasse
avec un seul limier à la botte. Pendant les

grandes chaleurs de l'été, on peut aussi le guetter dans les forêts aux mares et ruisseaux, où il vient boire et se rafraîchir ; mais il ne se vautre pas dans la fange, comme le sanglier, étant un animal très-propre. Les jeunes chevreuils ont un petit cri plaintif, *mi mi*, pour appeller leur mere, lorsqu'ils ont besoin de nourriture : on a des appeaux imitans parfaitement ce cri, auquel la mère ne manque pas d'accourir, ensorte qu'elle vient se présenter sous le fusil du chasseur. Cette chasse ou braconage, si l'on veut, est fort en usage parmi les ouvriers des forêts, dans quelques provinces, et particulièrement en Bourgogne, où il y a beaucoup de chevreuils.

CHAPITRE III.

Du Chamois, du Bouquetin, et du Mouflon.

I.

Du Chamois.

LE chamois est de la taille d'une chèvre domestique, avec laquelle il a beaucoup de ressemblance. Son poil est de couleur fauve, et partagé par une raie noire qui règne le long de son dos, depuis le derrière de la tête jusqu'à la queue : mais cette couleur fauve s'é-

claircit

claircit au printemps et en été, et est beaucoup
plus foncée en automne et en hiver. Mâle et
femelle ont sur la tête deux cornes noires assez
menues, de six à huit pouces, couchées en arrière, et recourbées, à leur extrémité, en forme
d'hameçon; seulement, elles sont plus petites
chez la femelle. Ces animaux ont l'ouie et l'odorat d'une grande finesse, et la vue très-perçante.
Joignez à cela qu'il n'est point d'animal plus défiant et plus précautionné pour éviter la surprise. Ils habitent les montagnes les plus escarpées, principalement celles qui ne sont point
dominées par les troupeaux : ils fréquentent
aussi les bois; mais ce sont les forêts les plus
élevées, et de la dernière région, plantées de
sapins, de hêtres et de mélèzes, et sur-tout
celles qui sont semées de rochers et de précipices. Ils craignent beaucoup la chaleur, et
pendant l'été on ne les trouve jamais que dans
les antres des rochers, à l'ombre, et souvent
parmi des tas de neige congelée, ou dans les
forêts les plus hautes, exposées au nord. Ils vont
ordinairement par bandes de six, huit, dix,
vingt et quelquefois davantage; et chaque bande
a son chef, qu'en Suisse les chasseurs appellent
worgeiss, qui veut dire chamois précurseur,
ou qui va devant. Ce chef se tient sur un lieu
élevé, pendant que les autres paissent. Là, il
écoute, les oreilles dressées, et tourne les yeux
de côté et d'autre, attentif à tout ce qui se passe

P

autour de lui ; et au moindre bruit qui frappe son oreille , ou s'il apperçoit quelque chose d'extraordinaire, il avertit la troupe par un certain sifflement aigu et prolongé qui se fait entendre de très-loin, et à ce signal, tous se mettent à fuir. Indépendamment de cette police, chaque chamois est toujours alerte et sur ses gardes, et ne mange point sans lever la tête à chaque instant, à moins que la troupe ne paisse sur quelque hauteur inaccessible , ou pendant la nuit.

Rien n'égale la vîtesse et la légèreté du chamois, et sa course est d'autant plus rapide qu'il parcourt un terrein plus escarpé. Souvent, pour passer d'un rocher à l'autre, on le voit franchir sans effort des intervalles de quinze à dix-huit pieds, se soutenir en courant sur le flanc d'une roche presque perpendiculaire ; et d'autres fois, se jetter du haut en bas d'un rocher , et s'arrêter à vingt ou vingt-cinq pieds au-dessous, sur quelque petite avance, où à peine y a-t-il de quoi poser ses pieds. Il a l'air étourdi, et sans précaution, et cependant ne se précipite jamais que lorsqu'il est blessé, poussé par les chasseurs, ou surpris par les lavanges (1). Cela peut arriver encore par un accident auquel on prétend que ces animaux sont sujets ; c'est lorsque voulant

____

(1) Les lavanges ou avalanches sont des masses énormes de neige qui se détachent du haut des montagnes, et se grossissant dans leur chute , entraînent tout ce qui se rencontre devant elles.

se gratter entre les cuisses avec leurs cornes, elles viennent à s'y empêtrer tellement à raison de leur courbure, qu'ils ne peuvent les dégager.

Le rut des chamois est en octobre et novembre, et les femelles mettent bas en mars et avril. Elles ne font d'ordinaire qu'un faon, et rarement deux par portée. Le petit suit sa mere jusqu'au mois d'octobre, quelquefois plus long-temps, si les chasseurs ou les loups ne les dispersent pas. Les jeunes chamois ont à craindre les attaques des vautours et des aigles : lorsqu'ils sont très-petits, ils les enlèvent dans leurs serres, et lorsqu'ils sont plus forts, ils les poursuivent et les battent de leurs ailes pour les faire précipiter. Les mères les défendent souvent contre ces oiseaux, et sont attentives à ne point les conduire dans des endroits périlleux, jusqu'à ce qu'ils soient assez forts pour gravir et descendre les rochers.

L'hiver, les chamois se retirent sous des rochers saillans, situés vers le milieu des montagnes, où ils sont à l'abri des lavanges; ils y vivent de racines d'herbes, de jeunes pousses de sapin, et de quelques herbes vertes qu'ils découvrent sous la neige. Ils se couchent à l'abri de quelque quartier de roche, et quelquefois sur la neige même.

Il se trouve beaucoup de chamois dans les montagnes du Dauphiné, principalement dans celles du *Valgaudemar*, de *Malines*, du *Champ-*

saur et de l'*Oisans*. Il y en a aussi, mais en plus petit nombre, dans le *Trièves*, le *Diois*, à la *Gresse*, au *Villar de Lans*, à *Allevard*, à *Prémol*, et, en général, sur toutes les hautes montagnes de cette province. On en voit pareillement dans quelques-unes des provinces de France que bornent les Pyrénées ; savoir, le Roussillon, le pays de Foix, le Comminges, et le Couserans.

La chasse du chamois est très-pénible, et en même temps très-dangereuse, et elle ne peut guères être pratiquée que par les montagnards nés sur les lieux, et accoutumés, dès l'enfance, à gravir les rochers, et à marcher d'un pas ferme sur le bord des précipices ; encore sont-ils souvent dans le cas de recourir à des expédiens, pour se garantir des chutes et glissades périlleuses auxquelles ils sont exposés. Par exemple, dans les montagnes où il se rencontre des amas de glace et de neige endurcis, qu'ils sont obligés de franchir, ils adaptent sous la semelle de leurs souliers, avec une courroie, un instrument de fer, ou espèce de patin, composé de quatre grapins, dont on voit la figure dans l'*Itinera Alpina* de Scheuchzer (1) (*tom. I*). Dans certaines roches calcaires, où ils ne peuvent marcher avec des semelles

---

(1) *Joan. Jac. Scheuchzeri Itinera per Helvetiæ Alpinas regiones ab an.* 1703, *ad ann.* 1711, etc. *Lugd. Bat.* 1723, 4 tom. en 2 vol. *in-4°*.

de cuir, ils se servent de semelles de gros drap.
Enfin, tel de ces chasseurs, ayant à passer sur
le penchant d'un rocher presque à pic, s'est
vu obligé de se déchausser, et de scarifier avec
son couteau la plante de ses pieds, afin que le
sang venant à couler, formât une espèce de
glu, qui l'empêchât de glisser et de se précipiter.

La nature du terrein qu'habitent les chamois
ne permet guères de les chasser de la même
manière que les autres bêtes fauves, si ce n'est
dans certains bois qui se trouvent sur des pentes
peu escarpées, où il s'en rencontre quelquefois, et où les chiens peuvent les suivre pendant quelque temps. Mais, lorsque le chamois
a été mis debout, il ne faut pas s'attendre à
le voir revenir au lancé, après une randonnée,
comme font la plupart des autres bêtes ; il perce
toujours, s'en va à deux ou trois lieues sans
se détourner, et finit par gagner les rochers,
où les chiens sont forcés de l'abandonner.

Voici comme on s'y prend ordinairement pour
tuer les chamois : plusieurs chasseurs vont ensemble à la montagne, de très-grand matin ;
ils connoissent les endroits où hantent ces animaux. Le plus souvent, ils n'ont pas de chiens,
qui, en général, sont peu utiles, et souvent
nuisibles pour cette chasse, parce qu'ils les dispersent et les éloignent trop promptement.
Lorsqu'ils sont arrivés sur les lieux où doit se

faire la chasse, ils se partagent. Les plus dis-
pos escaladent les roches escarpées qui servent
de retraite aux chamois pendant le jour, tandis
que les autres vont les attendre à certains passages connus, où les précipices et les cordons
de rochers doivent les ramener. Dès que les
batteurs qui font un grand bruit de cris et de
huées, ont fait lever une bande de chamois,
ils donnent le signal à leurs compagnons, en
leur criant de se tenir sur leurs gardes.

Il arrive quelquefois, dans ces battues, qu'un
chasseur se trouve serré contre un pan de
rocher fort escarpé, n'ayant sous ses pieds
qu'une corniche de quelques pouces, et que
l'animal poursuivi n'a d'autre voie pour échapper que ce petit sentier. Alors, s'il ne le tue
pas venant à lui, le seul parti qu'il ait à prendre
est de se coller exactement contre le rocher;
car, si le chamois qui craint, en passant devant
le chasseur, de se précipiter, apperçoit le
moindre jour par derrière, il s'élancera pour y
passer, et le chasseur sera lui même précipité:
s'il n'en voit point, il retournera sur ses pas,
ou quelquefois se résoudra à passer par devant,
auquel cas il se précipitera de lui-même, ou
poussé par le chasseur d'un coup de crosse de
fusil.

On peut aussi tuer les chamois à l'affût, en
les guettant le soir et le matin dans les endroits
où ils viennent paître : mais la chasse la plus

usitée dans les montagnes du Dauphiné, consiste, lorsqu'on en découvre quelque bande de
loin, pendant le jour, à tâcher d'en approcher
à bon vent, et de les surprendre, en se glissant adroitement de rocher en rocher, et pro-
fitant de tous les avantages du lieu pour se
couvrir le mieux qu'il est possible, jusqu'à ce
qu'arrivé à portée de tirer, en ôtant son chapeau, et quelquefois couché derrière quelque
grosse pierre, on puisse faire son coup; ce qui
n'a lieu ordinairement qu'à une grande portée;
c'est pourquoi la plupart des chasseurs de chamois se servent de carabines rayées, qui ont
plus de justesse que les fusils de chasse ordinaires, et tirent a balle seule.

Pour donner une idée plus juste des fatigues
et des dangers qui accompagnent la chasse du
chamois, je ne puis mieux faire que de copier
ici la peinture intéressante qu'en a fait M. de
Saussure en décrivant les mœurs des habitans
de la vallée de Chamouny en Savoye (1). « Le
« chasseur de chamois part ordinairement dans
« la nuit, pour se trouver à la pointe du jour
« dans les pâturages les plus élevés, où le cha-
« mois vient paître, avant que les troupeaux
« y arrivent. Dès qu'il peut découvrir les lieux
« où il espère les trouver, il en fait la revue
« avec sa lunette d'approche. S'il n'en voit pas,

______

(1) *Voyages dans les Alpes*, tom. II, pp. 148-152. (Edit. in-4º.)

« il s'avance et s'élève toujours davantage ; mais,
« s'il en voit, il tâche de s'élever au-dessus d'eux,
« et de les approcher, en longeant quelque ra-
« vine, ou en se coulant derrière quelque ro-
« cher. Arrivé à portée de pouvoir les tirer,
« il appuye son fusil sur un rocher, ajuste son
« coup avec bien du sang-froid, et rarement le
« manque. Ce fusil est une carabine rayée......
« S'il a tué le chamois, il court à sa proie,
« s'en assure en lui coupant les jarrets ; puis il
« considère le chemin qui lui reste à faire pour
« regagner son village. Si la route est très-
« difficile, il écorche le chamois, et n'en prend
« que la peau : mais, pour peu que le chemin
« soit praticable, il charge sa proie sur ses
« épaules, et la porte chez lui souvent à tra-
« vers des précipices et à de grandes distances;
« il se nourrit avec sa famille de la chair, qui
« est très-bonne quand l'animal est jeune, et
« fait sécher la peau pour la vendre.

« Mais si, comme c'est le cas le plus fré-
« quent, le vigilant animal apperçoit venir le
« chasseur, il s'enfuit avec la plus grande vî-
« tesse dans les glacières, sur les neiges, et sur
« les roches les plus escarpées...... C'est là
« que commencent les fatigues du chasseur;
« car, alors, emporté par sa passion, il ne con-
« noît plus de danger; il passe sur les neiges,
« sans se soucier des abîmes qu'elles peuvent
« cacher. Il s'engage dans les routes les plus

« périlleuses, monte, s'élance de roche en
« roche, sans savoir comment il en pourra re-
« venir. Souvent, la nuit l'arrête au milieu de
« sa poursuite ; mais il n'y renonce pas pour
« cela ; il se flatte que la même cause ar-
« rêtera les chamois, et qu'il pourra les joindre
« le lendemain : il passe donc la nuit, non pas
« au pied d'un arbre, comme le chasseur de la
« plaine, ni dans un antre tapissé de verdure,
« mais au pied d'un roc, souvent même sur
« des débris entassés, où il n'y a pas la moindre
« espèce d'abri. Là, seul, sans feu, sans lu-
« mière, il tire de son sac un peu de fromage,
« et un morceau de pain d'avoine, qui fait sa
« nourriture ordinaire, pain si sec, qu'il est
« obligé de le casser entre deux pierres, ou
« avec la hache qu'il porte avec lui pour tail-
« ler des escaliers dans la glace. Il fait triste-
« ment son frugal repas, met une pierre sous
« sa tête et s'endort en songeant à la route
« qu'auront prise les chamois. Mais, bientôt,
« eveillé par la fraîcheur du matin, il se lève
« transi de froid, mesure des yeux les préci-
« pices qu'il faudra franchir pour atteindre les
« chamois, boit un peu d'eau-de-vie, dont il
« porte toujours une petite provision avec lui,
« et s'en va courir de nouveaux hasards. Ces
« chasseurs restent souvent ainsi plusieurs jours
« dans ces solitudes, etc. »

Quelque penible, quelque dangereuse que

soit la chasse du chamois, où il n'est que trop
fréquent de voir des hommes perdre la vie en
roulant au fond des précipices, il est incroyable
à quel point la passion pour cette chasse domine ceux qui s'y sont une fois adonnés. On en
jugera par le trait suivant : « J'ai connu (ajoute
« M. de Saussure) un jeune homme de la pa-
« roisse de Sixt, bien fait, d'une jolie figure,
« qui venoit d'épouser un femme charmante.
« Il me disoit à moi-même : *Mon grand-père*
« *est mort à la chasse, mon père y est mort;*
« *et je suis si persuadé que j'y mourrai, que ce*
« *sac que vous me voyez, monsieur, et que je*
« *porte à la chasse, je l'appelle mon drap*
« *mortuaire, parce que je suis sûr que je n'en*
« *aurai jamais d'autre. Et pourtant, si vous*
« *m'offriez de me faire ma fortune, à condi-*
« *tion de renoncer à la chasse du chamois, je*
« *n'y renoncerois pas.* » Le pressentiment de ce
jeune homme se vérifia ; car, deux ans après,
M. de Saussure apprit que, le pied lui ayant
manqué au bord d'un précipice, il avoit subi
la destinée à laquelle il s'étoit si bien attendu.

Ce savant naturaliste observe encore que « la
« plupart de ceux qui vieillissent dans ce métier
« portent sur leur physionomie l'empreinte de
« la vie qu'ils ont menée : un air sauvage,
« quelque chose de hagard et de farouche les
« fait reconnoître dans une foule, lors même
« qu'ils ne sont point dans leur costume. »

Cette passion violente , cette espèce de fureur pour la chasse du chamois est d'autant plus surprenante , que la cupidité y a peu de part, puisque le plus beau chamois ne vaut jamais plus de douze livres à celui qui le tue, même en y comprenant la valeur de sa chair. D'un autre côté, ces animaux sont devenus si peu communs , par la guerre continuelle qu'on leur fait, que les chasses sont très-souvent infructueuses.

La saison la plus favorable pour la chasse de ces animaux est depuis la notre-dame d'août jusques vers la toussaints. Leur peau et leur chair sont meilleures alors qu'en tout autre temps de l'année. Au surplus, la chair du chamois n'est ni fort bonne ni saine, s'il en faut croire Gaston-Phébus, comte de Foix (*Desduitz de la chasse*). « Leur chair (dit-il) n'est pas « trop saine ; car elle engendre fièvres pour la « grande chaleur qu'ils ont : toutesfois, quand « ils sont en saison, leur venaison est bonne sa- « lée à gens qui n'ont pas chair fraîche , ni « d'autre meilleure, quand ils veulent. »

Scheuchzer (*Itin. Alp.*) rapporte qu'il y a, dans le canton de Glaris en Suisse , un district de montagnes appellé *Freyberg*, où la chasse du chamois est interdite ; mais il y a douze chasseurs jurés et sermentés , qui à chaque mariage , tuent deux chamois pour le repas de noces des nouveaux mariés. Ces chasseurs ont les peaux pour eux, et ne doivent en tuer que deux seulement dans chacune de ces chasses. Ces montagnes de Freyberg sont entourées, presque de tous côtés, par deux rivières, ce qui en rend la garde plus facile, et les a fait choisir de préférence pour en faire un canton de réserve.

Le chamois, pris jeune, s'apprivoise assez facilement. Lorsqu'on les rencontre encore trop foibles pour suivre la mère, il est aisé de les prendre ; et voici, suivant le même Scheuch-zer, un stratagême usité dans les montagnes de la Suisse, par lequel ou réussit à s'en emparer, lorsqu'ils sont plus forts. Dès qu'un chasseur a tué la mère, il se couche à terre, et dresse, à côté de lui, l'animal sur ses pieds, du mieux qu'il lui est possible. Le petit chamois s'approche alors de sa mère pour la tetter, et en ce moment, il le saisit. Quelquefois même, sans cela, il le suit de son gré, voyant sa mère chargée sur ses épaules. Arrivé à la maison, il nourrit ce petit animal de lait de chèvre ; et il devient tellement privé, qu'il accompagne le troupeau de chèvres dans la montagne, et revient avec elles à la maison. Il arrive néanmoins quelquefois, que la fantaisie lui prend de quitter le troupeau, et de gagner le plus haut des montagnes, pour y reprendre la vie sauvage.

I I.

Du Bouquetin.

Le bouquetin ressemble beaucoup au chamois; c'est le même pelage et la même conformation, si ce n'est qu'il est beaucoup plus grand, qu'il a une barbe comme le bouc, et des cornes renversées en arrière, d'un volume et d'une dimension bien plus considérables, puisqu'elles pèsent jusqu'à dix-huit livres les deux. On en voit au cabinet du Roi, qui ont deux pieds neuf pouces de long, et neuf pouces de circonférence à leur base. Gaston-Phébus paroît avoir mis de l'exagération dans la description qu'il nous donne de cet animal, qu'il dit aussi grand qu'un cerf, mais plus bas sur jambes, et dont les cornes (ajoute-t-il) sont *grosses comme la tête d'un homme, et quelquefois comme la cuisse.* Ils sont, suivant le même auteur, dangereux à rencontrer dans le temps de leur rut, qui comme celui des chamois, commence vers la toussaints, et dure un; mois. Alors, ils courent sus aux passans, non à coups de cornes, qu'ils ont trop renversées sur le dos pour pouvoir nuire, mais à coups de tête, comme les béliers; et ils heurtent si rudement, qu'ils cassent la cuisse ou la jambe d'un homme, ce que Gaston-Phébus dit avoir vu. La femelle est beaucoup moins grande que le mâle, et

ses cornes sont aussi beaucoup plus petites.
Du reste, les habitudes du bouquetin sont absolument les mêmes que celles du chamois;
mais, en général, il s'élève davantage, et
cherche toujours la région la plus haute, et les
sommets des roches les plus inaccessibles. On le
chasse de la même manière. Il y a des bouquetins dans les Alpes de la Suisse; il y en a dans
les Pyrénées; mais il ne paroît pas qu'il s'en
trouve dans les montagnes du Dauphiné.

L'auteur d'une histoire naturelle de la Sardaigne (1) publiée depuis peu d'années, fait
mention de chèvres sauvages dont est peuplée
une petite isle appellée *Tavolara*, voisine de la
côte de Sardaigne : ces chèvres ne sont ni chamois ni bouquetins, mais de vraies chèvres
domestiques, qui y ont formé une colonie in-
dépendante, et sont devenues sauvages. Elles
ne diffèrent des autres que par leur taille qui
est beaucoup plus grande. Ces chèvres sont
maîtresses absolues de l'isle, où il n'y a aucunes
habitations, et point d'autres animaux qui en
partagent la pâture avec elles. De temps en
temps, elles sont visitées par des bandes de
chasseurs, qui ne pouvant les joindre dans les
roches escarpées qu'elles habitent, les attendent, le matin et le soir, quand elles descen-

____

(1) *Quadrupedi, Uccelli, Amfibi e Pesci di Sardegna, dall' abbate
Francesco Cetti.* Sassari, 1776, e an. segg. 3 vol. *in-8.*

dent aux ruisseaux , et leur coupent le retour.
Dans une de ces expéditions, il en fut tué une
fois 500.

I I I.

Du Mouflon.

Le mouflon, animal dont l'espèce est peu répandue, et qui ne se trouve qu'en certaines parties montagneuses de l'Espagne , en Corse ,
en Sardaigne , et dans quelques isles de l'Archipel , ressemble, à beaucoup d'égards , au
mouton ; et M. le comte de Buffon le regarde
comme la tige originaire de nos moutons domestiques. Il en a les jambes , mais non la laine ,
quoique son poil cache, vers sa racine , une
espèce de laine courte ; et sa queue n'est que
de trois pouces. Il a une barbe de chèvre ,
des cornes creuses et en spirale , à-peu-près
comme le bélier. Il pèse communément quarante à cinquante livres , vuidé et sans tête , dit
l'auteur de l'histoire naturelle de la Sardaigne.

Le mouflon se tient sur les plus hautes pointes
des montagnes, d'où il ne descend dans les parties moins élevées , que lorsque l'abondance
des neiges le force d'y venir chercher sa nourriture. Il est, pour le moins , aussi sauvage et
aussi défiant que le chamois ; on le chasse de
même , et rarement y emploie-t-on des chiens.
En Corse et en Sardaigne , on a donné à cet

animal le nom de *mufoli*. Il ne se trouve pas, à beaucoup près, sur toutes les hautes montagnes de ces isles ; et il paroît qu'il n'y est pas commun, puisqu'en Sardaigne, suivant l'histoire naturelle déjà citée, il ne s'en tue, au plus, qu'une centaine par an.

CHAPITRE IV.

Du Lièvre.

DE tous les animaux que l'on force avec les chiens courans, le lièvre est celui qui se défend le mieux, et qui ruse davantage ; ce qui fait que la chasse de ce petit animal, en même temps qu'elle est moins dispendieuse, pouvant se faire à pied, et avec peu de chiens, est plus intéressante et plus agréable que toute autre. Sans parler de ses ruses les plus ordinaires, telles que de se relaisser sur le haut d'une souche d'arbre peu élevée de terre, ou sur quelque vieux mur d'une masure, on a vu un lièvre, après avoir fait plusieurs retours sur lui-même, se flâtrer, laisser passer les chiens et les chevaux, et reprendre le contre-pied, en ne courant que sur des voies surmarchées par eux ; un autre, après avoir beaucoup rusé dans des marais bordés par une rivière, se mettre à l'eau, se laisser entraîner au fil de la rivière, jusqu'à la distance de cinq cents pas, et delà se jetter sur un petit islot ; un autre enfin se relaisser au beau milieu d'une grande flaque d'eau, le bout du museau seulement hors de l'eau, pour respirer.

Le lièvre vit sept à huit ans, suivant les naturalistes : sa croissance se fait en un an. Il engendre dès sa première année, et en toute saison, et n'a point de temps marqué pour s'accoupler avec sa femelle. Cependant, c'est depuis décembre jusqu'en mars qu'il la recherche davantage, et qu'il naît le plus de levrauts. La hase, ou femelle, porte 30 ou 31 jours (1). Elle produit un, deux, trois, et jusqu'à quatre petits, qu'elle met bas au pied d'une touffe d'herbe, de bruyère, ou d'un petit buisson, sans autre apprêt. Lorsqu'il y a plusieurs levrauts, ils sont marqués d'une étoile au front, et lorsqu'il n'y en a qu'un, on prétend qu'il ne porte point cette marque.

Plusieurs auteurs ont écrit que les lièvres, ou du moins la plupart, étoient hermaphrodites. On est étonné, entre autres, de trouver dans un livre de vénérie moderne (2), *que le lièvre mâle engendre aussi dans son propre*

---

(1) Et non *huit ou neuf semaines*, comme on le lit dans le *Traité de Vénerie*, de M. Goury de Cham.grand, Paris, 1769, *in-4°*.

(2) *Nouveau Traité de Vénerie* (par Clément de Chappeville); Paris, 1742, *in-8°*.

Q

corps , mais ne porte jamais qu'un levraut. Ce qui a donné lieu à cette erreur , c'est la conformation des parties génitales du mâle , dont les testicules ne paroissent point au dehors, surtout dans sa jeunesse , et se trouvent renfermés dans la même enveloppe que les intestins ; que, d'ailleurs , à côté de la verge , qui est très-peu apparente , est une fente oblongue et profonde, dont l'orifice ressemble beaucoup à celui de la vulve chez la femelle. Cette conformation équivoque fait qu'il est difficile de reconnoître le sexe des lièvres par l'inspection des parties génitales ; aussi les chasseurs ne s'y attachent guères pour distinguer le mâle de la femelle ; il y a d'autres différences qui les distinguent , bien plus aisées à saisir. Le mâle a la tête plus courte et plus arrondie , le poil des barbes plus long, les épaules plus roussâtres , les oreilles plus courtes et plus larges que la femelle, qui a la tête étroite et alongée , les oreilles longues et affilées , le poil du dos d'un gris tirant sur le noir, et est d'ailleurs plus grosse que le mâle.

Le lièvre mâle , ou bouquin , lorsqu'il est chassé par des chiens courans , perce en avant, va fort loin , et fait de grandes randonnées ; une hase s'écarte moins , se fait battre autour du canton qu'elle habite , et revient plus souvent sur ses pas.

Lorsqu'on découvre un lièvre au gîte , en prenant garde à la manière dont ses oreilles sont couchées, on peut connoître si c'est bouquin ou hase. Si c'est un bouquin, elles sont serrées sur ses épaules, l'une contre l'autre ; si c'est une hase, elles sont ouvertes et élargies des deux côtés du cou et des épaules.

On distingue deux sortes de lièvres, ceux de bois, et ceux de plaine. Les lièvres de bois sont, en général, beaucoup plus gros que les lièvres de plaine ; leur poil est d'une couleur plus foncée, il est aussi plus garni. Ils sont plus vîtes à la course, et leur chair est de meilleur goût. On peut encore distinguer parmi les lièvres de plaine, ceux qui habitent les marais. Ceux-ci sont moins vîtes que les autres, moins garnis de poil, et leur chair est moins bonne.

Pour distinguer un jeune lièvre qui a pris toute sa croissance d'avec un vieux, on tâte avec l'ongle du pouce la jointure du genou d'une patte de devant. Lorsque les têtes des deux os qui forment l'articulation sont tellement contiguës que l'on ne sent point d'intervalle entre deux, le lièvre est vieux : lorsqu'au contraire il y a une séparation sensible entre les deux os, il est jeune, et l'est d'autant plus que les deux os sont plus séparés.

On chasse le lièvre en battant les plaines pour le tirer à la partie, ou on le tire devant les chiens courans. La première de ces chasses est si connue, qu'elle ne demande aucun détail : la seconde, qui ne l'est pas moins, peut se faire avec deux bassets seulement ; et pour la bien faire , il faut deux chasseurs , dont l'un suit les chiens pour les appuyer. Celui qui ne veut pas se fatiguer peut rester en place , en attendant que le lièvre ait fait sa randonnée , après quoi il ne manque jamais de revenir à-peu-près à l'endroit où il a été lancé. En prêtant l'oreille à la voix des chiens , lorsqu'il le sent approcher, il gagne les devants, et le tire au passage. S'il le manque , et que les chiens chassent bien, et ne quittent pas prise , il a encore l'espérance de le tirer au même endroit , ou à peu de distance , après une seconde randonnée ; car tous les animaux, en général , lorsqu'ils sont chassés, et plus particulièrement le lièvre , sur-tout si c'est une hase , reviennent plusieurs fois au lancé.

Sur la fin d'avril et en mai , lorsqu'on ne peut plus battre les plaines, tant pour ne pas dévaster les blés qui sont alors en tuyau , que pour ne pas nuire à la ponte des perdrix , on peut tirer les lièvres à *la raie* dans les blés verds , où ils sont alors debout et occupés à paître pendant la meilleure partie du jour ; on appelle ainsi cette sorte de chasse, qui est assez agréable, et n'est point fatigante. C'est depuis soleil levant jusqu'à huit ou neuf heures de la matinée , et le soir , deux heures avant soleil couché , qu'elle doit se faire. Pour cela , il est bon que deux chasseurs se réunissent : l'un longe

une pièce de blé par un bout , et l'autre par
l'extrémité opposée , tous deux allant toujours
du même pas , fort doucement , et regardant
attentivement, chacun de son côté, le long des
raies ou sillons. Celui qui découvre un lièvre,
cherche à l'approcher pour le tirer : si le lièvre,
soit qu'il ait eu son vent, soit qu'il l'ait apperçu,
prend la fuite , et file du côté de son camarade,
et que la pièce de blé soit trop étendue pour
que celui-ci puisse observer sa marche, alors
il lui fait un signal convenu, tel que de lever
son chapeau en l'air, de la main, ou sur le bout
de son fusil , pour qu'il se tienne sur ses gardes. Ordinairement lorsqu'un lièvre n'est point
tiré , ni poursuivi, et qu'il a seulement apperçu
ou éventé l'un des deux chasseurs , il suit une
raie sans chercher à traverser, et vient passer
à celui qui est à bon vent.

Il est assez ordinaire d'appercevoir un lièvre
gîté , pour peu qu'on ait l'habitude , en marchant, de regarder avec attention autour de soi,
lorsque l'on passe à peu de distance de son gîte :
cependant , il y a bien des chasseurs qui, avec
de très-bons yeux , ne les apperçoivent presque
jamais. Mais ce qui est moins ordinaire , c'est
le talent qu'ont beaucoup de braconiers, et très-
peu de chasseurs , de découvrir ces animaux à
la distance de sept à huit cents pas et davantage.
Les jours clairs et sereins d'une belle gelée
d'hiver sont le temps propre pour cette chasse;

l'heure est depuis que le soleil commence à pa-roître jusqu'à deux heures après son lever. Alors, en se promenant le long d'une vaste plaine de blé , la face tournée au soleil , on peut découvrir un lièvre gîté à la distance que je viens de dire, au moyen d'une vapeur produite par la chaleur de son corps , qui s'élève et forme un petit nuage au-dessus du gîte. Plus le lièvre a couru , et s'est échauffé , avant de se gîter , plus cette vapeur se fait remarquer. On ne l'appercevroit point, si l'on avoit le soleil au dos.

Aucun chasseur n'ignore que lorsqu'on voit un lièvre au gîte, il faut bien se garder, si l'on ne veut pas le faire lever , d'aller droit à lui, mais qu'on doit s'en approcher en le tournant, et le coucher en joue sans s'arrêter.

L'affût , pour ceux qu'il n'ennuie point, est un moyen commode pour tuer des lièvres sans se fatiguer. L'affût varie et se pratique de dif-férentes manières suivant les lieux et les saisons. Lorsqu'on est à portée d'une forêt, ou d'un bois de quelque étendue, il fait bon se poster sur les bords, immédiatement après soleil couché, et y rester jusqu'à nuit tombante, pour y atten-dre les lièvres, qui sortent du bois à cette heure, pour aller faire leur nuit dans les champs. Le matin depuis la pointe du jour jusqu'à soleil levant , on peut de même les attendre à leur rentrée dans le bois, et toujours à bon vent; ce qui est essentiel , à moins qu'on ne soit monté

sur un arbre : alors, quoique le chasseur soit
à mauvais vent, lorsqu'il se trouve élevé à quelques pieds de terre, les émanations de son corps
passent au-dessus de l'animal qui vient à lui,
et ne frappent point son odorat. Il faut toujours
se poster, de préférence, à portée de quelque
chemin ou sentier traversant le bois, et pour
le mieux aux endroits où plusieurs chemins
viennent aboutir, attendu que les lièvres ont
coutume de suivre les chemins. S'il arrive qu'on
en voie quelqu'un sortir ou rentrer à une distance trop éloignée pour le tirer, on doit, le
lendemain, se poster à portée de la route qu'il
a tenue; car il est rare qu'un lièvre s'écarte de
celle qu'il a une fois adoptée pour sortir et pour
rentrer.

Pour mieux réussir à cette espèce d'affût, et
connoître plus sûrement les passages des lièvres,
on peut, le soir, à la nuit tombée, longer le
bord du bois avec un chien de plaine qu'on tient
au trait comme un limier, afin qu'il ne s'emporte pas sur les voies. Lorsqu'il rencontre celle
d'un lièvre sortant du bois, on la lui laisse suivre quelques pas pour mieux s'en assurer, et
le lendemain matin, on vient l'attendre sur son
passage à la rentrée.

Dans les plaines, vers le mois de mai, lorsque
les blés commencent à être grands, on choisit une pièce de blé isolée, et l'on se tapit sur le
bord, au pied d'un arbre, ou d'une haie, pour

y attendre les lièvres le soir, lorsqu'ils viennent y chercher leur nourriture. Dans le fort de l'été, les blés plus grands leur servent de retraite, pendant le jour, et ils en sortent, après soleil couché, pour aller aux avoines, orges, pois, etc. qui sont plus tendres, et dont ils se nourrissent. C'est donc à l'abord des menus grains qu'il faut alors les guetter, principalement des avoines et pois, dont ils sont très-friands.

Les lièvres, pendant la nuit, sont presque toujours en mouvement, courant, gambadant et se jouant ensemble. Ils courent encore davantage, lorsqu'il se rencontre dans le canton quelque hase en chaleur. On peut, par un beau clair de lune, se poster à l'affût dans un carrefour où plusieurs chemins se croisent ; et avec de la patience, même dans les pays les moins giboyeux, ils est rare qu'il ne s'en présente pas quelqu'un à tirer. Souvent même, au lieu d'un lièvre, un loup, un renard, viennent se mettre au bout du fusil.

En général l'affût du soir et du matin n'est guères praticable que depuis la mi-avril jusques vers la fin de septembre ; attendu que tant que les jours sont courts, et les nuits longues, les lièvres ne se lèvent du gîte qu'à nuit fermée, et y reviennent avant le jour. D'ailleurs, c'est une chose désagréable et nuisible à la santé, que de rester en place, pour attendre le gibier, exposé à la rigueur du froid. L'affût au clair de lune peut être bon en tout temps , mais le métier est encore plus rude, et il n'y a que des braconiers de profession, endurcis au froid et à toutes les injures de l'air, qui , dans des nuits d'hiver, puissent rester immobiles au pied d'un arbre pendant deux ou trois heures.

Un lièvre que rien n'a effrayé, et qui va sans défiance , court modérément par sauts et par bonds; son allure est une espèce de petit galop, qu'il ne manque guères d'interrompre de temps en temps pour s'arrêter. Si, étant à l'affût, on l'apperçoit venir de loin , et que, pour être plus sûr de son coup, on veuille le tirer arrêté , il faut le tenir en joue , avant qu'il soit à portée , et lorsqu'il s'y trouve , faire avec la bouche ce petit bruit qui se fait en pinçant les lèvres , et retirant son haleine. Il s'arrête aussitôt pour voir d'où vient le bruit , et donne le temps de le tirer ; c'est ce que les braconiers appellent *piper* un lièvre.

CHAPITRE V.

Du Lapin.

Tout le monde connoît la prodigieuse fécondité des lapins , sur-tout des lapins domestiques, parmi lesquels les femelles donnent des petits presque tous les mois. Parmi ceux de garenne

dont il s'agit ici, la femelle, ou hase, ne porte
que cinq ou six fois par an, et chaque portée
est de quatre, cinq, et jusqu'à sept lapereaux.
Lorsqu'elle est prête à mettre bas, elle se creuse
d'avance, dans le terrier qu'elle habite, un autre terrier particulier de deux ou trois pieds
seulement de profondeur, et cela pour dérober
au mâle la connoissance de ses petits, dans la
crainte qu'il ne les tue. Souvent même, elle va
le creuser à quelque distance de celui qu'elle
habite, et quelquefois hors de la garenne, en
plein champ. Au fond de cette excavation,
appellée, en termes de chasse, *rabouillère*, elle
apprête un lit à ses petits avec le poil qu'elle
s'arrache du ventre, et quelques brins d'herbe.
C'est là qu'elle les allaite et les soigne pendant
six semaines. Toutes les fois qu'elle sort de la
rabouillère pour se procurer sa nourriture, on
prétend que, pour la sûreté de ses petits, elle
en bouche l'entrée avec de la terre détrempée
de son urine. Au bout de six semaines, elle
les conduit au grand terrier ; alors il n'y a plus
de danger pour eux de la part du mâle, qui,
au contraire, les caresse, les prend entre ses
pattes, et leur lustre le poil en les léchant.

La manière de distinguer un jeune lapin d'avec
un vieux, est la même que celle que j'ai indiquée
pour le lièvre.

Il n'est point de chasse plus facile et plus commode, en ce qu'on la trouve presque par-tout

à sa porte , que la chasse du lapin avec un ou deux bassets , dans une garenne qui en est passablement garnie ; sur-tout si ce sont des bassets à jambe torse. Alors , ils ne font que jouer devant les chiens, s'arrêtant à tout moment pour écouter , et se laissent battre quelquefois trois quarts d'heure, avant de se terrer. Comme ces animaux ne font qu'aller et revenir sur eux-mêmes dans une petite enceinte , il est très-aisé de les joindre , soit dans les routes , soit sous le bois, en suivant la voix des chiens , ou bien en les attendant sur le terrier , autour duquel ils viennent ordinairement roder plusieurs fois avant d'y entrer.

Le lapin est très-défiant et a l'ouïe très-fine ; c'est pourquoi l'on doit avoir attention à ne faire que le moins de bruit possible , et sur-tout à ne jamais marcher et courir dans les routes, et à travers le bois , pour gagner les devants , que dans les momens où les chiens donnent de la voix; parce qu'alors le lapin, occupé à les écouter , ou courant devant eux, fait moins d'attention au bruit que peut faire le chasseur.

Dans une garenne de peu d'étendue, on peut se donner le plaisir de faire boucher tous les terriers vers minuit, lorsque les lapins sont presque tous dehors, et venir y chasser dans la matinée du lendemain. En leur coupant ainsi la retraite, pour peu qu'il y en ait, on ne peut manquer d'en tuer plusieurs.

On chasse le lapin aux chiens courans en toute saison; mais les mois de juillet et d'août sont les plus favorables. Alors les lapereaux abondent et sont de bonne taille. Quelques-uns ont pris toute leur croissance , et les plus petits son demi-crus. Plutôt, ils ne valent guères la peine de les tirer, et les chiens les chassent mal , parce qu'ils ne font que tournoyer autour des sépées , n'étant pas en état de se défendre.

Il faut de l'adresse et de l'habitude , et sur-tout beaucoup de prestesse, pour tuer le lapin au bois devant les chiens courans, lorsqu'il est mené vivement, comme au moment du lancé , ou d'un à-vue ; et bien plus encore, sil est poussé par quelque braque ou épagneul qui lui souffle au poil. Alors , s'il traverse une route , il passe comme un éclair, et donne à peine le temps de l'ajuster, à moins qu'elle ne soit fort large. Il est encore très-difficile à tirer , lorsqu'il bondit sous les pieds du chasseur , soit dans le bois , soit dans des lieux couverts de bruyère et de broussailles, voisins des garennes , où on le rencontre ordinairement. Sa course, à la partie , est beaucoup plus rapide que celle du lièvre , et d'ailleurs oblique et tortueuse. Il semble glisser au lieu de courir; et l'on ne saisit pas aisément le moment de le tirer.

Il y a plusieurs autres moyens pour tuer les lapins , dont le plus commun et le plus usité est l'affût. C'est sur-tout dans la belle saison et dans le temps des lapereaux qu'il réussit le mieux. A toutes les heures du jour, principalement depuis neuf heures jusqu'à midi, et le soir vers soleil couchant, en se postant sur un clapier bien hanté, monté sur un arbre ou caché derrière une sépée, on les voit sortir, rentrer, et se jouer au bord de leur terrier; et souvent, pour tirer, on n'est embarrassé que du choix. On peut aussi, sur le soir, se poster, pour les attendre, à portée de quelques pièces de grains voisines de la garenne, où ils ne manquent pas d'aller chercher leur nourriture.

Comme, ainsi que les lièvres, ils se promenent, et courent beaucoup pendant la nuit, on les tire aussi, au clair de la lune, en se plaçant à l'affût sur quelque pelouse où ils viennent jouer et s'ébattre.

La surprise est une autre chasse où l'on peut tuer beaucoup de lapins et sur-tout de lapereaux. Si c'est dans un bois percé de plusieurs routes, en se promenant de grand matin, et même pendant le jour, doucement et sans bruit, le long de ces routes, pour peu qu'il y en ait, il est immanquable d'en rencontrer quelques-uns arrêtés sur les bords du bois, qui au moment où ils sont surpris, s'élancent d'un côté à l'autre du chemin pour prendre la fuite.

Lorsque les lapins habitent des lieux découverts, et qu'ils occupent un grand terrein, tels que sont certains coteaux d'un quart de lieue, d'une demi-lieue d'étendue, où on les voit courir par troupeaux, il est aisé de les surprendre à toutes les heures du jour , en marchant pas à pas. On interrompt, de temps en temps, si l'on veut, cette promenade , pour se mettre à l'affût sur un terrier : on n'y reste pas long-temps sans tirer , et dès qu'on a tiré , on va se placer sur un autre. Pour rendre cet affût plus commode et plus sûr , on pratique des trous en différens endroits, où l'on est assis , et presque entièrement caché. On peut encore , dans des lieux découverts , mettre le furet dans un clapier, sans tendre les poches , et les tirer à la sortie. On imagine bien que cette sortie est très-rapide lorsqu'ils fuient ainsi devant leur ennemi , et qu'il faut être alerte pour les tirer.

Espinar décrit une chasse de lapins curieuse et singulière , qui se fait en Espagne avec un appeau , au son duquel accourent de toutes parts , même du fond de leurs terriers, lapins et lapereaux, mâles et femelles pleines ou ayant des petits. Cet appeau peut se faire de plusieurs manières , soit avec un petit tuyau de paille, en forme de sifflet , soit avec une feuille de chiendent, de chêne-verd , ou une pellicule d'ail, qui se posent entre les lèvres, et , en soufflant, produisent un son aigu , qui est l'imitation parfaite de la voix du lapin. Quelques chasseurs savent l'imiter avec la bouche seule. Espinar observe qu'il est difficile de rendre raison de l'effet que produit cet appeau sur tous les lapins, sans distinction d'âge ni de sexe. S'il n'attiroit que les mâles, on pourroit croire qu'ils accourent à la voix de la femelle, soit excités par l'attrait de la jouissance, soit pour la secourir; si ce n'étoit que les femelles, qu'elles viennent au secours de leurs petits; mais tous y accourent indistinctement. Cette chasse est appellée, en espagnol, *chillar los conejos*, ce qui signifie proprement *siffler* les lapins; mais que je rendrois plus volontiers dans notre langue par le mot *piper*. Elle se fait dans le bois de la manière suivante : le chasseur en traversant le bois, a soin de ne faire que le moindre bruit possible : il s'arrête de temps en temps dans les endroits les plus découverts, pour piper, observant de ne jamais le faire qu'avec le vent au visage. Il suffit, lorsqu'il s'arrête, qu'il se serre contre le tronc d'un arbre, ou contre une sépée, pourvu que sa tête ne passe point au-dessus. Il reste dans cette situation, sans aucun mouvement, si ce n'est de la tête, qu'il tourne de côté et d'autre, pour voir ce qui se passe autour de lui, tenant le fusil ou l'arbalète de la main gauche, et s'aidant de la droite pour piper. Le premier coup d'appeau (*chillido*) doit durer l'espace d'un *oredo*, et moins, s'il voit ou entend des lapins arriver vers lui; alors, il se tait, se tient en joue d'avance, et les laisse s'approcher à portée. S'il n'en vient point, il fait une pause, à-peu-près de la même durée, après quoi il

recommence à piper. Dans les lieux où il y a
de ces animaux en quantité, on a soin de piper
moins fortement, afin que ceux qui sont un peu
éloignés ne l'entendent point ; attendu que,
s'il en vient beaucoup, il est plus à craindre que
dans le nombre de ceux qui accourent de tous
côtés, à bon et à mauvais vent, il ne s'en trouve
quelqu'un qui évente ou apperçoive le chasseur, et se mette à fuir d'effroi, ce qui suffit
pour épouvanter les autres.

Tous les temps, dit Espinar, ne sont pas également propres pour cette chasse. Dans les terres
chaudes, les lapins viennent très-bien à l'appeau,
en mars et avril ; et dans celles qui sont tardives,
en mai et juin. Les jours les plus favorables sont
ceux où il souffle un vent doux et chaud du
midi, où le soleil se montre et se cache de
temps en temps, et lorsque la terre est humide.
L'heure la plus propice est depuis dix heures
du matin jusqu'à deux de l'après-midi, temps de
repos et d'inaction pour les animaux sauvages,
et où ils sont plus disposés à prêter attention à
tout ce qui peut frapper leur oreille. Les grands
vents sont absolument contraires, l'agitation
des feuilles et des branches tenant alors tous
les animaux des bois dans une inquiétude continuelle.

L'auteur espagnol ajoute que cette sorte de
chasse ou de pipée, si l'on veut, effarouche
beaucoup les lapins, et qu'il ne faut pas espérer
qu'elle

qu'elle réussisse une seconde fois, dans le même endroit, à moins qu'il n'ait plu dans l'intervalle. Cette chasse est peu connue en France; je sais cependant qu'elle est pratiquée en Provence par quelques chasseurs, qui se servent, pour piper, d'une patte de crabe, espèce d'écrévisse de mer : et ce qu'il y a de particulièr, c'est que là on lui donne le nom de *chiller*, qui n'est autre chose que le verbe espagnol *chillar* francisé.

CHAPITRE VI.

Du Loup.

LE loup est le fléau des campagnes par sa force et sa voracité. Non-seulement il fait la guerre à tout le bétail, moutons, chèvres, porcs, vaches et chevaux, mais même aux poules, dindons, et oies sur-tout, dont il est très-friand, et sur lesquelles il fait son apprentissage; mais il détruit aussi, dans les forêts, une grande quantité de bêtes sauvages, biches, faons et chevreuils, et même de sangliers, tant qu'ils ne sont encore que bêtes de compagnie ; car il ne trouveroit pas son compte à s'attaquer aux vieux sangliers. Cet animal n'est pas moins rusé que le renard pour saisir sa proie, mais infiniment plus défiant et plus difficile à surprendre. S'il prend un mouton, c'est toujours par dessus le cou, pour le charger plus aisément sur son dos, et en lui coupant la respiration, l'empêcher de crier et d'épouvanter le troupeau, afin que, quand il l'aura tué et déposé dans le bois, il puisse en venir chercher un autre. S'il attaque un cheval, c'est toujours par-devant, parce qu'il y a moins de danger pour lui : si c'est une vache, il l'assaillit par-derrière, et la saisit au pis, comme à l'endroit le plus sensible, afin de la porter aussitôt par terre : si c'est un chien, il le saisit à la gorge, pour empêcher qu'il ne crie, et de peur d'être mordu.

Dans les forêts, lorsqu'il ne peut surprendre les bêtes fauves à la reposée, et les sangliers à la bauge, il s'entend avec deux camarades : l'un prend la voie de la bête, et la chasse comme un chien courant ; les deux autres gagnent les devants à droite et à gauche, pour la joindre au passage ; et, sans se rebuter, lorsqu'elle leur échappe, ils recommencent le même manége, jusqu'à ce qu'à force de la fatiguer, ils en viennent à bout.

Quoiqu'à parler généralement, le loup n'attaque point l'homme, s'il n'est enragé, et qu'il fuie à sa rencontre, cependant, il n'est pas rare de voir quelques-uns de ces animaux déclarer la guerre à l'espèce humaine. On se souvient encore des ravages que plusieurs loups de cette

espèce ont fait, en 1764 et 1765, dans le Gévau-
dan, le Rouergue et l'Auvergne, où dans l'espace de dix-huit mois, plus de 50 personnes
furent dévorées, sans compter environ 25 autres qui en furent quittes pour des blessures ;
ravages qu'on attribua, pendant long-temps,
à une seule bête d'une espèce extraordinaire, et
qui méritèrent une attention particulière de la
part du gouvernement (1).

C'est donc avec raison que par-tout les loups
sont regardés comme des ennemis publics, que
tout le monde s'empresse à leur courir sus, et

---

(1) Ce fut une vraie calamité pour les provinces qui en furent
affligées. L'effroi étoit si grand dans les campagnes, que les paysans
n'osoient sortir qu'en troupes. La culture des terres en fut inter-
rompue ; les laboureurs, manquant de pâtres pour conduire leurs
troupeaux, étoient obligés de consommer le sec pour les nourrir
dans les étables. Les marchés étoient presque déserts, et une partie
du commerce se trouvoit interceptée. Des prières publiques furent
ordonnées dans le diocèse de Mende ; et dans la supposition d'une
bête unique, le roi promit une récompense de 6000 livres à qui en
délivreroit le pays, outre 2400 livres promises par les états de
Languedoc. Il se fit des battues de dix, vingt, trente, quarante
paroisses ; il y en eut même une, le 7 février 1765, de cent paroisses, formant un corps d'environ 20,000 chasseurs ou batteurs,
conduits par les subdélégués, les consuls, et notables habitans.
Plusieurs loups furent tués dans ces battues, et parmi eux, sans
doute, quelque anthropophage ; mais les esprits étoient tellement
préoccupés de l'idée d'une bête extraordinaire et unique, qu'on
crut toujours n'avoir rien fait. On ne fut enfin détrompé, que lorsque M. Antoine, porte-arquebuse du feu roi, ayant été envoyé sur
les lieux, avec un détachement de la louveterie, eut tué un grand
loup, qu'on reconnut pour le même, qui, quelques jours auparavant, avoit attaqué une fille, laquelle l'avoit écarté en lui por-

R ij

qu'on cherche à les détruire par toutes sortes de moyens.

Les louves entrent en chaleur vers le mois de février, et mettent bas dans le mois de mai. Leurs portées sont depuis cinq jusqu'à huit, et quelquefois neuf louveteaux. Elles choisissent, pour mettre bas, des forts épais et fourrés d'épines, un trou au pied d'un grand arbre, ou quelque excavation sous une grosse pierre ; non pas, pour l'ordinaire, dans le fond des forêts, mais près des bords, et à proximité de quelque village, afin de se procurer plus aisément leur

---

tant dans le poitrail un coup de bâton ferré, dont la cicatrice, encore toute récente, se fit remarquer. On attribua d'abord tous les ravages à ce loup ; mais deux mois après, plusieurs femmes furent encore dévorées ou blessées par d'autres loups.

Au reste, ce n'est point vaguement et au hasard que j'articule le nombre des malheureuses victimes de ces loups carnaciers. Épris d'une curiosité particulière sur cet événement, j'ai fait, dans le temps, tout ce qu'il étoit possible de faire, pour le suivre dans tous ses détails, et vérifier tous les faits qui y avoient rapport ; et j'en ai même dressé une relation très-circonstanciée, et presque jour par jour, que j'ai déposée, depuis, à la bibliothèque du roi. Mais ce que j'ai à remarquer à ce sujet, c'est que dans ce nombre de personnes dévorées ou attaquées par les loups, on compta les deux tiers de femmes, le reste jeunes garçons, au plus de quatorze à quinze ans, et pas un homme fait ; ce qu'alors bien des gens ne manquèrent pas d'attribuer à un goût de préférence et de prédilection pour la chair des femmes, de la part de la bête, sur le compte de laquelle on mettoit tout ce carnage ; tandis que ce choix n'étoit déterminé que par l'instinct de la basse voracité du loup, animal lâche et timide ; instinct qui, pour attaquer, lui fait toujours prendre ses avantages, et prévoir le plus ou moins de résistance.

subsistance. Quelquefois une louve s'établira dans un petit bois isolé, voisin des grands bois, et même on en a vu mettre bas dans un blé. La louve ne quittant point ses petits pendant les premiers jours, et jusqu'à ce qu'ils voient clair, ainsi que les chiennes, le loup lui apporte à manger ; et lorsqu'ils sont plus avancés, il partage avec elle le soin de leur nourriture.

Il y a deux manières de chasser le loup noblement, c'est-à-dire, sans le tirer. L'une est de le forcer avec des chiens courans, destinés particulièrement à cette chasse ; l'autre est de le prendre avec de grands et forts lévriers, appellés lévriers *d'étrique*, qui l'attendent au passage, lorsqu'il vient à débusquer d'une enceinte où il a été détourné (1). Ces deux chassses ne se font en France que par le roi ou les princes : il n'est point de mon sujet d'en parler. J'observerai

---

(1) Les lévriers les plus forts ne viendroient point à bout d'étrangler un vieux loup, s'ils n'étoient aidés par des dogues de la plus grande taille qu'on lâche sur l'animal, lorsqu'ils l'ont arrêté. Je citerai à ce sujet le trait suivant, tiré du livre intitulé *Le parfait chasseur*, par M. de Selincourt; Paris, 1683, *in-12*.

« Trois loups ayant été pris dans des fosses, du règne de « Louis XIII, furent amenés aux Tuilleries. Il y en avoit un « vieux, et deux plus jeunes. On les fit combattre contre de gros « lévriers : les deux jeunes se défendirent assez bien. Le troisième « fut attaqué par trois lévriers, puis par trois autres qu'on releva « encore, jusqu'à douze, toujours trois à la fois. Il les renvoya « tous fort maltraités, de façon qu'ils l'abandonnèrent, et n'osèrent « plus l'approcher. Le bruit qu'il faisoit de ses dents étoit comme « celui d'un coup de fouet de charretier. »

R iij

seulement qu'il est très-difficile de forcer un vieux loup, dont la vigueur et l'haleine sont indomptables, qui perce toujours en avant, et qui, après avoir couru cinq ou six heures, s'il rencontre de l'eau sur son chemin, redevient aussi frais qu'au sortir du liteau, sur-tout, si c'est un de ces grands loups levrettés sur le derrière qui ne se nourrissent, la plupart du temps, que de bêtes fauves, et autres qu'ils prennent à la course ou par surprise ; car quant aux loups taillés en gros mâtins, qui ne vivent d'ordinaire que de bêtes mortes qu'ils vont chercher à l'entour des villages, étant plus pesans, et ayant moins d'haleine, de ceux-là on en peut forcer. Mais, en général, pour cette chasse, on ne fait choix que de jeunes loups depuis six mois jusqu'à seize ou dix-huit.

La chasse du loup la plus ordinaire est celle qui se fait en postant d'abord un certain nombre de tireurs autour d'une enceinte, où il y en aura un de détourné, et découplant ensuite les chiens sur la voie pour le lancer. Alors, celui à portée duquel il vient à passer le tire. Il est encore plus sûr de n'entrer dans l'enceinte pour le mettre debout qu'avec un seul limier qu'un chasseur tient à la botte. L'animal, bien moins effrayé de quelques coups de voix du limier, que du bruit de plusieurs chiens courans, fuit moins rapidement ; et lorsqu'il a été manqué, au sortir de l'enceinte, il est bien plus aisé aux tireurs

de gagner les devants d'une autre enceinte pour
l'y attendre, d'autant mieux qu'alors celui qui
conduit le limier s'arrête, et cesse de suivre
la voie, jusqu'à ce que les tireurs aient pris
leur poste, ce dont il est averti par un signal
convenu. J'ai déjà parlé de cette chasse au chapitre du sanglier.

Il n'est pas nécessaire pour faire la chasse des
loups, d'en avoir un détourné à donner aux
chiens. Lorsqu'on connoît à-peu-près les cantons
du bois où il doit s'en trouver, après avoir placé
des tireurs du côté des refuites, on découple
les chiens à la trolle, et l'on quête au hasard.
On fait même des chasses au loup, sans chiens
courans, en rassemblant beaucoup de paysans
armés, partie de bâtons, fourches, etc., et partie
de fusils, et dont quelques-uns se font accom-
pagner de leurs mâtins. Un certain nombre de
ces paysans, armés seulement de bâtons, entre
dans le bois avec les chiens, marchant sur une
même ligne à quelque distance l'un de l'autre,
et à grand bruit, car on ne peut faire trop de
bruit à cette chasse ; tandis que ceux qui sont
armés de fusils vont se placer, à bon vent, le
long des chemins qui bordent l'enceinte que
l'on bat. Lorsqu'on a beaucoup de monde, et
que le bois n'est que d'une étendue médiocre,
une partie des paysans non armés se distribuent
tout autour, à dix ou quinze pas l'un de l'autre,
pour renvoyer le loup à force de cris et de huées,

s'il se présente pour sortir , et le forcer d'aller passer du côté où sont les tireurs. Ces sortes de chasse s'appellent battue, ou tric-trac.

Lorsque les loups ont fait dans le bois quelque abat, soit d'un cheval , soit d'une vache, ne pouvant emporter leur proie , ils en mangent une partie ; rassasiés pour le reste du jour, ils vont se remettre au liteau , et ne manquent guères d'y revenir à la nuit pour manger le reste. Cette occasion est très-favorable pour les guetter et les tuer à l'affût. Pour cela, il faut, une heure avant soleil couché , faire traîner la bête morte, pour le mieux , par un homme à cheval, avec des harts et non avec des cordes. Cette traînée se fait le nez dans le vent, le long de quelque route peu fréquentée , ou à travers bois , mais toujours par les endroits les plus clairs , dont le loup se défie moins que des endroits couverts ; et cela dans une étendue d'environ mille pas , pour donner au loup , qui d'abord ne suivra la voie qu'avec crainte et défiance, le temps de s'assurer. Au bout de ces mille pas , le traîneur se détourne du côté qui paroît le plus à propos ; et après avoir marché environ deux ou trois cents pas , il s'arrête le vent au dos , et laisse la bête placée en lieu découvert , de manière que le tireur qui doit être posté à l'affût , soit dans un arbre , soit à couvert d'une sépée, ou dans un trou pratiqué exprès, ne puisse être éventé par l'animal que la traînée attirera. Le tireur, s'il fait clair de lune, doit avoir attention de se placer dans l'obscurité, et de façon que la lune ne donne pas sur lui, et ne fasse pas paroître son ombre, attendu que l'ombre d'un homme produit sur les bêtes le même effet que le corps, et les met en fuite, ce qui a lieu pour la lune comme pour le soleil. Le seul cas où il n'y ait point cet inconvénient, c'est lorsqu'on a la lune ou le soleil en face, parce qu'alors l'ombre se trouve couverte par le corps. Il est bon de ne point quitter l'affût qu'après minuit, les loups courant beaucoup, et ayant coutume de ne revenir que fort tard aux abats qu'ils ont faits, sur-tout dans les saisons où le bétail étant dehors, ils trouvent aisément les occasions de faire capture, et ne sont point affamés. Ces sortes de traînées sont bien plus sûres que celles qui se font de bêtes mortes de maladie.

Dans les mois de mai et juin, lorsqu'on rencontre les petits d'une louve, encore à la mamelle, on peut faire une traînée avec un louveteau, de la manière que je viens de l'expliquer, et y attendre la louve, qui ne manquera pas d'y venir.

CHAPITRE VII.

De l'Ours.

ON distingue trois espèces d'ours, le noir, le brun, et le blanc, différent de l'ours marin, qui est pareillement blanc, amphibie, et ne se trouve que sur les côtes et dans quelques isles de la mer glaciale. L'ours blanc n'habite que les contrées les plus septentrionales de l'Europe; l'ours noir est commun dans tous les pays du nord, mais très-rare dans les Alpes et les Pyrénées : celui-ci n'est point carnacier, et ne vit uniquement que de racines, de fruits et de grains. Il n'en est pas de même de l'ours brun, qui n'est pas moins redoutable que le loup pour les troupeaux de chèvres et de moutons, et même pour les bœufs et chevaux qu'il attaque fréquemment. On prétend que pour venir à bout du gros bétail, il saute dessus, s'y cramponne, le déchire en cette posture, quoique l'animal, en fuiant, l'entraîne avec lui, et ne lâche point prise, qu'il ne l'ait porté par terre. Il le traîne ensuite dans des lieux écartés et souvent inaccessibles aux hommes, où il puisse s'en repaître, sans risque d'être apperçu; et il est incroyable, combien il a de force et d'adresse pour ce manége. Cependant l'ours brun n'est carnacier que de temps en temps , et par occasion : il vit ordinairement , comme le noir , de fruits sauvages, de grains , de raisins et de racines. Je ne ferai mention ici que de l'ours brun , attendu que c'est la seule espèce connue en France , où il ne se trouve que dans les hautes montagnes du Dauphiné et du Bugey , et dans les Pyrénées.

Cet animal habite les bois montagneux les plus épais et les moins fréquentés, et par préférence , les forêts de sapins : il y établit sa demeure dans des grottes formées par les rochers , ou dans le tronc creux de quelque vieux arbre , s'il s'en trouve d'assez gros pour le loger ; et lorsque le lieu ne lui offre aucune commodité de cette espèce, il casse et ramasse du bois pour se construire une loge, qu'il recouvre d'herbes et de feuilles , au point de la rendre impénétrable à l'eau.

L'ours se recèle à la fin de décembre, temps où il est fort gras, et se tient pendant cinq ou six semaines dans sa tanière, sans en sortir, et sans manger : l'excès de sa graisse lui fait supporter cette longue abstinence. On a prétendu que la femelle reste aussi enfermée pendant quatre mois ; mais cela n'est pas vraisemblable. Si, à cette époque, ses petits sont encore assez foibles pout être allaités, elle doit être plus pressée de la faim que le mâle : s'ils ne la tettent plus, au moins ne sont-ils pas encore en état de se passer de son secours, et alors, elle est obligée de sortir avec eux pour leur procurer de quoi vivre. Alphonse XI, dernier du nom, roi de Castille et de Léon, mort en 1350, dans un traité (1) qu'il nous a laissé sur la vénerie, dit que, « quoiqu'il soit vrai « que les ours, pour l'ordinaire, se recèlent « pendant 40 jours, savoir tout le mois de jan- « vier, et dix jours de février, huit jours plus « tôt, ou huit jours plus tard, suivant la na- « ture du terrein, les ourses, qui ont des pe- « tits au-dessous de six mois, ne se recèlent « point, par la raison que leurs oursons les tour- « mentent sans cesse, et qu'elles sont obligées de « sortir avec eux pour leur procurer leur nourri- « ture. » Les ourses mettent bas aux approches de l'hiver, et leurs portées sont d'un, de deux, trois, quatre, et jamais de plus de cinq petits.

Il paroît, suivant Gesner, qu'on distingue, en Suisse, deux espèces d'ours brun, qui ne different que par la taille. Les plus petits font leur demeure dans les rochers, et ont un nom particulier qui désigne cette habitude ; les plus gros sont ceux qui attaquent les bœufs et les chevaux. Je sais, par les instructions que je

---

(1) *Libro de Monteria que mandò escrivir el muy alto y muy poderoso Rey Don Alonzo de Castilla y de Leon, ultimo deste nombre, acrecentado por Gonçalo Argote de Molina ; Sevilla, 1582, in-fol.* J'ai cru inutile de citer ici le texte original.

me suis procurées sur ceux des Pyrénées, qu'il s'y en tue quelques-uns qui pèsent jusqu'à six cents livres.

Les ours sont assez communs dans quelques parties des montagnes du Dauphiné, et particulièrement dans les bois du *Villar-de-Lans*, de *La Ferrière*, de *Palanfrey*, et de *Saint-Barthelemi*, à peu de distance de Grenoble, ainsi que dans ceux de la *grande Chartreuse*, qui en est à cinq lieues. Il y en a aussi dans le petit pays *d'Oysans*, qui en est éloigné de cinq à six lieues, mais ils y sont moins fréquens.

Ces animaux se trouvent, en assez grand nombre, dans les Pyrénées du Béarn, de la Bigorre, du Comminges et du Couserans. Les forêts montagneuses des environs de Bagnères et de Cauterets, en Bigorre; celles qui avoisinent Bagnères-de-Luchon, dans le Comminges, sont les endroits où il s'en trouve le plus. Voici ce que m'ont appris, sur la manière de les chasser, les informations que je me suis procurées sur les lieux mêmes.

La plus ordinaire est l'affût. On s'y place, à l'entrée de la nuit, à couvert de quelque buisson, ou quartier de roche. Ce qui dirige ordinairement le chasseur dans le choix d'un poste pour les attendre, c'est lorsqu'il rencontre des endroits où l'ours a fouillé la terre, pour y chercher des racines de réglisse sauvage, que ces animaux aiment beaucoup. Il est d'usage de se réunir, au moins, deux ensemble, pour se poster à quelque distance l'un de l'autre, et que chacun soit armé de deux fusils (1); non pas tant pour se défendre de l'ours, dans le cas où on n'aura fait que le blesser, que parce que cet animal est rarement tué du premier coup : car lorsqu'après l'avoir tiré et blessé, le chasseur est resté immobile sans bouger de sa place, il est (dit-on) sans exemple, qu'il soit revenu sur lui : au contraire, si après l'avoir tiré, il quitte son poste, par crainte ou autrement, l'ours, quoique blessé, s'il est encore en état de courir, le saisira au corps, et le mettra en danger de périr, s'il n'est promptement secouru; c'est pourquoi il est prudent de ne pas faire cette chasse seul.

Une autre manière de chasser l'ours, ce sont des battues, telles à-peu-près que celles qui se font pour les loups. Ces battues ont lieu, lorsque quelqu'un de ces animaux s'est annoncé aux pâtres qui gardent leurs troupeaux sur les montagnes, par l'enlèvement de quelque bête, ou lorsqu'avant qu'il ait eu le temps de faire son coup, il est éventé par leurs chiens, qui

______

(1) Les paysans qui s'adonnent à chasser l'ours ne se servent que de fusils simples. J'en ai demandé la raison : on ma répondu que le prix des fusils doubles les plus communs seroit au-dessus de leurs facultés ; et que, d'un autre côté, ces fusils doubles communs ne résisteroient point aux fortes charges avec lesquelles ils tirent sur les ours.

sont des mâtins de la plus grande taille. Ces chiens décèlent son arrivée par un certain hurlement craintif et lugubre, auquel les pâtres ne se trompent point. Avertis par ce moyen, ils ne cessent de crier : ces cris ne l'effarouchent pas, au point de le faire éloigner, mais ils l'empêchent d'avancer sur les troupeaux. La nuit, ils parviennent à l'écarter, en jettant en l'air des tisons ardens. Lorsque l'ours s'obstine à demeurer dans la montagne, alors un des pâtres se détache, et descend pour avertir dans les villages. Trente ou quarante hommes, plus ou moins, se rassemblent, dont une partie armés de fusils, les autres de fourches de fer, pertuisanes etc. Les fusiliers vont se poster aux endroits où il y a apparence que l'ours doit passer en quittant la montagne, tandis que les autres foulent le bois, en faisant le plus grand bruit qu'il est possible, et tirant même, de temps en temps, quelques coups de fusil ou de pistolet, chargés à poudre. Malgré tout ce tapage, il arrive quelquefois que l'ours ne bouge point, et qu'on le laisse derrière. Le plus souvent, néanmoins, s'il est encore dans la montagne, il déguerpit, sans trop se hâter; et alors, si la chasse est heureuse, et qu'il vienne à passer aux endroits où on l'attend, on le tue : mais ces chasses ne réussissent pas bien souvent, parce que l'ours, communément, ne s'arrête pas long-temps dans la même montagne;

et que, pendant le temps qu'un pâtre met pour descendre dans les villages et avertir les chasseurs, et celui qui s'écoule avant qu'ils soient rassemblés et rendus sur les lieux, il a disparu, et s'en est allé à deux ou trois lieues et davantage de l'endroit où on l'avoit apperçu, sans qu'on sache de quel côté il a tourné.

Outre ces battues déterminées par l'apparition de quelque ours dans une montagne, il s'en fait d'autres, de temps en temps, par les chasseurs du pays, qui se réunissent, en certain nombre, pour battre les bois qu'habitent ces animaux, avec de gros mâtins accoutumés à cette chasse.

Il se fait aussi des chasses particulières, en envoyant à la montagne, sur-tout dans un temps de pluie, reconnoître, par les traces fraîches de ces animaux, les endroits où il y en a : et lorsqu'on en a pris connoissance, les chasseurs se rendent sur les lieux, avec ces mâtins dont j'ai parlé. Les chiens après avoir goûté la voie, vont lancer l'animal, qui pendant le jour se tient ordinairement dans les endroits les plus fourrés du bois; et l'ours lancé s'échappe sans être tiré, ou est tué, blessé, ou manqué par quelqu'un des chasseurs postés sur les passages par lesquels on s'attend qu'il fera sa retraite. L'ours tient rarement devant les chiens; mais il est paresseux à se lever, et donne quelquefois le temps aux plus courageux de lui sauter

sur

sur le corps, mais il s'en est bientôt débarrassé, et ses agresseurs s'en trouvent mal pour l'ordinaire.

La chasse de l'ours n'est pas sans danger : cependant elle n'est pas aussi périlleuse qu'on se l'imagine communément (1). Quoique blessé, il attaque assez rarement les hommes, à moins qu'il ne soit harcelé de trop près ; alors il se retourne pour faire face : si l'homme est assez leste pour lui échapper dans ce premier moment, il ne s'obstine pas ordinairement à le poursuivre ; mais, s'il le joint, il se dresse, et l'embrassant de ses deux pattes de devant, il l'étreint de manière à l'étouffer, s'il n'est secouru promptement par quelque camarade, qui vient tirer sur l'ours à bout portant. On a

(1) » L'ours ne court jamais ni au feu, ni au chasseur ; il arrive « cependant que des chasseurs sont blessés, ce qui ne doit être « attribué qu'à leur imprudence. J'ai été moi-même témoin de « trois accidens de cette espèce, dont deux sont arrivés à une « demi-lieue de Bagnères-de-Luchon , et l'autre tout près du « Col-du-Hod (à deux lieues de Saint-Gaudens).

« Les deux premiers sont arrivés au nommé *Pascalet*, fameux « chasseur, paysan , habitant le village de *Montauban*, à un mille « de Bagnères-de-Luchon. Etant à la chasse de l'ours, posté entre « deux rochers, et dans un terrein très-difficile, il se présenta à « lui une troupe de cinq ours , tous gros ; il les laissa venir très- « près , muni d'un fusil à un coup chargé de trois balles ; il tira « sur le plus gros, en jetta deux sur la place , et blessa le « troisième, qui fut pris le lendemain sans tirer : fait difficile à « croire, mais qui est certain. Les deux autres épouvantés du coup, « passèrent par le poste où étoit le chasseur *Pascalet*, et d'un coup « de patte, l'un des deux le jetta à côté des deux expirans, qui

vu quelquefois, en pareil cas, l'ours quitter son adversaire, pour se jetter sur celui qui venoit de le tirer. Comme cette chasse se fait dans les montagnes, il est arrivé souvent, par la pente du terrein, que l'ours et l'homme ainsi embrassés ont roulé fort bas, et que la chute les a séparés, sans qu'après cela l'ours soit revenu à la charge. Du reste, cet animal, lorsqu'il attaque l'homme, use rarement de ses dents. Cependant il arrive parfois, qu'en fuyant, il donne un coup de dent ou un coup de patte à un chasseur qui se trouvera sur son chemin, sans s'acharner davantage. Mais, je le répète, un principe reçu parmi les chasseurs d'ours, c'est qu'il ne revient jamais sur l'homme qui l'a tiré, tant qu'il ne le voit point courir ni changer de place.

« l'auroient tué s'ils en eussent eu la force. Une autre fois,
« même chasseur ayant blessé un ours, se mit à courir après lui,
« et étant arrivé dans un taillis très-épais, l'ours qui s'y étoit arrêté
» parce que les forces ne lui permettoient pas d'aller plus loin,
« rencontra sur ses pas, et lui détacha un coup de patte qui le jetta
« par-dessus un noisetier à dix pas de là. *Pascalet*, depuis ce temps,
« n'a jamais joui de la même santé, et est mort cinq ans après.
  « Le troisième accident, dont j'ai aussi été temoin, est arrivé
« à un chasseur du village de *Casannoux*. Celui-ci ayant blessé et
« jetté par terre un ours, s'en approcha pour le retourner avec
» le bout du fusil. L'ours, qui n'étoit pas mort, le colleta, le blessa
« grièvement, et l'auroit tué, si ses camarades n'eussent couru
« pour lui donner du secours. L'ours mourut au bout d'un quart
« d'heure, et le chasseur fut dangereusement malade, et en est
« encore défiguré. » *Lettre de M. le Baron d'Agieu, écrite de Saint-Gaudens, le 3 novembre* 1787.

La conformation de l'ours, qui tient de celle de l'homme et du singe, en ce que, dressé sur ses pieds de derrière, il se sert de ceux de devant comme de mains, lui permet d'exécuter certains mouvemens dont les autres animaux sont incapables. Cette faculté, jointe à sa force, à son naturel capricieux, et à un certain degré d'intelligence, qui le rend susceptible d'éducation, donne lieu quelquefois à des singularités remarquables de la part de cet animal. Par exemple, dans les montagnes du Béarn, on m'assure que, lorsqu'il est chassé, il cherche à gagner certains endroits où la fonte des neiges, et les pluies des grands orages ont formé des amas de pierres, appellés en ce pays *arraillères* ; et qu'une fois arrivé là, il fait tête aux chiens, qu'il renvoie à grands coups de pierres, et qu'il faut souvent plusieurs coups de fusil pour l'en faire déguerpir. Au reste, ceci paroît une habitude commune à tous les ours, et peut n'être pas regardé comme une singularité ; mais voici quelques traits particuliers, du genre de ceux dont je veux parler.

On lit dans un traité de vénerie (1) ajouté par Argote de Molina à la suite de celui d'Alphonse, roi de Castille, déja cité, dont il est l'éditeur, qu'à une chasse où se trouvoient l'empereur Ferdinand I, et Philippe II, roi d'Espagne,

______

(1) *Discorso sobre el libro de la Monteria, etc.*, *fol.* 3 *et* 20.

un ours ayant apperçu un chasseur posté en
embuscade, le saisit et le porta sur une roche
élevée, d'où il le précipita et le tua ; que, dans
une autre occasion, un de ces animaux ayant été
détourné dans un bois peu éloigné de Madrid,
et renfermé dans une enceinte dont tous les
passages étoient gardés par des chasseurs, et
quantité d'autres gens qu'on avoit rassemblé
pour cette chasse, trouva moyen de forcer l'enceinte, se défendit contre des chiens courans,
lévriers et dogues lâchés sur lui, échappa
plusieurs dards qui lui furent lancés, et ce
qu'il y eut de plus étonnant, ramassoit, tout
en fuyant, ces dards, et les rejettoit contre
ceux qui les lui lançoient. J'ajouterai ici une
anecdote plus récente, et que je tiens de bon lieu.

Au village d'*Aréte*, dans la vallée de Baretons, à huit lieues de Pau, il se fit, il y a
quatre à cinq ans, une chasse où l'ours fut
blessé. Plusieurs chasseurs, sans fusil, le suivoient au sang : ils le rencontrèrent couché dans
une broussaille, d'où il sortit pour donner sur
eux ; il blessa un homme, *s'agraffa* (1) à un
autre, roula avec lui fort bas dans la montagne,
et s'en sépara par la chute. Tout cela n'a rien
de bien remarquable ; mais le singulier de l'a-
venture, c'est qu'un chasseur armé (*Pierre Sou-*

---

(1) C'est le mot usité dans le pays pour ces sortes de prises de
corps.

bie) étant accouru au secours des autres, l'animal se dressa sur ses pieds vis-à-vis de lui, et au moment où il le couchoit en joue pour le tirer, lui enleva son fusil, et le jetta à dix ou douze pas.

Je ne connois aucun pays où l'on chasse l'ours à cor et à cri, pour le forcer avec les chiens courans ; et, en effet, les lieux qu'il habite sont peu propres pour cette chasse. Cependant elle s'est pratiquée autrefois, au moins en Espagne, du temps d'Alphonse XI, roi de Castille, qui, suivant le traité de vénerie qu'il nous a laissé, paroît avoir affectionné particulièrement cette chasse, la seule, pour ainsi dire, dont il fasse mention ; car il dit fort peu de chose de celle du sanglier, et à peine parle-t-il de celle du cerf.

En lisant les anciens auteurs qui ont écrit sur la vénerie, on voit que l'usage de prendre les bêtes à force de chiens et de chevaux, sans y employer aucunes armes, n'étoit pas autrefois aussi commun qu'aujourd'hui, même dans les pays où l'égalité du terrein favorise cette chasse. La manière la plus ordinaire alors de les chasser, soit qu'on les détournât avec le limier, soit qu'on chassât seulement à la trolle, étoit de placer autour des enceintes, des veneurs à cheval, armés de lances, de dards et d'épées, ou à pied avec des arcs et arbalètes, et en même temps des lévriers et dogues tenus en laisse : en d'autres endroits, étoient des gens sans armes, dont quelques-uns avec des tambours et des trompettes, qui n'étoient faits que pour renvoyer la bête aux veneurs, à force de bruit, si elle se présentoit pour passer de leur côté. Quelquefois, venant à passer aux endroits gardés par les veneurs, elle étoit coiffée par les lévriers et dogues, et tuée à coups d'épée et de lance; d'autres fois, elle n'étoit que blessée, en passant, d'un dard ou d'une flèche, et souvent s'échappoit sans blessure. Dans le second cas, on lâchoit, sur la voie de la bête, des chiens courans, que Phébus, comte de Foix, appelle *chiens pour le sang*, et le roi Modus *brachets*, pour la suivre et l'atteindre s'il se pouvoit : dans le dernier cas, on n'en faisoit aucune suite. Mais ce n'est point ainsi que le roi Alphonse chassoit l'ours; il le forçoit et le mettoit à mort à force de chiens et de relais. Souvent un ours se faisoit chasser deux ou trois jours; la nuit venue, les piqueurs s'arrêtoient dans les habitations les plus voisines du lieu, où le jour leur manquoit, recueillant leurs chiens, dont les plus ardens ne quittoient souvent prise qu'après avoir suivi l'ours une partie de la nuit; et le lendemain, dès la pointe du jour, se remettoient en quête de la voie, qu'ils leur faisoient reprendre. On trouve, dans le livre du roi Alphonse, des récits détaillés de plusieurs chasses de cette es-

pèce ; d'une, entre autres, où l'ours ne fut mis
à mort qu'après s'être fait chasser pendant
cinq jours et quatre nuits : et ces récits sont
tellement circonstanciés, que tous les veneurs,
et même plusieurs chiens, y sont désignés par
leurs noms.

CHAPITRE VIII.

Du Renard.

Le renard est un ennemi d'autant plus redoutable pour le gibier, qu'étant une espèce de
chien, la nature l'a doué de la même finesse
d'odorat, jointe à une astuce et une adresse
que n'ont pas les chiens. Après avoir éventé
un lièvre ou un lapin au gîte, il sait s'en approcher à petit pas et le ventre à terre, jusqu'à
ce qu'il soit à portée de s'élancer sur sa proie.
Par cette même manœuvre, il surprend un lapin jouant sur le bord du terrier. Il n'est pas
moins alerte pour déterrer et croquer les lapereaux nouveau-nés, dans les rabouillères qui
se trouvent aux environs des garennes. Deux
renards se joignent ensemble, la nuit, pour
chasser un lièvre ; l'un le suit, jappant sur la
voie, comme un chien courant, avec cette différence qu'il est beaucoup plus chiche de voix,

et ne crie que par intervalles; et son associé gagne les devants, et gueule le lièvre à quelque passage, où il l'attend, rasé contre la terre. Ils en agissent de même, et quelquefois en plein jour, pour le lapin, que l'un chasse, tandis que l'autre l'attend au terrier. Les perdrix, les faisans, les cailles, ne sont pas plus à l'abri de sa dent meurtrière que les liévres et les lapins; il sait les approcher et les surprendre la nuit comme le jour. On peut juger de l'âge du renard, par son poil qui, à mesure qu'il vieillit, blanchit de plus en plus par les extrémités.

La chasse du renard avec deux ou trois bassets, la seule qui appartienne à mon sujet, est fort amusante, sur-tout, lorsqu'on connoît bien les terriers du canton, et qu'on a eu soin de les boucher la veille, vers minuit. Alors, il est obligé de se faire battre jusqu'à ce qu'il ait été tué, ce qui ne peut guères manquer, en l'attendant, soit sur le terrier, où il revient à plusieurs reprises, soit aux environs sous le bois; car le renard s'écarte peu, et fait rarement de longues fuites. D'ailleurs, il n'y a point de défaut à cette chasse, les chiens gardant les voies de cet animal mieux que de tout autre, à cause de l'odeur forte qu'il exhale. Quelques chasseurs s'adonnent particulièrement à cette chasse, et ont des chiens dressés pour cela. J'ai connu autrefois, à Verneuil en Perche, un gentilhomme qui s'y étoit entièrement voué, et n'en faisoit point d'autre. Il avoit une race excellente de petits chiens courans, à jambe droite, qui n'étoient pas plus gros que des chats, au point que souvent il en portoit deux dans sa carnacière. Ils terroient avec le renard, et lorsqu'ils ne pouvoient le faire sortir, on le déterroit, si le terrein le permettoit.

Indépendamment de la chasse du renard faite à intention, il arrive journellement aux chasseurs d'en tuer de rencontre, en cherchant tout autre gibier, soit avec des chiens courans, soit avec des chiens de plaine, l'espèce en étant très-multipliée.

Il est assez difficile de tuer le renard, en se mettant à l'affût sur son terrier, attendu que, lorsqu'il y est rentré, il n'en sort, pour l'ordinaire, qu'à nuit close et fort tard. Il manifeste, en sortant, son caractère défiant et rusé; il part, comme un trait d'arbalète, et ce n'est qu'à dix ou douze pas de l'embouchure qu'il s'arrête pour écouter. Mais, lorsque l'on découvre le lieu où une renarde a fait ses petits, il est aisé de tuer les renardeaux, qui viennent, à toute heure, jouer et s'ébattre, comme de jeunes chiens, sur le bord du terrier : quelquefois même, on y tue la renarde, qui sort avec eux, et s'arrête pour leur donner à tetter, ou les lécher; ce qui arrive sur-tout par un temps chaud et orageux, où les puces tour-

mentent ces animaux plus qu'à l'ordinaire. La
saison, pour tuer ainsi des renardeaux, commence vers la mi-juin, les renardes mettant
bas dans le mois de mai. Leurs portées sont
de cinq, six ou sept.

Voici une recette qu'on prétend assurée pour
attirer les renards à l'endroit où on veut les
attendre à l'affût.

Prenez une livre du plus vieux oing, et le
faites fondre avec une demi-livre de galbanum.
Quand cela sera fondu, mettez-y une livre de
hannetons pilés dans un mortier, et faites cuire
le tout à petit feu pendant quatre ou cinq
heures. Passez cette mixtion toute chaude à
travers un linge neuf et fort, et l'exprimez
de façon qu'il ne reste dans le linge que les
pattes et les ailes des hannetons. Vous la met-
trez ensuite dans un vase de terre bien couvert,
pour la garder, et vous en servir au besoin.
Lorsque vous voudrez en faire usage, ayez une
paire de souliers, qui ne doit servir qu'à cela,
et frottez bien la semelle de cette drogue.
Promenez vous avec cette chaussure dans un
bois où vous saurez que hantent les renards,
et après l'avoir parcouru, arrêtez-vous à l'endroit où vous jugerez à propos de vous poster
pour les attendre, en observant que ce soit à
bon vent. Le mieux est de monter sur un arbre.

Un autre appât peu connu, et dont le succès est encore plus assuré, est le suivant.

Prenez une demi-livre de graisse douce, et qui ne soit point rance, pour le mieux de la graisse d'oie, et une livre de pain coupé par petits morceaux, gros comme le pouce. Faites fondre la graisse dans une casserole bien étamée et bien nette, et lorsqu'elle sera suffisamment chaude, jettez-y le pain pour le faire frire au point qu'il prenne une couleur bien blonde, et pas trop rousse. Un moment avant de le retirer, jettez dans la casserole gros comme une fève de camphre en poudre, et remuez un peu la casserole, pour le distribuer par-tout. Cela fait, retirez le pain, et le mettez dans une boîte, sur une feuille de papier blanc. Ayez ensuite une fressure de mouton fraîche, liée au bout d'une ficelle, et allant sur un terrier où il y a des renards, traînez cette fressure de là jusqu'à l'endroit où vous voulez vous poster ; et à côté de la traînée, de distance en distance, mettez un petit morceau de pain frit sur un peu de graine de foin. Il est à propos, pour cette opération, d'être deux : l'un fait la traînée, et l'autre, marchant à côté, pose les morceaux de pain ainsi qu'il a été dit. Comme, pour l'ordinaire, les renards ne sortent qu'après la nuit close, le plus sûr est de ne faire cette traînée que sur le soir, et de ne se mettre à l'affût qu'au clair de lune. On se sert beaucoup de cet appât, en Allemagne, pour prendre les renards au piége.

Au lieu des appâts dont je viens de parler, on peut se servir d'une poule, qu'on a soin d'attacher, dans un bois, de manière qu'elle ne puisse s'échapper, liant, en même temps, une ficelle à quelqu'un de ses membres. De l'arbre où l'on s'est placé, on tire, de moment à autres, la ficelle ; ce qui fait crier la poule. A ce cri, les renards qui l'entendent ne manquent pas d'approcher, et non seulement les renards, mais les fouines, putois, et autres bêtes puantes, s'il y en a dans le bois.

Enfin on tue les renards au carnage, comme les loups, c'est-à-dire, en traînant, sur le soir, une bête morte, dans un bois, le long de plusieurs chemins aboutissans à un carrefour, où elle reste posée à portée d'un arbre, où le tireur puisse se placer pendant la nuit. Cette traînée, pour être plus sûre, doit se faire par un homme à cheval, ainsi que je l'ai expliqué au chapitre du loup. Elle peut aussi se faire en rase campagne. Les loups y viennent comme les renards ; mais, comme ils sont plus défians, ils n'en approchent ordinairement que le second jour. Si la bête morte est une chèvre ou un mouton, on la fixera avec des harts et des crochets enfoncés en terre ; car, la première chose que font les loups, c'est de chercher à l'enlever.

C'est sur-tout en hiver, et en temps de neige, que cette traînée réussit le mieux ; et comme

elle se fait le plus souvent à peu de distance
des fermes ou villages, pour en assurer le succès, il seroit bon que plusieurs chasseurs s'en-
tendissent pour se relever, sans bruit, toutes
les deux ou trois heures, comme des senti-
nelles; ce qui seroit d'autant plus à propos,
qu'en hiver, vu la rigueur de la saison, il n'est
pas possible qu'un homme passe la nuit entière
en faction. Il y a même dans les campagnes
telles habitations isolées et situées de manière
que le carnage puisse être placé assez à proximité, pour qu'on puisse y faire le guet par
quelque fenêtre ou lucarne, sans sortir de
chez soi.

CHAPITRE IX.

Du Blaireau.

Le blaireau, ou taisson, est plus gros, plus
alongé, et bien plus rablé que le renard. Il
est à-peu-près de la couleur du loup; mais il
a le poil beaucoup plus long. Ses jambes sont
très-courtes, et le paroissent encore davantage
à cause de la longueur de son poil. Il a les
ongles longs et très-fermes, sur-tout ceux des
pieds de devant, qui lui servent pour se creuser une habitation; et ils sont d'autant plus
acérés, que cet animal ne sort guères que la

nuit, et fait peu d'exercice, dormant presque toujours : aussi est-il fort gras. Sa gueule est armée de dents aiguës et très-fortes : sa morsure est cruelle ; et il faut deux mâtins de bonne taille pour venir à bout de lui, encore ont-ils besoin le plus souvent d'être secourus. Il a le cuir des reins et du dos si épais, qu'à peine les chiens peuvent-ils l'entamer, et ses vertèbres d'ailleurs sont si fortes, que, quelques coups qu'on lui assène sur cette partie, on ne parvient point à l'assommer ; mais le moindre coup qu'il reçoit sur le museau le met hors de combat ; aussi a-t-il soin de le garantir le plus qu'il peut avec ses pattes, lorsqu'il est attaqué par les chiens.

Le blaireau vit de crapauds, de limaçons, de scarabées et autres insectes ; de pommes, de poires, de raisin, et de tous les animaux qu'il peut attraper. Quelques auteurs prétendent qu'il est très-friand de miel, et que même il mange les abeilles. Un préjugé populaire veut qu'il soit ami des lapins, qui, dit-on, vont se réfugier entre ses pattes, lorsqu'ils sont poursuivis par le renard ; mais, bien loin de là, il fait un grand tort aux garennes, en mangeant les lapereaux nouveau-nés qu'il déterre dans les rabouillères ; et s'il ne mange pas les vieux lapins, c'est qu'il n'est ni assez alerte, ni assez rusé pour les prendre. Du Fouilloux (1) dit avoir

______

(1) *La Vénerie de Jacques Du Fouilloux*, Poitiers, 1568, in-4°.

vu un blaireau prendre un cochon de lait, et le traîner tout vif dans son terrier; et il prétend que cette chair est tellement du goût de ces animaux, que si l'on passe un carnage de porc sur leur terrier, *ils ne faudront jamais de sortir pour y aller.*

On a dit et écrit de tout temps qu'il y avoit deux espèces de blaireau, dont l'une tenoit du chien et l'autre du porc. M. le comte de Buffon, qui a observé plusieurs individus, dit n'avoir jamais trouvé entre eux aucune différence caractéristique. Cependant Du Fouilloux, qui paroît avoir eu une connoissance particulière de ces animaux, reconnoît les deux espèces, et établit leur existence par plusieurs disparités, non seulement dans la taille, le pelage, la grosseur de la tête et du nez (quoiqu'il convienne qu'il faut y regarder de près pour les appercevoir), mais encore dans leurs mœurs et habitudes. Il assure même que les deux espèces ne se tiennent point ensemble, *et qu'à peine pourra-t-on les trouver à une lieue près l'une de l'autre.* Le docteur Targioni, dans ses mémoires pour servir à l'histoire naturelle de la Toscane (1), reconnoît aussi les deux espèces de blaireaux (*canini e porcini*) chenins et porchins. J'ajouterai à cela que j'ai connu, dans le

---

(1) *Relazioni d'alcuni viaggi per diverse parti della Toscana*, etc. Firenze, 1768, *in-8.* t. VII, p. 162, Ed. IIª.

Perche , des laboureurs qui faisoient métier de
chasser les blaireaux avec des mâtins et des fourches de fer , pendant les longues nuits de l'hiver,
et qui en prenoient beaucoup de cette manière,
et que j'ai toujours oui dire à ces chasseurs de blaireaux, qu'il y en avoit de deux espèces. Mais il est
vrai aussi que , suivant le rapport de ces gens-là,
ni l'une ni l'autre n'a le groin du porc , et que
toutes deux ont la gueule du chien ; avec cette
différence , que les uns l'ont plus courte, et
ressemblante à celle du chien dogue , et les autres plus alongée , comme celle du chien ordinaire. Ils ajoutent que ceux de la première espèce ont plus de blanc dans le poil que ceux de
l'autre ; qu'ils ont une odeur moins forte, et
sont plus alongés, et enfin que les chiens en
viennent plus facilement à bout ; toutes choses
sur lesquelles ils s'accordent avec Du Fouilloux.
L'observation de ces gens-là peut manquer de
justesse quant à l'objet de comparaison indiqué
pour établir la différence de conformation qui
se trouve entre la gueule des uns et des autres
peut-être assimilent-ils mal-à-propos la gueule
de certains blaireaux à celle d'un dogue , tandis
que d'autres ont plus de raison de la comparer
au groin du cochon. Quoi qu'il en soit , leur témoignage , joint à celui de Du Fouilloux , me paroît de quelque poids pour établir la réalité des
deux espèces différentes de ces animaux. Ainsi,
je suis porté à croire que , si M. de Buffon ne les

a point remarquées , c'est que le hasard a voulu
que, dans le nombre des individus observés par
cet illustre naturaliste, il ne s'en soit rencontré
que d'une seule espèce.

Le blaireau , comme je l'ai déjà dit, ne sort
que la nuit, et fort tard, et regagne son terrier
avant le jour , si ce n'est dans les longs jours
de l'été. Il est assez rare d'en trouver dehors
pendant le jour. Alors , s'ils sont rencontrés
par des chiens courans , ils n'ont garde de se
faire battre comme le renard : sachant qu'ils
seroient bientôt atteints , ils se dérobent et
se traînent au plus vîte vers leur terrier ,
dont ordinairement on ne les trouve pas fort
écartés.

En temps de neige, par les grands froids et les
mauvais temps, le blaireau ne sort de son habitation que forcé par la faim, et sera quelquefois deux ou trois jours sans sortir ; ce qu'il est
aisé de vérifier, lorsque la neige a bouché l'entrée du terrier.

On ne peut donc guères tuer de blaireaux au
fusil qu'en les guettant, à la sortie du terrier,
par le clair de lune, depuis la fin du jour, jusques vers minuit. Lorsque l'on sait où une femelle a mis bas, ce qui arrive au mois d'octobre
pour ces animaux , alors on peut s'y mettre à
l'affût , en plein jour ; attendu que les petits,
dès qu'ils commencent à marcher, viennent,
comme les renardeaux , s'ébattre au bord du

T

terrier, et souvent accompagnés de la mère.
Les femelles font rarement plus de trois petits.

CHAPITRE X.

Du Lynx, ou Loup-cervier ; du Chat sauvage ; de la Martre ; de la Fouine, du Putois, et de la Belette.

I.

Du Lynx, ou *Loup-cervier.*

LE lynx, quoiqu'on lui donne aussi le nom de loup-cervier, n'a rien du loup qu'une espèce de hurlement qu'il fait quelquefois entendre ; il ressemble beaucoup plus au chat, par sa conformation, ses mœurs et ses allures ; aussi l'a-t-on appellé quelquefois *chat-cervier.* Quant à l'épithète de *cervier,* elle lui a été donnée, parce qu'on prétend que ces animaux attaquent les cerfs et chevreuils, et sur-tout les faons. Le lynx n'est communément que de la taille du renard, assez bas sur ses jambes : sa peau est fauve et semée de taches, à-peu-près comme celle de la panthère ; mais il a la queue plus courte, et noire à son extrêmité. Il fait la guerre à tout le gibier, s'élance sur les cerfs et chevreuils, qu'il saisit d'abord à la gorge sans quitter prise, et sur les lièvres, qu'il guette

au passage. Il poursuit jusqu'à la cime des arbres, chats sauvages, martres, hermines et écu-
reuils. Cet animal qui se trouve dans le nord
de l'Allemagne et les autres pays septentrionaux
de l'Europe, est très-rare en France. En 1777,
il en fut présenté un au roi, de l'âge de huit
mois, qui avoit été pris, tout jeune, dans les
Pyrénées, par un paysan, à la suite de sa mère
qu'il venoit de manquer d'un coup de fusil.
(*Gazette de France du* 28 *juillet* 1777). Il y a
un an qu'il en fut tué un autre dans une battue
de loups sur les montagnes des environs de
Saint-Gaudens en Comminges. Comme l'animal
ne se rencontre que très-rarement et de loin en
loin, il ne fut point connu d'abord ; cependant,
de vieux chasseurs de ce pays le reconnurent et
attestèrent en avoir déjà vu deux autres (1).
M. de Buffon, à qui ces faits manquoient,
lorsqu'il a rédigé l'article du lynx, ne pouvoit
donc s'exprimer avec plus de justesse qu'en disant que, quoiqu'on sache par l'histoire que ces
animaux existoient autrefois dans les Gaules,
il ne s'en trouve plus en France, si ce n'est peut-
être quelques-uns dans les Alpes et les Pyrénées.

I I.

Du Chat sauvage.

Il faut distinguer le chat sauvage de certains

______

(1) Lettre de M. le Baron d'Agieu, écrite de Saint-Gaudens
le 17 décembre, 1787.

chats domestiques , qui ayant pris goût à chasser , désertent les maisons et s'établissent dans
les bois : ceux-ci sont de différentes couleurs,
et ne sont pas , à proprement parler , des chats
sauvages : car le vrai chat sauvage est toujours
d'une couleur uniforme , ainsi que le dit M. de
Buffon. Le fond de cette couleur est un gris
terne et peu foncé , mêlangé d'une légère teinte
de fauve , avec des bandes ou plutôt des mou-
chetures peu tranchantes d'une autre espèce
de gris plus foncé , et quelques taches noires
au poitrail et sous le ventre : le bas-ventre est
d'un blanc jaunâtre. Les épaules, les cuisses, les
pattes sont rayées de bandes noires, ainsi que la
queue , où il y a quatre de ces bandes en anneaux , et dont l'extrémité est entièrement
noire. Mais ce que ces animaux ont de plus distinctif dans la couleur de leur poil , c'est une
raie noire qui règne le long du dos , depuis la
naissance de la queue jusques sur la tête, où elle
s'élargit et se partage en plusieurs raies. Je n'ai
jamais rencontré de ces chats à la chasse , mais
j'ai vu de leurs peaux en douzaine , chez les
fourreurs, et les ai trouvées toutes semblables,
si ce n'est que les couleurs sont tant soit peu
plus ou moins foncées dans les unes que dans
les autres. Une des plus grandes, que j'ai mesu-
rée , avoit , depuis le sommet de la tête jusqu'à
la naissance de la queue , 23 pouces ; mais , à la
vérité , l'apprêt avoit pu lui donner un peu

d'extension. La queue étoit de neuf à dix pouces,
plus grosse et plus garnie que dans l'espèce domestique. Ces chats sont généralement de plus
grande taille, et plus alongés que les gros chats
de maison. Ils ont d'ailleurs le poil plus long,
ce qui les fait paroître plus gros qu'ils ne le sont
en effet. Une autre différence constante, c'est
qu'ils ont toujours les lèvres et le dessous des
pieds noirs.

Le chat sauvage détruit beaucoup de gibier,
et sur-tout de lapins. Il ne chasse guères que la
nuit : le jour, il se tient caché dans un terrier
de lapin ou de renard qu'il a choisi pour sa retraite, d'où il ne sort ordinairement qu'après
soleil couché, pour y rentrer dès la pointe du
jour. Si, par hasard, il est rencontré par des
chiens et serré de trop près, il grimpe dans un
arbre ; mais si cette ressource lui manque, et
qu'il soit forcé de faire tête, il se défend valeu-
reusement des dents et des ongles, et maltraite
cruellement les chiens. Ces animaux multiplient
peu, et leur espèce est assez rare en France :
on n'y en voit guères que dans quelques provinces où il y a beaucoup de grands bois. Dans
certaines contrées, on les connoît à peine. Il
s'en trouve quelques-uns dans les forêts du
Berry, de l'Auvergne, et de la Bourgogne :
mais les provinces qui en fournissent le plus,
sont le Languedoc et la Guyenne, dans les parties voisines des Pyrénées; le Béarn, la Bigorre,

et autres pays limitrophes de l'Espagne , où ils
sont beaucoup plus communs qu'en France,
Espinar compare le chat sauvage au lion pour
la forme du corps , la démarche et la manière de chasser. Quant à la forme du corps,
la comparaison manque de justesse ; car on
ne voit pas trop en quoi il ressemble au roi
des animaux : à l'égard de la démarche et de
la manière de chasser , il peut y avoir quelque
conformité entre eux ; car le lion ruse quelquefois avec les animaux qu'il veut saisir, s'en approche en se traînant le ventre à terre , et s'élance
sur eux, à une certaine distance ; mais , au reste,
cette manière de saisir sa proie n'appartient pas
plus au chat sauvage qu'au chat domestique.
Le même auteur dit que sa chair a la couleur
et le goût de celle du lièvre. Si le fait est vrai,
sa chair est donc fort différente de celle du
chat domestique, qu'on sait être blanche comme
celle du lapin.

I I I.

De la Martre et de la Fouine.

On confond mal-à-propos la martre avec la
fouine. La martre est un peu plus grosse, et
cependant a la tête plus courte que la fouine;
elle a aussi les jambes plus longues, et la gorge
jaune , au lieu que la fouine l'a blanche. Son
poil est plus garni , plus fin , et moins sujet

tomber. En outre, la martre fait toujours son nid dans les arbres, s'emparant, tantôt du nid de l'écureuil , tantôt de quelque ancien nid d'oiseau , ou d'un trou de pivert : la fouine fait le sien dans un grenier à foin, dans un trou de muraille, une fente de rocher, ou un tronc d'arbre creux. Enfin, la martre ne s'approche point des habitations ; jamais on ne la trouve dans les lieux découverts, et elle se tient toujours dans les foréts : la fouine, au contraire, fréquente habituellement les greniers, granges, colombiers et basses-cours, et s'en écarte peu. Du reste, toutes deux sont carnassières ; mais la martre , ne quittant point les bois, ne se nourrit que de gibier, au lieu que la fouine, outre le gibier, détruit beaucoup de volaille. L'une et l'autre ont une odeur de musc qui n'est pas désagréable.

I V.

Du Putois.

Le putois ressemble beaucoup à la fouine par le naturel, les habitudes et la forme du corps. Il est plus petit, a la queue plus courte , le museau plus pointu, le poil plus épais et plus noir. Il a du blanc sur le front, aux côtés du nez, et autour de la gueule. Il en diffère encore par son odeur, qui est fort mauvaise. Comme la fouine, il hante les granges, gre-

niers à foin, etc. Il paroît craindre le froid, se
retirant dans les bâtimens pour y passer l'hiver, et l'on ne rencontre jamais sa trace sur la
neige, dans les bois et champs qui en sont
éloignés. Cet animal ne sort de sa retraite que
la nuit pour chercher sa proie. Il fait encore
plus de ravage que la fouine dans les poulaillers
et colombiers, coupant et écrasant la tête à
toutes les volailles, qu'il transporte, une à une,
dans son magasin. Il est aussi le fléau des lapins, dont il détruit une quantité.

Il y a des gens qui font métier de chasser
les fouines et putois, et qui courent les campagnes, de ferme en ferme, pour les détruire.
Ils ont de petits bassets dressés pour cette
chasse, et instruits à monter par des échelles,
à l'aide desquelles ils poursuivent ces animaux,
sous les toits des granges et greniers, et vont
les relancer sous les sablières, dans les trous
des murailles, et dans les tas de paille et de
foin où ils se refugient; ce qui les oblige de
se découvrir de temps en temps, et donne le
moyen de les tirer, en prenant la précaution
de se servir, pour bourrer le fusil, de tampons de bourre qui ne s'enflamme point.

V.

De la Belette.

La belette a les mêmes inclinations que la

fouine et le putois, habite comme eux les greniers et granges, et quoique beaucoup plus petite, ne fait guères moins de ravage dans les basses-cours, où elle détruit quantité de volailles, sur-tout de jeunes poulets, dont elle ne laisse pas un seul en vie lorsqu'elle s'introduit dans un poulailler. Elle ne fait pas moins de dégât dans les colombiers, et mange aussi les œufs, qu'elle casse et suce avec beaucoup d'avidité. Elle dépose quelquefois ses petits dans le foin, ou la paille; et pendant qu'elle les nourrit, elle fait une guerre cruelle aux rats et souris, et avec plus d'avantage que le chat, sa petite taille lui permettant de les suivre jusques dans leurs trous. C'est pendant l'été qu'on la trouve le plus éloignée des maisons, dont, en tout temps, elle s'écarte davantage que la fouine et le putois. La belette détruit aussi beaucoup de gibier; non seulement elle prend les perdrix et cailles, lorsqu'elles couvent, et les dévore avec leurs œufs, mais elle mange les lapereaux, même les vieux lapins, et attaque quelquefois un vieux lièvre, dont, malgré sa petitesse, elle vient à bout, en le saisissant à la gorge, sans quitter prise jusqu'à ce qu'elle l'ait étranglé, quoiqu'il fuie et l'entraîne avec lui.

Il y a des belettes qui deviennent toutes blanches en hiver, qu'on a quelquefois mal à propos confondues avec l'hermine. L'hermine,

rousse en été, devient ordinairement blanche
en hiver; mais elle a, en tout temps, le bout
de la queue noir; au lieu que la belette, même
celle qui blanchit en hiver, a en tout temps le
bout de la queue jaune. Elle est, d'ailleurs,
sensiblement plus petite, et a la queue beaucoup plus courte que l'hermine. Enfin, une
autre marque distinctive de l'hermine, c'est
qu'elle a le bord des oreilles et les extrémités
des pieds blancs. On appelle l'hermine *rose-
let*, lorsqu'elle est rousse ou jaunâtre; *hermine*, lorsqu'elle est blanche. Elle est rare en
France, et beaucoup plus commune dans les
pays du nord.

CHAPITRE XI.

De la Marmotte; de l'Ecureuil et du Loir.

. I.

De la Marmotte.

LA marmotte est un peu moins grande qu'un
lièvre, mais bien plus trappue et plus ramassée.
Par la forme de son corps, elle tient un peu
de l'ours, et un peu du rat. Elle a le nez, les
lèvres, et la forme de la tête comme le lièvre;
le poil et les ongles du blaireau, les dents du

gastor, la moustache du chat, les yeux du loir, les pieds de l'ours, la queue courte, et les oreilles tronquées. Sur le dos elle est d'un roux brun, plus ou moins foncé, et d'un poil assez rude : celui du ventre est roussâtre, doux et touffu. Elle ne se trouve que sur les plus hautes montagnes. A la fin de septembre, ou au commencement d'octobre, la marmotte se recèle, pour ne sortir qu'au mois d'avril, et dort ou reste engourdie, pendant tout ce temps, dans un terrier qu'elle creuse exprès, et où plusieurs se retirent ensemble, après y avoir porté du foin, dans lequel elles s'enveloppent roulées sur elles mêmes. Elles sont fort grasses, lorsqu'elles se recèlent, et il y en a qui pèsent jusqu'à vingt livres. Lorsqu'on les juge endormies, et que la neige ne couvre pas encore les hauts pâturages, où sont creusées leurs tanières, on va les déterrer, et l'on en trouve jusqu'à dix ou douze dans une même tanière, que le chasseur met dans son sac, sans qu'elles se réveillent. Les marmottes mangent du pain, des fruits, des racines, des hannetons, scarabées et autres insectes. Elles grimpent sur les arbres, et montent entre deux parois de rocher, comme les ramoneurs, qu'on dit avoir appris d'elles à monter dans les cheminées. Elles habitent en troupes, et passent les trois quarts de leur vie dans leur terrier, dont elles ne sortent que dans les plus beaux jours. Lors-

qu'elles sont dehors , il y en a toujours une
qui fait le guet sur une roche élevée , tandis
que les autres s'amusent à jouer sur le gazon,
et qui , dès qu'elle apperçoit un homme , un
chien , un aigle , les avertit par un coup de
sifflet très-bruyant, qui les fait rentrer dans
leur terrier , où elle-même ne rentre que la
dernière. La chair de la marmotte est passablement bonne, lorsqu'elle est jeune, quoiqu'un
peu huileuse , et ayant quelque odeur de musc.
On trouve des marmottes en France , dans les
Alpes dauphinoises et les Pyrénées.

I I.

De l'Ecureuil.

L'écureuil est trop connu pour le décrire. Ce
petit animal habite les forêts , sur-tout les bois
de haute futaie , et n'en sort jamais , se tenant
toujours sur les arbres , où il se construit, avec
de la mousse et des buchettes, dans l'enfour-
chure d'une branche , une petite bauge, qui le
met à couvert des injures de l'air. Il ne descend
à terre que lorsque les arbres sont agités par
de grands vents. Il se nourrit de faînes, noisettes , châtaignes , et autres fruits sauvages,
dont il fait, pour l'hiver, une provision, qu'il
dépose dans les trous et fentes d'arbres. Il prend
aussi quelquefois de petits oiseaux , suivant
M. de Buffon.

I I I.

Du Loir.

Le loir est à-peu-près de la grandeur de l'écureuil, et en diffère peu par ses habitudes. Il habite, comme lui, les forêts, grimpe sur les arbres, saute de branche en branche, mais à la vérité moins légèrement, ayant les jambes moins longues, le ventre plus gros, et étant aussi gras que l'écureuil est maigre. Il se nourrit, comme lui, de faînes, noisettes, châtaignes, etc., et mange aussi de petits oiseaux, qu'il prend dans leur nid. Il ne se loge point dans une bauge sur les arbres, mais se fait un lit de mousse dans le tronc de ceux qui sont creux. Ce petit animal reste engourdi pendant tout l'hiver. Il est fort gras en toute saison; il l'est même encore après avoir passé trois ou quatre mois sans manger, comme il arrive pendant qu'il dort. On faisoit grand cas de sa chair chez les Romains, et elle est encore recherchée en Italie, où il est beaucoup plus commun qu'en France.

CHAPITRE XII.

De la Loutre ; du Castor, et du Rat-d'eau.

I.

De la Loutre.

LA loutre est un animal amphibie qui se nourrit de poisson, et fait beaucoup de ravage dans les rivières, et particulièrement dans les étangs. Elle a le corps aussi long et aussi gros que le blaireau. Son poil est court et de couleur marron foncé. Ses oreilles sont petites, sa tête un peu alongée, et sa gueule, dont la mâchoire inférieure est plus courte et plus étroite que celle d'en-haut, est armée de dents longues et recourbées fort tranchantes, avec lesquelles elle coupe les petites racines qui la gênent, pour se former une habitation dans les berges des rivières et des étangs, où elle se loge ordinairement un peu au-dessus de l'eau, sous des pierres ou des souches d'aunes et de saules. Ses jambes sont très-courtes, et sa queue est fort longue. Ses pieds sont garnis d'une membrane entre les doigts, qui lui donne la facilité de nager, et de se soutenir quelque temps au fond de l'eau, où elle va chercher sa proie.

On chasse la loutre avec des bassets, le long des rivières, lorsqu'on découvre par son pied, ou par ses épreintes, les endroits qu'elle fréquente; mais cette chasse ne réussit bien que dans les petites rivières; les grandes et les étangs n'y sont guères propres. Pour la bien faire, il faut plusieurs hommes, les uns armés de fusils, les autres avec des perches pour battre sous les racines et souches, et dans les herbes et joncs qui bordent la rivière. On se met en quête dès la pointe du jour, non en suivant le fil de l'eau, mais en remontant, parce qu'alors l'eau apporte aux chiens le sentiment de l'animal. Chasseurs et batteurs, ainsi que les chiens, se partagent des deux côtés de la rivière, et lorsque la loutre vient à être lancée, un des chasseurs gagne les devants à quelque distance des chiens, pour la voir passer dans l'eau, et un autre reste derrière, pour le cas où elle tournera de ce côté, tandis qu'un troisième appuie les chiens, et les fait chasser. S'il y a peu d'eau dans cet endroit de la rivière, il est aisé de l'appercevoir, et de la tirer au passage; s'il y en a beaucoup, pourvu que l'endroit soit découvert et point embarrassé de joncs et d'herbes, on peut encore la tirer, attendu que cet animal ne peut rester long-temps sous l'eau, sans se montrer à la surface pour y respirer. Le chasseur qui la voit passer, et la manque, ou ne peut la tirer, crie *tayaux*, pour avertir celui qui appuie les chiens, et court en avant, pour se retrouver sur son passage ; et on continue ainsi la poursuite jusqu'à ce qu'on ait réussi à la tuer. Je n'entrerai pas dans un plus grand détail sur cette chasse, qui se trouve décrite dans plusieurs livrés de vénerie, et notamment dans l'*Ecole de la chasse aux chiens courans* de M. le Verrier de la Conterie.

Les loutres s'écartent quelquefois assez loin de l'eau. Un chasseur, très-digne de foi, m'a raconté que, chassant un jour des lapins dans une garenne éloignée de plus d'un quart de lieue d'une rivière, ses chiens en rencontrèrent une dans le bois, qu'il apperçut venir à lui par le fond d'un fossé, et qu'il tua, sans trop savoir quel animal il tiroit.

La peau de cet animal sert à faire des chapeaux comme celle du castor. Sa chair est huileuse et coriace ; cependant les chartreux ne la dédaignent pas.

I I.

Du Castor.

Le castor est un animal amphibie assez court et ramassé, bas sur jambes, ayant des membranes aux pieds de derrière seulement, et se servant de ceux de devant comme de mains, avec autant d'adresse que l'écureuil. Il a le

museau

museau un peu pointu , les oreilles courtes , et
la tête menue à proportion du corps. Sa longueur ordinaire est de trois pieds , depuis l'extrémité du museau jusqu'à la naissance de la
queue , dont la forme est singulière : elle est
longue d'un pied , épaisse d'un pouce , et large
de cinq ou six , recouverte d'écailles et d'une peau
toute semblable à celle des gros poissons. C'est
cette queue qui sert de truelle à ceux de l'Amérique pour enduire et maçonner ces habitations merveilleuses , tant célébrées par les voyageurs et les naturalistes. Les plus gros castors
pèsent cinquante à soixante livres. Leur fourrure est ordinairement de couleur de marron,
plus ou moins foncée , suivant la température du
climat qu'ils habitent. Plus on avance vers le
nord de l'Amérique , plus ils sont bruns , et
dans les contrées du nord les plus reculées , ils
sont tout noirs. Il s'en trouve aussi quelques-
uns tout blancs ; les fourrures des noirs sont
les plus belles et les plus estimées. Le castor se
nourrit d'écorce de bois , et de bois tendre , et
ne mange point de poisson.

Il y a quelques castors dans le Rhône , particulièrement depuis Avignon jusqu'au Pont-Saint-
Esprit ; car on prétend qu'il ne s'en trouve pas plus
loin. Il y en a aussi dans la Cèse et le Gardon ,
deux rivières qui se jettent dans ce fleuve , la
première près de Caderousse , et la seconde vis-
à-vis de Valabrègues. Mais ils ne se trouvent

dans la Cèse, que jusqu'à une demi-lieue de son embouchure, en remontant. Quant au Gardon, ils y occupent beaucoup plus d'étendue ; on y en rencontre depuis son embouchure jusqu'à la hauteur de Vezenobres, qui en est à la distance de huit lieues. Là, ces animaux (connus sous le nom de *bièvres* dans l'ancien langage) ne se rassemblent point pour former des peuplades, comme ceux de l'Amérique septentrionale. Ils vivent solitaires et dispersés, chacun se creusant une habitation sous les berges des rivières, d'où ils sont appellés *castors terriers*, pour les distinguer de ceux qui ne terrent point. L'entrée de ces habitations souterraines est toujours dans l'eau, au bas d'une rive droite et escarpée, et le plus souvent aux endroits où il se trouve quelques arbres, dont les racines puissent aider à en dérober la vue. Ils ont la prévoyance de les creuser en montant. A un pied ou deux des eaux ordinaires, est une petite chambre d'environ quatre pieds de diamètre, où le castor se loge; ensuite un boyau de quelques pieds qui aboutit à une autre chambre plus élevée ; puis une troisième, une quatrième, et quelquefois jusqu'à six d'étage en étage, pour parer aux crues d'eau extraordinaires. Ces chambres sont jonchées de petits morceaux de bois refendus, et aussi minces que des copeaux de menuisier, et c'est sur ces copeaux que le castor se couche. Enfin, au-dessus de la dernière chambre, est un trou qui sort de terre, pour donner de l'air au terrier ; et c'est par ce trou que sort le castor, dans les inondations. Il est deux cas où ces animaux se trouvent fort désorientés ; celui de la grande sécheresse, où l'entrée de leur terrier reste à sec et à découvert ; et bien plus encore celui des inondations, où la rivière sort de son lit. Dans ce dernier cas, ils sont obligés de déserter leurs terriers. On croit que, dans cette extrêmité fâcheuse, ils se retirent sur les endroits les plus élevés des isles du Rhône, et quelquefois sur des tas de bois. Alors, comme ils sont errans, et se font voir davantage pendant le jour (car, en tout autre temps, ils ne sortent que la nuit), on les poursuit quelquefois sur l'eau avec des bateaux, pour les tuer à coups de fusil ; attendu que, de même que la loutre, ils ne peuvent pas rester long-temps au fond de l'eau, et sont obligés de paroître de temps en temps à la surface, pour respirer. Mais cette chasse est très-pénible, et réussit rarement, le bateau, qui est entraîné par le courant de l'eau, ne pouvant suivre le castor dans tous ses détours ; joint à cela que l'animal, se voyant poursuivi, se montre le moins qu'il peut.

Il est arrivé quelquefois, dans des temps d'extrême sécheresse, que l'entrée du terrier se trouvant à sec, ou presque hors de l'eau, en élargissant le trou qui est sur la terre, on y introduisoit des chiens qui forçoient le castor à fuir du côté de l'eau , où on l'attendoit avec le fusil, mais plus souvent avec des bâtons pour l'assommer , en y joignant la précaution d'un filet tendu dans l'eau , au-devant de l'embouchure du terrier , pour le cas où il auroit été manqué à la sortie. D'autres , lorsqu'ils ont découvert un terrier de castor , se joignent plusieurs ensemble , et creusent la terre , en suivant le boyau. Le castor effrayé , prend le parti de déguerpir , et est assommé , fusillé ou pris dans le filet ; mais il arrive aussi quelquefois qu'il coupe le filet avec les dents , et s'échappe.

En général, on fait peu la chasse des castors avec le fusil. Il s'en tue cependant quelques-uns , en les guettant la nuit à l'affût dans les endroits où ils vont manger l'écorce des saules, dont ils se nourrissent , et qui se trouvent en abondance dans les isles du Rhône , et sur les bords de la Cèse et du Gardon. Après avoir coupé les branches, ils les traînent ordinairement sur des graviers voisins, pour en enlever l'écorce , et c'est sur ces graviers qu'on les attend. Il y a eu autrefois à Valabrègues (m'a-t-on dit) un homme fort au fait de cette chasse , et qui en tuoit assez fréquemment , tant sur les lieux où ils coupent le bois, que sur les graviers où ils viennent manger.

Le poids des castors du Rhône est pour l'ordinaire de cinquante à soixante livres , c'est-à-dire , égal à celui des castors de l'Amérique. La chair de cet animal est assez estimée , surtout lorsqu'il est jeune , et ne pèse pas au-delà de trente livres. Au reste, ces castors terriers , dont la fourrure est moins belle que celle des castors vivans en société , étant rongée sur le dos par le frottement de la terre , ne se trouvent pas seulement dans l'ancien continent ; il y en a aussi dans le nouveau , et ils y forment même aujourd'hui le gros de l'espèce ; car depuis que les Européens se sont étendus, de proche en proche , dans les vastes contrées de l'Amérique septentrionale , qu'ils ont bâti des forts et des habitations sur les lacs et les fleuves , il n'existe presque plus de ces républiques si bien ordonnées de castors vivans ensemble dans des demeures commodes , construites sur pilotis , au milieu des eaux. Ces animaux , devenus par la valeur que les nations européennes ont donnée à leur fourrure, un objet de cupidité pour les naturels du pays , harcelés , tourmentés sans cesse, pour se soustraire , autant qu'ils le peuvent , à cette guerre continuelle , se sont dispersés , et chaque individu s'est enfoui sous la terre.

I I I.

Du Rat-d'eau.

Le rat-d'eau est de la grosseur du rat ordinaire ; mais il a la tête plus courte , le museau plus gros, le poil plus hérissé, et la queue beaucoup moins longue : il n'a point de membranes aux pieds. On le trouve sur les bords des petites rivières, ruisseaux et étangs, où il se loge dans un trou sous quelque souche d'arbre, et mord assez souvent les pêcheurs d'ecrevisses. Il se nourrit de goujons, vérons, ablettes, etc. On peut le tirer, lorsqu'on le surprend sur le bord d'une petite rivière, et qu'il se jette à la nage pour gagner son habitation de l'autre côté. On le dit assez bon à manger.

SECTION III.

De la Chasse des Oiseaux de terre.

CHAPITRE PREMIER.

Des Perdrix.

I.

De la Perdrix grise.

LES perdrix grises s'apparient au printemps, plus tôt ou plus tard, suivant que la saison est plus ou moins douce. En certaines années que le temps est doux au mois de janvier, on rencontre déjà des couples ; mais dès que le froid revient, elles se découplent, et se remettent en compagnies. Dans les capitaineries et terres bien gardées, on ne les tire plus depuis la chandeleur, quoique l'ordonnance des chasses ne l'interdise qu'à compter du premier mars.

La perdrix pond dans tout le mois de mai , et le commencement de juin , très-rarement dans le mois d'avril : il m'est arrivé , une seule fois, de trouver des œufs dans les derniers jours de ce mois. Elle fait son nid sur la terre, avec quelques brins d'herbe seulement, arrangés sans art , au bord d'une pièce de blé, dans un pré , une bruyère, etc. Sa ponte est de quinze à vingt œufs.

Les perdreaux les plus avancés commencent à voler vers les derniers jours de juin ; d'où vient le proverbe : *A la saint-Jean perdreaux volans*. Mais , communément, ils ne sont bons à tirer que vers la mi-août, lorsqu'ils sont *bréchés* ; ce qui veut dire qu'ils commencent à perdre leur première queue , et à pousser ce qu'on appelle du *revenu*, c'est-à-dire , des plumes de la seconde queue. Tant que cette seconde queue n'a pas acquis toute sa longueur , on dit que les perdreaux ont un doigt, deux doigts de *revenu* ; et lorsqu'elle a pris toute sa crue , alors on dit qu'ils sont *revenus de queue*. A mesure que la nouvelle queue pousse et s'alonge , les premières plumes du dessous de la gorge et du jabot, qui étoient d'un blanc sale ou jaunâtre, sont remplacées par des plumes mouchetées de gris ; et lorsque ces plumes sont entièrement poussées, ce qui a lieu vers la mi-septembre, plus tôt aux uns, plus tard aux autres, suivant que les compagnies sont plus ou moins avancées, on dit que les perdreaux sont *maillés*. Viennent ensuite les plumes rousses sur la tête, puis ce rouge qu'ont les perdrix aux tempes, entre l'œil et l'oreille, ce qu'on appelle *pousser le rouge*. Enfin, des plumes rousses et noirâtres commencent à former un fer-à-cheval sur l'estomac des mâles ; bien moins marqué chez la femelle, ce qui arrive vers le premier octobre; et c'est alors que les perdreaux sont vraiment perdrix ; ce qui a donné lieu au dicton : *A la saint-Remi, tous perdreaux sont perdrix.* A cette époque, on ne distingue plus les jeunes perdrix d'avec les vieilles, que par la première plume du fouet de l'aile, qui finit en pointe et représente une lancette, au lieu que celles qui ne sont pas de la dernière ponte, ont cette plume arrondie à son extrémité. Cette différence subsiste jusqu'au temps de la première mue, c'est-à-dire, jusques au mois de juillet de l'année suivante. On les distingue encore à la couleur des pieds; les jeunes les ont jaunâtres, les vieilles les ont gris.

A l'égard des différences qui distinguent le mâle d'avec la femelle, lorsque les perdrix ont pris toute leur croissance, elles consistent dans le fer-à-cheval dont nous avons parlé plus haut, et un ergot obtus au derrière du pied, qu'a le mâle, et non la femelle. En outre, le mâle est un peu plus gros.

Toutes les années ne sont pas également abondantes en perdreaux : et cela dépend beaucoup de la température qui règne pendant le temps de la ponte et de la couvaison, et lorsque les perdreaux viennent à éclore, c'est-à-dire, depuis la fin d'avril jusques vers la mi-juin. En général, lorsque l'année a été sèche à cette époque, il y a abondance de perdreaux. Mais quand, au contraire, les pluies ont été fortes et continues pendant la ponte et la couvaison, la perdrix, sur-tout la grise, faisant, par préférence, son nid dans les lieux bas, ses œufs se trouvent noyés et entraînés par les ravines, ce qui ne seroit pas arrivé, si les pluies eussent commencé plus tôt. En ce cas, trouvant les plaines et lieux bas trop humides, elle auroit choisi, pour placer son nid, des lieux élevés et secs. Si les pluies se déclarent, lorsque les perdreaux sortent de la coque, beaucoup de ces petits nouveau-nés, qui ont à peine la force de se soutenir, se trouvent noyés. A cette dernière époque, la sécheresse même, lorsqu'elle est à un certain degré, leur est très-nuisible : alors la terre se fend, et forme des crevasses, où ils tombent et périssent, étant trop foibles pour s'en retirer. Il faut donc un temps, pour ainsi dire, fait exprès, pour que la ponte des perdrix prospère parfaitement. Un nid de perdrix, d'ailleurs, a tant de dangers à courir, depuis le moment de la ponte, jusqu'à ce que les perdreaux soient éclos, tant de la part des belettes et autres bêtes puantes, des corneilles, des pies, et des chiens de berger qui mangent les œufs, que des bergers eux-mêmes, des serreuses d'herbes dans les blés, et des gens de campagne qui les détruisent, que, si ce n'est dans les terres gardées avec soin, il y a tout lieu de croire qu'il n'y a pas la moitié des pontes qui réussissent.

Lorsque les œufs d'une perdrix se trouvent détruits par quelque cause que ce soit, il arrive quelquefois qu'elle recommence à pondre; et lorsqu'on rencontre, à la fin de septembre, et même plus tard, des perdreaux à peine revenus de queue, c'est qu'ils proviennent de ces secondes pontes, qu'on appelle *recoquage.*

Tant que les perdrix grises ne sont encore que perdreaux, c'est-à-dire, jusques vers la fin de septembre, il est facile d'en tuer dans un pays qui en est un peu garni; mais ce temps passé, et sur-tout aux approches de la toussaints, dès qu'elles ont mangé le blé qui commence à pousser, elles partent de fort loin, et il est difficile de les joindre : on ne parvient à les séparer qu'à force de les tourmenter et de les rebattre, particulièrement dans les plaines rases, où il n'y a point de fourré, ni de remises ; et ce n'est qu'en les partageant qu'on peut espérer d'en tuer ; car tant qu'elles restent en bande, il est bien rare de pouvoir en approcher à portée de les tirer. C'est là, particulièrement, plus qu'en toute autre chasse, qu'un chasseur a besoin d'avoir ce qu'on appelle *bon pied bon œil* ; bon pied, pour les fatiguer, et les obliger à se disperser, en les poursuivant sans relâche ; et bon œil, pour les bien remarquer.

Outre la perdrix grise ordinaire, il y en a une autre espèce, appellée communément *roquette*, qui est de passage, et qu'on ne rencontre pas fréquemment : elle vole plus haut, plus loin, et se laisse difficilement approcher. Elle est plus petite que l'autre, et en diffère encore par le bec qu'elle a plus alongé, et par la couleur de ses pieds qui sont jaunes. On voit ces perdrix, le plus souvent, par bandes de trente, quarante, cinquante et plus, et on ne les rencontre guères que dans l'arrière-saison.

Lorsque l'on chasse dans un pays où il y a peu de perdrix, et que l'on ne veut pas battre la plaine au hasard, voici comme il faut s'y prendre pour savoir où l'on pourra en trouver. Le soir, depuis soleil couché jusqu'à nuit tombante, on s'arrête au milieu d'une plaine, au pied d'un arbre, ou d'un buisson, et là on attend que les perdrix se mettent à chanter, ce qu'elles ne manquent pas de faire à cette heure,

non-seulement pour se rassembler, mais même
sans que les compagnies soient dispersées.
Après avoir chanté quelque temps, elles font
un vol plus ou moins long. On remarque l'endroit où elles tombent, et l'on peut s'assurer
qu'elles y passeront la nuit, à moins que quelque chose ne les effraie, et ne les en fasse partir. On retourne sur les lieux le lendemain,
vers la pointe du jour, et l'on s'arrête de même,
au pied d'un arbre, ayant soin de tenir son
chien à l'attache, s'il n'est pas bien à commandement. Bientôt, le jour venant à paroître,
les perdrix commencent à chanter, et font ensuite la même manœuvre que le soir; c'est-à-
dire, qu'après avoir chanté, elles prennent leur
vol, et vont se poser, pour l'ordinaire, à peu
de distance. Là, au bout de quelques momens, elles recommencent leur chant, et font
quelquefois un second vol. Alors, dès que le
soleil est près de se lever, et que le jour permet de tirer, on se met à leur poursuite.

En temps de neige, il est aisé de tuer des
perdrix à terre, devant un chien d'arrêt, attendu que leur couleur qui tranche avec le
blanc de la neige, les fait appercevoir au premier coup-d'œil, et c'est alors que les braconniers
ont beau jeu, sur-tout si la neige se rencontre
avec le clair de lune. En pareil cas, ils sont debout toute la nuit, dans les plaines, avec une
chemise par dessus leur habit, et un bonnet

blanc sur la tête : et , comme les perdrix se
rassemblent alors en peloton , et se touchent
les unes les autres, souvent, d'un coup de fusil, ils détruisent la moitié d'une compagnie.
Aussi la neige , en général, doit-elle être re-
gardée comme le temps le plus funeste pour
les perdrix. Pour peu qu'elle dure , elle donne
lieu au braconnage destructif dont je viens de
parler; et si elle dure pendant long-temps, elle
les fait périr de faim, comme il est arrivé dans
l'hiver de 1783 à 1784 , où elle a couvert la
terre pendant plus de six semaines ; hiver à
jamais mémorable pour la destruction du gibier ; on les a vues alors si exténuées par la
faim, qu'elles se laissoient prendre à la main
après le premier vol; et que les corneilles , qui
en tout autre temps ne les attaquent point,
tomboient dessus, et les mangeoient.

Comme, parmi les perdrix , il naît un tiers
plus de mâles que de femelles , il arrive , dans
le temps de la pariade , que plusieurs coqs se
disputent la même poule , qui , à force d'être
tourmentée, déserte souvent le canton : ou, si
elle y reste , étant obligée de courir sans cesse,
pour se dérober aux poursuites des mâles qu'elle
a rebutés, elle pond un œuf dans un endroit, un
œuf dans un autre , et à la fin , il ne lui reste
qu'un coq, et point de nid. Il est donc très-utile
pour la multiplication des perdrix, de tuer une
partie des coqs, lorsqu'elles commencent à s'ap-

parier, c'est-à-dire, depuis le commencement de mars jusques vers la mi-avril ; et c'est ce qui se pratique dans les capitaineries et les terres bien gardées : mais il faut prendre garde de tuer les poules au lieu des coqs. Pour ne pas s'y tromper, on doit savoir que le coq part toujours le dernier, si c'est au commencement de la pariade : car sur la fin d'avril, c'est tout le contraire ; c'est alors la poule qui part la dernière. Si on apperçoit un couple à terre , en y prenant garde , on verra que la poule a la tête rase, et le coq haute et relevée.

Il y a un autre moyen de tuer les coqs de perdrix , savoir avec la chanterelle; et l'on peut s'en servir, non-seulement dans le temps du couple , mais depuis la fin de janvier jusqu'au mois d'août. On appelle chanterelle une perdrix femelle, soit privée, soit qui a été prise vieille , qu'on enferme dans une cage, et à la voix de laquelle accourent les mâles, lorsqu'ils l'entendent chanter. Voici la manière dont se fait cette chasse : lorsqu'on veut se servir de la chanterelle, on la met dans une cage faite exprès ; il y en a de plusieurs façons ; la plus commode et la plus portative se fait avec une calotte de chapeau , clouée par les bords sur un ais à-peu-près de la même grandeur : au milieu de cet ais se trouve une ouverture quarrée, se fermant avec une petite porte qui sert à introduire la perdrix dans la cage : au fond de la calotte se pratique un trou, par lequel elle peut passer la tête pour chanter. Il faut encore adapter au-dessous de la cage une cheville pointue, qui, se fichant en terre, l'arrête, et la retient en place. Muni de cette cage, on se transporte, soit le matin, vers soleil levant, soit le soir, avant qu'il se couche, au bout d'un champ, et l'on pose la cage à vingt-cinq ou trente pas d'une haie, derrière laquelle on se tient caché. Bientôt la chanterelle, si elle est bonne, se met à chanter; les mâles, d'aussi loin qu'ils l'entendent, accourent à ce chant, quelquefois au nombre de quatre ou cinq, s'entre-battant autour de la cage, pour se disputer la femelle, et l'on choisit le moment favorable pour les tirer. L'amour est un besoin si pressant pour tous les animaux, et particulièrement pour les perdrix, que pour y satisfaire, ils bravent tout danger, et oublient cette défiance constante que la nature leur a donnée pour leur conservation. Qu'on mette sur la fenêtre d'une maison, donnant sur la campagne, une chanterelle dans sa cage, dès qu'un mâle l'entendra, il viendra s'abattre jusques sur le toit de la maison, et bientôt sur la fenêtre même. La cage que je viens de décrire est particulièrement propre pour les chanterelles apprivoisées.

Parmi celles qui ont été prises vieilles, soit au filet, soit démontées par un coup de fusil, qui en général sont les meilleures, il y en a

de fort sauvages : celles-ci , on les met dans
une cage longue et couverte de toile. Lorsqu'on
les porte le soir à l'endroit destiné , elles se dé-
battent et se fatiguent quelquefois , de manière
qu'elles ne chantent point. En ce cas , il faut
laisser la chanterelle passer la nuit dehors ; bien
entendu qu'on lui donne de quoi boire et manger ; mais il faut avoir la précaution d'enfer-
mer sa cage dans une autre cage de fil de fer,
pour la défendre des bêtes puantes qui pourroient la manger. On reviendra sur les lieux,
le matin , au lever du soleil , et alors elle ne
manquera pas de chanter. On fait aussi cette
chasse , et même plus ordinairement, avec les
filets appellés *alliers*, dont on entoure la cage.

I I.

De la Perdrix rouge.

Il se trouve des perdrix rouges dans toutes
les provinces du royaume ; mais , dans la plupart, elles sont peu communes. Les provinces
méridionales sont celles où elles abondent le
plus. Dans quelques-unes, on n'en voit presque
point d'autres , sur-tout dans la basse Provence,
où à peine connoît-on les grises.

Outre la différence du plumage et du chant
que tout le monde connoît , les perdrix rouges
sont plus grosses que les grises. Leurs habitudes d'ailleurs ne sont pas tout-à-fait les mêmes.
Quoiqu'on

Quoiqu'on les trouve également dans les plaines, cependant, en général, elles préfèrent les côteaux, les lieux élevés, secs et pierreux, les jeunes tailles, les bruyères et les lieux couverts de genêts et de broussailles. Elles sont plus paresseuses à partir, volent pesamment, et, en s'abattant, courent beaucoup plus que les grises. Elles se tiennent plus écartées les unes des autres, et rarement la compagnie se lève toute à la fois, même au premier vol : aussi, lorsqu'une perdrix rouge part seule, il faut avoir attention de battre soigneusement le terrein, aux environs de l'endroit d'où elle est partie ; faute de quoi, il arrive souvent, que sans s'en douter, on laisse une compagnie entière derrière soi. Cette habitude qu'ont les perdrix rouges de ne point se rassembler en peloton comme les grises, de partir en détail, et de tenir davantage, fait que la chasse en est bien plus sûre, plus agréable, et moins pénible, pendant l'hiver; si ce n'est cependant dans les pays de montagnes, où elles passent d'un côteau sur l'autre, et où il faut souvent descendre et remonter par des escarpemens très-difficiles, et franchir des précipices pour aller les relever. La perdrix rouge, lorsqu'elle est poursuivie, se branche quelquefois, ce que la grise ne fait jamais : on en voit même, mais plus rarement, se terrer dans des trous de lapins, sans être blessées, lorsqu'elles ont été fort tourmentées,

X

ou lorsqu'elles apperçoivent un oiseau de proie. Le mâle, comme dans l'espèce des grises, est un peu plus gros que la femelle, et a aussi, au derrière du pied, un ergot obtus qu'elle n'a point.

Le temps de la pariade est le même pour les perdrix rouges que pour les grises ; mais on peut tuer les mâles avec plus de facilité, attendu que, dès que les femelles se mettent à couver, ils les abandonnent, ce qui est particulier à cette espèce. Alors ils se réunissent en compagnies quelquefois très-nombreuses, et l'on peut tirer en sûreté sur ces compagnies. Il s'y mêle souvent quelques femelles, mais ce sont des perdrix qui ont passé l'âge de produire.

A l'égard de la chanterelle, on ne s'en sert point pour tuer les coqs de perdrix rouges, les femelles ne chantant point, lorsqu'elles sont en cage ; mais, au lieu de chanterelle, on a un appeau artificiel, dont la figure se trouve dans les *Ruses innocentes* et dans l'*Aviceptologie Françoise*, avec lequel on imite si parfaitement le chant de la femelle, que les mâles y accourent avec plus de fureur encore que ceux des perdrix grises au chant de la chanterelle. Mais il y a une game notée pour se servir de cet appeau, qu'il faut connoître, et qui n'est pas aussi simple que celle du chant de la perdrix grise. On en fait un grand usage dans les pays où l'espèce de la perdrix rouge domine, pendant les mois de mai , juin et juillet , soit qu'on se serve du fusil , ou du filet , qui est tout différent de celui dont on se sert pour les perdrix grises. C'est un petit filet de soie fait en poche ou bourse , dont on peut voir la figure dans les *Ruses innocentes*.

On distingue les perdrix rouges de l'année , non-seulement par la pointe que forme la première plume du fouet de l'aile , mais encore par un petit point blanc qui se trouve à l'extrémité de cette pointe. Les plus vieilles ont les jambes semées d'écailles blanchâtres.

Il y a des perdrix rouges plus grosses les unes que les autres : celles des montagnes , et celles qui sont nées et se tiennent habituellement dans les bois , sont plus grosses que celles des plaines. On en connoît même trois espèces en Dauphiné , qui ne diffèrent que par leur volume. La plus grosse appellée *perdrix de roche* , et vulgairement *rochassière* , parce qu'elle n'habite que les montagnes arides et escarpées , est de la taille des plus grosses bartavelles.

Dans certains pays , en Espagne , par exemple , on ne connoît que la perdrix rouge. Il en est de même en Corse et en Sardaigne. Dans cette dernière isle , l'espèce en est tellement multipliée , que , quoique la chasse y soit permise à tout le monde , il est facile à un chasseur d'en tuer 50 ou 60 par jour , et qu'un paysan , en peu de jours , peut en prendre jusqu'à 500 avec le filet. Elle ne se vend que deux sols et demi, monnoie du pays.

On demandera peut-être de quelle espèce de filet se servent les paysans sardes pour prendre les perdrix. L'histoire naturelle de cette isle, déja citée dans la section précédente (*chap. III*), fait mention d'un filet assez semblable à celui que nous appellons *tonnelle*. Mais, en outre, il y a lieu de croire, vu la proximité des deux isles, que ce qui se fait en Corse, à cet égard, se pratique également en Sardaigne. Or voici de quelle manière les Corses prennent, pendant l'hiver, une grande quantité de perdrix au filet. Deux hommes s'entendent pour cette chasse, qui se fait la nuit. L'un a soin d'observer, sur la fin du jour, une compagnie de perdrix, et sait, en prêtant l'oreille à leur rappel, l'endroit où elles se sont rassemblées pour y passer la nuit. Bientôt après, il revient sur les lieux, et avance vers la compagnie, ayant à la main un tison de sapin résineux enflammé. Un autre homme le suit, à la distance de quelques pas, lequel porte au bout d'une perche de 8 à 10 pieds, un filet monté sur un cerceau de 3 à 4 pieds de diamètre, en forme de poche. Le porteur du tison s'approche peu-à-peu de la bande des perdrix, qui frappées de cette lueur, se tapissent et restent immobiles. Lorsqu'il s'en est approché à la distance convenable, il s'arrête ; àlors arrive derrière lui son camarade, et à l'instant que celui-ci apperçoit les perdrix, l'autre se baisse, pour lui donner la facilité de précipiter son filet sur la bande, dont à peine, sur dix ou douze, il en échappe deux. Au surplus, cette chasse nocturne au feu, n'est point particulière à la Corse et à la Sardaigne. Elle est fort usitée en Italie, dans la campagne de Rome, en Toscane, et ailleurs, et non-seulement pour les perdrix, mais pour toutes sortes d'oiseaux qu'on va quêtant à travers champs, au hasard, et sans les avoir remarqués pendant le jour. Mais, au lieu d'un tison enflammé, les chasseurs se servent d'une certaine lanterne de fer-blanc bien étamé en dedans, pour mieux réfléchir la lumière d'une grosse mèche dont elle est garnie. La lanterne est appellée en italien *frugnuolo*, et le filet *lanciatoja*, ce qui a fait donner à cette chasse l'un ou l'autre de ces deux noms.

I I I.

De la Bartavelle.

La bartavelle, au premier coup-d'œil, paroît une perdrix rouge plus grosse que les autres; néanmoins, elle en diffère essentiellement, d'abord par le collier noir commun à toutes les espèces de perdrix rouges : le sien ne forme qu'un cercle noir au-dessous du bec, de quatre à cinq lignes de largeur, au lieu que celui des

perdrix rouges est accompagné de taches noires
qui descendent jusqu'au milieu de la poitrine.
Une autre différence dans le plumage, non
moins remarquable, se trouve dans les plumes
qui longent depuis la naissance du collier jusqu'aux cuisses, et qui recouvrent les ailes, lorsqu'elles sont fermées. Ces plumes, dans la bartavelle, sont terminées par une bande d'un roux
très-pâle et presque blanc, enfermée entre
deux lignes noires; au lieu que, dans les perdrix rouges, ces mêmes plumes sont terminées
par une bande orangée bordée de noir en haut
seulement. Enfin la bartavelle paroît encore
différer de la perdrix rouge, par son chant;
celui de la perdrix rouge est *cokrra*, au lieu
que la bartavelle répète souvent la première
syllabe, avant de finir le mot, dont la termi-
naison, d'ailleurs, semble être en *o* : *cok-
cok-cokrro*. C'est à M. l'abbé Ducros, bibliothécaire de la bibliothéque publique de Grenoble, et savant ornythologiste, que je suis redevable de ces observations, auxquelles j'en
ajouterai encore une dernière qu'il a bien voulu
me communiquer, et qui me paroît décisive
pour établir la différence dont il s'agit. « Toutes
« mes observations les plus suivies (m'écrit M.
« l'abbé Ducros) ne m'ont jamais pu faire con-
« jecturer que la bartavelle se mêlât avec les
« autres perdrix rouges....... Les recherches
« que j'ai faites, en parcourant les montagnes,

« m'ont toujours confirmé dans mon opinion.....
« J'avois séparé, dans un cabinet, un mâle bar-
« tavelle avec une femelle rochassière, et dans
» un autre cabinet , un mâle rochassière avec
« une femelle bartavelle. Le besoin ou l'erreur
« de la nature faisoient qu'ils se recherchoient
« et vivoient ensemble ; mais il n'en est jamais
« rien résulté, et lorsque je remis les deux cou-
« ples ensemble ; chacun reprit sa femelle ana-
« logue, et paroissoit beaucoup plus content. »

La bartavelle ne se trouve que dans quelques
provinces méridionales de la France , particulièrement en Dauphiné, dans les environs de
Die, de Gap et d'Embrun. Elle se tient sur les
montagnes, même au-dessus des bois, et n'en
descend, pour se rapprocher un peu des lieux
habités, que dans l'automne, lors des premières
neiges. On la trouve alors dans les petits bois,
les bruyeres , les lavandes et les broussailles.
Les pays déserts qu'elle habite, coupés par des
torrens , des ravins et des précipices , en rendent la chasse très-pénible. Les paysans en
prennent beaucoup plus avec des piéges qu'ils
leur tendent, qu'il n'en est tué par les chasseurs. On distingue deux espèces parmi les bartavelles, l'une plus grosse, et l'autre plus petite ; la plus grosse pèse ordinairement 28 à 30
onces ; il s'en trouve même de deux livres et
plus. M. l'abbé Ducros en conserve une, dans
sa collection d'oiseaux, qui pesoit 33 onces.

I V.

De la Perdrix de montagne, ou Perdrix rousse.

Cette perdrix, qui est rousse sans mélange d'autre couleur, se rapproche plus de l'espèce des grises que de celle des rouges; elle a le bec et les pieds d'un rouge orangé pâle. M. de Buffon soupçonne qu'elle s'accouple avec la perdrix grise ou avec la rouge; mais ce n'est pas le sentiment de M. l'abbé Ducros. Cette perdrix, qui est plus grosse que la grise, se trouve dans les hautes montagnes du Dauphiné.

V.

Du Lagopède, Perdrix blanche, ou Arbenne.

Cet oiseau habite toujours par préférence, les sommets des plus hautes montagnes. Il se trouve dans les Alpes du Dauphiné. La neige est son élément : il s'y creuse un clapier, pour se mettre à l'abri des rayons du soleil qui paroît l'incommoder; et à mesure qu'elle se fond sur le penchant des montagnes, il va chercher les sommets les plus élevés, où elle ne se fond jamais. Il vit de feuilles et de pousses de pin, et de bouleau, de bruyère etc. Le lagopède est ainsi appellé, parce qu'il a du poil ou duvet sous les pieds; attribut qui lui est commun avec le lièvre, et qui lui appartient exclusivement

parmi les oiseaux, comme au lièvre, parmi les
quadrupèdes. Cet oiseau est de la grosseur d'un
pigeon, et pèse 14 onces. Au surplus, il n'est
blanc que pendant l'hiver : l'été, son plumage
devient semé de taches brunes sur un fond blanc.
C'est abusivement, selon M. de Buffon, qu'on
lui donne le nom de perdrix. Les lagopèdes
volent par troupes, et jamais bien haut, parce
que ce sont des oiseaux pesans. C'est un gibier
fort commun sur le Mont-Cénis. On le connoît
en Savoye sous le nom d'*Arbenne*.

CHAPITRE II.

De la Caille.

LES cailles arrivent d'Afrique, dans nos contrées, vers la mi-avril, débarquant d'abord
sur les côtes de nos provinces méridionales,
d'où elles se répandent ensuite, de proche en
proche, dans les provinces intérieures. On prétend que, pour faire le trajet de mer qui sépare les côtes d'Afrique de celles de la Provence, elles ne mettent que six ou sept heures;
et la preuve s'en tire de ce que celles que l'on
tue, immédiatement après avoir pris terre,
ont encore du grain dans le jabot, et que l'on
sait qu'il ne leur faut guères plus de temps

pour le digérer. On les trouve, à leur arrivée, dans les prairies et les blés verts, ce qui fait qu'on les appelle alors *cailles vertes*. Cet oiseau ressemble beaucoup en petit à la perdrix, tant par sa forme que par sa manière de vivre et ses habitudes ; mais son vol est bien moins haut que celui de la perdrix, et elle s'enlève rarement à plus de trois ou quatre pieds de terre, filant toujours très-droit, et se posant ordinairement à peu de distance. Elle tient beaucoup, et il est souvent très-difficile de la relever, quoiqu'on l'ait vue se poser. Le mâle est aisé à distinguer de la femelle : celle-ci a la poitrine blanchâtre, mouchetée de noir ; le mâle, roussâtre, sans mélange d'autre couleur ; et il a, d'ailleurs, le bec noir, ainsi que la gorge.

Peu de jours après son arrivée, la caille se met à pondre, de manière que sa ponte se rencontre à-peu-près avec celle de la perdrix : elle est aussi à-peu-près du même nombre d'œufs, savoir, quinze à seize.

Nous voyons peu de cailles dans nos provinces septentrionales, en comparaison de celles du midi, telles que le Languedoc et la Provence. En Provence, particulièrement, lors de leur passage, on en trouve en abondance, et surtout dans les parties de la côte qui ont des pointes avancées dans la mer. Quelques petites isles, voisines de la côte, telles que *Pomégues* et *Ratonneau*, à une lieue de Marseille ; les isles

de *Lérins* près d'Antibes; celles d'*Hyères* situées
à trois lieues en mer, en face de la petite ville de
ce nom; celles de *Riou*, de *Jéres*, et de *Maire*, au
sud de Marseille, entre cette ville et la Ciotat,
dont la plus éloignée de la côte, qui est celle
de *Riou*, n'en est qu'à trois quarts de lieue.
Ces isles, où elles ont coutume de faire une
station pour s'y reposer, en sont couvertes,
certains jours, dans le temps du passage, c'est-
à-dire, du quinze avril, au quinze mai. Alors,
des bandes de chasseurs s'y rendent pour y faire
des parties qui durent quelquefois plusieurs
jours ; ils y portent des provisions de bouche,
et s'établissent sous des tentes, dans celles qui
ne sont point habitées. Ces chasses sont ordinairement fort abondantes, tant que le vent
souffle du midi, attendu que c'est ce vent qui
amène les cailles; et au contraire, par le vent
du nord, il n'y a point de passage. Outre les
cailles, on rencontre quelquefois sur ces isles,
des râles de genêt, ou rois-de-cailles, des tourterelles et des huppes, qui s'y arrêtent également
pour se reposer. Mais la plupart des cailles qu'on
tue à ce passage, sont maigres ; elles ne deviennent grasses qu'après la récolte, dans les
mois d'août et de septembre ; les cailleteaux,
alors, ont pris toute leur croissance, et c'est
là le vrai temps de la chasse des cailles. On les
trouve, en cette saison, dans les chaumes, les
vignes, les sain-foins, les luzernes, et dans les

champs de blé - sarrasin, qui ne se moissonne que fort tard.

Les cailles nous quittent à la fin de septembre: on rencontre encore quelques traîneuses jusques vers la mi-octobre ; d'autres , mais en très-petit nombre , blessées , ou trop grasses pour entreprendre le voyage , restent dans le pays pendant l'hiver. J'en ai vu tuer une en Normandie , le jour de saint Martin. J'en ai vu une autre, le 7 mai , restée de l'année précédente; mais quant à celle-ci , elle avoit été dans l'impossibilité absolue de partir : cette caille , dont je ne parle que pour la singularité de la rencontre, n'avoit qu'une aile ; l'autre manquoit entièrement, et étoit tombée, tout près du corps, sans doute à la suite d'un coup de fusil qui l'avoit brisée dans le gros ; aussi n'eus-je pas la peine de la tirer; mon chien la prit dans une piéce de blé , et me l'apporta vivante. La blessure, que j'examinai , étoit parfaitement cicatrisée , et recouverte de plume; ce qui prouve évidemment que ce n'étoit pas une caille arrivante.

Lorsque le temps du passage des cailles pour retourner en Afrique est arrivé , c'est-à-dire, depuis le 15 d'août jusqu'aux premiers jours d'octobre , il se fait , aux environs de Marseille, dans toute cette étendue de terrein , couverte de bastides , qu'on appelle le *taradou* , une chasse très-agréable , pour laquelle on se sert d'appeaux vivans. Ce sont de jeunes mâles de l'année, pris au filet, et qui se conservent d'une année à l'autre, dans des chambres ou en volière, ayant soin de ne pas leur donner de millet, qui les engraisse trop. Au mois d'avril, on les aveugle, en leur passant légèrement sur les yeux un fil de fer rouge ; opération qui en fait mourir quelques-uns. Au mois de mai, on les plume en partie sur le dos, aux ailes et à la queue, sans trop les déshabiller, pour avancer leur mue, parce que s'ils muoient dans le temps du passage, cela les empêcheroit de chanter. A l'entrée du mois d'août, on les met en cage, pour les y accoutumer ; et lorsque le temps de la chasse est arrivé, on plante dans les vignes, de distance en distance, des pieux de 8 à 10 pieds, auxquels on attache transversalement de l'un à l'autre, deux rangs de planches garnies de clous à crochet, pour y suspendre des cages. Lorsqu'on a peu d'appeaux, on se contente de clouer longitudinalement, sur chaque pieu, une planche d'environ trois pieds de longueur, et de 8 à 10 pouces de large, dans laquelle on fiche trois clous pour recevoir autant de cages. On multiplie les pieux et les cages, à proportion de l'étendue des vignes. Elles restent ainsi suspendues, tant que dure la saison du passage. Un homme est chargé de donner à manger aux appeaux et de les garder, pendant la nuit, dans une cabane construite exprès sur le lieu, lorsque cette chasse se fait en pleine campagne ; car

on peut se dispenser de cette précaution, lorsqu'elle se fait dans des vignes enfermées de
murs qui font partie de l'enclos d'une bastide.
Les cailles appellantes, qui sont au nombre
de 30, 40, 50, et quelquefois cent, suivant
que le terrein où l'on chasse est plus ou moins
étendu, chantent dès l'aube du jour, et attirent
autour des cages non-seulement celles qui passent, mais celles qui se trouvent répandues dans
les environs. Deux heures après soleil levé,
lorsque la rosée est essuyée, le chasseur se rend
sur les lieux, sans chien, et bat les vignes, doucement et à petit bruit, pour ne pas trop effaroucher les cailles rassemblées autour des cages,
qui partiroient par douzaines, s'il en faisoit trop.
Cette première battue faite, il va chercher, ou
se fait amener un chien, qui fait lever celles qui
ne sont point parties. Un seul chasseur peut tuer
50 ou 60 cailles dans une matinée ; mais, pour
que cette chasse réussisse, il faut que la mer
soit calme ; pour peu qu'elle soit agitée, il n'y
fait pas bon, et les cailles ne passent point. La
chasse est bien plus abondante, lorsqu'on enferme un terrein, ainsi garni d'appeaux, avec
des filets suspendus à des pieux disposés autour
de l'enceinte qui se tendent le matin, et dans
lesquels les cailles viennent se jetter, à mesure
qu'on les fait partir en battant les vignes ; ce
qui n'empêche pas qu'en même temps on ne
puisse se donner le plaisir de les tirer au fusil.

Alors, celles qui échappent au coup, sont prises dans les filets. Mais ces filets, qui sont de soie verte, font un article de dépense considérable, et il n'y a que les gens riches ou fort aisés qui les emploient dans des vignes encloses de murs qui accompagnent leurs bastides. On peut prendre de cette manière jusqu'à 1500, ou 2000 cailles pendant les six semaines que dure cette chasse, suivant que le terrein est plus ou moins étendu.

Il paroît que non-seulement les cailles séjournent plus long-temps en Italie qu'en France, mais qu'il y en reste beaucoup pendant l'hiver. Olina (1) dit que, dans la campagne de Rome, elles s'en vont à la fin de l'été, et au plus tard, dans les premiers jours de novembre; et que celles qui sont trop grasses pour repasser en Afrique, vont s'établir dans les lieux bas et abrités, où le froid se fait moins sentir qu'ailleurs. Cesare Solatio, déjà cité dans la première partie de cet ouvrage, dit que les cailles qui s'en vont au mois de septembre, sont les grosses qui se sont engraissées, et que les petites cailles maigres, que les chasseurs appellent *cailles demontagne*, parce qu'elles sont nées dans les montagnes, ne s'en vont qu'en octobre; qu'on trouve encore de ces dernières, pendant tout le mois

____

(1) *Uccelleria; ovvero Discorso della natura e proprietà di diversi uccelli, etc.*; in Roma, 1622, *in-4°.*

de novembre ; ce qui s'accorde assez avec ce que dit Olina.

Espinar dit qu'elles quittent l'Espagne au mois de septembre, et que, dès le premièr jour de gelée blanche, elles disparoissent, quoiqu'il y en eût encore beaucoup la veille.

En Sardaigne, suivant la nouvelle histoire naturelle de cette isle, une partie des cailles seulement s'en va aux premières pluies de l'automne, et il en reste encore en quantité pendant l'hiver. On va expressément à la chasse aux cailles, en cette saison ; on les entend chanter, et on les rencontre dans les champs, par compagnies de cinq ou six. On s'apperçoit seulement que le nombre en est considérablement diminué, et on le voit augmenter au mois d'avril.

CHAPITRE III.

Du Râle de genêt.

LE râle de gênet, ainsi nommé de ce qu'il habite, par préférence, les lieux couverts de genêts, est un oiseau de passage qui arrive dans nos contrées, et en part aux mêmes époques que la caille, ce qui fait qu'en certaines provinces on lui donne le nom de roi-des-cailles. Il est en grosseur presque le double du râle

d'eau

d'eau. Il a le dessus du corps jaunâtre, ou plutôt de couleur de terre cuite, la poitrine grise, le bas du ventre et les côtés tannés, avec des taches brunes ondées de blanc. Il porte, en volant, les jambes et cuisses pendantes, comme la plupart des oiseaux aquatiques, et ne vole qu'avec peine et fort lentement; ce qui ne doit s'entendre pourtant que de ceux qui sont gras; car, lorsqu'il est maigre, son vol est assez rapide, et il va se remettre fort loin. Mais s'il vole mal lorsqu'il est gras, en récompense, il court très-vîte. Cet oiseau pond dans les prairies et dans le plus fourré des herbes, ce qui rend son nid difficile à trouver, à moins qu'un chien, par hasard, ne mette le nez dessus. C'est pour cela que beaucoup de chasseurs qui n'en ont jamais rencontré, et même quelques ornythologistes disent qu'on ne sait où il fait son nid. Sa ponte est de huit à dix œufs, selon M. de Buffon. Le mâle ne diffère de la femelle qu'en ce qu'il est plus gros, et d'une couleur plus foncée. Le cri du râle est *crex crex*, et ressemble fort à celui de la petite grenouille de haie; delà le nom de *crex*, qu'on lui a donné en latin. Il se fait souvent entendre la nuit.

Les râles se tiennent dans les prairies, jusqu'après la fauchaison : alors il se retirent dans les genêts, les avoines, les orges, et les blés-sarrasins. On en trouve aussi dans les vignes, et sur les bords des jeunes tailles; quelques-uns reviennent aux prairies , dans le temps des regains.

Je ne puis dire par moi-même, si l'on voit des râles dans les prairies, en même temps que des cailles vertes, c'est-à-dire, à compter depuis la fin d'avril jusqu'après la fauchaison, n'ayant jamais chassé, en cette saison , dans des pays de prairies. Il faut croire qu'il s'y en rencontre quelquefois, puisqu'ils y font leur ponte : cependant , je n'ai jamais oui dire à aucun chasseur qu'il en ait rencontré ni tué, à cette époque, ni dans les prairies, ni ailleurs. En général, on ne tue les râles de genêt que depuis la fin d'aoust jusqu'aux premiers jours d'octobre ; et je n'en ai jamais vu que dans cette saison, non plus que tous les chasseurs que je me suis trouvé à portée de consulter à ce sujet.

La chasse du râle est singulière, et tout-à-fait différente de celle de la perdrix et de tout autre gibier. Lorsqu'un râle part dans une pièce de genêt , il se remet assez près ; mais lorsqu'on arrive à la remise, il est déjà à cent pas de là, et ne repart plus qu'après avoir couru long-temps devant le chien qui le suit à la piste. Il ruse beaucoup, donne des défaites, se rase, va et revient sur lui-même. Il court alors en s'alongeant, se coule par-dessous les herbes, et paroît glisser plutôt que marcher, tant sa course est rapide. Souvent, en faisant ses retours, il passe entre les jambes des chasseurs , et en ce moment , il ne paroît guères plus gros qu'une souris. Il arrive même, lorsque les genêts sont fort hauts , qu'il monte et se perche au haut d'un genêt; ou bien, il gagne une haie voisine, et s'y perche dans quelque touffe de coudre ou d'épine. C'est sur-tout lorsqu'ils sont fort gras, et peuvent à peine voler , qu'ils ont recours à cette ruse.

Les chiens d'arrêt ne sont pas bons pour cette chasse; il faut des choupilles qui suivent le nez en terre. Les vieux chiens y sont les meilleurs , parce qu'étant moins vifs , ils ne s'emportent pas comme les jeunes , et savent démêler les ruses du râle , en le suivant pied-à-pied.

Je doute qu'il y ait en France aucun pays, où il se trouve plus de râles , qu'en un petit canton de la Normandie , qui comprend sept à huit paroisses aux environs de Carrouges, à cinq lieues de la ville d'Alençon, terrein fort maigre , et où il se trouve quantité de genêts, et beau- coup de blé-sarrasin : mais ce sont bien plus les genêts que le blé-sarrasin qui les attirent : et on en a la preuve, en ce que plusieurs paroisses, voisines de ce canton, avoient, il y a quinze à seize ans, beaucoup de ce gibier , et n'en ont que très-peu aujourd'hui, quoiqu'il y ait autant de blé-sarrasin que dans celles où il abonde. La raison de ce changement , c'est que dans ces paroisses, autrefois que les grains étoient moins chers qu'aujourd'hui , les cultivateurs laissoient reposer les terres pendant sept à huit ans. Ces champs, laissés en frîche, se couvroient d'herbes et de genêts, qui croissent volontiers dans ce terrein, et servoient à élever des bestiaux; mais en même temps, ils servoient de retraite aux râles. Actuellement que les cultivateurs ensemencent davantage, et que les genêts ont disparu, on y voit peu de ces oiseaux. Dans le canton dont je viens de parler, certaines années où les râles abondent, ce n'est pas chose rare que d'en tuer dix à douze en une chasse.

Les jeunes râles ne sont pas, à beaucoup près, aussi gras que les vieux. On en trouve, au mois de septembre, qui ne sont encore qu'aux deux tiers de leur crue ; c'est ce qui me fait croire que ces oiseaux font deux pontes, l'une en arrivant dans le pays, l'autre en juillet, comme le dit Zinnani (1), et comme quelques ornythologistes le disent de la caille.

Malgré l'opinion commune, qui veut que les râles arrivent dans nos contrées, en même temps que les cailles, je suis porté à croire qu'ils

______

(1) S'il falloit en croire cet ornythologiste italien, dans son traité intitulé *Delle uova e de i nidi degli uccelli*, imprimé à Venise, en 1737, *in-4°*, l'oiseau qu'il appelle roi-de-cailles (*Rè delle quaglie*), et auquel il donne les noms latins de *orex et crtygometra*, qui, véritablement, appartiennent au râle de genêt, seroit pourtant différent du râle ; car il dit que le roi-de-cailles est ainsi nommé, non parce qu'il est le conducteur des cailles, lorqu'elles arrivent, mais parce qu'il est parfaitement semblable à la caille, dont il diffère seulement par la grosseur. Or certainement cela ne convient point au râle de genêt, qui est, à la vérité, reconnu

y arrivent plus tard : premièrement, parce qu'on ne voit point de râles aux mois d'avril et de mai ; secondement , parce qu'il est d'expérience, que dans les pays à râles, il s'en voit peu , certaines années où il y a beaucoup de cailles , et que le contraire arrive en d'autres années où les cailles sont rares.

Les râles disparoissent à la fin de septembre, ou dans les premiers jours d'octobre , plus tôt ou plus tard , selon le temps qu'il fait. C'est la première gelée blanche qui en décide. On prétend qu'alors ils se recèlent dans des herbes épaisses , au fond de quelques fossés ; qu'ils s'y dégraissent avec une espèce de petite graine qui leur est propre, et qu'ensuite ils s'en vont.

Il en est de ces oiseaux comme des cailles ; il en reste quelques-uns dans le pays : un chasseur, très-digne de foi , m'a assuré en avoir trouvé deux , au mois de février , dans un fossé profond , où ils étoient enfouis dans des herbes sèches , si épaisses qu'ils ne purent s'en tirer , et que son chien les gueula.

---

pour avoir, à-peu-près , les mêmes habitudes que la caille , mais qui ne lui ressemble en rien par sa figure. Il dit encore que la femelle du roi-de-cailles ne pond que cinq œufs au plus , tandis que la femelle du râle de genêt en pond huit à dix , suivant M. de Buffon. On doit donc présumer que Zinnani n'a point vu l'oiseau dont il parle , mais seulement son nid et ses œufs ; et que cette parfaite ressemblance, à la grosseur près , qu'il lui prête avec la caille , n'est fondée que sur un faux rapport ; sans quoi il faudroit admettre un roi-de-cailles différent du râle de genêt.

Le râle a sa passée, soir et matin, comme la bécasse, c'est-à-dire, qu'il part le soir, de l'endroit où il est cantonné, pour aller *véroter* pendant la nuit, dans les champs. Mais, lorsqu'il est très-gras, il reste toujours dans la même pièce de genêt; ce qui fait que, lorsqu'on veut se procurer des râles, pour un jour déterminé, on va, quelques jours auparavant, les détourner, en battant les endroits où il y en a; et le jour qu'on veut les tuer, on est sûr de les y trouver.

C'est un excellent gibier que le râle, lorsqu'il est bien gras : il a plus de fumet, et un goût plus sauvagin que la caille ; et c'est pour cela, je pense, que beaucoup de chiens ne le suivent pas volontiers. Il se corrompt très-promptement, raison pour laquelle on n'en fait pas d'envois. On le mange, comme la bécasse, sans le vuider, avec des rôties dessous.

CHAPITRE IV.

De l'Alouette.

J'AI peu de chose à dire de la chasse des alouettes, parce que les chasseurs ne s'amusent guères à les tirer. Cependant, il y a une manière de les chasser au fusil, qui ne laisse pas d'être agréable et fructueuse, et où la petitesse du gibier est compensée par la quantité qu'on en tue. C'est la chasse au miroir dont je veux parler.

Ce qu'on appelle *miroir* est un morceau de bois de neuf à dix pouces de long, plat, et d'environ deux pouces de large en dessous, et formant en dessus le dos d'âne, non pas arrondi, mais partagé en plusieurs pans étroits, de même que les extrêmités qui sont coupées en talus ou plan très-incliné. Chacun de ces pans est incrusté de divers petits morceaux de glace, mastiqués dans des entailles destinées pour les recevoir. Ce miroir est percé, par dessous, dans son milieu, d'un trou profond d'un pouce, dans lequel entre une broche de fer, un peu moins grosse que le petit doigt, laquelle est emmanchée dans une bobine qu'elle dépasse par en bas comme par en haut. Un piquet d'un pied de long, enfoncé en terre, et percé en haut d'un trou vertical d'environ deux pouces de profondeur, reçoit dans ce trou l'autre extrêmité de la broche ; et au moyen d'une ficelle envuidée autour de la bobine, un homme assis par terre à une certaine distance, dans un trou qui le cache en partie, ou dans une loge ouverte par-devant, tenant en main le bout de la ficelle, fait tourner le miroir à volonté, à-peu-près comme ces moulinets que font les enfans dans une coque de noix. A l'aide de cet instrument, d'une *moquette*, qui est une alouette vivante, d'un appeau, et d'un filet à nappes, on prend

des quantités très-considérables d'alouettes, qui,
passant au-dessus du miroir , descendent, et
s'en approchent pour s'y mirer, en voltigeant à
l'entour. Au lieu de se servir du filet, on peut
s'amuser à les tirer, ce qui est aisé, lorsqu'elles
papillottent en l'air, pour considérer le miroir;
mais, en ce cas , un homme seul ne peut suf-
fire : il lui faut un tourneur, c'est-à-dire , un
second qui fait jouer l'instrument ; ce qui n'est
pas nécessaire lorsqu'on se sert du filet, avec
lequel il est très-ordinaire de prendre , en une
matinée , douze, quinze et dix-huit douzaines
d'alouettes, quoiqu'on n'en prenne le plus souvent qu'une à la fois. La chasse est moins abondante au fusil ; mais on ne laisse pas d'en tuer
plusieurs douzaines; et non-seulement on prend,
ou tue à cette chasse des alouettes , mais très-
souvent des émouchets et tiercelets qui viennent
fondre sur la moquette , des pigeons , et quelques autres oiseaux qui aiment à se mirer.

La saison de la chasse au miroir commence
à la saint-Michel , et dure jusqu'à la saint-
Martin. L'heure est depuis le lever du soleil
jusqu'à dix ou onze heures : les jours de gelée
blanche sont les plus favorables. On trouve une
description fort détaillée de cette chasse, dans
l'*Aviceptologie Françoise*, avec des figures qui
ne laissent rien à désirer, parmi lesquelles sont
celles de quelques miroirs différens de celui
dont je viens de parler, qui est le plus connu;

d'un, entre autres, avec lequel le chasseur au fusil peut se passer d'un second.

On peut encore s'amuser à tirer les alouettes en hiver, lorsqu'il y a un peu de neige sur la terre. Alors, elles volent par grandes bandes, et vont se remettre assez près, lorsqu'on les fait partir; et en les poursuivant, on ne laisse pas d'en tuer quelques-unes; se laissant plus aisément approcher qu'en tout autre temps. Il m'est arrivé, un jour, d'en tuer vingt-huit, en moins de deux heures, à une, deux et trois par coup, dans un champ de quatre ou cinq arpens. Il neigeoit un peu en ce moment, et elles ne partoient de l'extrémité du champ, que pour aller se remettre à l'autre. Il n'y eut que la difficulté de charger mon fusil, à cause de la neige qui tomboit, qui me fit quitter prise; sans quoi, j'en aurois tué beaucoup davantage.

Il y a plusieurs espèces d'alouettes, dont la plus grande partie sont passagères. La plus commune et la plus nombreuse est celle qu'on appelle *mauviette* à Paris, où il en vient une quantité innombrable de la Beauce. On prétend que les alouettes maigrissent, lorsque le vent du midi souffle, et que le vent du nord les engraisse, sur-tout lorsqu'il est accompagné de brouillards. De toutes les alouettes, la plus grosse est celle qu'on appelle *calandre :* celle-ci n'est pas commune, si ce n'est dans nos provinces méridionales. Il y a beaucoup de pro-

vinces, où on ne la connoît pas. Elle approche,
pour la taille, de l'étourneau. Son bec est plus
court et plus fort que celui des autres alouettes;
ses jambes et ses pieds sont les mêmes. Elle a
l'estomac semé de taches noirâtres, et d'un gris
foncé, à-peu-près comme la grive, et autour
du cou, deux doigts au-dessous du bec, un cercle de plumes noires. Elle vole seule pour l'ordinaire; elle est grasse en automne, et c'est un
très-bon manger. On lui donne, en Provence,
le nom de *coulassade*, à cause de son collier noir.

Le cochevis est une autre espèce d'alouette,
appellée aussi *alouette hupée*, à cause d'une
crête de plumes qu'elle a sur la tête. Elle est
à-peu-près de la grosseur de l'alouette ordinaire, mais bien moins commune. Elle va toujours seule : on la rencontre fréquemment,
sur-tout pendant l'hiver, le long des grands
chemins, où elle cherche sa nourriture, dans
le crotin de cheval. En Béarn, on prend beaucoup de cochevis avec le filet à nappes, le
même dont on se sert pour prendre les alouettes
au miroir; et voici comme se fait cette chasse.
On choisit un endroit où ces oiseaux sont sujets à passer, qui, pour le mieux, doit être
un terrein couvert de fougère. On y laboure,
à petits sillons, l'espace que doit couvrir le filet.
Le chasseur, caché dans une loge de ramée,
appelle les cochevis avec un petit sifflet de fer-
blanc qui imite parfaitement leur chant. En

outre, on pose sur la place trois ou quatre cages, dans chacune desquelles sont deux ou trois de ces oiseaux, indépendamment d'un autre cochevis vivant, attaché, au milieu de l'emplacement du filet, à l'extrêmité d'une petite baguette d'environ un pied et demi de haut, que le chasseur fait voltiger, en tirant de sa loge une ficelle qui répond à la baguette. Les cochevis, attirés d'abord par le sifflet, sont ensuite déterminés par le chant de leurs camarades qui les appellent, à descendre sur la place, où le filet se renverse sur eux.

CHAPITRE V.

Du Faisan.

LE faisan est de la grosseur d'un coq ordinaire : c'est un oiseau superbe, et qui, dit M. de Buffon, peut, en quelque sorte, le disputer au paon pour la beauté, ayant le port aussi noble, la démarche aussi fière, et le plumage presque aussi distingué. Cela ne doit s'entendre que du mâle ; car le plumage de la faisane a peu d'éclat, et ressemble à celui de la caille ; ce qui fait qu'à la chasse, il est très-aisé de les distinguer, et de ne pas tirer une poule pour un coq. La ponte de ces oiseaux, qui se fait presque toujours dans les bois, est pour l'ordinaire de dix à douze œufs. La saison des faisandeaux répond, à-peu-près, à celle des perdreaux. Les faisans de l'année marquent au fouet de l'aile, comme les perdrix ; les jeunes coqs se reconnoissent d'ailleurs à l'ergot, qui est rond et obtus, au lieu qu'il est long et pointu chez les vieux. Les femelles ont aussi au derrière de la jambe, un très-petit ergot, qui est moindre chez les jeunes, et plus saillant chez les vieilles, plus ou moins suivant l'âge. En outre cet ergot, chez les jeunes, est entouré d'un petit cercle noir qui ne disparoît qu'à la seconde ponte. Les jambes des très-vieilles poules seulement, comme de cinq ou six ans, sont plus ridées et d'une couleur plus sombre que celles des jeunes de l'année; elle ont aussi le cristallin de l'œil jaunâtre, tandis que celles de l'année, et même de deux ans, l'ont blanc ; mais tout cela n'est pas sans beaucoup d'exceptions. La marque la moins équivoque peut-être est au bec, qu'on reconnoît plus tendre au toucher dans les jeunes que dans les vieilles.

Le faisan passe pour un oiseau stupide ; lorsqu'on le surprend, le plus souvent, il se rase comme un lapin, se croyant en sûreté, dès qu'il a la tête cachée ; et alors, il se laisse quelquefois assommer d'un coup de bâton. Il aime les lieux bas et humides, et se tient volontiers au bord des mares qui se trouvent dans les bois, ainsi que dans les grandes herbes des marais, qui en sont voisins, et sur-tout ceux où il y a des touffes d'aunes. L'instinct de ces oiseaux n'est pas aussi social que celui des perdrix. Dès qu'ils n'ont plus besoin des soins de la mère, ils se séparent et vivent dans la solitude, s'évitant les uns les autres, si ce n'est dans les mois de mars et d'avril, temps où le mâle recherche la femelle. C'est alors qu'il est facile de les trouver dans les bois, se décelant eux-mêmes par un battement d'ailes fréquent, qui se fait entendre de fort loin.

Pendant le jour, les faisans se tiennent à terre, dans les taillis, d'où ils sortent de temps en temps dans les chaumes et terres nouvellement ensemencées : mais ce n'est que dans les pays où ils sont communs, qu'ils se montrent en plaine. Dès que le soleil se couche, la plus grande partie gagnent les gaulis et les cantons où il y a de grands chênes, pour se brancher et y passer la nuit; et, en montant sur les arbres, ils ne manquent pas de crier, surtout en hiver; ensorte qu'en se mettant, sur le soir, aux aguets dans le bois, on est averti par leur chant, des lieux où il y en a de branchés; et lorsque la nuit est venue, en se rendant sous les arbres qu'ils ont choisis, on peut les tirer tout à son aise; car, alors, le faisan se laisse approcher, autant qu'on veut, et souffre même qu'on lui tire plusieurs coups de fusil, sans quitter l'arbre. Cette chasse nocturne est

très-familière aux braconniers des environs de
Paris, qui en détruisent ainsi une grande quantité, même dans les nuits les plus sombres, un
oiseau de cette taille pouvant toujours être apperçu, sur-tout lorsque les arbres sont dé-
pouillés de feuilles.

On est assez généralement persuadé qu'en
tenant une mèche soufrée et enflammée au-
dessous d'un faisan perché dans un arbre, de
manière que la fumée du soufre arrive jusqu'à
lui et l'enveloppe, il tombe suffoqué par cette
fumée; et l'on prétend que les braconniers en
détruisent beaucoup par ce moyen, dans les
endroits qui en sont bien peuplés. L'auteur des
Ruses du Braconage (1) soutient que c'est un
conte populaire qui ne mérite aucune croyance,
et cite même à ce sujet l'essai qu'il a fait inutilement de cette mèche soufrée dans le parc
de *Gros-bois*. On est d'autant plus disposé à
l'en croire, que lui-même avoit fait long-temps,
dans les environs de Paris, le métier de bracon-
nier. Rien n'est plus vrai cependant que cette
manière de braconner les faisans; et voici une
aventure dont je puis garantir l'authenticité,
qui ne permettra pas d'en douter. Il y a près
de vingt ans que plusieurs braconniers s'asso-
cièrent pour prendre des faisans dans le parc du

____

(1) *Les Ruses du Braconage mises à découvert*, etc. *par L. la
Bruyère, Garde de S. A. S. Monseigneur le Comte de Clermont,
Prince du sang*; Paris, 1771, *in-12.*

château de Richelieu, en Poitou, où il y en avoit
alors beaucoup. La nuit, ils escaladoient les
murs du parc, munis de mèches soufrées, fixées
au bout de longues perches, et d'une lanterne.
L'un deux restoit en dehors, pour recevoir les
faisans, que, l'expédition faite, ses camarades
lui jettoient par dessus le mur. Ils réussissoient
si bien à faire tomber ces pauvres oiseaux, à
mesure qu'ils les appercevoient dans les arbres,
qu'un certain jour, après en avoir abattu une
vingtaine, ils vinrent à l'endroit où ils croyoient
avoir laissé leur camarade, pour lui jetter leur
capture, ce qu'ils ne firent qu'après l'avoir préalablement appellé, pour savoir s'il étoit à son
poste. Ils s'étoient mal orientés pour le trouver; il étoit à quelque distance de là. Mais le
hasard voulut qu'un particulier de Richelieu,
qui s'en alloit de grand matin conduire de la
mercerie à un marché voisin, se rencontrât,
en ce moment, à l'endroit où ils appelloient.
Celui-ci repondit à leur voix : on le prit pour
le camarade, et il lui fut jetté par dessus le
mur vingt faisans, qu'il arrangea dans ses pa-
niers, et vendit, à son retour, à un coquetier
de la ville de Poitiers. L'aventure se divulgua,
et rendit les gardes-chasse de Richelieu plus vi-
gilans ; de sorte qu'au bout de quelque temps,
ils parvinrent à surprendre les braconniers, qui
néanmoins ne furent point trouvés saisis de
leurs mèches. Ils furent tenus assez long-temps

en prison, sans être convaincus, et sans convenir du fait ; quoique, dans l'information, plusieurs témoins déposâssent les avoir vu sortir la nuit avec une lanterne et des gaules à la main, auxquelles pendoit je ne sais quelle *guenille* : c'étoit l'expression dont se servoient ces témoins. M. le maréchal de Richelieu, étant venu à sa terre, voulut vérifier le fait par lui-même, et fit appeler le mercier qui avoit vendu les faisans, et le coquetier qui les avoit achetés. Tous deux en convinrent. M. le maréchal leur pardonna, fit suspendre la procédure, et élargir les braconniers. Ceux-ci, mis en liberté, avouèrent leur ruse, et racontèrent la chose comme elle s'étoit passée. Un autre fait très-connu, et qui seul suffiroit pour prouver la réalité du braconnage dont il s'agit, c'est que dans certains cantons du Languedoc et de la Provence, on est dans l'usage d'enfumer ainsi les moineaux et autres petits oiseaux, en plaçant un réchaud avec du soufre sous les berceaux et allées couvertes des jardins, où ils ont coutume de se rassembler sur le soir, en grandes troupes, pour y passer la nuit; mais il faut être alerte pour les ramasser, aussitôt qu'ils tombent à terre ; car, pour peu qu'on tarde, ils ont bientôt repris leurs sens et s'envolent, n'étant qu'asphyxiés par la vapeur du soufre, et non pas suffoqués.

Les capitaineries royales et les terres des princes

princes, aux environs de Paris, abondent en faisans, parce qu'elles en ont été peuplées originairement. On est parvenu à les y fixer dans les lieux mêmes qui leur convenoient le moins, et à les faire multiplier dans l'état de liberté, à force d'industrie et d'attentions; et l'on a d'ailleurs le soin de renforcer et d'entretenir cette population, en lâchant tous les ans un certain nombre de faisandeaux élevés domestiquement dans des faisanderies. Mais il y a peu de contrées en France où se trouve le faisan vraiment sauvage et indigène; et en recherchant bien l'origine de ces oiseaux dans les endroits où il y en a, on retrouveroit probablement l'époque plus ou moins reculée, à laquelle ils y ont été apportés à dessein, ou ont commencé à s'y propager par le voisinage de quelque terre qui en a été autrefois peuplée par les propriétaires, et d'où ils se sont étrangés, n'ayant pas trouvé le terrein à leur gré; car le faisan ne se plaît pas par-tout, et souvent on ne réussit pas à le fixer où l'on veut. M. le comte de Buffon cite l'exemple d'une terre de l'Auxois en Bourgogne, dont le propriétaire, fort riche, et qui n'a épargné ni soins ni dépenses, n'a jamais pu parvenir à la peupler de ce gibier. A cet exemple, je puis ajouter celui de M. de *La Borde*, qui n'a pas eu plus de succès, dans sa magnifique terre de la *Ferté-Vidame*, en Perche, aujourd'hui appartenante à

S. A. S. monseigneur le duc de Penthièvre, malgré l'établissement le plus complet d'une faisanderie dirigée par d'habiles faisandiers. En vain, plusieurs années de suite, on a lâché, dans la saison convenable, jusqu'à 500 faisandeaux à la fois ; ils n'ont point multiplié dans l'état de liberté.

J'ai dit qu'en France le faisan sauvage n'habite que très-peu de contrées : voici les lieux où j'ai connoissance qu'il s'en trouve. On en rencontre (dit-on) dans les montagnes du Dauphiné qui confinent à celles du Piémont ; mais quant à celles de l'intérieur de la province, on peut assurer qu'en général il n'y en a point, quoique quelques chasseurs du pays prétendent qu'il y en avoit autrefois dans celles du *Vercors*, situées aux environs de Die. Il y en a dans celles du Forès, suivant l'auteur des *Mémoires sur l'histoire naturelle des provinces de Lyonnois, Forès et Beaujolois* (1) ; mais c'est un fait dont il est permis de douter.

S'il en faut croire Pierre de Quiqueran, évêque de Sénez, dans son livre intitulé *De Laudibus Provinciæ*, imprimé, pour la première fois, en 1551, les faisans abondoient, de son temps, dans la Provence, et ils y étoient en si grande quantité, qu'à cet égard il la compare à la Colchide, aujourd'hui Mingrelie, qui,

---

(1) Imprimés à Lyon , en 1765, 2 vol. *in-*8°. L'auteur est M. *Aliéon du Lac.*

comme on sait, est la patrie originaire des faisans. Il ajoute qu'on les y forçoit à cheval au
cinquième ou sixième vol. Si le fait est vrai,
les choses ont bien changé, car on ne connoît
point aujourd'hui de faisans dans la Provence.
Il est vrai seulement qu'il y en a à *Porquerolles*,
l'une et la plus considérable des trois isles
d'Hyères. Ils n'habitent point dans les deux autres, qui sont *Port-cros* et le *Titan*. Cependant
il y a quelques années que M. *Emeri*, dernier
commandant de l'isle de Port-cros, aujourd'hui
domicilié à Hyères, ayant fait venir de Porquerolles des œufs de faisan qui furent couvés
par une poule, étoit parvenu à les multiplier
dans son isle, au point qu'ils y étoient aussi
abondans qu'à Porquerolles. Mais ensuite des
raisons particulières l'engagèrent à détruire
lui-même cette colonie, en faisant venir une
troupe de chasseurs qui les tuèrent jusqu'au
dernier. Ce fait, qui est certain, est contradictoire avec ce qui m'avoit été assuré par des personnes du pays; savoir, que les faisans de Porquerolles avoient une inclination exclusive pour
cette isle, et qu'inutilement on avoit essayé
d'en transporter à Port-cros, d'où ils étoient
toujours revenus dans leur patrie originaire.
Si ce dernier fait est exact, on peut encore le
concilier jusqu'à un certain point avec le précédent, en disant qu'il ne s'agit ici que de faisans transportés d'une isle à l'autre, aulieu de

faisans couvés et éclos à Port-cros même, qui ont pu affectionner le lieu où ils étoient nés.

J'ai cherché à savoir si l'époque de cette peuplade de faisans à Porquerolles étoit connue par quelque tradition; mais on ne sait rien de cela sur les lieux, et l'opinion commune est qu'ils s'y sont établis naturellement, et sans l'intervention des hommes. Le sol de cette isle, dont quelques parties sont cultivées, est sec et aride; on y trouve quelques bois de pins, et une espèce de ronce rampante portant un petit fruit, qui (dit-on) est une des principales nourritures des faisans. On y voit aussi des perdrix rouges et des lapins de fort bon goût : ces deux dernières espèces de gibier lui sont communes avec les deux autres isles de Port-cros et du Titan.

La Touraine me paroît être le pays de France où il y a le plus de faisans dans l'état sauvage. On en trouve quelques-uns dans la plupart des forêts de cette province, entre autres dans celles de Loches et d'Amboise; mais il y en a en assez grande quantité dans la haute et basse forêt de Chinon, ainsi que dans les bois de plusieurs paroisses circonvoisines, savoir, *Benêt, Restigny, Saint-Patrice, Saint-Michel, les Essarts,* et autres. De ces bois, ils se répandent en plaine, où on les rencontre fréquemment dans les landes et bruyères; quelquefois même dans des isles que forment la Vienne et la Loire, aux environs de Chinon. C'est ce qui arrive sur-tout dans les brouillards de l'automne. Enfin, ces oiseaux ont tellement affectionné le pays, qu'un garde-chasse de M. le marquis de *Rochecot*, seigneur de *Saint-Patrice*, qui est le canton où il y en a le plus, assuroit, il y a deux ans, à M. *Linacier*, médecin du roi à Chinon, à qui je suis redevable de ces instructions, en connoître vingt-deux compagnies, plus ou moins nombreuses, sans compter plusieurs couples qui avoient manqué. Il s'en trouve encore, mais en moindre quantité, dans la forêt de Bourgueil en Anjou, qui est à trois lieues de Chinon. On m'assure qu'il n'y a pas mémoire dans le pays d'aucune faisanderie dans les environs, d'où soit provenue cette colonie de faisans sauvages, quoique de grands seigneurs y possèdent, ou y ayent possédé des terres, tels que les princes de Robecq et de Beauveau, les ducs de Luynes et de Praslin. M. le maréchal de Richelieu en a eu autrefois une à Richelieu ; mais les faisans n'ont point réussi dans ses bois, et sont venus sans doute s'établir dans la forêt de Chinon, qui en est à cinq lieues.

Des officiers des chasses de monseigneur le duc d'Orléans ont essayé, en différens temps, de peupler de faisans les forêts d'Orléans et de Montargis ; mais ils n'y ont point multiplié. Ceux qu'on voit assez rarement au marché d'Orléans, viennent de la forêt de Beaugenci, où, sans doute on aura fait le même essai avec plus de succès.

On trouve des faisans dans plusieurs isles du Rhin, où ils se multiplient d'eux-mêmes, et sans aucun soin. Enfin, on en voit beaucoup en Corse ; mais ils n'y sont pas répandus partout. Ils sont communs dans les plaines de *Campoloro* et d'*Aléria*, vers la côte occidentale de l'isle, et dans tous les bas-fonds de cette partie, où ils habitent par préférence les lieux couverts et marécageux. Il n'y en a point, ou très-peu, dans les autres parties de l'isle. Il ne s'en trouve point en Sardaigne, quoique cette isle ne soit séparée de la Corse que par un détroit de huit milles.

Je ferai mention ici, par occasion, d'un oiseau du genre des gallinacées, qui, suivant la description qui m'en a été faite, paroîtroit être particulier à la Corse, et ne point se trouver dans le continent de la France. Il y est connu sous le nom de *gallina di Faraone* (poule de Pharaon). Ce nom de poule de Pharaon étant un de ceux que M. de Buffon donne à la méléagride ou pintade, m'avoit fait croire d'abord que l'oiseau en question devoit être la pintade dans l'état sauvage ; et cela me paroissoit d'autant plus probable, qu'elle pouvoit venir en Corse des côtes de l'Afrique, où elle est indigène dans quelques parties. Cependant des chasseurs de cette isle, très-instruits, auxquels je me suis adressé directement pour m'éclaircir à ce sujet, m'ont assuré que la poule de Pharaon étoit un oiseau différent de la pintade, tant pour la taille et le plumage que pour les habitudes. Sa grosseur, dit-on, est à-peu-près celle d'une gelinotte ou d'une jeune poule ; la couleur de son plumage est un gris-cendré, avec du blanc sous le ventre. Son bec est noir, et ressemble beaucoup à celui de la poule. Ses jambes sont brunes et de hauteur moyenne. Cet oiseau ne se branche point, et ne se laisse approcher que très-difficilement, partant toujours de fort loin. Du reste, c'est un gibier rare, et qu'on ne tue que fortuitement et par rencontre. Tout bien considéré, je suis porté à croire que la poule de Pharaon de Corse est la cane-petière, attendu sur-tout que celle-ci est très-commune en Sardaigne, d'où il peut s'en échapper quelques-unes pour passer en Corse. A la vérité, la taille d'une jeune poule qu'on me désigne est inférieure à celle de la cane-petière ; mais il se peut faire aussi que les individus vus par les personnes de qui je tiens ces informations, ne fussent pas encore pleinement adultes.

<hr>

CHAPITRE VI.

Du grand et petit Tétras, ou Coq-de-bruyère; de la Gelinotte, et du Francolin.

I.

Du grand Tétras, ou Coq-de-bruyère.

LE grand tétras, ou coq-de-bruyère, est connu dans certains pays sous le nom de *faisan-bruyant*, par rapport au cri singulier que fait le mâle, lorsqu'il est en amour, et qu'il appelle ses femelles. Il a quatre pieds ou environ de vol, et pèse communément dix à douze livres. Son plumage est d'un beau noir lustré, parsemé, lorsqu'il est jeune, de petites taches blanches, qui disparoissent à mesure qu'il vieillit. Ses pieds sont couverts de plumes; il a le bec du coq domestique, et relève sa queue en éventail comme le dindon. Cet oiseau aime le froid, et habite les bois qui couronnent les hautes montagnes. Il se nourrit de feuilles et sommités de sapin, de bouleau, de peuplier blanc, de saule, de génévrier, de feuilles et fleurs de blé-sarrasin, de pissenlit, etc. La femelle ne diffère du mâle que par sa taille plus petite, et un plumage moins noir. Le grand coq-de-bruyère se trouve dans les

Pyrénées, dans les hautes montagnes du Dauphiné, particulièrement du canton appellé le *Vercors*, aux environs de Die, et dans celles de l'Auvergne. Dans cette dernière province, les bois du *Mont-d'or*, et ceux de la *Magdelaine*, proche la ville de Thiers, sont les lieux où il y en a le plus. Il s'en trouve aussi dans les forêts montagneuses de la Lorraine et de la haute Alsace. Ces oiseaux se perchent sur les pins les plus élevés, et c'est, pour l'ordinaire, dans ces arbres que les chasseurs les tuent. En hiver, lorsque la terre est couverte de neige, il s'en prend beaucoup de vivans, avec des quatres-de-chiffre chargés d'une pierre plate, et creusés en dessous.

I I.

Du petit Tétras, ou *Coq-de-bruyère*.

Le petit coq-de-bruyère, appellé aussi *petit-coq sauvage, coq-de-bouleau, faisan noir, faisan de montagne*, est beaucoup plus petit que le grand, et ne pèse que trois à quatre livres. Il a plusieurs choses communes avec le grand ; mais il a la queue fourchue, et est d'un noir plus décidé. La femelle est une fois plus petite que le mâle, et d'un plumage tout différent ; elle a aussi la queue moins fourchue. Cet oiseau vole ordinairement en troupe, et se branche comme le faisan. Il se nourrit principalement de feuilles et boutons de bouleau, de chatons de coudrier, de bayes de bruyère, de blé et autres graines. En automne, il mange du gland, des mûres de ronce, des pommes de pin, etc. On en voit dans les montagnes du Dauphiné et du Bugey. Ces oiseaux, en hiver, creusent (dit-on) des trous sous la neige, et vont très-avant chercher leur nourriture. Lorsque les chasseurs découvrent ces trous, ils en ferment l'ouverture, et frappent avec leurs pieds sur la superficie de la neige, qui est souvent glacée. L'oiseau alors se fait un passage à travers la neige, et part souvent du côté où le chasseur s'attend le moins.

III.

De la Gelinotte.

La gelinotte est de la grosseur d'une bartavelle ; elle a vingt-un pouces d'envergure, les ailes courtes et par conséquent le vol pesant. « Qui se feindra (dit Belon) (1) voir quelque « espèce de perdrix métive entre la rouge et la « grise, et tenir je ne sais quoi des plumes du « faisan, aura la perspective de la gelinotte de « bois. » Cet oiseau a les pieds garnis de plumes par-devant. Le mâle se distingue par une tache noire très-marquée qu'il a sous la gorge,

______

(1) *De la Nature des oiseaux*, Paris 1555, *in-fol.*

et par ses flammes ou sourcils, qui sont d'un rouge beaucoup plus vif que ceux de la femelle. La nourriture des gelinottes est à-peu-près la même que celle des coqs-de-bruyère. Elles se couplent en octobre et novembre : leur ponte est depuis douze jusqu'à dix-huit œufs, qu'elles couvent pendant trois semaines; mais elles n'amènent guères à bien que sept à huit petits. On appelle les mâles avec une espèce de sifflet, qui imite le cri très-aigu de la femelle, et les attire d'une demi-lieue à la ronde. Les gelinottes se perchent, par préférence, sur les pins et sapins, et se cachent dans les branches les plus touffues, où on a beaucoup de peine à les appercevoir. Lorsqu'elles sont ainsi cachées, quelque bruit qu'elles entendent, elles ne partent point. On assure même que si un chasseur en apperçoit deux dans le même arbre, et qu'il en tue une, l'autre ne bouge de place, et ne fait que s'accroupir et rentrer dans sa plume, lui donnant tout le temps de recharger. On trouve des gelinottes dans le Dauphiné, vers la *grande Chartreuse*, à *Lans*, à *Prémol* et ailleurs. Il y en a aussi dans les montagnes de la haute Alsace.

Il y a une autre espèce de gelinotte, que M. de Buffon désigne sous le nom de *gelinotte des Pyrénées*, parce qu'elle se trouve communément dans ces montagnes, et qu'il dit être appellée *ganga* en espagnol. Elle est à-peu-

près de la grosseur d'une perdrix grise, et a la
queue longue, mince et fourchue, au lieu que
la gelinotte l'a courte et ramassée. Le mâle a
le dessus du corps bigarré de gris, de jaune et
de rouge, les deux côtés de la tête jaunâtres,
sous la gorge une tache noire, la poitrine sa-
franée, le ventre d'un gris-d'ardoise pâle, mêlé
d'une teinte de blanc, les jambes et les pieds
d'un rouge pâle. La femelle est d'un plumage
un peu différent, et n'a point de tache noire
sous la gorge ; d'ailleurs, elle a les pieds jaunâtres. L'un et l'autre ont le devant des jambes
couvert de plumes jusqu'à l'origine des doigts.
On trouve aussi cette espèce de gelinotte dans
les montagnes du Dauphiné ; mais M. l'abbé
Ducros ne la regarde point comme un oiseau
indigène du pays, et ne croit pas qu'elle y
niche.

J'observerai ici, en passant, qu'il y a quelque lieu de douter que le *ganga* d'Espagne
soit le même oiseau que la gelinotte des Pyrénées, comme le croit M. de Buffon. Celle-ci
est un oiseau des montagnes ; et le ganga, suivant Espinar, (*L. III, Ch. VIII,*) ne hante que
les plaines rases où il fait son nid par terre,
et a les mêmes habitudes à-peu-près que la
cane-petière, avec laquelle il va souvent de compagnie.

I V.

Du Francolin.

Le francolin, auquel M. de Buffon donne le nom d'*Attagas*, est, suivant cet illustre naturaliste, plus gros qu'une bartavelle, et pèse environ dix-neuf onces : mais je remarquerai qu'il est difficile d'accorder ce poids de dix-neuf onces avec la grosseur que M. de Buffon donne à cet oiseau ; car il est certain que la bartavelle pèse au moins 24 à 26 onces, comme on peut le voir au chapitre des perdrix. Le plumage de cet oiseau est mêlé de roux, de noir et de blanc : sa queue est à-peu-près comme celle de la perdrix, mais un peu plus longue ; ses pieds sont revêtus de plumes jusqu'aux doigts ; son bec est noirâtre ; ses yeux sont surmontés par deux sourcils rouges fort grands, formés d'une membrane charnue, arrondie et découpée par le dessus, et surpassant le sommet de la tête. La femelle a dans son plumage moins de roux et plus de blanc que le mâle, la membrane des sourcils moins saillante, moins découpée et d'un rouge moins vif. Elle fait son nid à terre, et sa ponte est de huit ou dix œufs. Telle est, en abrégé, la description que M. de Buffon donne du francolin, qui est un oiseau de montagne, et ne descend jamais dans la plaine, ni même sur les côteaux. Il ajoute qu'il se trouve en France, sur les Pyrénées, les montagnes du Dauphiné et celles d'Auvergne. Il paroît qu'il est très-rare en France, particulièrement en Dauphiné, où M. l'abbé Ducros n'a jamais pu se le procurer pour sa collection d'oiseaux, et me marque n'en avoir vu qu'un seul qui avoit été pris au lacet dans les montagnes de *Veyres*. Quant aux Pyrénées, Belon dit que « quelques « hommes dignes de foi *lui* ont rapporté qu'ils « en avoient vu manger à la table du roi Fran- « çois, qui avoient été envoyés des Pyrénées « et des montagnes de Foix. » Et pour ce qui est de l'Auvergne, le même Belon dit : « On « en prend sur les montagnes d'Auvergne, en « estans lors de la famille de monseigneur l'é- « vêque de Clermont, M. G. Duprat...... « en fut servi a sa table à Béauregard. » Cepen- dant M. l'abbé de l'Arbre, curé de l'Eglise de Clermont, et très-versé dans l'histoire natu- relle de l'Auvergne, que j'ai consulté à ce sujet, me marque que le francolin n'y est plus commu aujourd'hui.

Il est un autre oiseau, auquel on donne le nom de francolin, tout différent par sa figure et ses habitudes de l'*Attagas* de M. de Buf- fon. Celui-ci est commun en Espagne, et voici la description qu'en fait Espinar. Il est un peu plus grand que la perdrix (ce qu'il faut en- tendre de la rouge, la seule qu'on voie en Es- pagne). Son plumage est varié de gris-brun et de fauve ; il vole pesamment ; son chant est *que-reis cerecitas tres*, qu'il répète trois fois de suite. Il habite les taillis en plaine, les broussailles, et les bords des rivières, où il y a des joncs et des saussaies, et en général ne se plaît que dans les lieux couverts, dont il s'écarte rarement ; et si on le surprend quelquefois dans les champs, il y revient du premier vol. Il se nourrit d'herbes et de graines. La femelle fait son nid à terre, comme la perdrix, et pond le même nombre d'œufs. Espinar ajoute que Philippe II, roi d'Espagne, fit venir de ces oiseaux de l'Arragon, où sans doute ils sont plus communs qu'ailleurs, pour les naturaliser et les multiplier dans les maisons royales d'*Aranjuez* et *del Campo*, mais que cet essai fut infructueux. Ce francolin est celui que décrit Olina : il dit que cet oiseau aime les lieux bas et humides, qu'il est assez rare en Italie, où il vient des Alpes, et très-commun en Sicile ; sur quoi j'observerai qu'en le faisant venir des Alpes, il en fait en même temps un oiseau de plaine et un oiseau de montagne ; ce qui paroît un peu contradictoire. C'est encore de ce même oiseau que parle *Zinnani*, en disant que son naturel est de chercher les bords des eaux et des rivières. Cet ornythologiste, qui écrivoit il y a 50 ans, nous apprend que de son temps on étoit venu à bout de multiplier les francolins en Toscane, dans certains cantons réservés

pour les plaisirs du grand-duc, et que ce sont
les seuls endroits d'Italie où ils fassent leur nid.

A l'égard de la France, Pierre de Quiqueran, qui, comme nous l'avons déja dit au chapitre précédent, écrivoit vers 1550, prétend
que ces oiseaux habitent en Provence, et y sont
même en quantité dans les lieux voisins des
Alpes. Il ajoute qu'ils y viennent d'Espagne,
et n'y sont que de passage, et qu'il n'a jamais
oui dire qu'il s'en soit trouvé aucun nid. En
supposant vrai ce que dit cet auteur pour le
temps où il écrivoit, il en sera du francolin
comme du faisan; car aujourd'hui on ne le
connoît plus en Provence. Ne pourroit-on point
attribuer cette disparition de certaines espèces
de gibier des contrées où elles existoient autrefois, à l'invention des armes à feu, beaucoup plus
bruyantes et plus destructives que l'arbalète et
l'arc dont on se servoit anciennement? Cette
conjecture, au surplus, n'est pas nouvelle, et
ne m'appartient pas : Gaspar Schwenckfeld,
qui écrivoit vers 1600 (1), dit que l'arquebuse,
tant par le bruit que par la destruction, a fait
perdre à l'Allemagne plusieurs espèces d'oiseaux; et il écrivoit dans un temps où à peine
y avoit-il quinze ans qu'on avoit commencé à
tirer en volant.

____

(1) *Aviarium Silesiæ*, Lignicii, 1603, *in-4°*.

____

CHAPITRE

CHAPITRE VII.

De la Bécasse.

QUOIQU'A la rigueur, et pour me confor-
mer à l'ordre suivi par les ornythologistes, je
dûsse peut-être ranger la bécasse parmi les
oiseaux aquatiques, cependant, comme elle me
paroît pour le moins autant oiseau de terre
qu'oiseau aquatique, j'ai cru pouvoir la placer
dans cette section; et j'en ferai de même pour
quelques autres oiseaux qui ne sont pas exclusivement aquatiques.

La bécasse (1) est un oiseau de passage qui

(1) Les ornythologistes disent que la bécasse, dans l'ancien langage, s'appelloit *videcoq*, nom pris de celui de *wood-cock* (coq des
bois) qu'on lui donne en anglois, et ils ajoutent qu'elle a conservé
ce nom en Normandie. J'ignore dans quel canton de la Normandie ce nom lui est resté; mais il est certain que dans la majeure partie de cette province que je connois, elle n'en a point
d'autre que celui de bécasse. Quoi qu'il en soit, reste à savoir si
ce nom de *videcoq* n'a point été donné en Normandie à un autre
oiseau quelconque : et voici sur quoi je fonde mon doute. On lit
dans le *Journal de Paris*, du 19 décembre 1786 (n°. 353), un extrait
des registres de la ville de Harfleur, en Normandie, où il est mention d'un dîné, donné (dit-on) au mois d'août 1526, au roi
François I, passant par cette ville. Il est dit dans un article de cette
dépense, dont la somme totale est de 35 livres 16 sols : « Perdrix,
« canards, videcoqs, pluviers, lapins, chapons, et autres sauva-
« gins, 7 livres 15 sols. » Mais on notera qu'il n'y a point de bécasses

A a

arrive ordinairement dans les premiers jours d'octobre. Ce passage est plus ou moins avancé ou retardé en certaines années, selon le temps et les vents qui règnent au commencement de l'automne. Les vents du levant et du nord-est sont ceux qui en amènent le plus, sur-tout lorsqu'ils sont accompagnés de brouillards. Il est très-rare de voir des bécasses nouvellement arrivées, dès la fin de septembre; cependant j'en ai vu une tuée, le 12 septembre 1773, dans les environs d'Evreux, en Normandie, où je me trouvois alors à la campagne, par un paysan, qui étant à la chasse en plaine, avoit tiré dans une volée de 50 à 60 de ces oiseaux, qui vint à passer en l'air, au-dessus de sa tête. J'assure le fait, comme ayant eu cette bécasse entre les mains, et ayant parlé à celui qui venoit de la tuer : et en conséquence je me permettrai d'observer que M. le comte de Buffon

---

dans le mois d'août. Qu'est-ce donc que ces *videcoqs*? Je soupçonnerois volontiers une méprise dans la date que l'on donne à diné ; car, s'il ne se voit point de bécasses au mois d'août, il ne se voit pas non plus de pluviers, qui ne commencent à paroître que vers la saint-Michel.

L'auteur du *roi Modus*, qui écrivoit au XIVe. siècle, donne à la bécasse. le nom de videcoc, et l'on trouve dans ce livre un chapitre intitulé : *A prendre videcocs en plusieurs manières et façons.* Mais, en même temps, il fait mention d'un autre oiseau qu'il désigne sous le nom de bécasse ; et il enseigne, au dernier chapitre, une manière *pour prendre ès mares et ès sourses les videcocs, les bécasses, et les oiseaux de rivière.* L'oiseau qu'il appelle ici bécasse ne peut être que la bécassine.

s'est trompé, lorsqu'il a dit dans son histoire naturelle que les bécasses arrivent *une à une, deux à deux, et jamais en troupe.* Je puis même opposer encore d'autres faits à cette assertion. Il n'est pas bien rare, au commencement de l'arrivée des bécasses, d'en rencontrer, certains jours, jusqu'à quarante, cinquante et plus, dans un petit canton de bois. J'ai connoissance qu'un garde-chasses, dans une terre du Maine, en tua un jour dix-huit, dans un bois de peu d'étendue, où il en trouva plus de 80. A *Benauville*, en basse-Normandie, à une lieue environ de la mer, un jour de noël, un autre garde-chasses en tua une douzaine, le matin, en très-peu de temps, dans une haie épaisse et fort longue bordant un herbage, où il s'en trouva une quantité. Il s'en fut avertir son maître de sa rencontre : celui-ci vint battre la haie de nouveau, l'après-dînée, et n'y en trouva plus que deux. Enfin, un habile chasseur d'Abbeville, en Picardie (M. de *Beaupré*), m'a écrit que le jour de toussaints de l'année 1784, il en a tué dix dans le bois de *Bonance*, situé à une lieue de la ville ; qu'il n'y arriva que vers le coucher du soleil, sans quoi il en eût tué quatre fois davantage, tant la quantité en étoit considérable : que ce même jour, un garde-chasses qui chassoit à quelque distance de lui, en tua aussi dix ou onze ; et qu'à une lieue et demie de là, un gentilhomme du canton, officier des chasses de

Mgr. comte d'Artois, tira une grande partie de la journée, dans un petit bois appellé le bois de *Pontoile*, et en tua à-peu-près le même nombre. Il ajoute qu'étant retourné le lendemain sur les lieux, il n'en retrouva pas une, et qu'au surplus ces sortes de rencontres, lors du passage des bécasses, ne sont pas bien rares dans le pays qu'il habite. Or, s'il étoit vrai que les bécasses n'arrivent qu'une à une, deux à deux, comment s'en pourroit-il trouver de rassemblées en si grand nombre dans un terrein de peu d'étendue? Il paroît donc certain que ces oiseaux viennent en troupes.

Il est reçu parmi les chasseurs que les bécasses arrivent dans nos contrées à trois reprises. Le premier passage commence immédiatement après la saint-Michel, c'est-à-dire, dans les premiers jours d'octobre, et dure jusqu'aux approches de la toussaints. Le second a lieu vers la saint-André, et le troisième vers la saint-Thomas. L'opinion la plus commune, est qu'après l'hiver elles s'en vont dans le nord. Edwards lui-même, célèbre naturaliste anglois, étoit dans cette persuasion; mais c'est une erreur. M. de Buffon assure, d'après Belon, que pendant le printemps et l'été, elles se tiennent dans les lieux les plus élevés et les plus solitaires des hautes montagnes, telles que celles de la Savoye, de la Suisse, du Dauphiné, du Jura, du Bugey et des Vosges.

A l'égard de l'Italie, Olina et Eugenio Raimondi (1) disent qu'elles se retirent, après l'hiver, sur les plus hautes montagnes de ce pays. Cesare Solatio dit la même chose; mais il spécifie les montagnes où elles vont se rendre, qui sont, selon lui, celles de la côte de Melfi, près Sorrento, au royaume de Naples, du cap Peloro en Sicile, et même celles de la Palestine.

Pour l'Espagne, Espinar, moins bien informé, dit qu'on ne sait où elles vont en partant de ce royaume; il ajoute cependant qu'on assure que pendant l'été il s'en trouve dans les Pyrénées.

Les bécasses, à leur arrivée, se jettent partout indifféremment, sous la futaie comme dans le taillis, le long des haies, dans les bruyères et les broussailles; ensuite elles se cantonnent dans les taillis de neuf à dix ans, et quelquefois dans les gaulis; car ce n'est que par hasard qu'une bécasse se rencontre dans une jeune taille de trois à quatre ans. Quand je dis qu'elles se cantonnent, cela ne veut pas dire qu'elles se tiennent continuellement dans le même bois pendant tout l'hiver; car on a observé qu'elles ne restent pas plus de douze ou quinze jours au même endroit; et si elles y restent plus long-temps, c'est qu'elles ont été blessées.

La bécasse s'enlève lourdement à la partie, et

____

(1) *Le Caccie delle fiere armate e disarmate*, etc., 1626, in-4°.

fait beaucoup de bruit avec ses ailes. Souvent
elle ne fait que raser la terre, lorsqu'on la trouve
en plaine, le long d'une haie, ou qu'elle longe
une route dans un bois ; et alors son vol n'est
pas rapide, et on la tire aisément ; mais quelquefois aussi, elle s'élève fort haut, comme lorsqu'on la fait partir en plein bois dans une futaie,
où elle est obligée de gagner le haut des arbres,
pour prendre un vol horizontal. En pareil cas,
elle ne laisse pas de voler assez rapidement, et
il est très-difficile de saisir le moment de la tirer,
à cause des détours et crochets qu'elle est obligée
de faire pour passer entre les arbres.

Cet oiseau marche assez mal, comme tous ceux
qui ont de grandes ailes et les jambes courtes. Sa
vue est fort mauvaise, sur-tout pendant le jour ;
car on prétend qu'il voit beaucoup mieux dans
le crépuscule. C'est pour cette raison, sans doute,
que les Espagnols l'appellent *gallina ciega*
(poule aveugle).

Les chasseurs, dit M. de Buffon, prétendent
distinguer deux races de bécasses, la grande et
la petite. J'ai en effet observé moi-même cette
différence de taille entre les bécasses, et j'en ai
tué très-souvent de beaucoup plus petites les
unes que les autres. J'ai même remarqué que
la plus petite, à laquelle on donne, en Picardie,
le nom de *martinet*, avoit le bec plus long que
la grosse, et le plumage roussâtre ; mais ce que
je n'ai point observé, c'est que les plus grosses

arrivent les premières; qu'elles aient les pieds gris, tirant légèrement sur le rose, et que les petites aient les pieds de couleur bleue. Cette remarque est de M. *Baillon*, de Montreuil-sur-mer, habile observateur, qui l'a communiquée à M. de Buffon. Au reste, M. de Buffon pense que cette différence de taille ne constitue point deux espèces différentes; qu'elle n'est qu'accidentelle ou individuelle, ou comme celle du jeune à l'adulte. J'ajouterai à cela , qu'un garde-chasses que je connois, homme intelligent et expérimenté, et dont le témoignage mérite quelque confiance , m'a dit en avoir observé une troisième espèce, ou race , si l'on veut, plus grosse d'un tiers que la bécasse ordinaire, et d'un plumage plus rembruni. Celle-ci, selon lui, hante peu les bois, et habite par préférence les grosses haies doubles dans les pays couverts.

La chasse des bécasses est fort amusante dans un bois qui n'est pas trop fourré , sur-tout s'il est percé de plusieurs routes, qui donnent la facilité de les tirer au passage, lorsqu'elles s'élèvent dans le bois, et de mieux les remarquer. D'ailleurs, c'est une chasse qui demande beaucoup de bruit d'hommes et de chiens.

Parmi les chiens de plaine, il en est qui crient sur la bécasse lorsqu'elle vient à partir, ce qui est fort utile, en ce que, par-là, le chasseur est averti de se tenir sur ses gardes. Les chiens fer-

A a iv.

mes l'arrêtent ordinairement, ce qui est souvent fort incommode, attendu qu'on ne sait alors ce qu'ils sont devenus, ne pouvant être apperçus de loin dans le bois ; et que ne rompant point leur arrêt, quoiqu'ils s'entendent appeller, ils se font quelquefois attendre fort long-temps. Pour obvier à cet inconvénient, lorsqu'on a un chien de cette espèce, il est à propos de lui mettre un collier garni de gros grelots, au bruit desquels on le suit à l'oreille dans le bois ; et lorsque le bruit vient à manquer, on se trouve orienté pour aller à lui et lever son arrêt.

Lorsque cette chasse se fait dans un bois de peu d'étendue, il n'y a rien de mieux que d'avoir un *remarqueur*. C'est un homme de la campagne qu'on fait monter dans un baliveau, au milieu du bois, d'où il le découvre de tous côtés, et est à portée, lorsqu'une bécasse se lève, de remarquer au juste l'endroit où elle va se poser, et de l'indiquer aux chasseurs. En s'y prenant de cette manière, il est difficile qu'une bécasse s'échappe ; attendu que, le plus souvent, elle se laissera relever et même tirer quatre ou cinq fois, avant de quitter le bois pour aller se remettre dans un autre bois voisin, ou dans une haie.

La bécasse reste tout le jour dans le bois, cherchant des vers de terre qui se trouvent sous les feuilles tombées. Aux approches de la nuit, elle sort pour aller boire et laver son bec aux mares et fontaines, après quoi elle gagne les champs et les prés, pour y *véroter* le reste de la nuit, jusqu'au point du jour, qu'elle rentre dans le bois.

On peut l'attendre, pour la tirer au passage, le soir à la sortie, et le matin à la rentrée, au bord du bois, au débouché de quelque grande route; car, lorsqu'une bécasse se lève du bois pour sortir à la campagne, elle ne manque presque jamais de gagner un chemin, qu'elle longe ensuite jusqu'à son issue; et lorsqu'elle y rentre, c'est en suivant de même un chemin pendant quelque temps, après quoi elle détourne à droite ou à gauche, vis-à-vis de quelque clairière, pour se jetter dans le plein bois. C'est à l'embouchure de ces chemins, qu'on tend aux bécasses, matin et soir, le filet connu sous le nom de *pantaine*.

Outre les chemins dont je viens de parler, il y a encore d'autres endroits, pour les attendre ainsi à la volée du matin et du soir, qui sont connus des chasseurs dans chaque canton; comme seroit, par exemple, une gorge ou vallon étroit, à portée d'une forêt, qui, par sa direction, aboutiroit à quelque mare, fontaine, ou queue d'étang. Ces sortes d'endroits sont d'autant plus favorables, que les bécasses aiment à suivre les vallons, et se détournent volontiers du chemin qu'elles ont pris d'abord, en sortant du bois, pour venir s'y rendre. Il y a tel de ces passages, où il arrive d'en voir douze ou quinze dans l'espace d'une demi-heure ou trois quarts d'heure au plus, que dure cet affût. Là, on s'apperçoit bien que si la bécasse vole pesamment lorsqu'elle se lève dans le bois, il n'en est pas de même lorsqu'elle a pris tout-à-fait son vol ; car il faut de l'adresse et de la prestesse pour la tirer ainsi au passage.

D'après l'habitude connue de la bécasse, de venir le soir boire et se laver le bec aux mares qui se trouvent à portée des bois, on a encore un moyen de les tuer à l'affût, en les attendant au bord de ces mares, vers la brune, pour les tirer lorsqu'elles se sont abattues. Celles qu'elles fréquentent le plus sont connues dans les endroits où il y en a ; d'ailleurs, il est aisé de savoir si elles y viennent, en examinant les bords, où elles laissent l'empreinte de leurs pieds.

Les bécasses se tiennent dans nos contrées jusqu'à la fin de mars, et l'on en trouve pendant tout l'hiver, lorsque le temps n'est point trop rude. Mais s'il survient de grands froids et de fortes gelées qui durent long-temps, elles disparoissent presque toutes pendant cet intervalle, et il ne s'en rencontre plus que quelques-unes par hasard dans certains endroits où il y a des eaux chaudes qui ne gèlent point. Un mois ou environ avant leur départ, elles entrent en amour ; et il est ordinaire alors de les voir deux à deux, à la passée du soir et du matin, comme aussi de les entendre faire en volant un petit cri, quoiqu'en tout autre temps elles soient muettes. On en trouve beaucoup plus alors que dans le cœur de l'hiver, sans doute parce qu'elles se rassemblent pour partir. Au surplus, il est certain qu'on ne voit plus autant de bécasses en France, qu'on en voyoit il y a 3o à 4o ans. C'est un fait dont je ne puis expliquer la cause; mais tous les vieux chasseurs sont d'accord sur cette diminution, que j'ai observée moi-même.

Il en est des bécasses comme des cailles; il en reste quelques-unes, mais en très-petit nombre, dans nos bois, et même elles y font leur nid. J'ai vu une couvée de quatre petits de bécasse qui me fut apportée dans le mois d'avril : ceux-là n'étoient point encore en état de voler; mais une lettre d'Abbeville, en date du 15 mai 1773, insérée dans l'*Affiche des Provinces* du 23 juin de cette année, porte que, le 14 mai, il fut tué, dans les bois de la terre de *Pont-de-Remy* , une bécasse mère et ses deux bécasseaux, assez forts pour voler avec elle, et *de la grosseur d'un perdreau qui commence à avoir des plumes de maille.*

Les mois de décembre et de janvier sont le temps où les bécasses sont grasses : depuis la fin de février, où elles commencent à entrer en amour, jusqu'à leur départ, elles sont bien moins en chair.

CHAPITRE VIII.

De l'Outarde ; de la Cane-petière ; du Courlis de terre, ou grand Pluvier ; et de l'oiseau appellé Grandoule, en Provence.

I.

De l'Outarde.

L'OUTARDE est le plus grand des oiseaux connus en France ; elle pèse depuis vingt jusqu'à vingt-cinq livres, et quelquefois plus (1). Sa longueur depuis l'extrêmité du bec à celle de la queue, est depuis trois pieds jusqu'à trois

(1) Je n'exagère rien en portant le poids des plus grosses outardes à vingt-cinq livres ; et je ne parle que d'après les informations les plus exactes, prises en Champagne. Il y a plus ; M. *Serre,* curé de *Fère-Champenoise*, centre du séjour des outardes, a écrit à un de mes amis, chargé de le consulter à ce sujet, qu'il s'en est vu de 32 livres. Ainsi je ne puis me tromper en prenant pour terme moyen vingt-cinq livres. D'ailleurs, à l'autorité de Gesner et de Rzaczynski, cités par M. de Buffon, dont l'un dit qu'il y a des outardes de vingt-sept livres, et l'autre de trente, je puis encore ajouter celle d'Espinar, qui dit qu'elles pèsent jusqu'à 25 et 30 livres. J'ignore si par la livre de Gesner et celle de Rzaczynski, il faut entendre la livre de seize onces, de quatorze ou de douze, car cette variété peut se rencontrer suivant les différens-pays ; mais quant à celle d'Espinar, c'est la livre de Madrid, qui est de seize onces.

pieds et demi. Le mâle est de près d'un tiers
plus gros que la femelle.

Cet oiseau a la tête, la gorge et le cou d'un
cendré clair, le dos et les ailes mouchetés de
noir, de fauve et de roussâtre, sauf quelques
plumes qui sont blanches. Sa poitrine et son
ventre sont d'un blanc mêlé de fauve. Il a le bec
du dindon, le bas de la jambe nud, et ses pieds
n'ont que trois doigts isolés et sans membrane.
Il vit d'herbes, de navette sur-tout, de foin et
de toute sorte de semences ; de mulots, de crapauds et de grenouilles. Dans le fort de l'hiver, en temps de neige, il mange des feuilles
de chou et l'écorce des arbres.

Il se tient toujours dans les grandes plaines
rases, et loin des habitations ; et sans doute
cette habitude caractéristique et distinctive de
l'outarde est une suite de l'instinct dont la nature a doué tous les êtres pour leur conservation. Comme elle est fort pesante, ainsi que
tous les oiseaux qui ont l'aile courte proportionnément à la grosseur de leur corps, elle
vole mal, et sur-tout ne s'élève de terre qu'avec
beaucoup de peine, et après avoir couru un
certain espace les ailes étendues ; ensorte que,
lorsqu'elle est surprise, un chien peut l'atteindre et la saisir avant qu'elle ait pu prendre
son vol ; et c'est ce qui arrive quelquefois lorsqu'on la surprend, au point du jour, en temps
de gelée, par un brouillard épais ; c'est alors,

sur-tout, qu'engourdie par le froid, et les ailes
mouillées par le brouillard, elle ne s'enlève
que très-difficilement.

L'outarde pond vers le mois de mai; elle ne
construit point de nid, mais creuse seulement
un trou en terre, et y dépose deux œufs. C'est
ordinairement dans les blés, et par préférence
dans les seigles, qu'elle s'établit pour faire sa
ponte. Lorsque l'on veut élever des outardeaux,
on leur donne pour nourriture de la mie de
pain de seigle détrempée avec des jaunes d'œufs
dans de l'eau et du vin; et quand ils deviennent
plus forts, du pain de seigle coupé par petits
morceaux, et du foie de bœuf.

Suivant l'histoire naturelle de M. de Buffon,
l'outarde ne séjourne habituellement en France
que dans les vastes plaines de la Champagne
pouilleuse et du Poitou ; car les outardes se
font voir en plusieurs autres provinces, et même
presque par-tout, dans les hivers rigoureux, et
sur-tout pendant les grandes neiges (1). Cependant, il paroît que la Champagne et le Poitou
ne sont pas exclusivement en France leur séjour
habituel. Ces oiseaux se trouvent assez commu-

---

(1) Pendant l'hiver de 1785, la neige ayant couvert les plaines
du Dauphiné et de la Bresse, dans une étendue de quinze lieues,
il parut, dans ces cantons, des outardes en quantité, et elles foi-
sonnèrent pendant quelques jours, au marché de la petite ville de
Mont-revel, en Bresse. Il y en eut même quelques-unes qui, en-
gourdies par le froid, se laissèrent tuer à coups de bâton.

nément dans le territoire d'Arles, suivant Pierre de Quiqueran, qui dit en avoir lui-même forcé et pris plusieurs à cheval. Mais qu'on ne croie pas que ce soient de vieilles outardes qui se laissent prendre ainsi. Tant qu'elles ne sont grosses que comme un bon chapon, on peut (dit Quiqueran) les forcer après deux ou trois vols ; lorsqu'elles sont de la taille d'une oie, on en vient encore à bout, mais avec beaucoup de peine, et l'on y crève des chevaux ; mais il n'y a plus moyen de les forcer lorsqu'elles sont tout-à-fait adultes. Ceci supposeroit que non-seulement les outardes font un séjour habituel dans les plaines dont parle cet auteur, mais que quelques-unes y font leur couvée. Quoi qu'il en soit, suivant les informations que je me suis procurées sur les lieux, les outardes se montrent fréquemment dans la plaine pierreuse de la *Crau*, à trois lieues de la ville d'Arles, et je sais qu'il s'en voit encore assez souvent dans une grande plaine des environs d'Avignon, appellée *Trentain*, située entre Saint-Saturnin et le Tor. Cette plaine, environnée en partie par la rivière de Sorgue, ne produit qu'un fourrage maigre et sec, et il ne s'y trouve ni arbre ni buisson, dans une étendue de près de quatre lieues.

Quant à la Champagne pouilleuse, on peut dire que c'est la véritable patrie des outardes en France, sur-tout depuis Fere-Champenoise jusqu'à Sainte-Ménehouldt, qui est le canton où elles se plaisent le plus. Quelques-unes, mais en très-petit nombre, y font leur nid. La plus grande partie y arrive au commencement d'octobre, et s'en va au printemps. Les outardes vont par bandes de douze, quinze, jusqu'à vingt, mais dans les grands froids ces bandes sont de 30, 40, 50 et plus.

Ces oiseaux se tenant toujours dans les plaines rases, loin de tous arbres, haies et buissons, il est très-difficile aux chasseurs d'en approcher; et si l'on y parvient quelquefois, au moins est-on obligé de les tirer à de grandes distances, avec le plus gros plomb, ou même des chevrottines, et le plus souvent avec des canardières. Mais il y a plusieurs moyens pour tromper leur défiance; et à la faveur desquels on peut les approcher à la portée ordinaire du fusil. Ces moyens sont la vache artificielle, la charrette, et la hutte ambulante dont j'ai donné le détail sect. I, chap. III. On ne se sert en Champagne, pour les outardes, que des deux premiers. Mais voici un autre stratagême destiné à cette chasse, et dont on y fait un usage assez fréquent.

Comme les outardes se cantonnent par bandes, et s'éloignent peu des endroits qu'elles ont choisis pour résidence habituelle, le chasseur se construit une petite hutte sur le lieu, pour s'y mettre à l'affût, à certaines heures du jour favorables pour les attendre. Cette hutte doit être faite promptement, et dans les momens

où

où elles se sont éloignées à quelque distance ,
pour aller chercher leur nourriture , de manière
qu'elles ne puissent en avoir connoissance. Elle
doit être très-basse ; et pour cela , on commence
par faire un trou en terre , qu'on recouvre de
branchages , fougère , gazon , etc. , et dans ce
toît , on se ménage seulement quelques petits
jours pour passer le fusil. Si c'est en temps de
neige , on couvre cette hutte d'un drap blanc ;
d'autres la couvrent avec la neige même , et
cela pour qu'elle soit moins visible, et afin d'ôter
toute défiance aux outardes. Tapi dans cette
hutte , le chasseur attend patiemment qu'un
heureux hasard les amène à sa portée.

I I.

De la Cane-pétière.

La cane-pétière , ou cane-petrace , ne diffère
de l'outarde que par sa taille , qui est beaucoup
plus petite , n'étant pas plus grosse qu'un faisan ;
et par quelque variété dans le plumage ; aussi
M. de Buffon lui a-t-il assigné le nom de *petite
outarde*. C'est un oiseau de passage ; qui arrive
chez nous au mois d'avril, et s'en va aux approches de l'hiver. Elle vole, à-peu-près, comme le
canard sauvage, et c'est de là , sans doute, que
lui vient la dénomination de cane ; car , du reste,
elle n'a , dans sa figure , rien de commun avec
le canard. Quant à l'addition de *pétière* , les

B b

naturalistes varient sur son étymologie : les
uns veulent que cet oiseau pète en partant ; d'autres , avec plus de vraisemblance , ne voient
dans ce surnom , que la traduction altérée du
latin *pratensis* ; car la cane-pétière est appellée
en latin *anas pratensis* ou *campestris* (cane
des prés ou des champs). Mais laissons-là cette
discussion , assez indifférente pour les chasseurs,
et revenons à la description de l'oiseau. La
cane-pétière se plaît dans les prés, les sainfoins,
les luzernes, les orges, les avoines , et on ne la
trouve jamais (dit-on) dans les blés ni les seigles.
Le mâle se distingue de la femelle par un double collier blanc , et quelques différences dans
le plumage. La femelle pond , au mois de juin,
trois ou quatre œufs. Ces oiseaux ne vont point
en troupe , excepté dans le temps où ils s'apprê-
tent à partir ; hors ce temps, on les trouve seuls,
ou deux à deux ; lorsqu'on les fait lever , ils vont
se remettre à peu de distance , mais il est très-
difficile d'en approcher. Ils se nourrissent d'herbes et de grains, comme l'outarde , et en outre,
de scarabées, de fourmis et de petites mouches.
Leur cri est *brout* ou *prout*, et c'est la nuit,
sur-tout , qu'ils se font entendre. Ils sont assez
communs en Beauce et en Berry ; le canton de
cette dernière province où il s'en voit le plus est
entre Bourges et Châteauroux , dans un espace
d'environ douze lieues. Il s'en trouve quelques-
uns en Normandie, mais ils y sont fort rares.

M. de Buffon incline à croire que cet oiseau
est particulier à la France, qui paroît être
son pays naturel, ne se trouvant point en Allemagne, ni dans les pays du nord, non plus
qu'en Angleterre, si ce n'est par un effet du
hasard, et très-rarement en Italie. Mais lorsque cet illustre naturaliste écrivoit ainsi, n'a-
voit pas encore paru l'histoire naturelle des
animaux de la Sardaigne, qui n'a été publiée
qu'en 1776. Elle nous apprend que la cane-
pétière est non-seulement commune dans cette
isle; mais qu'elle y reste toute l'année, au lieu
qu'elle n'est que de passage en France; qu'en
hiver, on y rencontre ces oiseaux par compagnies, quelquefois de quinze; ce qui est encore
contradictoire avec ce que disent nos naturalistes
françois, savoir, que ces oiseaux vont toujours
seuls ou deux à deux, excepté lorsqu'ils se dis-
posent à partir. Enfin, l'auteur assure qu'on
voit des petits dès le mois de mai; ce qui prouve
que la ponte de ces oiseaux ne se fait pas dans
le mois de juin, si ce n'est qu'elle soit beaucoup plus avancée en Sardaigne qu'en France.

J'observerai encore que la cane-pétière n'est
pas aussi rare en Italie que l'a cru M. de Buffon;
et que celle que Ray vit au marché de Modène
n'étoit pas un phénomène dans ce pays. Redi en
parle comme d'un oiseau connu en Toscane, dans
son traité de la génération des insectes, sous
le nom de *gallina pratajuola* (poule des prés);

nom qui s'adapte mieux à sa conformation que ceux de cane-pétière et d'*anas pratensis.* Je sais, d'ailleurs, qu'elle n'est pas fort rare dans la campagne de Rome, où elle est connue sous le même nom. Elle est assez commune en Espagne, où on l'appelle *sison.*

I I I.

Du Courlis de terre.

Le courlis de terre, que M. de Buffon appelle aussi grand pluvier, est assez commun dans beaucoup de provinces, notamment dans le Berri, la Sologne, la Beauce, la Bourgogne et la Champagne. On lui donne, en Beauce, le nom d'*arpenteur*, parce qu'il court légèrement, et bat la campagne avec beaucoup de vîtesse, pour y chercher sa nourriture, qui consiste en limaçons, grillons, sauterelles et autres insectes. Son cri est le même que celui du vrai courlis, *turrlui, turrlui.* Il pèse environ une livre et demie. Son plumage, sur le dos, les ailes et la poitrine, est mêlé de gris-blanc, de brun et de noir, et en tout assez semblable à celui du vrai courlis. Son bec, long de deux doigts, est noir en dessus et jaune en dessous. Ses pieds sont jaunes ; il est haut sur jambes, et a quelque ressemblance avec l'outarde. Ces oiseaux ne se tiennent guères que sur les plateaux des collines, et habitent par préférence les terres séches et

pierreuses. Ils se laissent difficilement approcher , et partent ordinairement de loin, volant
bas et assez près de terre. Solitaires et tranquilles pendant la journée, ils se rassemblent
par petites troupes , et se mettent en mouvement à la chute du jour. Ils s'approchent alors
assez près des habitations , et crient beaucoup
en volant et rôdant autour des villages , où on
les entend même jusques dans la nuit. Les
jeunes , qui commencent à voler au mois de
septembre , sont un assez bon manger. Les courlis de terre paroissent à la notre-dame de mars ,
et s'en vont à la saint-Martin.

I V.

De la Grandoule.

La grandoule est un oiseau des provinces méridionales, que je ne connois que sous ce nom
vulgaire qu'on lui donne en Provence. Il ne se
tient que dans les grandes plaines incultes , particulièrement dans celle de la Crau, près d'Arles ,
où il s'en trouve plus que par-tout ailleurs. On
en voit encore en assez grand nombre dans une
plaine en friche qui n'est que sable et gravier,
et fort étendue , appellée le *plan de Diou*, à
trois lieues nord-est d'Orange. Il est connu ,
dans ce canton , sous le nom de *laragoule*.
Sa grosseur est celle d'un pigeon biset. Il a le
bec de la perdrix, mais plus court, et les jambes

moins hautes. Son plumage approche de celui du pluvier doré. Il ne se branche point, et niche à terre ; les nichées habitent ensemble par troupes séparées. Il n'est point de passage ; mais plus insconstant dans sa demeure que la perdrix. On en trouve, en toute saison, dans la Crau. Il se nourrit de diverses graines, est très-sauvage, et se laisse difficilement approcher. Ces oiseaux ont l'habitude de venir à l'eau, soir et matin, pour boire et se baigner. D'après cette habitude, les chasseurs de la Crau, font, en été, des saignées aux canaux qui traversent cette plaine, pour former une petite mare, au bord de laquelle ils les attendent cachés dans une hutte ; mais il faut être alerte pour les tirer, car ils ne s'arrêtent guères, et reprennent leur vol, aussitôt qu'ils ont avalé deux ou trois gorgées d'eau. Au *plan de Diou*, près d'Orange, on les chasse différemment. On se place pour les approcher, dans un tombereau ou charette, qu'on fait avancer lentement et en tournant vers la troupe, jusqu'à ce qu'on se trouve à portée de tirer.

Parmi tous les oiseaux qu'a décrits M. de Buffon, je ne trouve point l'analogue de celuici, dont la description m'a été envoyée de Provence par un habile chasseur. Mais je suis persuadé que c'est le même qu'on appelle *angel*, aux environs de Montpellier, qui (dit Salerne) a été mal-à-propos confondu par quelques naturalistes avec le pigeon sauvage ou des bois, tenant

plus par la forme et le caractère à l'espèce de
la perdrix qu'à celle du pigeon.

CHAPITRE IX.

Du Vanneau ; du Pluvier et du Guignard.

I.

Du Vanneau.

Le vanneau est un peu moins gros que le pigeon
domestique : il a sur la tête certaines plumes
disposées en forme de crête ; son plumage est
varié sur le dos, de noir, de verd-luisant, de
bleu et de brun ; sa poitrine et son ventre sont
blancs. Lorsqu'il vole, le mouvement de ses
ailes produit un son assez ressemblant à celui
que fait un van, d'où lui est venu (dit-on) le
nom de vanneau.

Cet oiseau arrive, en grandes troupes, dans
nos contrées, vers la fin de février, après le
dernier dégel, par le vent du sud : les grandes
gelées le font disparoître pour quelque temps.
Il se tient dans les blés verds, les prairies marécageuses, sur les bords des rivières et étangs,
et cherche, en général, tous les lieux bas et humides. Il fait sa ponte au mois d'avril ; mais il
n'établit son nid, pour l'ordinaire, que dans

les terreins secs, tels que des frîches et des pelouses incultes ; ou, s'il lui arrive quelquefois
de le faire dans des lieux humides, c'est toujours
sur quelque motte de terre élevée. Il a cette
habitude particulière, que lorsqu'on s'approche
du lieu où sont ses petits, il se met à voltiger
sur la tête du chasseur, et les décèle lui-même
par ses cris réitérés.

Le vanneau se nourrit principalement de vers
de terre ; il vit aussi de mouches, de limaçons,
de chenilles, etc., ce qui fait qu'en Italie et en
Angleterre, on en tient dans quelques jardins,
pour détruire les insectes. On le trouve seul
en été ; en automne et en hiver, il vole par
bandes.

Il est difficile d'approcher des vanneaux, lorsqu'ils sont en troupe ; mais si on en tue un dans
une volée, il est assez ordinaire que les autres
suspendent leur vol, et tournent quelques ins-
tans autour du mort ; ce qui donne au chasseur
le temps de tirer un second coup, s'il a un fusil
double.

Dans les grandes prairies bordées par une
rivière, il y a un moyen sûr de tuer beaucoup
de ces oiseaux. Vers la saint-Michel, on choisit
un endroit pour y établir une petite hutte ou
cabane formée avec des branches et recouverte
de gazon, autour de laquelle on inonde un certain espace de terrein, au moyen d'une saignée
que l'on fait à la rivière ; et comme ces oiseaux,

après avoir *véroté* toute la nuit, dans des terres limoneuses, cherchent l'eau pour se laver le bec et les pieds, comme les bécasses, ils ne manquent pas de venir se poser sur les bords de ce terrein inondé, et le chasseur, posté dans sa hutte, les fusille tout à son aise. Il est bon qu'il soit muni d'un appeau de vanneaux, qui peut, en quelques occasions, lui être utile pour les attirer, lorsqu'il les voit en l'air. Cet appeau n'est autre chose qu'un petit bâton de coudrier, de trois à quatre pouces de long, et de la grosseur du petit doigt, que l'on fend jusqu'à moitié de sa longueur; on dégage un peu la partie d'en bas dans la fente, et l'on y introduit une feuille de laurier : en posant cet instrument entre les lèvres, et soufflant légèrement sur la fente, on imite le cri du vanneau. On en voit la figure dans les *Ruses innocentes*.

En Beauce, dans l'Orléanois, la Sologne et le Berry, ainsi que dans la Brie et la Champagne, il se prend une quantité considérable de ces oiseaux au filet, dans les terres ensemencées. Il y a deux saisons pour cette chasse, le mois de mars, où ils arrivent, et le mois d'octobre. Cette dernière saison est la meilleure, attendu que c'est le temps où ils sont le plus gras, la terre étant alors humide, et leur fournissant des vers à foison.

Quelques ornythologistes vantent le vanneau comme un gibier très-délicat. « Et pour ce qu'il « est réputé délicieux, (dit Belon) aussi est-il

« quelquefois autant vendu comme seroit un
« chapon. » Salerne en fait aussi l'éloge ; et tout
le monde connoît le proverbe : *Qui n'a pas
mangé de vanneau , n'a pas mangé bon morceau.* La vérité est cependant , qu'on n'en fait
presque aucun cas. Il n'en est pas de même du
pluvier , qui par-tout est réputé un très-bon
gibier.

II.

Du Pluvier.

Il y a des pluviers de deux espèces , si l'on
s'en rapporte à Salerne, le verd ou doré , et le
gris ou cendré. Le doré a le dessus du corps, la
gorge et la poitrine mouchetés de taches jaunes
entremêlées de gris-blanc , sur un fond noirâtre,
le ventre blanc , le bec et les pieds noirâtres. Le
gris a le bec noir , les pieds verdâtres, le dos
et les plumes des ailes qui sont en recouvrement, noirâtres , avec les extrêmités d'un cendré tirant sur le verd ; la poitrine , le ventre et
les cuisses blancs. L'un et l'autre sont , tout au
plus, de la grosseur d'une tourterelle. Le pluvier doré est beaucoup plus commun que le
gris, qui à peine est connu dans certaines provinces , et dont quelques chasseurs même
nient l'existence, disant que ce prétendu pluvier
gris n'est autre chose que le pluvier doré , dont
les couleurs varient suivant l'âge ou la saison.

En effet, M. de Buffon ne fait point mention du pluvier gris ; mais il observe, d'après M. *Baillon*, de Montreuil-sur-mer, qu'il se trouve beaucoup de variété dans le plumage des différens individus, et qu'ils ont plus ou moins de jaune, et quelquefois si peu, qu'ils paroissent tout gris ; que les femelles sur-tout naissent tout grises ; qu'elles conservent long-temps cette couleur, et que ce n'est qu'en vieillissant que leur plumage se colore d'un peu de jaune. Cependant le pluvier gris, désigné par Salerne, et avant lui par quelques autres naturalistes, est tellement caractérisé, sur-tout par la couleur verdâtre de ses pieds, qu'il me paroît difficile de nier son existence.

Les pluviers ont les mêmes habitudes que les vanneaux, avec lesquels ils se mêlent très-souvent, à la différence près qu'ils arrivent dans nos contrées vers la saint-Michel, et disparoissent vers le mois de mars, pour aller faire leur ponte et élever leurs petits dans des pays plus septentrionaux. Ils se nourrissent, comme eux, de vers de terre et autres insectes. On les prend avec les mêmes filets dans les prairies et les terres ensemencées, et l'on se sert même de vanneaux vivans pour les attirer. Ces oiseaux vont toujours en bandes très-nombreuses, restent peu en place, et volent depuis le matin jusqu'au soir. Ils se tiennent rarement plus de vingt-quatre heures dans le même endroit.

Leur grand nombre fait qu'ils ont bientôt épuisé
la nourriture qu'ils viennent y chercher , et ils
passent continuellement d'un canton à l'autre.
Dans les grandes gelées, ils vont chercher les
pays qui bordent la mer, et au dégel ils cherchent les pays élevés. C'est dans ces temps de
dégel , et sur-tout par une petite pluie douce
qu'il est plus facile de les prendre au filet, pendant l'hiver. Mais la véritable saison pour cette
chasse , ainsi que pour les tuer au fusil, est le
mois d'octobre et le mois de mars. La cabane
dont je viens de parler à l'article du vanneau,
peut servir aussi pour les pluviers ; et il est
pareillement utile , en ce cas, de se précautionner d'un appeau à pluvier , qui est une
espèce de sifflet de trois pouces de long , fait
d'un os de la cuisse d'une chèvre ou d'un mouton , décrit dans les *Ruses innocentes* et l'*Aci-
ceptologie Françoise*.

Dans les grandes plaines, telles que celles de
la Champagne pouilleuse , de la Beauce, et
autres pays, pour tuer des pluviers , plusieurs
chasseurs s'entendent et se réunissent ensemble.
Dès qu'ils en ont apperçu une bande posée en
quelque endroit , ils la cernent , en se plaçant
à une très-grande distance les uns des autres,
dans une direction tout-à-fait opposée, les uns
au midi , les autres au nord, ceux-là au levant,
et ceux-ci au couchant. Ensuite , quelqu'un se
détache pour les aller faire lever ; alors , ils

vont se poser ailleurs, et sont remarqués par ceux des chasseurs dont ils s'approchent le plus, qui vont les faire lever de nouveau. En continuant cette manœuvre, et se les renvoyant ainsi des uns aux autres, pendant une ou deux heures, on parvient à les lasser ; et alors, ils se laissent approcher assez facilement à portée de fusil. La même chose peut se pratiquer pour les vanneaux.

I I I.

Du Guignard.

Le guignard est une sorte de petit pluvier qui n'est pas plus gros qu'un merle. Il a la tête bigarrée de noir, de gris et de blanc, le dos d'un gris-brun avec quelque lustre de verd, la poitrine d'un gris ondé, le ventre noirâtre et blanc vers la queue, le bec et les pieds noirs. On croit assez communément, mais mal-à-propos, que cet oiseau est particulier au pays Chartrain ; on en voit en Picardie, aux environs d'Amiens, où on les appelle vulgairement *suriots*. Il y en a aussi en Normandie, où ils sont connus sous le nom de *petites de terre*, particulièrement aux portes de Falaise, en un endroit appellé *Mont-d'Airène*, qui est une montagne assez élevée, formant un plateau de terrein sablonneux, d'une lieue de long sur une demi-lieue de large. Les guignards, ou petites de terre, dont la *Maison Rus-*

tique fait mal à propos deux oiseaux différens, passent sur ce plateau, allant du midi au nord, depuis les premiers jours d'avril jusqu'à la fin de mai, et repassent du nord au midi, depuis les premiers jours d'août jusqu'à la fin de septembre. Ils sont meilleurs à ce dernier passage qu'au premier. Il s'en arrêtoit autrefois sur cette montagne en bien plus grand nombre qu'aujourd'hui, attendu qu'alors elle étoit à peine cultivée; au lieu que depuis 15 à 18 ans, elle l'est presque par-tout; ce qui fait que ces oiseaux qui se tiennent ordinairement dans les pelouses, les guérets et les frîches, s'y plaisent moins. Les guignards vont par troupes de quinze, vingt, trente, plus ou moins. Ils se laissent aisément approcher, sur-tout lorsqu'il fait chaud. Il n'est pas bien rare de tuer presque toute la troupe, en plusieurs coups de fusil, particulièrement lorsqu'on en a tué un du premier coup. Alors, en laissant le mort sur la place, et contrefaisant leur cri avec un appeau, qui est un petit sifflet de terre cuite, ils passent et repassent à plusieurs reprises à portée du chasseur. Le guignard est un gibier excellent et très-recherché. Il se vend à Chartres communément depuis 40 sous jusqu'à 3 livres, et quelquefois jusqu'à 6 livres pièce.

Cet oiseau habite les marais pendant la plus grande partie de l'année, et se porte (dit M. de Buffon) en avril et août, des marais aux montagnes, attiré par des scarabées noirs qui font la meilleure partie de sa nourriture , avec des vers et de petits coquillages terrestres. L'espèce est beaucoup plus répandue dans le nord , à commencer par l'Angleterre , qu'elle ne l'est en France. Si les guignards habitent les marais, pendant tout le temps que nous ne les voyons pas dans les champs, comme on n'en peut douter, je ne crois pas, au moins, que ce soit en France, où je n'ai jamais oui dire qu'on en ait rencontré dans les marais. Sans doute , ils vont gagner ceux des pays du nord. Cependant, je remarquerai à ce sujet , que l'auteur des *Ruses inno-centes* prétend que dans les bandes de pluviers, qui nous arrivent après le départ des guignards, et nous quittent avant que ceux-ci arrivent, se trouvent mêlés , outre les vanneaux , des gui-gnards, qui (ajoute-t-il) sont de trois ou quatre sortes. Il est à croire que par ce nom de gui-gnard , il a voulu désigner des oiseaux différens de ceux dont il s'agit ici.

CHAPITRE X.

De la Grue et de la Cigogne.

J'ACCOUPLE ici ces deux oiseaux dans le même chapitre , parceque la cigogne , quoique plus aquatique que la grue , n'est pas exclusivement un oiseau d'eau , et que , pour vivre, elle peut se passer de cet élément.

I.

De la Grue.

La grue est, après l'outarde, le plus grand des oiseaux d'Europe , dans le genre des oiseaux à pieds fendus ; mais elle est beaucoup plus élevée sur jambes que l'outarde , ayant cinq pieds de hauteur , lorsqu'elle lève la tête. Elle pèse environ dix livres. Son plumage est d'un beau cendré clair ondé, à la réserve des grandes plumes des ailes qui sont noires. Sa queue est noirâtre, courte , et retroussée en panache comme celle de l'autruche. Son bec , long de quatre pouces, droit et pointu , est d'un verd très-foncé. Elle a les jambes noires , ainsi que les pieds qui sont très-larges. Elle marche à grands pas ; sa figure est svelte , élancée, et son port droit et gracieux.

Les grues volent en grandes troupes , lorsqu'elles

qu'elles changent de climat : leur vol est fort
élevé, et le plus souvent au-dessus des nues. Elles
gardent constamment, dans leurs voyages, un
ordre régulier, qu'elles varient suivant la différente direction des vents, formant tantôt un
triangle, et tantôt un quarré, les plus vieilles et
les plus expérimentées volant en tête et servant
de guides. On prétend que lorsqu'elles rencontrent l'aigle, elles se rangent en cercle, afin que
chacune puisse mieux appercevoir l'ennemi, et
se garantir de la surprise, et que l'aigle qui les
voit ainsi sur leurs gardes, et s'apprêter au combat, renonce à les attaquer.

On voit arriver les grues dans nos provinces de
France, vers le mois d'octobre, et se jetter sur
les terres nouvellement ensemencées, pour y
chercher les grains que la herse n'a pas couverts.
Elles repassent au premier printemps, en mars
et avril. Quoique cet oiseau soit granivore, il
préfere, néanmoins, les vers, les insectes et les
petits reptiles ; et c'est par cette raison qu'il fréquente aussi les terres marécageuses, d'où il tire
une partie de sa subsistance. Du reste, il paroît
que les grues ne font que passer rapidement en
France, et qu'il s'y en arrête fort peu, du moins
dans nos provinces septentrionales ; car non-seulement je n'en ai jamais vu, mais je n'ai jamais
oui dire à aucun chasseur qu'il en ait tué ni rencontré. Je sais qu'on en voit, de temps en temps,
en Bourgogne, aux environs de Châlons-sur-

Saône, en Languedoc, et assez fréquemment en
Provence, dans la plaine de la *Camargue*, sans
doute parce que cette plaine, coupée par quantité
de canaux, est humide et marécageuse. On en
voit davantage en Italie : Villughby dit qu'elles
ne sont point rares dans les marchés de Rome, et
le docteur Targioni (1), qu'on en tue, de temps
en temps dans les plaines de *Poggio-à-Cajano*,
maison de plaisance des grands-ducs de Toscane, peu éloignée de Florence ; et particulièrement qu'il en parut en quantité, et en fut
tué plusieurs, au mois de mars 1773, dans les
campagnes des environs de cette ville. Suivant
Espinar, il se trouve beaucoup de ces oiseaux en
Espagne, où, de son temps, on se servoit pour
les tirer, du bœuf enchevestré, ou du chariot
armé d'un gros et long mousquet, dont j'ai fait
mention sect. 1, chap. III. Il ajoute qu'avec le
même mousquet posé sur son pivot fixé en terre,
le chasseur, après avoir reconnu certains endroits au bord des rivières, où ces oiseaux ont
coutume de passer la nuit, va les y attendre
vers le soir, bien caché dans une hutte construite
exprès. Au surplus, cet auteur prétend que les
grues ne se nourrissent que de grains, et quelquefois de raisins, quoique leur conformation
tienne beaucoup de celle du héron, de la cigo-

______

(1) *Relazioni d'alcuni viaggi per diverse parti della Toscana, &c.*
t. V, p. 9, Ed. IIᵃ.

gne et autres oiseaux qui cherchent leur subsistance dans l'eau ; et il ajoute que si pour passer la nuit, elles s'approchent du bord des rivières, non-seulement elles choisissent toujours les endroits les plus secs, mais qu'elles n'agissent en cela que pour leur sûreté, se mettant, par ce moyen, à l'abri de la surprise, dont l'eau les défend d'un côté, tandis que du côté de la plaine, on ne peut les approcher sans qu'elles s'en apperçoivent, étant si vigilantes et si rusées, que le bruit le plus léger suffit pour leur faire prendre leur vol, même au milieu de la nuit. Comme tous les naturalistes modernes s'accordent à dire que ces oiseaux hantent les campagnes humides et les terreins marécageux, pour y chercher des insectes et des reptiles, il faut croire qu'Espinar s'est trompé en avançant le contraire, ce qu'on lui pardonnera d'autant plus volontiers, qu'il n'étoit pas naturaliste de profession.

I I.

De la Cigogne.

Il y a deux espèces de cigogne, la blanche et la noire. La cigogne blanche qu'on voit communément est plus grande que le héron gris; mais elle a le cou plus court et plus gros; elle a aussi les jambes moins longues. Sa tête, son cou, la partie antérieure de son corps, et son ventre, sont d'un blanc éclatant; elle a le croupion et les parties inférieures de l'aile noirs. Son bec pointu, long de quatre à cinq pouces, et ses pieds, sont rouges comme le vermillon. Son envergure est de six pieds. Elle se nourrit de couleuvres, de lézards, de limaçons, et aussi de quelques petits poissons qu'elle va cherchant sur les bords des eaux et dans les vallées humides. Elle ne pond pas au-delà de quatre œufs, et souvent pas plus de deux. Les cigognes ne font que passer dans nos contrées, au printemps et en automne. La Lorraine et l'Alsace sont les provinces de France où elles passent en plus grande quantité. Il y en reste plusieurs qui y font leur nid, et il est peu de villes ou bourgs de la basse Alsace, (dit M. de Buffon) où il ne se voie quelqu'un de ces nids sur les clochers. Elles se rencontrent assez rarement, et seulement par hasard, dans les autres parties du royaume, où elles s'arrêtent quelquefois sur les vieux châteaux inhabités. La chair de la cigogne est mauvaise et mal-saine. » N'en faites estat pour la manger, comme estant « de mauvais suc et de nourriture pestilente » (dit l'ancienne *Maison Rustique.*)

La cigogne noire est de la même taille que la blanche : elle a le cou, la tête, le dos et les ailes d'un noir luisant, avec quelque mêlange de verd, le ventre, la poitrine et les côtés blancs, le bec et les jambes verds. Elle est extrêmement rare dans nos contrées ; elle l'est moins en Suisse et en Italie, où on la dit plus commune que la

blanche. Willughby dit qu'on la voit assez souvent dans les marchés de Rome. Salerne parle
d'une cigogne noire tuée, de son temps, dans la
forêt d'Orléans.

CHAPITRE XI.

Du Pigeon ramier; du Biset, et de la Tourterelle.

I.

Du Pigeon ramier, et du Biset.

Il y a deux espèces de pigeon sauvage, le ramier et le biset. Le premier est beaucoup plus
gros que l'autre. On distingue deux sortes de
bisets. Le biset ordinaire ressemble au pigeon
domestique, pour la taille et pour la couleur,
excepté qu'il est d'un gris plus foncé, et niche
dans les arbres creux; l'autre est d'un bleu tirant sur le noir; il niche non-seulement dans
les arbres creux, mais encore dans les trous
des bâtimens ruinés, et dans quelques rochers
qui se rencontrent dans les forêts, d'où on l'appelle *pigeon de roche*, ou *pigeon de montagne*,
à raison de ce qu'il aime les lieux élevés. On
voit des quantités innombrables de ces pigeons
de roche sur les côtes de la mer, dans les

endroits où elles sont bordées par des rochers, particulièrement en Corse et en Sardaigne, M. de Buffon pense que cette variété dans l'espèce des bisets provient du mêlange avec les pigeons fuyards qui désertent nos colombiers; mais c'est mal-à-propos que ces pigeons fuyards sont appellés assez communément bisets. Ceux-là, quoique rendus à l'état sauvage, ne se perchent point, ce qui les distingue des vrais bisets. On reconnoît aussi deux sortes de ramiers, le grand et le petit, dont les anciens avoient fait deux expèces différentes; mais M. de Buffon ne regarde le petit que comme une variété dans l'espèce du ramier, attendu que l'on a observé (dit-il) que suivant les climats, les ramiers sont plus ou moins grands.

Les ramiers et bisets arrivent, dans nos provinces septentrionales, au printemps, et s'en vont en automne, avec cette différence que les derniers arrivent et repartent un peu plus tard. Il nous reste cependant beaucoup de ramiers pendant l'hiver. Ils n'établissent pas, comme les bisets, leurs nids dans des trous d'arbres; ils les placent à leur sommet, et les construisent assez légèrement avec des buchettes. La femelle pond de très-bonne heure, et peu de temps après son arrivée. Sa ponte, ainsi que celle du biset, n'est que de deux ou trois œufs. Elle en fait une seconde dans l'été.

Les ramiers ont le même roucoulement que

les pigeons domestiques, mais plus fort. Ils ne
se font entendre que dans la saison de leurs
amours, et dans les jours sereins. Dès qu'il
pleut, ils se taisent. Ces oiseaux se nourrissent
de fruits sauvages, de gland, de faîne, et de
grains de toute espèce. Ils sont très-défians,
et on les approche très-difficilement, encore
faut-il pour cela qu'ils soient seuls, ou au plus
deux ensemble; car on ne les approche point
lorsqu'ils sont en bande. Pendant le printemps,
et au fort de l'été, on peut les chasser, dans les
bois, depuis le soleil levant jusqu'à huit ou
neuf heures de matin. Ils sont alors perchés
dans les grands arbres, sur quelque branche
sèche, où ils chantent de moment à autre.
Guidé par leur chant, le chasseur parvient à
les tirer, en n'avançant qu'autant qu'il les entend roucouler, et s'arrêtant dès qu'ils cessent. Lorsque ce sont des rameraux, ils se laissent approcher bien plus facilement. La même
chasse peut se faire depuis quatre ou cinq
heures de l'après-midi jusqu'à la nuit. Quelques
chasseurs ont un talent particulier pour imiter
le roucoulement de la femelle, ce qui leur
donne toute facilité, en se tenant sous un arbre
dans le bois, d'attirer les mâles autour d'eux,
et de les tuer; mais ce talent est assez rare.
Les ramiers sont très-friands de merises, et dans
la saison de ces fruits, on peut les attendre sous
les merisiers. Lorsque les grains sont en matu-

rité, ils y donnent beaucoup, et font principalement un grand dégât dans les blés ver-
sés, où il est plus aisé de les surprendre que
partout ailleurs. Dans l'arrière-saison, il fait
bon les attendre, au déclin du jour, dans les
bois de haute-futaie, sous les chênes et hêtres,
où l'on a remarqué qu'ils venoient se percher
pour y passer la nuit.

Dans les cantons où il y a de grandes forêts,
et aux environs, des bois-taillis semés de
beaucoup d'anciens chênes de réserve, qu'on
appelle *glandiers* en quelques provinces, à raison de ce qu'ils produisent quantité de gland,
il est assez facile de tuer des ramiers vers la fin
de l'automne, temps où on les trouve rassemblés par bandes dans ces taillis, où ils se tiennent de préférence. Mais pour y réussir, il
faut plusieurs chasseurs qui s'accordent ensemble. Les uns longent le bois en dehors,
tandis que les autres, dispersés dans l'intérieur,
restent embusqués sous les chênes. Les ramiers
que ceux du dehors font partir sur les lisières
du bois, vont se remettre sur ces chênes, et
sont tirés par les chasseurs qui les y attendent.
Alors ils s'envolent du côté de la plaine, et
après avoir fait en l'air un long circuit, si le
bois est d'une certaine étendue, ils viennent
s'y remettre dans une autre partie, éloignée de
celle où ils ont été tirés, ou ils regagnent un
autre bosquet voisin ; ce qui est observé par les

chasseurs du dehors, et sert de règle pour changer de poste, en répétant plusieurs fois la même manœuvre, suivant les circonstances, et la connoissance particulière du local, de laquelle dépend sur-tout le succès de cette chasse. Elle ne réussit pas également pour les bisets, qui sont bien plus difficiles à surprendre que les ramiers, leur vol étant beaucoup plus étendu et plus élevé, et ne faisant que passer d'une partie de bois à une autre. Cette manière de chasser les ramiers est fort en usage sur les rives de la forêt de Chinon en Touraine, et plus encore dans celle de *Sévole*, près de Mirebeau en Poitou, attendu que cette dernière n'est plus qu'un bois-taillis d'une vaste étendue, où l'on a fait beaucoup de réserves de ces gros chênes à gland dont j'ai parlé.

Voici une autre chasse aux ramiers que je ne connois que sur le témoignage de quelques écrivains qui en ont parlé, et que l'auteur de l'*Aviceptologie Françoise* regarde comme imaginaire. *Le ramier* (dit-il) *est un oiseau des plus fins, et c'en est assez pour détruire ce que le peu d'expérience de ces écrivains leur a laissé avancer.* La finesse du ramier n'est point une raison suffisante pour nier cette chasse; et à l'égard *du peu d'expérience* des auteurs qui en ont parlé, cette raison peut être bonne pour ceux qui ne l'ont lue que dans le *Dictionnaire de Chomel*, et dans quelques compilations modernes. Mais comme je la trouve décrite avec beaucoup de détail, dans le poème intitulé *Le Plaisir des champs*, par Claude Gauchet, Dampmartinois, aumônier du roi, imprimé pour la première fois en 1583, et dont l'auteur étoit chasseur de profession, et expert en toute sorte de chasses, ainsi qu'il est aisé d'en juger par la lecture de son livre, je suis très-porté à croire que cette chasse n'est point un être de raison, qu'elle s'est réellement pratiquée, et que peut-être se fait-elle encore en quelques provinces. Quoi qu'il en soit, voici, d'après le poème que je viens de citer, le détail de cette chasse, appellée le *tintamare*, et qui n'a lieu qu'en hiver.

On commence, pendant le jour, par s'assurer du canton d'une forêt où les ramiers viennent passer la nuit, et l'on envoie, pour cet effet, plusieurs paysans en quête au bois, vers le soir, qui remarquent les arbres où ils se juchent; et cela s'appelle *coucher les ramiers*.

Lorsqu'on s'est assuré du lieu où les ramiers passent la nuit, vers les huit ou neuf heures du soir, une bande, plus ou moins nombreuse, s'achemine vers la forêt. Cette bande est composée de huit à dix paysans, portant des poêles, chaudrons, bassins de cuivre, des tambours et autres instrumens propres à faire un grand bruit, et en outre de sept à huit chasseurs armés de fusils. On porte aussi une

lanterne, et par précaution, les ustensiles nécessaires pour faire du feu.

Dès qu'on aborde dans la forêt, on commence le *tintamare*, et voici la raison qu'en
donne Gauchet :

Car si en un instant on leur livroit la guerre,
Possible loing de nous s'envoleroient grand'erre;
Mais entendant de loing ce grand bruit approcher,
Peu à peu, peu à peu, sans se mettre à cercher
Lieu plus seur que cestuy, à la fin ils s'en battent,
Et pour l'avoir plus près, nullement ne s'en hâtent;
Soit que leur naturel, entre tous les oiseaux
Qui hantent la campagne et les bois et les eaux,
Soit seul de la façon que de si près entendre
Le bruit que les sangliers, les loups n'osent attendre.

Lorsqu'on arrive sous les arbres où sont juchés
les ramiers, on redouble le bruit, et l'on allume
du feu au milieu de ces arbres, afin de pouvoir les découvrir, et tout en continuant le
tintamare, les chasseurs les tirent. Les coups
de fusil ne font que les faire changer de place,
et passer d'une branche sur une autre.

Au témoignage de Gauchet, j'ajouterai celui
de Belon, savant et judicieux observateur, et
qui peut être regardé comme le père de l'or-
nythologie en France. Il fait mention de cette
même chasse, qu'il appelle *charivari*, au lieu
de *tintamare*, dans son livre *De la Nature
des Oiseaux*, imprimé en 1555, c'est-à-dire,
vingt-huit ans avant le poème que je viens de

citer. Voici ce qu'il en dit (p. 308). « Il y a
« certaine manière de les tuer (les ramiers),
« qu'on nomme *charivari*. C'est qu'on regarde
« quand ils s'en vont percher. Lorsqu'il fait bien
« obscur, l'on porte force paille allumée, afin
« qu'on les puisse bien voir; l'on porte aussi
« force poesles, et autres métaux et bassins à
« faire grand bruit; car les ramiers s'épouvan-
« tent si fort de cela, qu'ils ont pour, et ne
« s'osent partir; par quoi les arbalêtriers qui
« sont au-dessous, les tirent et en tuent quel-
« ques-uns. » Belon parle ici d'arbalêtes, et
non d'arquebuses, parce qu'au temps où il écrivoit, l'usage de l'arquebuse n'étoit pas encore
bien répandu, sur-tout pour tirer à plomb.

Il n'y a point de pays en France, où la chasse
des ramiers et bisets soit aussi abondante que
dans la Navarre, le Béarn, la Bigorre, et autres provinces qui bordent la chaîne des Pyrénées; mais ce qu'il s'y en tue avec le fusil n'est
rien en comparaison de l'immense quantité de
ces oiseaux, qui se prend aux filets, lors de
leur passage à l'embouchure de certaines gorges
de montagnes, dans des emplacemens disposés
avec beaucoup d'art, et un appareil tout particulier. Cette chasse, infiniment curieuse, est
si peu connue hors des pays où elle se fait,
que quoiqu'il n'entre pas dans le plan de cet
ouvrage d'en parler, j'ai cru devoir la décrire

d'après les instructions que je me suis procurées sur les lieux mêmes, persuadé que les
chasseurs qui ne la connoissent pas, me sauront
quelque gré de la leur avoir fait connoître ; et
elle tiendra d'autant mieux sa place ici, qu'elle
ne se trouve décrite dans aucun livre.

La manœuvre de cette chasse singulière étant
très-difficile à saisir dans tous ses détails pour
qui ne l'a pas vue, je n'ose me flatter de l'avoir
décrite avec toute l'exactitude et la précision
qu'on pourroit desirer ; mais, au moins, je n'ai
rien négligé pour y parvenir.

Je dois ici un témoignage public de ma reconnoissance à M. l'abbé *Rouset*, curé d'*Asson*,
à quatre lieues de Pau, consommé dans l'exercice de cette chasse, qui a bien voulu, dans une
longue correspondance que j'ai eue avec lui à
ce sujet, m'en expliquer toutes les dispositions
et les manœuvres.

*CHASSE AUX FILETS des Ramiers et
Bisets dans les vallées de la Basse-Navarre,
de la Soule, du Béarn, de la Bigorre, et
autres contrées voisines des Pyrénées.*

Toute l'étendue de pays qui borde la racine
des Pyrénées, depuis Saint-Jean-pied-de-port,
dans la basse-Navarre, jusqu'à Saint-Girons,
dans le Couserans, se trouve coupée par un

grand nombre de vallées, dont le fond aboutit
à quelque issue praticable, appellée *col* ou *port*,
par laquelle on peut franchir la chaîne des Pyrénées, et passer en Espagne. Les montagnes
et côteaux qui se trouvent des deux côtés de
ces vallées, et qui ne sont autre chose que la
croupe des Pyrénées mêmes, prolongée vers la
plaine par un abaissement insensible, ces montagnes s'ouvrent en certains endroits, et forment des gorges, ou petits vallons incultes,
peu profonds, et dont le niveau est beaucoup
plus élevé que celui de la vallée. C'est à l'embouchure de ces gorges qu'il se prend, tous les
ans, dans le temps de leur passage, une prodigieuse quantité de ramiers (1) et de bisets.

Dans la basse-Navarre, la Soule, le Béarn,
la Bigorre, et autres provinces bornées par la
grande chaîne des Pyrénées, les ramiers sont
connus sous le nom de *palomes*, du mot latin
palumbus; et l'on y appelle indistinctement
bisets ou *ramiers* tous les autres pigeons sau-

« (1) Le ramier qui cherche les climats d'une douce température,
« quitte le nord, et fuit dans les contrées du midi, avant les
« froids de l'hiver. Son instinct le détermine à suivre la direction
« la plus droite pour parvenir dans ces climats; mais repoussé par
« la chaîne des Pyrénées, qui s'élève brusquement, il la côtoye
« jusqu'aux rivages de l'océan, où des montagnes plus basses lui
« offrent un passage moins difficile. Ce détour l'expose à tomber
« dans des piéges qu'il n'auroit pas eu à redouter, en traversant
« les majestueux boulevards d'où sa timidité l'éloigne. Lorsqu'une
« bande de ramiers paroît dans l'air, des chasseurs cachés sous

vages. Il est bien vrai qu'on y prétend que la palome est différente de nos ramiers des provinces septentrionales : c'est ce que je ne crois pas ; mais comme, suivant l'observation de M. de Buffon, les ramiers sont plus gros dans certains climats que dans d'autres, il y a apparence que les palomes sont de très-gros ramiers. A l'égard des bisets, on en distingue trois espèces, qui diffèrent par la taille, et quelque variété dans le plumage. Cette division peut bien n'être pas conforme à celle des ornythologistes, mais je la donne ici telle qu'elle est reçue parmi les chasseurs du pays.

Le passage des palomes commence aux environs de la notre-dame de septembre, et dure jusques vers le vingt novembre, quelques jours de plus ou de moins : cela dépend de la température de l'automne; s'il est pluvieux et froid, il finit plus tôt, mais jamais avant la saint-Martin. Dès que ces oiseaux commencent à se montrer, on s'apprête, et l'on prépare tout l'atti-

---

« l'épais feuillage de cabanes qu'on a construites sur de hauts tré-
» pieds, places à certaine distance les uns des autres, lancent
« vers ces oiseaux une espèce de raquette, instrument qui leur
« présente l'image d'un épervier. Les ramiers fondent jusqu'à terre,
« et la rasent pendant quelque temps, pour se dérober à la pour-
« suite de ce redoutable ennemi. A peine foiblement rassurés,
« reprennent-ils leur vol vers la moyenne région de l'air, que le
« même artifice les en fait descendre, et les précipite dans des
« filets qu'on oppose à leur passage. » *Essai sur la Minéralogie des Monts-Pyrénées*. Paris, 1784, *in-4°.*

rail nécessaire pour commencer les chasses à la saint-Michel. Les palomes, dans ce passage, vont toujours de l'orient au couchant. Pendant les mois de février et de mars, elles repassent du couchant à l'orient; et alors on ne les chasse qu'à terre et avec les filets à nappes. Je parlerai de cette chasse à la fin de cet article.

Les bisets sont plus précoces; ils se font voir dès la notre-dame d'août; et l'on commence à les chasser vers le dix septembre : leur passage dure, comme celui des palomes, jusqu'après la saint-Martin, et se fait dans la même direction. Ils repassent de même aux approches du printemps.

La chasse des palomes ne peut se faire que dans les lieux où il y a des gorges, ce qui ne se rencontre guères que dans les montagnes; mais toutes les gorges n'y sont pas propres, vu qu'il faut nécessairement qu'à leur embouchure il se trouve un espace en plaine d'environ quatre-vingt pas, tant en longueur qu'en largeur, et qu'à la suite de cette planimétrie, le terrein s'abaisse, et forme une pente assez rapide, appellée *fonte* dans le pays. Telle doit être la disposition d'une gorge pour y établir une *palomière*, nom que l'on donne aux lieux où se font ces sortes de chasses; et il s'en trouve d'établies, de toute ancienneté, dans presque tous les lieux qui en sont susceptibles. Mais pour former ces palomières, il a fallu encore

ajouter

ajouter plusieurs accessoires à la disposition naturelle du terrein, et d'abord planter des arbres à l'extrémité du plateau dont j'ai parlé, pour y suspendre les filets, ce qui se fait ainsi.

On commence par en planter un qui se nomme *l'aiguillon*, et à la distance de quatre ou cinq toises, allant vers le nord, deux autres séparés par un espace de trois à quatre pieds seulement; puis deux autres à la même distance de quatre toises, et séparés par le même intervalle; et ainsi de suite, autant que la gorge a d'étendue. Ces arbres ne sont en état de servir que lorsqu'ils ont atteint la hauteur de soixante-dix pieds, attendu que les poulies qui servent à hisser les filets en l'air, doivent y être attachées à celle de soixante pieds. Chaque filet tendu occupe donc en hauteur un espace d'environ neuf toises, sur une largeur de quatre à cinq, qui est la distance que j'ai dit se trouver entre un arbre et l'autre. Le nombre des filets, ainsi tendus à la suite l'un de l'autre, varie suivant l'étendue de la gorge, depuis huit jusqu'à quatorze. A l'égard de la manière de les tendre, c'est à-peu-près la même que pour les pantières simples, dont on se sert pour prendre les bécasses le soir à la sortie des bois. On attache près des poulies, à la corde qui soutient le filet de chaque côté, des pierres de dix à douze livres, et à ces pierres on lie les deux coins d'en-haut du filet, afin que sa chute soit plus preste lorsqu'on lâche la corde qui le retient, et que les palomes qui s'y enveloppent ne puissent le soulever pour s'échapper ; et l'on arrête l'extrémité d'en-bas, par les coins et le milieu, avec plusieurs piquets ou petites gaules aiguisées par les deux bouts, que l'on fiche en terre, les pliant en demi-cercle. On a soin d'ébrancher les arbres du côté du filet, de crainte qu'il ne s'accroche en tombant. Il faut observer que ces filets ne sont pas tendus perpendiculairement, mais qu'on leur donne à-peu-près l'inclinaison d'un toît.

Au-devant de chaque espace qui se trouve entre deux filets, on forme avec des pieux fichés en terre, et entrelacés de branchages, une petite haie en demi-cercle, appellée *emparence*, de cinq à six pieds de hauteur, derrière laquelle se tient un chasseur, qui peut lâcher à volonté l'un ou l'autre de ces filets, ou tous les deux à la fois, suivant l'occurrence, au moyen d'une machine de détente appellée *gaillot* (1), à laquelle sont fixés les bouts des cor-

______

(1) Le *gaillot* est composé d'un piquet de bois fiché en terre, sur lequel est assujettie une petite lame de fer, recourbée à l'extrémité supérieure, pour recevoir, au moyen d'une rainure, un tourniquet formant un croissant qui joue sur un clou rivé à la première lame. Au bout inférieur, est attaché un fil-d'archal, qui se prolonge jusqu'auprès du chasseur ; là il est arrêté à un piquet de bois appellé la *glèbe*, élevé de deux ou trois pouces seulement au-dessus de la superficie de la terre. Au bout supérieur de ce piquet est une fente pour y faire entrer le fil-d'archal, où il est retenu

des qui soutiennent les filets en l'air ; ensorte
que s'il y a douze filets , il faut six hommes
pour les manœuvrer. Je n'ai parlé jusqu'ici que
de filets simples, et formant une seule nappe ;
mais dans toutes les palomières, outre ceux-là,
il y en a d'autres , et même en plus grand
nombre, appellés *filets en cage* , parce qu'en
effet ils forment une cage ouverte par devant.
Ils se placent dans les endroits où les palomes
sont le plus sujettes à passer, et ce sont ceux
où se font les captures les plus abondantes.
C'est un assemblage de quatre filets joints ensemble par des ficelles qu'on passe dans leurs
bords, savoir, un dans le fond, qui s'appelle la
tête , deux aux côtés, appellés *filets de côté* , et
un quatrième en haut, qu'on nomme le *ciel.* Ce
dernier est beaucoup plus élevé sur le devant
que sur le derrière. On fait la cage, dont l'entrée ne dépasse pas les autres filets, plus ou
moins profonde, suivant le local, mais toujours plus profonde que large, par la raison
que plus le filet du fond est éloigné de l'en-

---

par un nœud ou par une clavette. Le bout supérieur du croissant
est également ouvert en fourche pour recevoir la corde du filet ,
de sorte que le chasseur n'a qu'à lever le fil-d'archal arrêté à la
glebe. Alors le tourniquet ou croissant fait un demi-tour, la corde
arrêtée à la fourche s'en sépare, et laisse tomber le filet. Ce tourniquet est parfaitement représenté, presque dans toutes ses dimensions , par ceux qu'on place dans les appartemens pour les son-
nettes. Pour mieux saisir l'idée de ce mécanisme, voyez les plans,
où le gaillot est représenté.

trée , moins les palomes l'apperçoivent, et qu'elles y entrent plus facilement. Ce filet se lève au moyen de quatre cordes liées aux quatre coins , et passées dans autant de poulies attachées aux branches des arbres , tant sur le devant que sur le derrière. Si le lieu ne fournit pas d'arbres pour les poulies du derrière, on y en plante exprès de la hauteur convenable. On commence toujours par lever le filet du fond, ou la *tête* , jusqu'aux deux poulies; et là, on le fixe en arrêtant la corde à un piquet fiché en terre. Ce filet est à la hauteur de 25 à 30 pieds ; ensuite on lève le devant, de même, jusqu'aux deux poulies , à la hauteur de 40 ou 45 pieds , plus ou moins , de façon que la cage forme la figure d'un toît en appentis. Les extrémités des trois filets perpendiculaires qui forment les murs de cette chambre, sont arrêtées par en bas avec plusieurs petites gaules passées dans les mailles , et fixées par des crochets de bois piqués en terre de distance en distance. Lorsqu'on lâche ce filet, il n'y a que le *ciel* et les deux *filets de côté* qui s'abattent ; la *tête* reste en place pendant toute la journée, et ne se met à bas que le soir, lorsqu'on détend toute la chasse. Le filet abattu sur les palomes, il reste, en dedans, un espace assez considérable, dans lequel elles voltigent de côté et d'autre. Alors les chasseurs entrent dans cet espace , en jettant par-dessus leur corps les filets qui traînent à terre, et prennent les palomes qu'ils mettent dans un sac, ou un panier d'osier à claire-voie, fait exprès.

Il ne suffit pas, pour former une palomière, d'avoir planté les arbres auxquels doivent être suspendus les filets. Les palomes ne s'y prendroient point, s'ils n'étoient masqués par une seconde rangée d'arbres, qui se plantent en même temps, à la distance d'environ deux toises des premiers. Sans cette précaution, en appercevant de loin les filets, elles s'enlèveroient pour passer par-dessus. On a soin seulement de les ébrancher à douze ou quinze pieds de terre, afin de laisser aux palomes le passage libre pour donner dans les filets, lorsqu'effrayées par le stratagême dont il sera parlé tout-à-l'heure, elles ne peuvent plus les éviter. Ces arbres, ainsi que ceux des filets, sont des chênes qu'on préfere pour l'ordinaire. Au surplus, il est rare, lorsqu'on établit une palomière, qu'on se trouve obligé de planter tous les arbres nécessaires pour la chasse, sur-tout ceux destinés à cacher les filets. La nature y a pourvu, en grande partie, dans presque toutes les gorges, qui sont ordinairement couvertes de bois. On conserve ceux qui se trouvent placés à propos ; on supprime ceux qui peuvent nuire, ou sont inutiles, et on supplée à ceux qui manquent par de jeunes arbres plantés à la main. Dans les endroits où les arbres manqueroient absolument pour tendre les filets, si l'on est pressé de jouir, on peut transporter des chênes de soixante pieds de haut, après les avoir déterrés de manière à laisser autour des racines environ vingt quintaux de terre; ce qui se fait sur un traîneau attelé de quatre ou cinq paires de bœufs, et on les dresse dans des trous préparés pour les recevoir, avec de bonne terre meuble et du terreau (1). Lorsqu'on plante pour l'avenir et pour sa postérité, on prend des arbres plus jeunes.

Sur le derrière de l'emplacement des filets, est une cabane à demeure et construite à chaux et sable, qui sert à ramasser tous les ustensiles de la chasse, et d'abri aux chasseurs dans le mauvais temps. Dans quelques palomières, au lieu de cette cabane, se trouve une petite maison avec cuisine, chambres à coucher et autres commodités. Il est à propos que cette maison soit placée à l'écart, sur la droite ou sur la gauche, de manière qu'elle ne puisse être apperçue des palomes; et, pour le mieux, qu'elle soit couverte par des arbres, soit qu'ils s'y trouvent naturellement, soit qu'on les y ait plantés exprès.

J'ai dit plus haut qu'à l'extrémité de la gorge devoit se trouver un espace de terrein uni et

____

(1) M. *Rouset*, curé d'*Asson*, près Nay, a pratiqué cette plantation pour une *pantière*, ou chasse aux bisets; et elle lui a si complètement réussi, que pas un de ses arbres n'est mort, et que dès la première année, il a eu la satisfaction de s'en servir pour prendre des bisets.

découvert , de l'étendue d'environ quatre-vingt pas. Cette plaine est ordinairement couverte de fougère qu'on ne coupe qu'après la saison des chasses. Vers son milieu , un peu sur la droite , venant de l'orient , et à 60 pas en avant des filets , se place la *trèpe* , l'un des principaux agens de la chasse des palomes. On appelle de ce nom l'assemblage de trois arbres ébranchés , de la longueur de 80 à 90 pieds , qu'à l'aide d'un cric , on dresse et plante dans des trous de quatre pieds et demi au moins de profondeur, en triangle , à la distance de 18 à 20 pieds l'un de l'autre , et qu'on lie ensuite par le haut , à quatre ou cinq pieds de leur cime , avec une chaîne de fer. L'espace au-dessus de la chaîne sert à construire une cabane avec des branches d'arbres garnies de leur feuillage, où un homme puisse se tenir caché. L'un des trois arbres est traversé , du haut en bas , par des chevilles de cœur de chêne , qui servent d'échelons pour monter à cette cabane. S'il se trouve sur le lieu un arbre de la hauteur requise , et placé à propos, on s'en sert à la place de la machine que je viens de décrire , et cela vaut mieux.

Lorsque le chasseur , qui doit être posté sur la *trèpe* , y est monté , on le munit , au moyen d'une corde qu'il tient , et d'un sac ou panier attaché à l'autre bout, d'un certain nombre de raquettes de bois blanchies avec de la chaux , d'un pied de long , y compris une queue ou

D d iv

manche pour les empoigner, et de l'épaisseur
d'un pouce, ayant, à-peu-près, la forme d'un
battoir de blanchisseuse. Ces raquettes, simulacre grossier et mal imité d'un épervier, mais
qui n'en réussit pas moins à effrayer les palomes, dont cet oiseau est la terreur, sont appellées en béarnois *matous*. L'usage que le chasseur
doit en faire, est de les lancer fortement vers
les bandes de palomes, lorsqu'elles passent à
sa proximité, dirigeant leur vol vers les filets;
plustôt, lorsqu'elles sont élevées au-dessus de la
trèpe, et plus tard, lorsqu'elles sont à sa hauteur.

Plus loin, dans les parties les plus élevées
de la gorge, sont établies par intervalles, à
droite et à gauche, quelques cabanes semblables
à celle de la *trèpe*, sur des arbres qui se sont
trouvés placés à propos, ou qu'on y a autrefois
plantés à dessein. On appelle ces cabanes *battes*.
Il n'y a pas de palomière qui n'en ait au moins
quatre avant la *trèpe*, et quelques-unes en ont
jusqu'à dix. Elles sont occupées par d'autres
chasseurs également munis de raquettes; et
lorsqu'une volée de palomes paroît dans la
gorge, ils les effrayent, en leur jettant une
ou deux, et quelquefois davantage de ces raquettes, tantôt devant elles, tantôt à côté, ce
qu'on appelle les *battre sur l'aile*, tantôt derrière, ce qui se dit les *battre en queue*. Si elles
volent trop haut, les raquettes lancées vers elles
les font baisser et fondre quelquefois jusqu'à

terre. Si l'effroi qu'elles leur causent les fait s'é-
carter à droite ou à gauche de la gorge , par
cette manœuvre bien entendue , elles sont rame-
nées et contenues dans la direction des filets.
C'est ainsi que les chasseurs des cabanes se les
renvoient de l'un à l'autre , en s'avertissant progressivement, du premier au dernier , *du vol
bas ou élevé des palomes ;* qu'elles *arrivent à
tel endroit ,* qu'elles *s'écartent de tel ou tel côté ,*
etc. C'est celui qui vient de les battre qui parle ;
celui qui suit garde le silence , jusqu'à ce qu'il
les ait battues à son tour. Elles arrivent enfin
sur la place où est la *trèpe :* le chasseur hutté
dans cet arbre est le dernier qui les bat ; et ce
poste doit être occupé par un homme exercé et
intelligent : c'est lui qui , par son jeu , doit précipiter les palomes dans les filets ; et pour cela,
il faut qu'il les fasse fondre presque jusqu'à terre.
Mais s'il les a précipitées trop tôt, elles se relè-
vent et passent par-dessus les filets : si , au contraire , il les a battues trop tard , elles ne fondent qu'après avoir passé les filets. Le chasseur
de la trèpe ne doit jamais battre les palomes
qu'*en queue.*

Outre les chasseurs des arbres , il y en a encore quelques autres postés à terre dans des
cabanes couvertes de fougère , sur les côteaux
qui forment la gorge , à une certaine distance
les uns des autres. Ceux-ci , qu'on nomme
chatars , sont munis d'un bâton de six à sept

pieds, garni en haut de grandes plumes d'oie blanches fichées en travers, ou au défaut de ces plumes, d'un linge blanc. Lorsqu'ils apperçoivent des palomes qui s'écartent de la direction des filets, en se jettant d'un côté ou de l'autre de la gorge, ils courent à l'endroit où elles font mine de vouloir passer, en agitant avec violence cet épouvantail, et ordinairément ils parviennent à les détourner, et à leur faire prendre la route des filets. Par ce moyen, on prend souvent des volées de palomes, qui auroient passé fort loin des filets, si on les eût laissées tranquilles. On voit par ce détail, que ces sortes de chasses exigent beaucoup de monde : on y emploie depuis douze jusqu'à vingt-quatre chasseurs ; ce qui dépend de l'étendue et de la disposition des lieux.

Il ne faut pas croire aux relations exagérées qu'on entend faire quelquefois à des personnes mal instruites, de la chasse des palomes. Suivant ces relations, il s'en prend très-souvent plusieurs centaines d'un coup de filet. La vérité est que les bandes de ces oiseaux sont de 15, 20, 30, quelquefois de 50, et rarement de cent, dont quelques-uns s'échappent le plus souvent, lorsque la bande vient à donner dans les filets. Je tiens cependant d'un gentilhomme du Béarn, très-digne de foi, qu'il en a vu prendre jusqu'à 164 d'un coup de filet ; mais ces grands coups ne peuvent se faire que dans les filets en cage

dont j'ai parlé, et ils sont extrêmement rares.
Deux ou trois fois seulement, dans le temps du
passage, il arrivera d'en voir des bandes très-
considérables, comme de 2 à 3000 ; mais presque toujours ces bandes si nombreuses passent
à une très-grande hauteur, et hors de la portée
des raquettes : ou si le hasard veut qu'elles se
trouvent à portée d'être battues, les raquettes
ne leur font aucune impression.

La chasse des palomes se fait toute la journée.
Elle est très-amusante les jours où il y a beaucoup de passage; mais il se rencontre aussi certains jours où elle est fort ennuyeuse, et où
de 50 volées qui passent, il ne s'en prend pas
une. Un temps sombre et froid est le plus
favorable ; les jours clairs et sereins, les palomes se prennent plus difficilement. La pluie
n'empêche point de chasser; mais s'il s'élève un
grand vent, on cesse la chasse, et les filets se
mettent bas.

Ces chasses occasionnent souvent des parties
de plaisir, suivies de repas champêtres sous une
loge de feuillage; repas dont les palomes, mises
à la broche en sortant du filet, font les principaux
frais, et qui sont assaisonnés de toute la gaieté naturelle aux habitans du pays. Cette même gaieté
anime singulièrement toutes les manœuvres, les
cris et les signaux des chasseurs; ce qui, joint à
quelque chose de grand et d'imposant que présente l'appareil de cette chasse, produit une

sensation ravissante chez tous ceux qui la voient pour la première fois.

Il se prend des bisets, plus ou moins, dans toutes les palomières, en même temps que des palomes; cela dépend de l'élévation du terrein. Il s'en prend très-peu dans celles qui sont situées sur de hautes montagnes; et au contraire, dans celles qui sont basses, il se prend beaucoup plus de bisets que de palomes. Il est bon d'observer que le nom de *palomière* ne se donne qu'aux chasses où il ne se prend que des palomes, et quelques bisets seulement de temps en temps; et que celles où il ne se prend que des bisets, et point ou très-peu de palomes, sont appellées *pantières*. La disposition des pantières est la même que celle des palomières, excepté qu'on n'y emploie au plus que huit filets, qu'on ne s'y sert point de filets en cage, et qu'on peut s'y passer de cette seconde rangée d'arbres au-devant des filets, attendu que les bisets ont la vue moins subtile que les palomes.

Les palomières les plus renommées de la Soule, de la vallée de *Barretons* en Béarn, et de la Bigorre, les seules sur lesquelles je sois instruit, sont les suivantes: d'abord, pour la Soule, celles de *Liceratz*, de *Saro*, et de *Tardets*. La première, qui est la plus belle, et appartient à M. de *Casemajor*, seigneur du lieu, prend depuis quatre jusqu'à cinq mille palomes par an, et quelques bisets, quoique située de façon que,

par un temps clair, on ne peut y chasser que jusqu'à midi, attendu qu'alors le soleil donnant
sur les filets, quelque précaution que l'on prenne,
les palomes les apperçoivent et les évitent. Vient
ensuite celle de *Saro*, appartenante à M. le
baron de *Saro*, qui prend depuis 1500 jusqu'à
2000 palomes, et quelques bisets. Celle de
Tardetz, qui appartient à la petite ville de ce nom,
passe rarement le nombre de 1200 palomes et
quelques bisets.

Il y a deux palomières à *Issor*, et une à
Lannes, dans la vallée de *Barretons*. De ces
deux palomières d'*Issor*, l'une appartient à la
communauté, et l'autre à M. d'*Isest*, conseiller
au parlement de Navarre, et seigneur du lieu.
Il ne se prend dans l'une comme dans l'autre
que 1200 palomes et quelques bisets. Celle de
Lannes, possédée par M. de *Domecq*, conseiller au parlement de Navarre, et abbé lay de
ce village, prend jusqu'à 2000 tant palomes que
bisets, et plus de bisets que de palomes.

A *Saint-Pé de Génerès*, petite ville de la
Bigorre, à cinq lieues de Pau et deux de
Lourde, sont deux palomières, ou plutôt pantières, dont l'une prend de 4 à 5000 bisets et
peu de palomes; et l'autre, située moins avantageusement, douze à quinze cents, et quelques
palomes. Elles appartiennent à la communauté,
moyennant un cens qu'elle paye à l'abbaye des
bénédictins de ce lieu : acensement qui remonte

jusqu'au XIIIe siècle , suivant les titres de cette abbaye.

Enfin , à une lieue et au levant de la ville de Bagnères en Bigorre , est une chasse fameuse de bisets, qui occupe près d'une lieue de long, sur un côteau où se trouvent nombre de petites gorges , à l'embouchure desquelles se tendent les filets ; ce qui forme environ une douzaine de chasses différentes , mais presque contiguës à la suite les unes des autres , et en tout 102 filets. Ces chasses sont connues sous le nom de *pantières de Gerdes.* Elles ne sont pas très-productives ; car toutes ensemble ne rendent, communément , que 1200 paires de bisets, et environ 80 paires de palomes. Elles appartiennent à M. le duc de Grammont. Outre les pantières dont je viens de parler, il s'en trouve plusieurs autres dans le voisinage de Bagnères.

Il y a aussi beaucoup de pantières dans le Comminges et le Couserans, pays où il se prend une grande quantité de bisets et très-peu de palomes. La chasse s'y fait d'une manière différente en plusieurs points de celle que j'ai décrite pour les palomières et pantières du Béarn et de la Bigorre ; mais je n'en suis point assez particulièrement instruit pour en parler avec autant de détail. Je me contenterai d'observer que, dans ces pantières, ce ne sont point , comme dans les palomières ci-devant décrites , des chasseurs placés à terre et derrière des emparences, qui lâchent les filets; cette fonction est commise au chasseur hutté sur l'arbre ou trépied le plus voisin des filets, celui-là même qui, comme nous l'avons dit, est chargé de lancer aux palomes et bisets la dernière raquette pour les forcer à donner dedans; et il l'exécute par le moyen de plusieurs cordes de détente qui répondent d'un bout à chaque filet, et de l'autre à sa guérite, et sont contenues sur la terre par de petites gaules pliées en demi-cercle, jusqu'auprès du trépied, pour n'être point apperçues en l'air. Il y a des hommes à terre, dans des cabanes, pour remonter les filets. Au lieu de raquettes, comme en Béarn et Bigorre, les chasseurs lancent aux bisets du haut de leurs trépieds, de petits bâtons courts. Mais outre ces bâtons, quelques-uns d'entre eux sont munis d'arbalètes, avec lesquels, lorsque les bisets n'obéissent pas aux bâtons, ils leur lancent des flèches qui ordinairement les font baisser. Il arrive quelquefois que les filets étant à terre au moment où l'on s'occupe de ramasser les bisets pris, il en survient une nouvelle bande. Alors, les deux chasseurs armés d'arbalètes qui sont les plus proches des filets, en leur lançant leur flèche d'une certaine manière, les forcent à rétrograder : les bisets font une randonnée dans la gorge, et donnent le temps aux chasseurs de relever les filets pour les prendre. On a vu cette manœuvre curieuse se répéter jusqu'à trois fois sur la même bande. La plus fameuse pantière du Couserans est le *Pied-Jau*, à deux lieues d'Aspect, et à-peu-près à même distance de Saint-Girons, petites villes, l'une du Couserans, et l'autre en Comminges. Les pantières du *Col-du-Hod*, et du *Col-de-las-Aras*, à un quart de lieue l'une de l'autre, et à deux lieues des villes de Saint-Béat, Aspect et Saint-Gaudens, sont les plus fameuses du Comminges. Les pantières du *Pied-Jau* et du *Col-du-Hod* sont beaucoup plus productives que toutes celles dont nous avons fait mention. Il se prend annuellement, dans chacune, 8000 bisets pour le moins, et environ 500 palomes. Il n'est pas d'année, où, dans quelque jour de bon passage, il ne s'y fasse une capture de 1000 bisets ; et il s'en est fait une de 2200 au *Pied-Jau*, il y a trois ans. La pantière du *Col-du-Hod*, avec deux petits passages qui sont sur les ailes de la gorge, occupe douze filets, et dix-huit chasseurs. La principale gorge a environ quatre-vingt pas à l'endroit que ferment les filets. La pantière du *Col-de-las-Aras* est bien moins productive que les deux autres.

Les propriétaires de ces chasses les afferment quelquefois à l'argent ; mais plus ordinairement, le prix du bail est fixé en nature, c'est-à-dire, à tant de paires de palomes et de bisets que le fermier est obligé de leur donner annuellement. Souvent, plusieurs paysans s'associent pour cette ferme. Alors, chaque jour, ils partagent le soir,

entre

entre eux , le produit de la chasse. Quelques propriétaires font exploiter pour leur compte , et payent les journées des chasseurs qu'ils emploient, tantôt en argent , tantôt en palomes.

Il y a une autre manière de chasser les bisets seulement, qu'on appelle chasse à *l'appeau* , pour la distinguer de celle décrite ci-dessus , connue sous le nom de chasse à *la force* , et parce qu'on y emploie de bisets vivans pour attirer ceux qui passent vers les filets. Il n'est pas nécessaire , pour la réussite de celle-ci , qu'elle se fasse dans une gorge : elle peut se faire en plaine , en choisissant un endroit où les bisets passent le plus fréquemment , pourvu néanmoins qu'il s'y trouve une fonte ou pente derrière les filets , et au couchant ; ce qui est absolument indispensable , comme pour la chasse précédente. Voici quel est l'appareil de cette chasse , un peu différent de celui de la chasse à *la force*.

D'abord , la plantation des arbres pour tendre les filets est la même ; mais il ne faut que quatre filets , ou tout au plus six ; et il n'est pas besoin d'une seconde rangée d'arbres pour les masquer , par la raison que j'ai déjà dite. On élève , sur la place qui est au-devant des filets , deux trépieds semblables de tout point à celui de la chasse des palomes , et avec des cabanes pour y poster des chasseurs. Ils sont placés à droite et à gauche, à 60 pas des filets, et reculés de quelques pas sur les côtés. On bâtit de même sur le lieu une cabane à chaux et sable, pour y resserrer les filets et autres instrumens de chasse, au-devant de laquelle on en forme une autre avec des branchages, assez spacieuse pour y placer une table de 10 ou 12 couverts, pour des occasions où, comme je l'ai dit ci-devant, il prend envie aux curieux des environs de venir s'égayer à cette chasse. On laisse à cette cabane de branchages une ouverture ou petite porte, du côté par où viennent les bisets ; et à deux ou trois pieds de distance, on forme avec des pieux de la longueur de huit pieds, piqués en terre en demi-cercle, une *emparence*, ou haie, semblable à celle dont j'ai parlé pour la chasse des palomes, si ce n'est qu'elle est unique, et beaucoup plus étendue, ayant 18 ou 20 pieds de contour. Cette haie doit être à la hauteur des yeux du chasseur, et l'on y pratique encore de petites ouvertures, par lesquelles il peut voir venir les bisets, faire mouvoir les appeaux, et saisir l'instant de lâcher les filets à propos. Cela fait, le chasseur élève, à 30 pas de cette *emparence*, une petite motte de terre d'un pied de haut, et d'environ quatre pieds de circonférence, pour y placer un appeau sur une palette. Mais, avant d'aller plus loin, il est à propos d'expliquer ce que c'est que cet appeau, et la palette sur laquelle il est posé. L'appeau est un biset aveugle (1), et l'on appelle *palette* ou *chémère d'appeau*, un bâton de quatre pieds de long, de la grosseur du doigt du milieu, percé à une de ses extrémités de cinq trous, distans d'un pouce l'un de l'autre, dans lesquels se passent cinq petites traverses, qu'on entrelace de menus osiers ; ce qui forme une espèce de raquette ou palette, d'où l'instrument a pris son nom, et sur laquelle doit être posé le biset aveugle, qui y est contenu par les jambes avec deux petites courroies de chamois, de manière néanmoins qu'il ne soit pas trop gêné, et qu'il ait la liberté de voltiger un peu sur la palette.

Pour arranger cette machine comme elle doit

---

(1) En Béarn et autres provinces où ces chasses ont lieu, on leur crève tout bonnement les yeux avec une aiguille. En Espagne, où l'on emploie aussi des appeaux pour des chasses de palomes et de bisets, mais autres que celles dont il s'agit ici, on s'y prend différemment, suivant Espinar : on leur retourne seulement la prunelle, sans la crever ; mais on ne se contente pas de leur ôter la vue ; on les rend en même temps sourds, ce qui se fait en leur prenant la tête dans la bouche, et les étourdissant par un grand cri. J'ignore si la cécité et la surdité qui s'opèrent par ces moyens sont permanentes, ou si elles ne durent qu'un certain temps. Il y a cependant quelques chasseurs en Béarn qui leur ferment les paupières avec une aiguille et du fil, au lieu de leur crever les yeux ; mais, au dire des plus experts, cette pratique n'est pas bonne, attendu qu'alors ces oiseaux sont continuellement occupés à frotter leurs yeux sur leur cou, et parviennent peu à-peu à déchirer la peau qui les couvre, et que dès qu'ils apperçoivent tant soit peu la lumière, ils ne sont jamais tranquilles, et font souvent manquer de bons coups ; au lieu qu'ils sont toujours en repos lorsqu'on leur a crevé les yeux. A la fin des chasses, on tue ces appeaux pour les manger.

l'être , et de manière que la palette repose sur la motte de terre , on adapte le bout opposé à une traverse de quinze pouces de longueur, dont les deux extrémités entrent dans les trous de deux petites planches étroites fichées en terre, et de la hauteur de dix à douze pouces. Environ à moitié distance entre ces planches et la motte de terre, se plantent à droite et à gauche deux piquets , auxquels vient s'arrêter une ficelle nouée au bâton vers son milieu , pour le contenir. On attache ensuite à même hauteur, au bâton, une longue ficelle , qui arrive jusqu'à l'*emparence* , derrière laquelle est le chasseur , qui en la tirant doucement fait lever la palette , et voltiger le biset de temps en temps (1). Ce premier appeau placé à l'orient, à trente pas du chasseur , est appellé l'*appeau de la cabane*. A trente pas plus loin , dans la même direction , on en place un autre qu'on appelle *appeau de la place* , et enfin un troisième toujours à l'orient et à trente pas du second , c'est-à-dire , à 90 pas du chasseur; celui-ci est nommé l'*appeau de devant*. A 60 pas de ce troisième appeau , non pas en avant, mais sur les côtés, à droite et à gauche , c'est-à-dire, vers le midi et le nord, se placent deux autres appeaux ; ce qui fait en tout cinq appeaux, tous

____

(1) Voyez le plan ; un coup-d'œil jetté sur la figure en dira plus que l'explication.

placés à terre sur des palettes, telles que celle que j'ai décrite pour le premier. Des cinq, le chasseur de la cabane en fait jouer deux, à l'aide des ficelles dont j'ai parlé; savoir, celui de la cabane et celui de la place. Quant aux trois autres, c'est l'affaire des chasseurs huttés sur les trépieds. Le trépied de la droite en conduit deux, qui sont l'appeau de devant, et celui du côté droit. Le trépied de la gauche est seulement chargé de faire jouer celui du côté opposé. Et pour faciliter le jeu de ces trois appeaux, qui se fait de haut en bas, et empêcher que la ficelle ne paroisse en se levant en l'air, ce qui pourroit effaroucher les bisets, on a soin de faire passer cette ficelle par-dessous une petite gaule pliée en demi-cercle, et fichée en terre par les deux bouts, au bas et tout près du trépied (1).

Enfin, outre ces cinq appeaux, il y en a encore quatre qu'on appelle *appeaux volans*, aveugles comme les autres. On leur attache aux jambes une petite courroie de chamois, qui laisse entre deux un intervalle de quatre doigts, et l'on noue, au milieu de cette courroie, une ficelle

---

(1) Dans quelques pantières, au lieu de cinq palettes d'appeaux, il s'en trouve sept, comme on peut le voir dans le plan de la pantière d'*Igon*; alors un des trépieds en conduit deux, et l'autre trois. Et outre les appeaux volans des trépieds et de la cabane, il y en a encore quatre autres que tiennent deux chasseurs cachés dans des loges de fougère, hors la place, à droite et à gauche, et à quelque distance des appeaux à palette, comme on peut le voir également par le plan.

E e iij

suffisamment longue pour permettre à l'oiseau
de prendre un bon essor. Chaque chasseur des
trépieds est muni d'un de ces appeaux; celui de
la cabane en a deux. Il faut observer, pour ceux-
ci, que la ficelle doit être fixée à un piquet sur
la place qui est au devant des filets, et que la
longueur de cette ficelle doit être compassée
de façon qu'elle ne dépasse point la cabane de
branchages ; parce que si l'appeau , qui est
aveugle , venoit à prendre son vol du côté de la
cabane , il s'empêtreroit dans les branches, et
feroit manquer l'objet qu'on se propose.

Les appeaux, tant volans que de terre, servent tantôt pour attirer les bisets qui passent au-
dessus de la chasse , et les faire descendre à la
hauteur convenable ; tantôt pour détourner
ceux qui passent sur les côtés , et leur faire
prendre la direction des filets. C'est sur-tout
dans ce dernier cas , qu'on lâche les appeaux
volans. Les bisets qui les apperçoivent en l'air
viennent à eux , et alors en faisant jouer les
appeaux de terre , ils sont conduits , de proche
en proche , vers l'appeau de la cabane. C'est
lorsqu'ils sont à-peu-près au-dessus de celui-
ci, que les chasseurs des trépieds leur décochent
ces raquettes dont il a été parlé ci-devant, en
les huant et poussant de grands cris , et par ce
moyen les précipitent dans les filets. A observer
qu'on ne hue jamais les palomes : les cris, au
lieu de les abattre, les feroient s'enlever.

Chaque chasseur tend ses appeaux le matin, lorsque les filets sont dressés, et les retire le soir, après leur avoir donné à manger; ce qu'il a eu soin de faire aussi le matin, avant de les placer. Leur nourriture est du blé-d'Inde, du millet ou du froment.

Ici un seul chasseur peut, sans bouger de place, gouverner quatre filets à volonté, au lieu que dans les palomières il faut un homme pour chaques deux filets; il peut les lâcher, ou séparément, ou tous à-la-fois, suivant l'occurrence; savoir, deux de la main droite, et deux de la gauche. Il peut même, en cas de besoin, en lâcher un cinquième avec le pied; ce qui dépend des volées de bisets plus ou moins nombreuses qui se présentent. On remarquera que dans les palomières il y a plusieurs emparences ou petites haies, à chacune desquelles viennent aboutir les cordes de détente de deux filets, ensorte que s'il y a quatorze filets, il faut sept emparences, et sept chasseurs pour les manœuvrer; tandis que dans les pantières à l'appeau, il n'y a qu'une grande emparence, où viennent se rendre toutes les cordes de détente des quatre ou six filets dont elles sont composées, et un, ou au plus deux chasseurs derrière cette emparence, qui sont chargés en même temps de conduire les appeaux et de lâcher les filets.

On ne tue point, pour l'ordinaire, les palomes et bisets pris, si ce n'est ceux qu'on veut manger sur les lieux dans quelques parties de plaisir qui s'y font : on les retire vivans des filets, pour les mettre ensuite dans des volières, où on les conserve une partie de l'année. Le prix commun des palomes est de 20 à 25 sols la paire, et celui des bisets de 12 à 15 sols. Mais à l'égard des palomes sur-tout , dont on fait un très-grand cas dans ce pays , elles se vendent beaucoup plus cher lorsqu'elles ont passé quelque temps dans la volière ; et principalement dans certaines saisons , comme aux approches du carnaval. Alors une paire de palomes se vend quelquefois, à Pau , jusqu'à 4 livres , et dans les années où les chasses ne sont pas abondantes, soit par l'intempérie de l'automne , soit par un moindre passage , les palomes se vendent jusqu'à 30 et 40 sols la paire , même pendant la saison des chasses.

Pour faciliter à mes lecteurs l'intelligence des chasses dont je viens de donner le détail, j'ai joint à leur description le plan d'une palomière, et celui d'une pantière à l'appeau , que j'ai fait lever , sur les lieux mêmes, par M. *Saint-Guily*, géomètre à Pau. Mais je dois avertir que celui de la palomière de *Lannes* ne répond pas exactement à la description que j'ai donnée des palomières en général, et telles qu'elles sont pour l'ordinaire. Cette palomière, qui n'a été choisie que par un mal-entendu dont il seroit inutile de rendre compte , diffère de toutes les autres par sa disposition bizarre , qui consiste en ce que la gorge , en approchant de son embouchure , se trouve partagée par une montagne de roc, ce qui a obligé de séparer les filets à droite et à gauche de cette montagne , et produit sur le plan l'aspect de deux palomières , qui cependant n'en forment qu'une. La palomière de *Lannes* diffère encore des autres , en ce que l'on y voit près des filets quatre cabanes pour battre les palomes avec des raquettes , placées tant sur la rampe de cette roche dont je viens de parler , que sur les crêtes parallèles des deux coteaux qui forment la gorge ; au lieu que dans les palomières ordinaires , ces cabanes sont placées sur des arbres ou des trépieds; ce qu'il faut attribuer à la disposition du local , dont on a tiré parti pour asseoir ainsi ces cabanes au-dessus de certains escarpemens, qui, par leur élévation, équivalent à des arbres. Du reste, le plan de la palomière de *Lannes* , malgré cette bizarrerie , n'en est pas moins propre à donner une idée juste des palomières en général , surtout avec le secours des explications détaillées dans lesquelles je suis entré.

Je donnerai ici le détail d'une autre chasse de palomes au filet , qui est encore assez intéressante et peu connue.

Dans un bois isolé et tranquille, on choisit une place pour y tendre un filet à nappes, tel que celui

dont ont se sert pour les alouettes , ortolans et
pluviers , et qui n'en diffère que par la largeur
de la maille. Cette place doit être un peu plus
grande que l'espace que doit couvrir le filet. On
y laboure la terre en quarré , ayant soin d'en
ôter les racines, et tout ce qui pourroit faire
obstacle au jeu du filet. Lorsqu'on veut chasser
les palomes, on sème sur cet emplacement
du blé-d'Inde , du gland et de la faîne. On
élève au milieu une petite motte de terre,
pour y placer une palome aveugle sur une palette , de la même manière qu'il a été expliqué
ci-dessus pour la chasse des bisets à l'appeau.
A quelque distance de la place , on construit
avec des branchages et de la fougère , une cabane bien fermée , et on y ménage quelques
petites ouvertures , par lesquelles le chasseur
peut suivre de l'œil les palomes qui viennent se
percher dans les arbres qui doivent être aux environs de la place. Outre l'appeau placé à terre,
on en pose encore trois autres sur trois arbres
voisins , et voici la manière dont cela se fait.
On commence par ajuster une palette semblable
à celle dont on se sert pour les appeaux de terre,
excepté que le bâton est un peu plus long , ayant
environ quatre pieds et demi. On se procure
ensuite une perche de quinze à seize pieds, à
une extrémité de laquelle on forme avec une
scie , un entre - deux en façon de mortoise,
de la profondeur de trois pouces. On échancre

en talus , d'un côté , le fond de la mortoise avec
une gouge ; de manière que le bâton de la palette qu'on fixe dans cet entre-deux par une petite
cheville de fer qui le traverse vers son milieu,
puisse s'élever en l'air , en tirant une ficelle
attachée d'un bout à l'extrémité du bâton opposée à la palette , et de l'autre venant rendre
à la cabane , et qu'il reste dans une position
horizontale lorsqu'on le laisse retomber. On
attache ensuite à la perche , avec deux clous ,
un crochet de bois vers le haut. Le chasseur
monte dans l'arbre , au moyen d'une échelle
dont il s'est pourvu , tirant à lui la perche et la
palette , sur laquelle est posée la palome aveugle , et arrêtée par les pieds avec deux petites
courroies de chamois de la manière ci-devant
expliquée , et il suspend cette perche par le crochet dont j'ai parlé à une des plus hautes branches, l'ajustant de façon que la palome ait l'air
de s'être posée naturellement à la cime de
l'arbre. S'il ne se présente pas une branche propre pour cela , il accroche la perche à une
seconde perche plus légère qu'il place en travers d'une branche à l'autre ; et il a soin , en
même temps , de la lier par le bas à une branche inférieure , afin qu'elle soit ferme et ne
remue pas , lorsqu'il s'agit de faire voltiger
l'appeau en tirant d'en-bas la ficelle attachée
à l'extrémité du bâton de la palette.

Lorsque le chasseur , en faisant jouer les

appeaux des arbres, est parvenu à faire poser sur les arbres les palomes qui passent en l'air, alors il fait voltiger celui qui est sur la motte de terre, en lui donnant de légères saccades avec la ficelle, ce qui détermine les palomes perchées à descendre sur la place les unes après les autres. Le chasseur attend que toute la troupe, ou la majeure partie soit descendue, pour renverser son filet sur elles.

Il arrive quelquefois que les palomes, qui, sans doute, ne sont pas affamées, ne descendent point sur la place. En ce cas, le chasseur a recours à une autre ruse pour les y déterminer. Il est muni, dans sa cabane, d'une palome qui voit et a ses ailes. Ses jambes sont attachées par une petite courroie semblable à celle des appeaux volans de la grande chasse aux bisets; et à cette courroie tient une ficelle qui de l'autre bout s'arrête à une branche de la cabane. On appelle cette palome *chapon*. Le chasseur, qui a eû soin de pratiquer dans la cabane, à droite et à gauche, un petit canal ou rigole, aboutissant vers la place, pose dans cette rigole le chapon qui, en la suivant, arrive peu-à-peu sur la place, et se met à manger avec d'autant plus d'appétit, qu'on a eu soin de le laisser à jeun. A cette vue, les palomes perchées sur les arbres se déterminent à descendre pour partager le déjeuner du chapon, et alors le chasseur fait jouer son filet.

Cette chasse a lieu pendant les mois de février et mars, comme je l'ai déjà dit. On la fait aussi en automne, mais avec moins de succès.

CHASSE des Palomes au fusil.

Cette chasse se fait, en automne, dans un bois où les palomes ont coutume de passer. On y choisit une petite éminence, où il se trouve, au moins, cinq ou six chênes. Plus ils sont élevés, plus ces oiseaux aiment à s'y poser. On commence par établir dans celui du milieu, avec le secours d'une échelle, une cabane propre à contenir deux ou trois chasseurs, formée de branchages solidement attachés aux grandes branches, et bien garnie de fougère, afin que les palomes, qui sont très-défiantes et s'épouvantent aisément, ne puissent appercevoir les chasseurs. Ensuite on placé sur ce même arbre, à l'extrémité d'une des plus hautes branches, un et quelquefois deux appeaux, de la même manière que pour la chasse précédente. La cabane où se tiennent les chasseurs a plusieurs ouvertures, pour voir venir les palomes, les suivre de l'œil, et leur *donner l'appeau* à temps. Donner l'appeau, c'est faire voltiger la palome, en tirant la ficelle qui répond à la palette. On a observé qu'en le faisant lorsqu'elles sont trop près, elles s'effraient et fuient : et en ce cas, on dit qu'elles ont *pris l'épervier*. Ces ouvertures servent en

même temps à passer le fusil, lorsque l'occasion se présente de tirer sur les palomes, qui,
attirées par l'appeau , viennent se percher sur
les arbres voisins. Alors , les chasseurs s'accordent pour tirer ensemble tout d'un temps sur
la bande , afin de faire un plus grand abattis.

D'autres font une cabane à terre , au pied de
l'arbre où sont posés les appeaux , et deux ou
trois autres à portée des arbres voisins. Mais,
si l'on ne fait point de cabane sur l'arbre des
appeaux , il en faut nécessairement une sur un
arbre qui domine tous les autres, et d'où un
chasseur qui s'y place sans appeau ni fusil,
puisse, avec un sifflet, avertir ses camarades
qu'il arrive des palomes , du moment où il faut
leur donner l'appeau , et quand on doit cesser.
Chaque chasseur a aussi son sifflet, pour avertir
les autres qu'il voit des palomes; et lorsque la
bande est posée dans un arbre , tous se mettent
en joue , et ne lâchent leur coup qu'au signal
que donne l'un deux par un coup de sifflet.

Espinar parle d'une chasse aux palomes, à
peu-près semblable, qui se fait en Espagne. On
place sur un arbre, à différentes hauteurs, deux
ou trois appeaux sur des palettes à-peu-près telles
que je les ai décrites , et posées le bec au vent,
parce que les palomes (dit-il) viennent toujours
se percher le bec dans le vent. Mais ces palettes
ne sont point ajustées sur des perches , comme
celles dont j'ai donné la description. On attache

simplement le bâton de la palette par un bout à une branche, et vers son milieu à une autre branche, dans une position horizontale. A l'autre bout, du côté de la palette, pend une ficelle assez longue pour arriver à une cabane construite en branchages au pied de l'arbre, et bien couverte, où se tient le chasseur, et d'où il fait jouer, de temps en temps, celui de ses appeaux qu'il juge le plus convenable, selon la direction du vent. Lorsque les palomes, attirées par les appeaux, viennent se poser sur l'arbre, le chasseur les tire de sa cabane par des ouvertures qu'il y a pratiquées : et il y a des jours, (ajoute Espinar) où un homme seul tue de cette manière 40 ou 50 paires de palomes avec l'arbalète. Il observe, en même temps, qu'avec l'arquebuse on pourroit en tuer davantage. Si cela est ainsi en Espagne, il faut que le passage des palomes y soit bien plus considérable qu'en Béarn ; car on m'assure que dans les deux chasses, tant au filet à nappes qu'au fusil, dont j'ai donné le détail, il ne se prend au plus que 20 à 30 palomes en un jour.

C H A S S E des Bisets en plaine avec le fusil.

On choisit, en pleine campagne, un chaume assez spacieux de millet, ou de froment, où il y a passage de bisets, qui y arrivent par bandes, le matin et le soir, et quelquefois pendant toute la journée. Après avoir creusé un espace en

rond , d'environ cinq pieds de diamètre, à la
hauteur du genou, en forme d'un grand cuvier
à lessive , on entoure ce trou avec des branches
d'arbre , et pour le mieux de chêne , bien garnies de feuilles , qu'on enfonce dans la terre;
ce qui forme une cabane à laquelle on pratique
plusieurs ouvertures , l'une qui sert de porte
pour y entrer et en sortir librement, d'autres
plus petites , pour observer les bisets qui passent,
et tirer sur eux, lorsqu'ils sont posés à terre.
A vingt-cinq ou trente pas de la cabane, se place
un biset aveugle sur une palette, de la même
manière que pour la chasse au filet, et avec
un petit cordeau pour le faire jouer de la cabane. Il est bon , pour cette chasse, si l'on n'a
pas un fusil double, d'avoir deux fusils. On en
laisse un en dehors, sur la droite de l'entrée
de la cabane; et lorsque le chasseur a tiré sur
les bisets que le jeu de l'appeau a fait descendre
à terre , il sort précipitamment de sa cabane,
et tire un second coup sur la bande qui vient
de s'envoler. On peut tuer à cette chasse 30
ou 40 bisets , les jours où il y a beaucoup de
passage.

On peut, sans appeau , et sans cabane, se
mettre ainsi, en pleine campagne, à l'affût aux
bisets, pour les tirer au vol dans le temps du
passage, le matin et le soir , en se couvrant
quelque arbre , haie, ou buisson. Un temps
sombre et couvert est le plus favorable, parce
qu'alors

qu'alors les bisets volent plus bas. Cette chasse, ainsi que la précédente, est fort usitée en Béarn, et autres provinces voisines des Pyrénées.

I I.

De la Tourterelle.

La tourterelle, dont il y a deux espèces différentes, l'une un peu plus grosse, et distinguée par une sorte de collier noir, arrive dans nos provinces septentrionales vers le mois de mai, fait ordinairement deux pontes, chacune de deux œufs seulement, et s'en va au mois de septembre.

Pendant l'été, on l'entend chanter dans les bois, dès quatre heures du matin, comme le ramier. Comme lui, elle se perche par préférence sur les branches sèches des arbres, et on l'approche de même, en avançant lorsqu'elle chante, et s'arrêtant dès qu'elle cesse. On se sert aussi quelquefois, pour l'attirer, d'un appeau dont la figure se trouve dans l'*Aviceptologie Françoise*. En été, sur-tout dans les grandes chaleurs, on peut l'attendre l'après midi, au bord des petits ruisseaux, où elle vient se désaltérer.

La meilleure saison pour tuer ces oiseaux, celle où ils sont gras, et où il s'en tue davantage, est le mois d'août, pendant et après la récolte. On trouve alors les tourtereaux répandus dans les champs, et sur-tout dans les chaumes de blé. On les surprend quelquefois dans les blés, où on les tue à la partie ; mais posés dans les chaumes, ils attendent rarement le chasseur, à moins qu'il ne trouve le moyen de se couvrir de quelque haie pour les approcher ; mais l'occasion se présente quelquefois de les tirer au vol en passant, et l'on peut en tuer d'autres, en les abordant avec précaution, dans les arbres où ils vont se poser après s'être envolés.

Les tourterelles sont sur-tout très-friandes de millet, et l'on en voit beaucoup plus dans la partie méridionale du royaume que partout ailleurs. On en prend en grand nombre dans le Béarn, avec des filets à nappes, tendus dans des chaumes de blé ou de millet, sur-tout ceux qui sont voisins d'un petit bois, ou entoûrés d'arbres ; et l'on se sert pour cette chasse d'appeaux aveugles posés à terre, comme pour les palomes et bisets, en semant sur la place, entre les filets, quelques poignées de froment. Cette chasse commence avec le mois d'août, et dure jusqu'à la mi-septembre, temps où ces oiseaux disparoissent. Elles vont, en cette saison, par bandes depuis dix jusqu'à vingt.

On lit dans le *Voyage des Deux-Siciles* de M. Henry Swinburne, la manière suivante de chasser les tourterelles, usitée dans la Calabre,

où ces oiseaux abondent, particulièrement sur
des collines couvertes d'oliviers, voisines de la
mer. Deux chasseurs conduisent sous ces oliviers une chaise ouverte ou cabriolet, et la
font tourner très-lentement, mais sans s'arrêter, autour des arbres, jusqu'à ce qu'ils aient
apperçu une tourterelle perchée. L'oiseau,
frappé de ce spectacle, fixe les yeux sur la
chaise, qui roule toujours, et tourne continuellement la tête, en imitant son mouvement.
Alors un des chasseurs sort de la voiture, et
la tire sans qu'elle pense à s'envoler. On a
aussi l'adresse, en ce même pays, de placer au
pied des arbres où elles ont coutume de se poser, de petits bassins de pierre remplis d'eau:
elles y viennent boire, et le chasseur embus-
qué profite du moment pour les tirer.

CHAPITRE XII.

De la Grive; du Merle, et de l'Etourneau.

I.

De la Grive.

IL y a quatre espèces de grives; la *drainè* ou
grive de gui, qui est la plus grosse, appellée
de ce dernier nom, parce qu'elle mange, en
hiver, le fruit du gui, et se perche par préfé-

rence sur les arbres où il s'en trouve; la *litorne*, appellée *claque* en Normandie, à cause de son cri, qui est *cla, cla, cla.* Celle-ci ne paroît qu'à l'entrée de l'hiver; elle va par troupes : quand on en voit beaucoup, et qu'on les entend crier fréquemment, elles annoncent le froid et la gelée. Elle se tient volontiers dans les friches, les prairies, et hante peu les bois. Ces deux espèces de grives sont les moins bonnes à manger. La première est ordinairement amère, à cause du gui qu'elle mange, et l'autre est sujette à sentir le genièvre, qui est sa principale nourriture.

Vient ensuite la grive proprement dite, à peu-près grosse comme la litorne, mais bien meilleure à manger. Elle est appellée *tourde* dans nos provinces méridionales, particulièrement en Provence; dans d'autres provinces, *vendangeuse* ou *grive de vigne*, parce qu'elle aime beaucoup le raisin.

Enfin, la quatrième espèce est le *mauvis,* appellé autrement *petite grive, touret, roselte, grive champenoise,* et qui a encore d'autres noms suivant les différentes provinces. On la distingue particulièrement, parce qu'elle a le dessous de l'aile de couleur orangée.

Toutes les grives sont des oiseaux de passage; mais il ne laisse pas d'en rester beaucoup qui nichent et pondent dans nos pays, excepté néanmoins la *litorne* ou *claque*, qui se retire

dans les pays du nord, où elle trouve du genièvre en abondance. Il nous reste très-peu de
petites grives ou *mauvis* pendant l'hiver, et il
est rare qu'elles nichent dans nos contrées.

La chasse des grives est très-agréable au
temps des vendanges. Enivrées par le raisin,
elles se laissent approcher plus facilement dans
les vignes et sur leurs bords que par-tout ailleurs. Elles sont encore très-friandes des olives :
elles trouvent l'un et l'autre dans nos provinces
méridionales ; ce qui fait qu'on y en voit en plus
grande quantité qu'ailleurs, et qu'elles y sont,
en général, plus grasses et de meilleur goût.
Depuis que le raisin commence à mûrir, jusqu'après la vendange, on en voit peu dans les
pays où il n'y a pas de vignobles ; mais, ce temps
passé, elles se répandent par-tout où elles trouvent du genièvre, du nerprun, des senelles, et
autres baies dont elles se nourrissent. Vers la
toussaints, elles viennent en foule aux aliziers,
dont le fruit leur plaît beaucoup, et en se mettant à l'affût sous un de ces arbres, on est assuré
d'y faire bonne capture ; souvent à peine don-
nent-elles le temps de recharger. Il en est de
même des merises ; mais la saison de la maturité de ces fruits étant le mois de juin, ce n'est
guères la peine de s'amuser à cette chasse, attendu que c'est le temps où elles sont occupées
du soin de leurs petits, et qu'elles sont maigre
alors ; que d'ailleurs, en détruisant une griv

on détruit, le plus souvent, toute une famille de ces oiseaux, ce qui doit répugner à un chasseur.

La véritable saison pour tuer des grives, est depuis la fin de septembre, temps où les raisins sont en maturité, jusqu'aux premières gelées, qu'elles commencent à disparoître. Mais pour en tuer beaucoup, il faut les tirer au vol, ce qui demande une certaine adresse, et n'appartient pas au commun des chasseurs. On en tue peu, lorsqu'on ne sait les tirer que posées dans les arbres, les occasions en étant bien moins fréquentes que celles de les tirer au vol. Les pays couverts et coupés de haies sont très-propres pour tuer des grives dans l'arrière-saison: deux chasseurs qui s'entendent pour battre une haie, en la longeant chacun de son côté, sont assurés de tuer des grives et des merles, en les tirant au vol à mesure qu'ils partent.

En Provence, et particulièrement dans cette étendue de terrein qui environne Marseille, et qu'on appelle le *taradou*, on chasse beaucoup les grives à l'*arbret*. L'arbret (en provençal *aubret*) est un petit arbre planté exprès pour la chasse dont il s'agit, appellée aussi *chasse au poste*, parce que le chasseur se tient caché dans une petite cabane à laquelle on donne ce nom. Cette chasse qui se fait dans l'enceinte même des bastides, non-seulement pour les grives, mais pour les ortolans et bec-figues, est un des amusemens les plus chéris de la jeunesse de Marseille, et l'on prétend qu'il se trouve au moins 4000 postes dans le *taradou*, qui forme un pourtour d'environ quinze lieues, couvert de quinze mille de ces habitations de campagne appellées bastides. Voici le détail de cette chasse.

On choisit dans une vigne, de celles qui se trouvent encloses dans les bastides, un petit tertre ou monticule, qu'on se procure artificiellement s'il ne s'en rencontre pas un sur le lieu. On y plante un petit bouquet de jeunes pins, et au milieu un arbre de quinze à vingt pieds de haut. L'amandier est celui qui convient le mieux, par la raison que sa feuille est fort petite, et cache moins les oiseaux. Au défaut d'un arbre naturel et verd, on peut se servir d'un arbre sec qu'on plante sur le tertre. Les grives, et même les autres oiseaux s'y perchent également, excepté néanmoins l'ortolan, qui préfère les arbres verds. Parmi les jeunes pins, on a soin de mêler quelques arbrisseaux de ceux qui portent des baies qu'aiment les grives, comme myrtes, genièvres, etc. On place à terre, entre ces pins et arbustes, dans des cages, pour servir d'appeaux, cinq ou six grives prises aux gluaux, et conservées dans des volières, où on les nourrit de figues hachées avec du son et du raisin noir. Ces cages sont suspendues à des piquets, à deux ou trois pieds

F f iv

de terre. A quelque distance de l'arbre, on construit une cabane fort basse, en creusant la terre de deux ou trois pieds, de manière qu'elle n'excède le niveau du terrein que d'à-peu-près autant, et on la recouvre en dehors de ramée et de lierre qui est toujours verd, afin qu'elle effarouche moins les oiseaux, et que sa verdure se maintienne plusieurs jours. Il y a de ces cabanes construites en maçonnerie, et avec quelques commodités, et autour desquelles, pour en dérober la vue aux oiseaux, on plante quelques arbustes. Le chasseur se tient tapi dans sa cabane, et au chant des appeaux, il arrive de temps en temps des grives qui viennent se poser sur l'arbre, et qu'il tire, à mesure qu'elles se présentent, par de petites ouvertures ménagées à la cabane. La saison de cette chasse est depuis les derniers jours de septembre jusqu'à la fin d'octobre. On la commence dès la pointe du jour ; jusqu'à sept heures est le fort du passage : elle dure cependant jusqu'à neuf ou dix heures de la matinée. On peut y tuer jusqu'à trois ou quatre douzaines de grives.

II.

Du Merle.

Le merle est un manger moins délicat que la grive ; cependant, en hiver, lorsqu'il est bien gras, quelques personnes en font peu de différence. On le trouve dans les haies où il y a beaucoup de senelles, ainsi que dans les taillis, où il se tient caché dans les sépées les plus épaisses. C'est en battant les haies qu'on en tue le plus, sur-tout dans les temps de brouillard. Lorsqu'ils partent, ils filent le long de la haie, et vont se remettre à cent pas plus loin ; leur vol est plus droit et plus lent que celui de la grive, et ils sont plus aisés à tirer.

On vante comme un gibier exquis, les merles de la Corse, où il y en a une immense quantité, sur-tout dans les hivers secs et froids. Depuis la fin de décembre, que les neiges les forcent à descendre des montagnes, jusques vers la fin de février, la plaine et les côteaux en sont couverts, et ils sont si gras, qu'à peine peuvent-ils voler. Ce sont les baies de myrte dont ils se nourrissent qui les engraissent si prodigieusement, et leur donnent un parfum exquis. Les cantons où ils sont le plus excellens, sont ceux où il y a beaucoup de myrtes et peu d'oliviers. Ceux qui se nourrissent d'olives sont d'une graisse moins fine et moins délicate. Le plus grand nombre se prend avec des lacets de crin.

I I I.

De l'Etourneau.

L'étourneau vole toujours par bandes plus ou moins nombreuses, et ces bandes se mêlent souvent en hiver avec celles des corneilles, dont ces oiseaux paroissent aimer la compagnie. Il est très-difficile d'en approcher, soit qu'ils soient à terre, soit qu'ils soient dans les arbres. Ils aiment les hautes-futaies ; et se perchent toujours à la cime des arbres où ils gazouillent sans cesse. Quelques naturalistes prétendent que l'étourneau ne se nourrit d'aucune graine ni baie, et ne mange que des vers et insectes; d'autres disent qu'il aime le raisin, et est fort bon à manger dans le temps de la vendange. La vérité est que cet oiseau est un manger fort médiocre, et que sa chair est un peu amère. Quelques chasseurs lui coupent la tête aussitôt qu'il est tué, pour lui ôter cette amertume.

CHAPITRE XIII.

De l'Ortolan ; du Bec-figue ; du Proyer, et du Cul-blanc de terre ou Motteux.

I.

De l'Ortolan.

L'ORTOLAN est un peu moins gros que le moineau franc. Il a la tête et le coù d'un cendré olivâtre, le dessus du corps varié de marron brun et de noirâtre, la gorge jaunâtre, bordée

de cendré, et une petite tache jaune au-dessus
de l'œil ; la poitrine, le ventre et les flancs
roux, le bec gros et court comme celui du
moineau, et jaunâtre, ainsi que les pieds. Son
chant est *ti-ti-ti-ti-tu*. Il a dans le palais un
tubercule osseux, par lequel il est assez ordinaire de le caractériser ; mais cela ne lui est
pas tout-à-fait particulier, car le bruant l'a
comme lui. La femelle a un peu plus de cendré
sur la tête et le cou, et n'a pas de tache jaune
au-dessous de l'œil. En général, dit M. de
Buffon, le plumage de l'ortolan est sujet à
beaucoup de variétés.

Les ortolans abondent dans nos provinces méridionales ; ils y arrivent au printemps comme
les hirondelles, et s'en vont vers l'automne.
A leur arrivée, ils sont maigres, et ne valent
pas des moineaux : aussi la plupart des chasseurs dédaignent-ils de les tirer. En juillet,
août et septembre, ils sont plus gras, et valent
alors la peine d'être tirés. Mais il n'y a d'ortolans vraiment gras que ceux qu'on engraisse
exprès, après les avoir pris au filet, en les tenant enfermés dans une petite chambre, où
on leur donne du millet qu'ils aiment passionné-
ment, autant qu'ils en veulent manger. Il ne
faut guères que quinze jours pour les engrais-
ser au point que quelques-uns meurent de trop
de graisse ; mais ceux-là n'en sont pas moins bons
à manger.

Il y a deux saisons pour prendre les ortolans, le mois d'avril, temps de leur arrivée, et le mois de juillet, août et septembre; ce qui se fait, en Provence, avec un filet composé de deux nappes, et tel que celui dont on se sert pour prendre les alouettes au miroir, et une demi-douzaine d'appeaux, placés entre les deux nappes, dans de petites cages légèrement couvertes de quelques feuillages. On choisit, pour tendre le filet, une pièce de terre à portée d'une vigne, d'un champ d'orge ou d'avoine, qui sont les endroits où l'ortolan se plaît par préférence. Il est bon que le lieu où l'on tend soit éloigné de cent pas des arbres et des haies. En Guienne, et particulièrement dans l'Agénois, on se sert, pour les prendre, de certaines cages en trébuchet, appellées dans le pays *matoles*, que l'on entoure de quelques appeaux. Ces appeaux se gardent d'une année à l'autre dans des volières.

On tue beaucoup d'ortolans dans les bastides des environs de Marseille à la chasse au poste, ou de l'arbret, dont j'ai parlé dans le chapitre précédent; et pour cela, on a dix ou douze appeaux dans des cages qui s'attachent à des piquets, ou à des arbrisseaux à deux ou trois pieds de terre. On joint à ces appeaux deux ou trois pinçons mâles, dont le chant attire le becfigue, et quantité d'autres petits oiseaux à bec effilé, qu'on tue aussi à cette chasse, qui dure depuis la fin de juillet jusqu'au mois d'octobre. L'heure est depuis soleil levé jusqu'à dix ou onze heures du matin.

Il y a quantité d'ortolans en Italie, sur-tout en Lombardie et en Toscane; et dans l'état de liberté, ils y engraissent plus qu'en France: aussi y en tue-t-on beaucoup au fusil. Parmi ceux qu'on y engraisse, il s'en trouve (dit Olina) qui pèsent de trois à quatre onces. On peut juger de-là jusqu'à quel point ils deviennent gras, puisque l'ortolan maigre, et tel qu'il se prend à son arrivée, ne pèse guères plus d'une once. Lorsqu'on les envoie à Rome, ou ailleurs, on les range dans des boîtes, plumés et saupoudrés de farine.

Quoique l'ortolan soit un oiseau des pays chauds, il y en a cependant en Allemagne; et M. de Buffon dit qu'ils se sont établis, depuis un certain nombre d'années seulement, dans un canton de la Lorraine, situé entre Dieuze et Mulcey, où ils font leur ponte, et séjournent jusqu'à l'arrière-saison, temps où ils partent, pour revenir au printemps. Il s'en rencontre quelques-uns, même aux environs de Paris.

I I.

Du Bec-figue.

Le bec-figue est de la taille d'une linotte. Il a le dos d'un gris-brun qui commence sur le haut de la tête, et s'étend sur le croupion; la gorge blanchâtre, la poitrine légèrement teinte de brun, et le ventre blanc. Une tache blanche, qui coupe l'aile transversalement, est le trait le plus caractéristique de ses couleurs. Son bec est effilé, et long de six lignes. Telle est la description du bec-figue, empruntée de M. de Buffon, qui ajoute que c'est abusivement que quelques ornythologistes ont distingué plusieurs espèces de bec-figues, et qu'en Provence on appelle de ce nom toutes les fauvettes, et presque tous les petits oiseaux à bec menu et effilé, quoique le vrai bec-figue y soit parfaitement connu, et qu'on en fasse une grande différence d'avec tous les oiseaux improprement appellés bec-figues. Ce petit oiseau, si vanté pour sa délicatesse, ne se trouve, en général, que dans nos provinces méridionales. Cependant, suivant M. de Buffon, il y en a aussi en Lorraine, où il arrive au mois d'avril, et disparoît sur la fin d'août; et on en a vu quelquefois en Brie pendant l'été. En Bourgogne, où il passe beaucoup de bec-figues à la fin d'août et en septembre, on les prend au filet à miroir, de même que les alouettes. En Provence, on les tue au fusil dans les mois de septembre et d'octobre, et l'on prétend que tués ainsi, ils sont beaucoup meilleurs que pris au filet, ou de toute autre manière. Il s'en tue en quantité dans les bastides de Marseille à la chasse de l'arbret.

I I I.

Du Proyer.

Le proyer est un oiseau de passage du genre des bruants, qui arrive de bonne heure au printemps, et part dans les premiers jours de l'automne. Il est un peu plus grand que le cochevis ou alouette hupée, dont il approche beaucoup pour le plumage. Il a le dessus de la tête et du corps varié de brun et de roux, la gorge et le tour des yeux d'un roux clair, la poitrine et le dessus du corps d'un blanc jaunâtre, tacheté de brun sur la poitrine. Il a le bec gros et fort, comme celui de l'ortolan, mais plus allongé. Ses pieds sont gris-bruns. Son chant est *tri-tri-tiritz*. La femelle, un peu plus petite, a le croupion d'un gris tirant sur le roux sans aucune tache ; du reste, son plumage est à-peu-près le même. Cet oiseau a coutume de se poser sur l'extrémité de la branche la plus haute, soit d'un arbre, soit d'un buisson, et s'y tient des heures entières, sans changer de place, répétant sans cesse son *tri-tri ;* et l'on a remarqué qu'en prenant son vol, il fait craquer son bec. Il a encore cela de particulier, qu'il vole les jambes pendantes. Le proyer hante beaucoup les prairies dans la belle saison ; il y fait son nid à terre dans une touffe d'herbe, ou bien dans les orges et les avoines.

Il est ordinairement gras et fort bon à manger.
Quelques chasseurs l'estiment autant que l'ortolan.

I V.

Du Cul-blanc de terre , ou Motteux.

Le cul-blanc, ou motteux, oiseau de passage, qui nous arrive vers la fin de mars, et
s'en va au mois de septembre, est un peu plus
grand qu'un moineau. Il a la tête et le dos
gris-cendrés, le croupion blanc au-dessus de la
queue, le ventre teint d'un rouge clair. Il a
sous l'œil une plaque noire, qui prend depuis
l'angle du bec jusqu'à l'oreille ; sur le front,
une bandelette blanche, s'étendant par dessus
les yeux jusqu'au derrière de la tête : son bec
et ses pieds sont noirs. La femelle est plus petite que le mâle ; elle n'a ni plaque, ni bandelette, et est d'un gris roussâtre, par-tout où le
mâle est d'un gris-cendré. On appelle le cul-
blanc *motteux ,* en quelques endroits, parce
qu'il se pose volontiers, dans les champs, sur
des mottes. Il y suit les laboureurs, pour
manger les vers de terre, et autres insectes
que la charrue a découverts. On le trouve
encore fréquemment dans les endroits pierreux et sur les bords des carrières. Il ne se
perche point sur les arbres, mais tout au
plus sur de petits buissons qui se rencontrent
dans

dans les champs. Ces petits oiseaux deviennent fort gras dans le temps de la moisson et vers l'automne; c'est un manger fort délicat et comparable à l'ortolan.

CHAPITRE XIV.

Du Coucou ; de la Hupe ; du Loriot ; du Torcol ; du Crapaud-volant , et du Guêpier.

JE réunis ces six oiseaux en un même chapitre, parce que des six, cinq arrivent dans nos contrées à-peu-près à la même époque, c'est-à-dire, au commencement du printemps. A l'égard du guêpier, qui n'est point un oiseau de passage, et qui ne se trouve en France que par hasard et très-rarement, sur-tout dans les provinces septentrionales, je le place dans ce chapitre, parce que sa nourriture est à-peu-près la même que celle du coucou, de la hupe, et du crapaud-volant.

I.

Du Coucou.

Le coucou se fait entendre ordinairement dans les premiers beaux jours du mois d'avril; et passé la Saint-Jean, on ne l'entend plus. Il ne s'en va pas dès lors cependant, et on en trouve dans les plaines jusqu'à la fin de septembre. Beaucoup de gens de la campagne se persuadent que ces oiseaux ne quittent point le pays, et que l'hiver ils se déplument et se tiennent cachés dans des trous de vieux arbres, où ils font une provision pour leur nourriture. La vérité est qu'il n'est pas sans exemple d'avoir rencontré des coucous dans cet état; et M. de Buffon, à qui un fait pareil a été assuré par un homme digne de confiance et témoin oculaire, ne le révoque point en doute; mais tout ce qu'il en conclud, c'est que les coucous qui se trouvent trop foibles, soit par maladie, blessure ou autrement, pour entreprendre un long voyage, se mettent de leur mieux à l'abri du froid, dans le premier trou d'arbre qu'ils rencontrent à une bonne exposition.

Tout le monde sait que la femelle du coucou ne fait point de nid, et qu'elle pond son œuf dans celui de la fauvette, du verdier, de la gorge-rouge, et autres petits oiseaux qui font leur nid près de terre, et se nourrissent d'insectes comme le coucou. Le petit coucou une fois éclos renverse les petits du nid, et se fait nourrir par les père et mère.

Le coucou se laisse approcher difficilement; et lorsqu'il se trouve dans un bois, il exerce quelquefois long-temps la patience du chasseur qui le poursuit d'arbre en arbre; parce qu'il

ne s'éloigne pas beaucoup, et après être parti
d'un arbre, va se poser sur un autre à peu de
distance, et recommence à chanter. Mais lórs-
que l'on entend un coucou, il ne s'agit que de
lui répondre, son chant étant très-aisé à imiter
sans appeau et avec la bouche seule ; il ne
manque guères de s'approcher, et de venir se
poser sur quelque arbre, auprès duquel on
se tient caché ; ou s'il ne se pose pas, il passera souvent en l'air à portée de fusil, et donnera occasion de le tirer au vol.

Quelques chasseurs prétendent qu'au mois
de septembre cet oiseau est fort gras, et qu'a-
lors c'est un mets délicat. Salerne dit avoir
trouvé sa chair fort bonne, et d'un goût approchant de celui du râle de genêt. Je n'en
puis parler par moi-même, ayant toujours dédaigné d'en faire l'essai.

I I.

De la Hupe.

La hupe est un fort bel oiseau, un peu moins
gros qu'une tourterelle, et qui, comme le coucou, arrive au printemps et s'en va aux approches de l'automne. Son plumage est agréa-
blement varié de jaune, de noir et de blanc ;
mais ce qui la caractérise particulièrement, c'est
la crête composée d'un double rang de plumes,
qu'elle porte sur la tête. Son cri est une espèce

de gémissement qui s'entend de fort loin, ordinairement de grand matin, et rarement dans
le haut du jour. Elle fait son nid dans des
trous d'arbres, et ce nid n'est pas formé
d'excrémens humains, de fiente de loup, de
chien, de renard, comme on le croit communément; mais elle pose ses œufs, pour l'ordinaire au nombre de quatre, immédiatement
sur le bois vermoulu qui se trouve au fond de
ces trous. Il est bien vrai, néanmoins, que le
nid et les petits sont très-puans; mais on doit
plutôt l'attribuer aux débris pourris des sca-
bées, et autres insectes que la hupe y apporte,
qu'aux excrémens supposés dont je viens de
parler. Cet oiseau aime les lieux solitaires, et
se tient ordinairement à terre dans les friches et
pâtis, où il cherche les insectes qui lui con-
viennent, et ne se pose guères dans les arbres
que lorsqu'on le fait partir. Il est peu défiant,
et se laisse approcher d'assez près. Quelques
chasseurs vantent la hupe comme très-bonne
à manger; meilleure que la caille même, lorsqu'elle est grasse, pourvu qu'on ait l'attention,
dès qu'elle est tuée, de lui couper la tête et
le cou, sans quoi sa chair a un goût de musc.

I I I.

Du Loriot.

Le loriot est de la grosseur d'une grive, dont

il a à-peu-près la conformation. Il est d'un beau jaune sur tout le corps, et a les ailes mi-parties de noir et de jaune. C'est un fort joli oiseau. Il arrive vers le mois de mai, et disparoît avant le mois de septembre. Son chant est clair et sonore, et fort agréable à entendre. Tout le monde connoît la construction singulière de son nid, qu'il suspend avec quelques brins de crin à la bifurcation d'une branche. Il est très-friand de merises, de guignes et de cerises. Cet oiseau se tient presque toujours dans les bois, et il n'est pas moins difficile à joindre que le coucou. Il se fait souvent suivre d'arbre en arbre, pendant des heures entières, sans permettre qu'on l'approche d'assez près pour le tirer. On le recherche, en certains pays, lorsqu'il est gras ; et Aldovrande, naturaliste italien, s'étonne du peu de cas qu'on en fait en France.

I V.

Du Torcol.

Le torcol est un petit oiseau de la grosseur d'une alouette, qu'on voit paroître ordinairement au premier temps doux du mois de mars, quelques jours avant le coucou. Il disparoît vers la fin d'août. Il a un cri singulier, fort aigu, que quelques-uns ont comparé à celui de la cigale. Son plumage est brun, mêlé de noir et de tanné. On le nomme *torcol*, parce qu'il a une façon singulière de contourner sa tête en la roulant sur ses épaules; mais ce que sa conformation a de plus remarquable, c'est une langue de trois ou quatre doigts de long, dont la pointe est cartilagineuse, qu'il darde dans les fourmilières, et retire chargée de fourmis dont il se nourrit; d'où lui est venu, dans certaines provinces, le nom de *tire-langue*, ou *grand-langue*. Cet oiseau niche dans des trous d'arbre, et pond sur le bois vermoulu. Sur la fin de l'été le torcol devient fort gras et est excellent à manger, ce qui fait qu'en quelques pays on lui donne le nom d'ortolan. Il est peu commun dans nos provinces septentrionales; j'ignore s'il l'est davantage ailleurs.

V.

Du Crapaud-volant.

Le crapaud-volant est un oiseau de passage qui arrive dans nos contrées vers le mois de mai, et s'en va vers la toussaints. Son plumage approche beaucoup de celui de la bécasse. Son corps n'a pas plus de volume que celui d'un merle; mais ses grandes ailes le font paroître en volant beaucoup plus gros qu'il ne l'est en effet. Il a un petit bec mince, plat, et un peu crochu par le bout, et le gosier d'une largeur démesurée, ce qui probablement lui a

fait donner le nom de crapaud-volant. On l'appelle *engoule-vent*, dans certaines provinces,
à cause de l'habitude qu'il a de voler le bec
ouvert; ailleurs *chauche-branche*, parce qu'on
prétend qu'il se perche longitudinalement sur
les branches des arbres, et a l'air de les *chau-
cher*, ou cocher, comme le coq fait la poule.
Quant à cette dernière habitude, dont M. de
Buffon ne parle que comme d'un fait incertain,
je puis en parler plus affirmativement, m'étant
arrivé d'en tuer deux dans cette posture. Le crapaud-volant se nourrit de guêpes, de bourdons,
de petits scarabées et de mouches qu'il happe en
volant. Sa vue n'est pas faite pour le grand jour;
aussi ne le voit-on guères voler, sur-tout par un
temps clair, que le soir, vers le soleil couchant,
à moins qu'on ne le surprenne et le fasse partir.
Il se tient ordinairement pendant le jour dans
les taillis, les bruyères, et sur les bords des
vignes. Cet oiseau est un très-bon manger au
mois de septembre, temps où il est gras.

V I.

Du Guêpier.

Le guêpier est à-peu-près de la taille d'un
merle, et approche beaucoup, pour la forme,
du martin-pêcheur. Il en a le bec, mais un
peu plus recourbé, et les pieds. Il a le sommet
de la tête de couleur rousse, la nuque et les

épaules vertes, et mêlangées d'un peu de rouge,
le dessus du corps d'un fauve pâle , avec quelques reflets de vert et de marron , la poitrine
et tout le ventre d'un bleu d'aigue-marine;
mais ces couleurs sont très-variables dans leur
teinte et leur distribution (dit M. de Buffon),
et delà la différence des descriptions. Son bec
est noir , et ses pieds d'un brun rougeâtre. Sa
queue est fort longue et terminée par deux
plumes pointues , et faisant la fourche , qui
dépassent toutes les autres. Cet oiseau fait son
nid au fond d'un trou qu'il se creuse dans des
côteaux sablonneux , et quelquefois dans les
berges des rivières, comme l'hirondelle de rivage, et le martin-pêcheur. Il se nourrit principalement d'abeilles et de guêpes , d'où lui a
été donné le nom de guêpier. Il est assez commun en Italie, très-rare en France, si ce n'est
dans les provinces du midi. M. de Buffon parle
d'une troupe de ces oiseaux qui parut en Bourgogne, au mois de juin 1776.

CHAPITRE XV.

Du Corbeau ; de la Corneille ; de la Pie, et du Geai ; du Rollier, et du Casse-noix.

I.

Du Corbeau.

LE corbeau est à-peu-près de la grandeur d'un coq : tout son corps est noir, un peu bleuâtre sur le dos. Son bec est fort gros, noir, et un peu recourbé à son extrêmité. Il a au moins trois pieds et demi de vol. Son cri est *crau*. Il fait son nid dans les forêts, au sommet des plus hauts arbres, et par préférence sur les chênes. Le mâle et la femelle vont le plus souvent ensemble; et lorsqu'une paire de corbeaux s'est établie dans un bois de haute-futaie, ils ne souffrent point que les corneilles viennent nicher à une certaine distance du canton qu'ils habitent. Le corbeau se nourrit de charognes qu'il évente de fort loin ; mais il attaque aussi les oiseaux, ainsi que tout gibier, et même les agneaux nouveaux nés, qu'il dévore souvent, après avoir commencé par leur crever les yeux. Cependant, il n'est pas exclusivement carna-

cier, se nourrissant de végétaux au besoin, et
M. de Buffon le regarde comme omnivore. Il
est en guerre avec tous les oiseaux de proie,
et n'en redoute aucun, pas même l'aigle, s'il
en faut croire Espinar. Il me souvient d'en
avoir vu un poursuivre en l'air une buse, qui
fuyoit devant lui, et témoignoit sa frayeur par
ses cris répétés. Cet oiseau fait son nid aux approches du printemps. Tout le monde sait qu'il
est d'une très-longue vie. C'est un événement
assez rare pour les chasseurs que de tuer un
corbeau, parce que l'espèce en est peu multipliée; et par cette raison, lorsqu'il s'en trouve
une paire dans quelque bois de haute-futaie qui
accompagne un château, on s'attache à les y
conserver comme une sorte d'ornement. Ajoutez à cela que le corbeau est fort rusé, et difficile à joindre.

I I.

De la Corneille.

On distingue cinq espèces de corneilles; la
corneille proprement dite, appellée aussi *corneille noire* ou *corbine*; la *corneille mantelée* ou *à mantelet*; le *freux* ou *frayonne*; la
petite corneille dite *choucas*, et le *choucas* à
bec rouge.

La corneille noire ou corbine est la plus
grosse de toutes; elle a près de trois pieds de

vol ; sa couleur est assez semblable à celle du corbeau, et ses habitudes sont les mêmes : elle fait son nid vers le printemps. Elle est omnivore comme le corbeau, se nourrit comme lui de voiries, et mange aussi le menu gibier, les perdreaux, levrauts, et lapereaux, lorsqu'ils sont très-foibles. Elle est très-friande des œufs de perdrix, qu'elle a l'adresse de porter à ses petits, après les avoir percés avec la pointe de son bec. Les nids de cette espèce de corneille sont dispersés dans un bois ou une forêt. Chaque paire prend pour son nid un terrein d'environ un quart de lieue de diamètre, où elle ne souffre point une autre nichée. Les corneilles s'attroupent au commencement de l'hiver ; et c'est alors qu'on les voit par grandes bandes dans les campagnes.

La corneille mantelée, ainsi nommée à cause d'une espèce de scapulaire ou manteau qui s'étend par devant et par derrière, depuis les épaules jusqu'à l'extrêmité du corps, est de la même grosseur que la corbine, et se nourrit à-peu-près de même, mais plus rarement de voiries, sa nourriture la plus ordinaire étant toute sorte de grains et des insectes. C'est un oiseau de passage. On la voit arriver par grandes troupes vers la toussaints, et partir au commencement du printemps. Elle ne pond point en France.

Le freux ou frayonne est moins gros que la

corbine et la corneille mantelée. Son caractère
le plus distinctif est une peau nue, blanche, fa-
rineuse, et quelquefois galeuse, qui environne
la base de son bec, au lieu des plumes noires
et dirigées en avant, qui occupent la même
place dans les deux espèces précédentes. Elle
se nourrit uniquement de grains, et ne touche
point aux voiries, ni à aucune chair. Ces corneilles sont de passage (dit M. de Buffon), et
s'en vont à la fin de l'été pour ne reparoître
qu'au printemps. Ce sont elles dont on voit
dans les forêts plusieurs centaines de nids rassemblés dans un très-petit espace, et jusqu'à
dix ou douze et davantage sur un même arbre.
Dans les cantons que ces nids occupent, depuis la fin d'avril jusques vers la mi-mai, temps
où les chênes et hêtres n'ont pas encore toutes
leurs feuilles, on peut s'amuser à tirer des cornilleaux, et en tuer en quantité. Ils sont déja
assez forts pour voler autour des arbres où sont
les nichées, et trop foibles encore pour s'en
éloigner ; ensorte qu'après avoir fait un petit
circuit en l'air, ils viennent à tout moment
se reposer sur l'arbre, où on peut les choisir et
les fusiller à son aise. Me trouvant à Alençon,
en Normandie, il y a une vingtaine d'années,
je me donnai plusieurs fois ce passe-temps
dans le parc du château de *Lonray*, terre alors
appartenante à la maison de Montmorenci,
située à trois quarts de lieue de cette ville.

Dans ce parc étoit un petit canton de futaie, dont les arbres étoient prodigieusement hauts et couverts de nids de corneilles. Un nuage de cornilleaux planoit sans cesse au-dessus de ces arbres, s'envolant et venant se poser alternativement; ensorte qu'il n'y avoit presque d'autre intervalle entre les coups de fusil que le temps de recharger. Pendant une quinzaine de jours que cette chasse duroit, c'est-à-dire, tant que le feuillage n'étoit pas assez épais pour cacher les cornilleaux, il est incroyable combien il en étoit tué, chaque jour, par une douzaine de chasseurs, plus ou moins, qui avoient la permission de venir s'y amuser. Un jour, entre autres, que nous étions cinq chasseurs de compagnie, nous en tuâmes pour notre part 150; et il faut supposer que pour en tuer ce nombre, nous tirâmes plus de 300 coups, la moitié des coups ne portant pas, vu la hauteur des arbres, qui étoit telle qu'il falloit tirer presque perpendiculairement. Beaucoup de gens mangent ces jeunes cornilleaux, et les prétendent fort bons. La corbine, la corneille mantelée, et le freux vont ensemble en hiver, et les bandes qu'on voit en cette saison, sont mêlées des trois espèces.

La petite corneille, ou choucas, est beaucoup plus petite que les trois espèces précédentes. Elle a le derrière de la tête, et le dos jusqu'au milieu, la poitrine et le ventre grisâtres, et le reste du corps noir. Elle niche quelquefois dans les arbres, mais plus volontiers dans les tours d'église, ou dans le comble d'un vieux château abandonné. Il y en a une quantité prodigieuse dans les tours de l'église de Saint Julien du Mans.

Enfin, la cinquième espèce est le choucas à bec rouge, aisée à distinguer de toutes les autres par la couleur de son bec. Celle-ci se tient dans les montagnes et rochers, et ne se montre presque jamais dans les plaines. Elle est fort commune dans les Alpes. Elle mange de tout, mais principalement du grain. C'est un oiseau fort criard.

I I I.

De la Pie et du Geai.

La pie et le geai ne méritent guères qu'on fasse mention d'eux dans un traité de chasse, si ce n'est pour recommander aux chasseurs de ne leur faire aucun quartier, attendu le tort que ces oiseaux font au gibier, les pies dans les plaines, et les geais dans les bois. L'un et l'autre mangent les œufs des perdrix, faisans et cailles, et quelquefois les perdreaux à la traîne. Aussi a-t-on grand soin, dans les capitaineries et les terres bien gardées, d'en détruire le plus qu'il se peut, et sur-tout de tuer les mères sur le nid.

IV.

Du Rollier.

Le rollier, qui est encore connu sous le nom de *geai de Strasbourg* et de *perroquet d'Alle-magne* , est un oiseau de passage qui est fort rare en France. Il est à-peu-près de la gros-seur d'un geai ; mais il a le bec moins gros et les pieds beaucoup plus courts à proportion. Il a aussi les ailes plus longues. Son plumage est un mêlange des plus belles nuances de bleu et de vert , avec du blanc, et d'autres couleurs plus obscures. Le rollier se mêle souvent avec les pies et les corneilles, dans les champs labou-rés qui se trouvent à portée des forêts qu'il ha-bite ; car il se tient toujours dans les bois les plus épais et les moins fréquentés. Il paroît au mois de mai , et s'en va en septembre. On le voit quelquefois en Lorraine, rarement dans le cœur de la France. Salerne parle d'un de ces oiseaux tué de son temps, près de Cléry dans l'Orléanois, et dit qu'il n'est pas très-rare d'en voir en Sologne.

V.

Du Casse-noix.

Le casse-noix, ainsi nommé parce qu'il mange beaucoup de noisettes, est un oiseau qui se voit rarement en France, excepté en Auvergne, en Franche-comté, et peut-être dans d'autres pays montagneux ; car il se plaît dans les hautes montagnes, et sur-tout dans les bois de sapins. Cet oiseau est une espèce de geai, mais d'un plumage bien différent, étant moucheté, comme l'étourneau, de blanc sur un fond brun. Non-seulement il vit de noisettes, mais de gland, et de baies sauvages. En 1754 (dit M. de Buffon) il en passa de grandes volées en France.

CHAPITRE XVI.

Des Oiseaux de proie.

LA famille des oiseaux de proie étant très-nombreuse, et ce que j'ai à dire de chaque espèce, relativement à la chasse, étant très-succinct, et se bornant, pour ainsi dire, à une courte description qui puisse les faire reconnoître aux chasseurs, je les réunis ici dans un seul et même chapitre, qui comprendra toutes les différentes espèces de ces oiseaux connues en France, soit qu'ils y nichent, soit qu'ils n'y soient que de passage, depuis l'aigle jusqu'à la pie-grièche. Je commencerai par les oiseaux de jour, et finirai par les oiseaux de nuit.

O I S E A U X   D E   J O U R.

I.

De l'Aigle.

Il y a plusieurs espèces d'aigle. Le plus grand est celui qu'on appelle *aigle royal* ou *grand aigle*, dont le plumage est de couleur fauve. La femelle, qui est beaucoup plus grande que le mâle, comme dans presque toutes les espèces d'oiseaux de proie, a huit pieds et demi de vol ou d'envergure, et pèse jusqu'à dix-huit livres. Le mâle n'en pèse guères que douze. Cet aigle emporte aisément les oies, les grues, les lièvres, les petits agneaux et chevreaux, ainsi que les jeunes chamois. Il attaque aussi les veaux, mais il les tue sur la place, et ne pouvant les emporter, les dépèce par morceaux (1). Il se fait voir quelquefois dans les hautes mon-

____

(1) Espinar raconte, au sujet de l'aigle, un fait singulier, dont il avoit été témoin oculaire. Philippe III, roi d'Espagne, chassoit dans le parc de la maison royale du *Pardo*, à deux lieues de Madrid. Dans le même temps, la reine Marguerite, sa femme, s'y promenoit d'un autre côté, accompagnée d'une petite chienne, un peu plus grosse qu'un lièvre, qu'elle chérissoit beaucoup. Cette chienne s'étant écartée à quelque distance, en suivant la voie d'un lapin, un aigle fut vu de loin par les chasseurs s'abattre dans le bois. On crut qu'il avoit fondu sur quelque lièvre ou lapin, et un chasseur se détacha pour aller lui faire lâcher sa proie. Mais quel fut son étonnement, lorsqu'il vit la malheureuse chienne morte entre les serres de l'aigle !

H h

tagnes du Dauphiné et du Bugey, mais on l'y croit de passage, et l'on assure qu'il n'y paroît qu'au printemps et en automne. Il construit son nid entre deux rochers, dans les lieux les plus inaccessibles, et l'établit sur des bâtons de cinq à six pieds de long, traversés par des branches souples et recouvertes de joncs et de bruyère: il n'est point couvert, mais seulement abrité par la saillie des parties supérieures du rocher.

Vient ensuite l'*aigle commun*, dont l'espèce est composée de deux variétés, l'aigle brun et l'aigle noir, qui n'est appellé ainsi, que parce qu'il est d'un brun plus foncé que l'autre. Tous deux sont à-peu-près de la même grandeur, que M. de Buffon ne particularise pas, se contentant de dire qu'ils sont plus petits que le grand aigle. Cet aigle se trouve assez communément en France, dans les montagnes du Dauphiné, du Bugey et de l'Auvergne. Il chasse particulièrement les lièvres (1).

La troisième espèce est le *petit aigle*, qui n'a guères que quatre pieds d'envergure. Son plumage est d'un brun obscur, marqueté sur les jambes et sous les ailes de plusieurs taches

_____

(1) M. l'abbé Ducros, bibliothécaire de la bibliothèque publique de Grenoble, m'a communiqué la description suivante d'un aigle conservé dans son cabinet, qui n'est point le *grand aigle*, et qu'il appelle *aigle fauve* ou *doré*, lequel se rencontre assez souvent dans les hautes montagnes du Dauphiné, où ne se trouve point le grand aigle, suivant ce même amateur. Cet aigle lui a été envoyé

blanches. Il a d'ailleurs [sous la gorge une grande zône blanche. Il donne particulièrement sur les canards : la grue est sa plus forte proie. Il paroît que celui-ci ne se trouve point [en France, ou du moins qu'il n'y fait pas son nid.

Voilà, suivant M. de Buffon, les trois espèces d'aigle proprement dit, dont un des principaux caractères est d'avoir les jambes recouvertes de plumes jusqu'au talon; mais les nomenclateurs y joignent encore celles qui suivent.

1°. Le *pygargue*, dont il y a trois variétés, le grand, le petit, et le *pygargue à tête blanche*,

---

des *Baronies*, contrée du Dauphiné qui confine avec le Comtat Venaissin.

	Pieds	Pouc.	Lign.
Circonférence (ailes fermées).................	3	4	»
Largeur en face du poitrail, à la naissance des ailes.	»	12	6.
Envergure................................	8	9	»
Du bout du bec au bout de la queue, qui se termine en pointe, par conséquent différente de celle des autres aigles.....................	3	9	»
La seconde plume de l'aile (guidon) de longueur.	2	5	»
et de circonférence..........................	»	1	9.
La grande plume du milieu de la queue.........	1	9	»
La griffe étendue............................	»	9	»
Bouquet de poil ou barbe au-dessous du bec.....	»	3	»

M. l'abbé Ducros ajoute à la description, qu'il a trouvé dans l'estomac de cet oiseau des ossemens humains, entre autres une portion de crâne, quoique tous les naturalistes s'accordent à dire que l'aigle ne se nourrit point de cadavres. Mais il observe, en même temps, que ce n'est pas une preuve qu'il se nourrisse de cadavres, comme les vautours et autres oiseaux ignobles. Cet aigle aura probablement rencontré le corps encore sanglant d'un chasseur ou d'un pâtre récemment précipité : événement qui n'est pas rare dans des pays de hautes montagnes, tels que le Dauphiné.

qui ne diffère presque en rien du grand, si ce n'est par un peu plus de blanc sur la tête et le cou, étant presque de la même taille. Le pygargue est à-peu-près gros comme l'aigle commun. Il a la jambe nue dans toute la partie inférieure, et la queue blanche, ce qui lui a fait quelquefois donner le nom *d'aigle à queue blanche*. Il fait son nid sur les arbres, et ne niche point en France. On le trouve dans tous les pays du nord de l'Europe.

2°. L'orfraye ou *grand aigle de mer*. Elle est à-peu-près aussi grande que le grand aigle; mais elle n'a que sept pieds d'envergure. Elle a les jambes nues à leur partie inférieure, et jaunâtres, les ongles d'un noir brillant. Une barbe de plumes lui pend sous le menton. Elle se tient volontiers près des bords de la mer, et assez souvent dans l'intérieur des terres, à portée des lacs, étangs et rivières. Elle prend le plus gros poisson, et chasse aussi beaucoup, emportant les oies, les lièvres et les agneaux. Elle pêche (dit-on) pendant la nuit, et fait un très-grand bruit en s'abattant sur l'eau. Salerne dit qu'elle fait son nid sur les plus hauts chênes, et qu'il en fut trouvé un, de son temps, dans le parc de *Chambord*. Il parle encore de deux de ces oiseaux tués sur des étangs, où ils enlevoient le plus gros poisson, l'un dans la forêt d'Orléans, l'autre en Sologne. J'en ai vu deux, tués en deux années différentes, par un

garde-chasses de la terre de *Longny*, en Perche.
Après les avoir apperçus, pendant le jour, rôdant autour d'un étang enfermé dans les bois,
il remarqua que, vers la nuit, ils se retiroient
sur de grands chênes qui avoisinent l'étang, et
parvint à les tuer, en se postant à l'affût au
pied de l'arbre. J'ai conservé long-temps les
serres, et une plume de l'aile d'un de ces oiseaux. La plume étoit, pour le moins, de la
grosseur d'une plume de cygne.

3°. Le *balbusard*, ou *aigle de mer*, connu
en Bourgogne (dit M. de Buffon) sous le nom
de *crau-pêcherot*, c'est-à-dire, corbeau-pêcheur.
Il vit plus de poisson que de gibier. Il a les
jambes nues, ordinairement bleuâtres, quelquefois jaunes, le bec noir, le ventre tout blanc.
Son envergure est de cinq pieds et demi.

4°. Le *Jean-le-blanc*, qui a cinq pieds d'envergure, et une queue longue de dix à onze
pouces. Son dos et son croupion sont d'un brun
cendré, et il est blanc par dessous. Ses jambes
sont nues et jaunâtres. Il pèse trois livres et
demie. Cet oiseau tient de l'aigle et de la buse,
et pourroit être regardé comme une espèce in-
termédiaire. Il détruit beaucoup de volailles,
de perdrix et de lapins.

Il y a une espèce particulière d'aigle connue
dans les montagnes de la Suisse sous le nom de
laemmer geyer, ce qui signifie *vautour des
agneaux*, ayant quatorze pieds d'envergure,

qui fait une guerre cruelle aux chèvres, brebis et chamois, aux lièvres et aux marmottes, et qui a même attaqué quelquefois des enfans de dix à douze ans. Salerne et M. de Buffon pensent que cet oiseau n'est autre que le *condor* du Pérou, aigle ou vautour monstrueux, dont parlent plusieurs voyageurs, qui a dix-huit pieds d'envergure, et est d'une taille proportionnée; qui attaque non-seulement les brebis, mais même les cerfs et quelquefois les hommes.

D'un autre côté, Salerne parle d'un oiseau de proie de la même envergure que le condor, et pesant dix-huit livres, qui fut tué, en 1718, volant sur un étang, au château de *Milourdin*, paroisse de Saint-Martin d'Abat, dans l'Orléanois. M. de Buffon, qui cite le fait d'après Salerne, et paroît ne point le révoquer en doute, est porté à croire que cet oiseau étoit aussi un vrai condor. Je me permettrai une observation à ce sujet, c'est qu'il n'est guères vraisemblable qu'un oiseau de dix-huit pieds de vol ne pesât que dix-huit livres, puisque le grand aigle femelle, qui n'a pas neuf pieds d'envergure, est quelquefois de ce poids. On pourroit donc soupçonner, dans le récit de Salerne, quelque erreur de fait, soit sur le poids, soit sur la dimension du vol de cet oiseau.

I I.

Des Vautours.

Les vautours, en général, sont lâches, et n'ont (dit M. de Buffon) que l'instinct de la basse gourmandise et de la voracité. Ils cherchent les cadavres, dont l'infection les attire de très-loin ; et lorsqu'il s'agit de prendre une proie vivante, ils se réunissent plusieurs contre un.

La première espèce de vautour est le *percnoptère*. Il approche du grand aigle pour la grosseur ; mais il n'a pas tant d'envergure. Sa queue est plus longue que celle des aigles. Il a la tête d'un bleu clair, le cou blanc et nud, c'est-à-dire, couvert, comme la tête, d'un simple duvet blanc, avec un collier de petites plumes blanches et roides au-dessous du cou, en forme de fraise. Cette nudité de la tête et du cou est une des principales différences qui distinguent le vautour d'avec l'aigle. Son bec est noir à sa base, et blanc à son extrémité crochue ; ses jambes sont nues et de couleur plombée, ses ongles noirs, moins longs et moins courbés que ceux des aigles. Il a le jabot proéminent, et lorsqu'il est à terre, il tient toujours les ailes étendues. On trouve ce vautour dans les Alpes et les Pyrénées.

La seconde est le *vautour fauve,* autrement appellé *griffon.* Il a le corps plus gros et plus long que le grand aigle, sur-tout en y comprenant les jambes, qu'il a longues de plus d'un pied, et le cou qui est de sept pouces de longueur. Il a, comme le précédent, au bas du cou, un collier de plumes blanches, et sa tête est couverte de pareilles plumes qui forment une petite aigrette par derrière. Son bec est long et crochu, noirâtre à son extrémité, ainsi qu'à son origine, et bleuâtre dans son milieu; et au lieu d'avoir le jabot proéminent, comme le percnoptère, il a un grand creux au haut de l'estomac, dont toute la cavité est garnie de poils. Les grandes plumes de ses ailes ont jusqu'à deux pieds de longueur, et le tuyau plus d'un pouce de circonférence. M. de Buffon ne dit point que cette espèce de vautour se trouve en France. On le voit en Arabie, en Egypte, et dans les isles de l'Archipel.

La troisième est le *vautour* simplement dit, ou le *grand vautour*. Il est plus gros et plus grand que l'aigle commun, mais un peu moindre que le griffon, duquel il est aisé de le distinguer par son plumage, qui est noir mêlé de cendré, par le duvet de son cou, beaucoup plus long et plus fourni, et de la même couleur que les plumes du dos; par ses pieds, qui sont couverts de plumes brunes, au lieu que ceux du griffon sont blanchâtres ou jaunâtres; et par ses doigts qui sont jaunes, tandis que ceux du griffon sont bruns ou cendrés.

La quatrième est le *vautour à aigrettes*, ainsi nommé parce que lorsqu'il est à terre, ou perché, les plumes de sa tête lui font comme deux cornes, qu'on n'apperçoit plus quand il vole. Il est moins grand que les trois premiers, a près de six pieds d'envergure, le plumage d'un roux noirâtre, les pieds jaunes. Il niche dans les forêts les plus épaisses et les plus désertes. On a vu quelquefois de ces vautours en Alsace ; et ils sont connus en Allemagne sous un nom qui signifie *vautour aux lièvres*.

La cinquième est le *petit vautour*, commun en Allemagne, et se trouvant aussi quelquefois en Alsace, comme le précédent. Celui-ci, qui est beaucoup plus petit que tous les autres, a la tête et le dessous du cou dégarnis de plume, et est blanc presque en entier, à l'exception des grandes plumes des ailes qui sont noires.

Espinar fait mention d'une voûte en brique de 500 pas de long, à fleur de terre, et de la hauteur d'un homme de la plus grande taille, qui avoit été construite, de son temps, dans le parc de la maison royale du *Pardo*, pour donner à Philippe III, roi d'Espagne, le plaisir de tuer des vautours, en les attirant sur le lieu par l'appât d'une bête morte. Cette voûte ou galerie souterraine, étoit éclairée par de petites lucarnes qu'on y avoit pratiquées d'espace en espace, et qui servoient pour tirer les vautours qui

venoient se percher dans les arbres, avant de se
déterminer à descendre sur la place où la bête
morte étoit exposée. Cette place étoit vis-à-vis
le milieu de la galerie, qui, en cet endroit,
s'élargissoit pour former une chambre avec des
siéges; et à son extrémité opposée à l'entrée,
étoit une autre chambre pareille, ayant vue sur
une seconde place garnie d'un appât comme
celle du milieu. Lorsqu'il plaisoit au roi de
prendre ce divertissement, l'ordre étoit donné
pour tapisser cette galerie, et couvrir le pavé
de nattes dans toute son étendue. Ce lieu étoit
appellé *buitrera*, qui ne peut se rendre en
françois que par *vaulourière*.

I I I.

Du Milan.

Le milan ne pèse guères que deux livres et
demie, et a seize ou dix-sept pouces de longueur depuis le bout du bec jusqu'à l'extrémité
des pieds, et près de cinq pieds d'envergure. Son
bec est de couleur de corne, noirâtre vers le
bout, et ses ongles sont noirs. Ce n'est pas un
oiseau courageux; il n'attaque que les plus petits animaux et les oiseaux les plus foibles, et
mange sur-tout beaucoup de poulets. Il n'est
bien commun que dans les provinces de France
montagneuses ou voisines des montagnes. Il
tient beaucoup de la buse; ce qui l'en distingue

plus particulièrement, c'est qu'il a la queue fourchue. Il fait presque toujours son nid dans les rochers, rarement sur les arbres.

I V.

De la Buse.

La buse a quatre pieds et demi de vol, sur vingt ou vingt-un pouces de longueur de corps. Son plumage est sujet à varier ; il y en a de presque entièrement blanches ; d'autres n'ont que la tête blanche ; d'autres sont mélangées différemment de brun et de blanc. Elle mange les levrauts, lapereaux, perdreaux et cailles. Il y en a une espèce appellée *bondrée*, qui n'est caractérisée que par des différences très-légères, et qui ne peuvent guères être apperçues que par des naturalistes. Je ne ferai point une mention particulière de trois autres espèces voisines du genre de la buse, décrites par M. de Buffon, savoir, la *soubuse*, la *harpaye* et le *busard*. Je me contenterai de dire que la soubuse a les jambes longues et menues comme le Saint-Martin, qu'elle a les mêmes mœurs et le même naturel, et qu'elle fait son nid dans des buissons, non dans les arbres ; que la harpaye et le busard sont autant pêcheurs que chasseurs ; que le busard sur-tout ne se tient que dans les haies, les joncs des étangs, des marais et des rivières poissonneuses, et qu'il niche dans des

terres basses, où il fait son nid à fleur de terre,
dans des buissons, ou même sur des mottes
couvertes d'herbes épaisses.

V.

De l'Oiseau Saint-Martin.

Il est un peu plus gros qu'une corneille, et a
le corps plus dégagé; il a les jambes longues et
menues, le ventre et la queue blancs. Il n'attaque pas le gros gibier, mais il mange beaucoup de poulets. Je le crois oiseau de passage;
car, en Normandie, les gens de la campagne
prétendent qu'on ne commence à le voir qu'à la
saint-Martin, d'où lui vient son nom.

V I.

Du Faucon.

M. de Buffon n'admet que deux espèces
réelles de faucon, le faucon *commun* ou *gentil*,
et le faucon *pélerin* ou *passager,* et ne regarde
tous les autres faucons prétendus d'espèce différente par les nomenclateurs, que comme des
variétés de ces deux espèces. Le faucon commun est naturel en France, et niche dans les
rochers les plus inaccessibles des grandes montagnes du Dauphiné , du Bugey et de l'Auvergne. Il est gros comme une poule, a dix-
huit pouces de longueur depuis le bout du bec

jusqu'à celui de la queue, et autant jusqu'à l'extrémité des pieds. Sa queue a un peu plus de cinq pouces de longueur, et son envergure est de trois pieds et demi. Je ne dirai rien des couleurs de son plumage, attendu qu'elles changent aux différentes mues, à mesure que l'oiseau avance en âge. La couleur des pieds varie aussi dans les divers individus : la plus ordinaire est verdâtre ; mais il y en a qui les ont jaunes. Le faucon vole toujours extrêmement haut, et s'approche rarement de terre. C'est le plus courageux de tous les oiseaux de proie, et le plus fort, proportionnément à sa taille. Le faucon pélerin ou passager se prend aux filets, dans toutes les isles de la Méditerranée. Il s'en prend aussi quelques-uns en France, et particulièrement sur le *Mont-d'Airène*, proche Falaise, en Normandie, où un fauconnier du roi vient tendre ses filets tous les ans. L'aigle commun se prend aussi quelquefois sur cette montagne, qui est peu élevée.

V I I.

De l'Epervier.

L'épervier a le dessus du corps brun, et le dessous grivelé. Il est d'autant plus brun sur le dos qu'il est plus âgé, et la couleur du dessous varie de même suivant l'âge. La femelle est de la grosseur d'un pigeon, mais le mâle, que les fauconniers appellent *mouchet*, et auquel on donne communément le nom de *tierce-let*, est beaucoup plus petit. L'épervier prend le menu gibier, et fait une prodigieuse destruction de petits oiseaux.

VIII.

De l'Autour.

L'autour est beaucoup plus grand que l'épervier, et lui ressemble, quant au plumage. La femelle est d'un tiers plus grosse que le mâle, et ne l'est guères moins qu'un chapon. L'espèce en est plus rare en France que celle de l'épervier. Les lieux où il se trouve le plus communément sont les montagnes du Bugey, de la Franche-comté et du Dauphiné ; mais il s'en trouve aussi quelques-uns dans les forêts des autres provinces, même des environs de Paris.

I X.

Du Lanier.

Le lanier est un oiseau de France, mais si rare que M. de Buffon n'a pu se le procurer, et qu'il doute même s'il s'y trouve aujourd'hui, quoique Belon assure qu'il s'y trouvoit de son temps. Il fait son nid sur les plus hauts arbres des forêts, et dans les rochers les plus élevés. Il est de plus petite taille que le faucon commun. On peut aisément le reconnoître à la couleur bleue de son bec et de ses pieds.

X.

Du Hobereau.

Le hobereau est moins gros qu'un pigeon; il est d'un brun foncé sur le dos : mais la couleur du dessus du corps est sujette à quelques variétés qui proviennent de l'âge et des différens temps de la mue de cet oiseau. Ce qui le caractérise plus particulièrement, c'est qu'il a toujours le bas du ventre et les cuisses garnis de plumes d'un roux vif, qui tranche beaucoup avec les autres couleurs. Le hobereau ne prend que les cailles et les alouettes, à moins qu'il ne soit dressé pour la fauconnerie. Il est surtout la terreur des alouettes, qui ne l'apperçoivent jamais sans le plus grand effroi, et sans se précipiter du haut des airs, pour se cacher dans l'herbe. Dès qu'il apperçoit un chasseur et son chien, il les suit d'assez près, et plane au-dessus de leur tête ; et si le chien fait lever alouette ou caille, il tache de s'en saisir, même si le chasseur l'a manquée, paroissant ne pas craindre le bruit du fusil. Il n'y a point de chasseur qui n'ait eu occasion d'observer cette manœuvre du hobereau.

X I.

De la Cresserelle.

La cresserelle est ce petit oiseau qui se trouve

par-tout dans les tours des vieux châteaux aban-
donnés, faisant entendre sans cesse un cri précipité, *pli pli* ou *pri pri*. Elle fait une cruelle
guerre aux petits oiseaux, aux souris et mulots.
La femelle est plus grosse que le mâle, dont
elle diffère encore par les couleurs, et entre
autres par celles de la tête, qui est rousse, au
lieu qu'elle est grise dans le mâle.

X I I.

De l'Emerillon.

C'est le plus petit de tous les oiseaux de
proie, à l'exception de la pie-griêche, n'étant
que de la grosseur d'une grosse grive. On le
dresse pour le vol des alouettes, des cailles,
et même des perdrix, qu'il transporte (dit M. de
Buffon), quoique beaucoup plus pesantes que
lui. Il tient de plus près que tout autre oiseau
à l'espèce du faucon, dont il a le plumage, la
forme et l'attitude, et en même temps le
courage et la docilité. Dans l'état de liberté,
il ne prend que les petits oiseaux, et tout au
plus les grives.

X I I I.

De la Pie-griêche.

Il y en a deux espèces, la grise et la rousse:
la première reste toujours dans nos climats; la
seconde

seconde, un peu plus petite, arrive au printemps et s'en va en automne. La rousse est aisée à reconnoître par la couleur de sa tête, qui est quelquefois rouge, et le plus souvent d'un roux vif. Toutes deux chassent les petits oiseaux, et prennent même quelquefois des perdreaux. La pie-grièche est très-courageuse ; elle combat contre les corneilles, les pies, les cresserelles, tous oiseaux beaucoup plus grands et plus forts qu'elle ; et elle se fait respecter même par les buses, les milans et les corbeaux, qui paroissent la craindre et la fuir.

OISEAUX DE NUIT.

I.

Du Grand-duc.

Le grand-duc est l'aigle de la nuit, et le roi des oiseaux nocturnes. Il est à-peu-près de la grosseur d'une oie ; son envergure est de cinq pieds. Il a une tête énorme, surmontée de deux aigrettes, qui s'élèvent de deux pouces et demi. Son bec est court, noir et crochu. Ses ongles sont noirs et très-forts, et ses pieds sont couverts d'un duvet épais, et de plumes roussâtres jusqu'aux ongles. Son plumage est d'un roux brun taché de noir et de jaune. Il ne chasse que la nuit, et prend les oiseaux grands et petits, les lièvres et les lapins. Il habite les cavernes des

rochers, et les vieilles tours abandonnées situées
au-dessus des montagnes. Il descend rarement
dans les plaines, et ne se perche pas volontiers
sur les arbres, mais sur les églises écartées et
les vieux châteaux. L'espèce de ces oiseaux est
rare en France. Ils y nichent quelquefois cependant dans des arbres creux, et le plus souvent
dans des rochers escarpés, ou des trous de vieilles murailles.

I I.

Du Hibou, ou *moyen-Duc*.

Cet oiseau a les oreilles fort ouvertes, sur-
montées d'une aigrette composée de six plumes
d'environ un pouce de longueur. Il ne pèse que
dix onces, et n'est pas plus gros qu'une corneille. Son envergure est de trois pieds. Il a
le dessus de la tête, du dos et des ailes rayé
de gris, de roux et de brun, la poitrine et le
ventre roux, avec des bandes brunes étroites.
Son bec est court et noirâtre, ses yeux d'un
beau jaune; et ses jambes sont couvertes de
plumes rousses, jusqu'à l'origine des ongles.
Son cri est une sorte de gémissement grave et
prolongé, *cowl*, *cloud*, qu'il ne cesse de répéter pendant la nuit. Il habite ordinairement
dans les anciens bâtimens ruinés, les cavernes
des rochers, et le creux des vieux arbres,
dans les forêts en montagne, et ne se montre

guères dans les plaines. Ces oiseaux pondent le plus souvent dans de vieux nids de buses ou de pies.

I I I.

Du petit-Duc.

Le *petit-duc* n'est guères plus gros qu'un merle. Il a, comme les deux précédens, des aigrettes au-dessus de la tête. Son plumage est varié de gris, de brun et de noir. Il détruit beaucoup de mulots. C'est un oiseau de passage, et qui ne reste pas toute l'année dans nos climats. Les chasseurs le confondent toujours avec la chevêche, parce qu'il est à-peu-près de la même taille, et que les petites plumes éminentes qui le distinguent, et le font ranger dans la classe des ducs, sont très-peu apparentes.

I V.

Des Chouettes.

Il y a cinq espèces de chouette. La première et la plus grande est appellée par M. de Buffon la *hulotte.* Elle a quinze pouces de long, depuis l'extrémité du bec jusqu'au bout des ongles. Sa tête est grosse, bien arrondie et sans aigrettes, et sa face est enfoncée dans la plume. Elle a les yeux noirâtres, le bec d'un blanc jaunâtre ou verdâtre, le dessus du corps gris-de·fer foncé, marqué de taches noires et de taches blanchâtres; le dessous blanc, croisé de bandes noires; la queue d'environ six pouces. Son cri est *hou, ou, ou*. Elle se tient pendant l'été dans les bois, toujours dans les arbres creux.

Vient ensuite le *chat-huant*, dont le cri est *hôho, hôho*. Il à les yeux bleuâtres, ce qui, joint à la beauté et à la variété distincte de son plumage, où il y a moins de noir que dans celui de la hulotte, le fait aisément reconnoître. Sa longueur est de douze à treize pouces depuis l'extrémité du bec jusqu'à celle des ongles. Le mâle est·plus brun que la femelle. On ne trouve guères les chats-huants que dans les bois, où ils se tiennent dans le creux des arbres.

La troisième espèce est l'*effraye* où *fresaye*, dont le cri est une sorte de soufflement *chi cheï cheu chiou*, qu'elle fait entendre souvent dans le silence de la nuit. C'est cet oiseau qui inspire tant de frayeur à la plupart des habitans de la campagne, lorsqu'il vient se poser la nuit sur leurs maisons, dans l'idée où ils sont qu'il annonce la mort de quelqu'un. La fresaye est, pour ainsi dire, domestique; elle habite au milieu des villes les plus peuplées, sur les tours, les clochers, les toîts des églises, et autres bâtimens élevés, qui lui servent de retraite pendant le jour, et d'où elle sort à l'heure du crépuscule. Elle est de la même grandeur que le chat-huant, plus petite que la hulotte,

plus grande que la chouette proprement dite.
Elle a le dessus du corps jaune, ondé de gris
et de brun; et taché de points blancs, le dessous
blanc, marqué de points noirs; les yeux environ-
nés très-régulièrement d'un cercle de plumes
blanches, l'iris d'un beau jaune, le bec blanc,
excepté le bout du crochet qui est brun; les pieds
couverts d'un duvet blanc, les doigts blancs et
les ongles noirâtres. Cependant le plumage de
cet oiseau varie beaucoup; il y a des individus qui ont le ventre parfaitement blanc sans
aucune tache noire; d'autres sont entièrement
jaunes sans aucune tache.

La quatrième espèce est la *grande chouette*
proprement dite, à-peu-près de la même taille
que la fresaye, et lui ressemblant par le plumage;
mais elle est en général plus brune, marquée
de taches plus grandes, en manière de flammes, au lieu que les taches de la fresaye sont des
points ou des gouttes. Elle a aussi les pieds bien
plus garnis de plumes, et le bec tout brun.

La cinquième est la *petite chouette* ou *chevêche*,
qui n'est pas plus grosse qu'un merle. On la distingue du petit-duc, en ce qu'elle a le bec brun
à sa base, et jaune vers le bout, au lieu que le
petit-duc l'a tout noir, et que d'ailleurs elle n'a
point d'aigrettes. Elle se tient dans les masures,
les carrières, et point dans les arbres creux.

Comme la plupart des oiseaux de nuit se

tiennent pendant le jour dans des trous d'arbres creux, un moyen d'en tuer fréquemment est de ne jamais passer un arbre creux, sans frapper sur le tronc avec la crosse du fusil, ou une pierre, si on en trouve une sous sa main. A ce bruit, l'oiseau ne manque pas de partir, et on le tire en volant. •

SECTION IV.

De la Chasse des Oiseaux aquatiques.

CHAPITRE PREMIER.

Du Chevalier; du Cul-blanc; et de l'Alouette de mer.

I.

Du Chevalier.

IL y a deux espèces de chevalier. Tous deux sont à-peu-près de la grosseur du pluvier doré, et ont le bec long d'environ un pouce et demi. Les uns sont d'une plumage gris-blanc et roussâtre sur le dos, et ont le ventre et le croupion blancs , les pieds et le bec d'un gris foncé ; les autres , qu'on appelle *tiransons* sur les côtes du bas-Poitou , ont le dos gris et noirâtre , le devant du cou et la poitrine ondés de gris et de roussâtre , le ventre blanc , les pieds rouges , et le bec pareillement rouge vers l'origine , et noirâtre à son extrémité. De ces derniers , il y en a de petits et de grands ; les plus petits sont de la taille d'une bécassine. Ces oiseaux hantent les bords des étangs et rivières , et se trouvent aussi sur les rivages de la mer. Ils paroissent vers le mois d'août , et s'en vont au printemps. On voit beaucoup de chevaliers aux pieds rouges sur les bords de la Saone.

I I.

Du Cul-blanc.

Le cul-blanc est une espèce de chevalier , mais plus petit , et moins grand qu'une bécassine. Il a le dos gris-cendré , et le ventre blanchâtre , la queue blanche , le bec long de deux doigts , les pieds d'un noir verdâtre. On l'appelle *guignette* en certaines provinces , et particulièrement sur la Loire ; ailleurs *sifflasson ,* à cause de son cri aigu. Ces oiseaux vont ordinairement par bandes de cinq ou six ; ils paroissent au mois de mai , et restent jusqu'à la fin de septembre , temps où ils sont fort gras , et recherchés comme un mets très-friand. Ils se tiennent sur le sable , au bord des étangs et rivières , et se laissent difficilement approcher. Sur les étangs, il arrive souvent qu'ils exercent beaucoup la patience du chasseur, passant plusieurs fois d'un bord à l'autre, à mesure qu'on les fait partir, ce qui oblige de faire un grand tour pour aller les retrouver, et finissent par quitter l'étang sans qu'il soit possible de les tirer.

Salerne dit qu'il ne faut pas confondre le cul-blanc dont nous venons de parler, avec le vrai cul-blanc qui se trouve le long de la Loire, et sur les étangs de la Sologne, et qui passe pour un mets encore plus délicat que la guignette. Mais il ne donne pas la description de cet autre cul-blanc que je ne connois point. Il parle encore d'un autre oiseau de même genre qui hante les bords de la Loire, où on l'appelle *credo*, à cause de son cri, et qui arrive au mois de mai avec la guignette. Cet oiseau est à-peu-près de la taille d'un merle, a le dessus du corps varié de noir, de blanc et de cendré, le ventre et le dessous des ailes blancs comme la neige; et ce qui le caractérise plus particulièrement, c'est qu'il n'a que trois doigts au pied.

III.

De l'Alouette de mer.

Je rassemble ici les alouettes de mer avec les chevaliers et cul-blancs, parce que ce sont également des oiseaux de rivage, et qui fréquentent non-seulement les bords de la mer, mais aussi ceux des rivières qui n'en sont pas éloignées ; que d'ailleurs, quoique plus petites, elles tiennent beaucoup de leur conformation.

L'alouette de mer ne ressemble à celle de terre que par la taille, qui est à-peu-près la même, et par quelques rapports dans la couleur du plumage sur le dos. Son bec est long d'un pouce, noir et très-menu, ses pieds sont bruns. On voit ces oiseaux en grande quantité sur les côtes de Bretagne et du bas-Poitou. Ils volent en troupes très-nombreuses, et se tiennent sur le rivage de la mer, où on les approche très-facilement ; et comme ils se tiennent toujours fort près les uns des autres, il n'est pas rare d'en tuer jusqu'à 40 ou 50 d'un coup de fusil. Du reste, c'est un gibier qui n'est pas fort recherché.

CHAPITRE II.

De la Bécassine ; du Râle-d'eau ; de la Marouette, et de la Poule-d'eau.

. I.

De la Bécassine.

LES bécassines paroissent dans nos contrées vers le commencement de l'automne, et s'en vont au printemps. On prétend qu'elles repassent en

Allemagne et en Suisse, où elles nichent. Cependant, il nous en reste quelques-unes, pendant l'été, dans certains marais, où elles pondent au mois de juin. Leur ponte est de quatre ou cinq œufs.

Les bécassines ne sont vraiment bonnes à tirer qu'après les premières gelées, c'est-à-dire, vers la toussaints. Elles deviennent fort grasses au mois de novembre, et il s'en tue quelquefois d'aussi grasses que les cailles du mois de septembre.

La chasse de ce petit gibier est très-agréable dans les marais et queues d'étangs où il abonde. C'est de toutes les chasses d'hiver, celle où l'on tire le plus ; car il n'est pas rare, pour peu qu'un marais en soit garni, de tuer deux ou trois douzaines de bécassines en une chasse.

On a observé que ces oiseaux voloient toujours contre le vent, ce qui leur est commun avec la bécasse ; c'est pourquoi il est bon de les quêter, autant qu'il se peut, avec le vent au dos, parce qu'alors ils reviennent sur le chasseur, et donnent plus de facilité pour les tirer.

La bécassine passe communément pour un gibier très-difficile à tirer, à raison des crochets et détours qu'elle donne d'abord en partant ; mais cette difficulté n'existe que dans l'opinion de gens qui ne sont pas chasseurs de profession, ou, s'ils le sont, connoissent peu ce gibier ; car il y a plusieurs oiseaux bien plus difficiles à tirer

au vol ; et c'est avec raison que des chasseurs
ont assuré à M. de Buffon que la grive étoit
de ce nombre. Dès qu'une fois ont s'est accoutumé à laisser filer la bécassine, sans se presser,
son vol n'est pas plus difficile à suivre que celui
de la caille. Dailleurs, on peut la laisser filer
loin sans inconvénient, attendu que le moindre
grain de plomb la tue, et qu'elle tombe pour
peu qu'elle soit frappée.

Outre la bécassine ordinaire, dans l'espèce
de laquelle il se rencontre assez souvent des
individus beaucoup plus gros les uns que les
autres, et que je crois être les mâles, il y en
a une plus grosse de près de moitié, que les
chasseurs appellent *double bécassine*, et que
M. de Buffon regarde comme une variété pure-
ment accidentelle de la première. Mais cet illustre naturaliste se trompe. La double bécassine
est absolument différente de la bécassine ordinaire, par son cri, par son vol, par quelques
nuances dans le plumage, et même par certaines habitudes. Elle part avec peine, se faisant
suivre par les chiens, comme le râle. Son vol
est droit, assez mou, et sans crochets, comme
celui des autres bécassines; et elle ne se plaît que
dans les endroits où il y a peu d'eau, et où elle
est claire, et non fangeuse. Elle est bien connue
dans les marais de la Picardie, quoique fort rare;
car il y a plusieurs chasseurs qui ne la connoissent pas. Elle y arrive vers la fin d'août, et

disparoît avant la toussaints. Elle est beaucoup plus commune en Provence, où elle fait deux passages, le premier en mars et avril, qui est celui où on en voit le plus, et le second en septembre et octobre. On lui donne en ce pays le nom de *bécasson*. Elle est aussi fort connue en Italie, et particulièrement dans la campagne de Rome, où on l'appelle *pizzardone*, augmentatif de *pizzarda*, nom que porte la bécassine en italien.

Il y a une autre espèce de bécassine, appellée *bécot*, *jaquet*, *foucaud*, suivant les différentes provinces, et en Picardie *deux pour un*. Elle est nommée *la sourde* par M. de Buffon. Cet oiseau, qui n'est pas plus gros qu'une alouette, est ordinairement gras, et passe pour un manger plus délicat que la bécassine. Il vole droit et lentement, part de près, et ne se remet jamais loin.

I I.

Du Râle-d'eau.

Le râle-d'eau est moins gros que le râle de genêt ; il a comme lui le corps alongé, mais le bec plus long. Ses pieds sont d'un rouge obscur ; il a le dos d'un roux brun, la gorge et la poitrine ardoisées, le ventre noirâtre rayé de quelques bandelettes d'un blanc sale. Il court aussi bien que le râle de genêt, ruse comme lui devant les chiens, et ne prend son vol que le plus tard qu'il peut. On le trouve dans les queues d'étang, les prairies humides, le long des fossés, où il y a de l'eau et de grandes herbes, et dans tous les marais où il y a des eaux stagnantes et des joncs. Du reste, le râle-d'eau est un assez mauvais gibier, qu'on rencontre sans le cher-cher, et qu'à peine les chasseurs daignent tirer.

I I I.

De la Marouette.

La marouette ressemble beaucoup au râle, si ce n'est qu'elle est plus petite ; aussi lui donne-t-on quelquefois le nom de *petit râle-d'eau*. Cependant elle en diffère non-seulement par la taille, mais par son plumage, qui est par-tout d'un brun olivâtre tacheté et nué de blanchâtre, dont le lustre sur cette teinte sombre, le fait paroître comme émaillé, ce qui l'a fait appeller râle perlé. Du reste, ses habitudes sont les mêmes que celles du râle. Mais on en fait un cas bien différent ; car la marouette est un excellent gibier, sur-tout vers l'automne, temps où elle est fort grasse. Elle se tient, comme le râle, dans les queues marécageuses des étangs, mais plus fréquemment dans les prairies basses et humides, le long des rivières, sur-tout en certains cantons de la Normandie et de la Picardie, où ce gibier est fort commun. On l'appelle *grisette* dans cette dernière province.

I V.

De la Poule-d'eau.

Les naturalistes distinguent trois espèces de *poules-d'eau*, une grande, une moyenne, et une petite. La grande est commune en Italie, mais se voit rarement en France. Sa longueur du bec à la queue est de près d'un pied et demi. Elle a le dessus du bec jaunâtre et la pointe noirâtre. Le cou et la tête sont aussi noirâtres, et le manteau d'un brun marron. La petite, appellée *poulette-d'eau*, n'y est pas commune; la moyenne est de la taille d'un poulet de six mois : elle a un pied de longueur du bec à la queue, et quatorze à quinze pouces du bec aux ongles; c'est celle que tout le monde connoît, et qui se trouve par-tout. La poule-d'eau va plus à l'eau que le râle, mais néanmoins elle nage rarement, si ce n'est pour traverser d'un bord à l'autre, et ne se tient jamais dans la grande eau. Elle reste cachée tout le jour dans les grands joncs, d'où elle ne sort guéres que sur le soir, qu'on la voit se promener au bord de ces joncs, sur les rives des étangs et rivières, où on la surprend quelquefois. La poule-d'eau est un gibier passablement bon, et qui se mange en maigre.

CHAPITRE III.

Du Courlis ; de la Barge ; du Grand-
pluvier ; de l'Avocette ; de l'Echasse ;
de la Pie-de-mer, et du Combattant
ou Paon-de-mer.

I.

Du Courlis.

Le courlis approche du faisan pour la grandeur. Son bec est de cinq à six pouces, courbé
en manière de croissant. Son plumage est mêlé
de gris et de blanc , à l'exception du ventre et
du croupion , qui sont entièrement blancs : il a
le cou et les jambes fort longs. Il vole par bandes , criant beaucoup , sur-tout le soir et la nuit,
comme presque tous les oiseaux aquatiques :
son cri est *turrlui , turrlui*. Il se nourrit de vers
de terre , d'insectes et de menus coquillages ,
qu'il ramasse sur les sables et les vases de la
mer et des rivières. On le trouve aussi dans les
marais et les prairies humides. On rencontre
peu de ces oiseaux dans les provinces intérieures, tandis qu'on en voit beaucoup dans les provinces maritimes , telles que la Bretagne , la
Normandie , l'Aunis et le Poitou. Le courlis est

assez bon à manger. Il y a une autre espèce de
courlis de moitié moins grand , qui ressemble
à celui-ci par sa forme , son plumage et ses habitudes , que M. de Buffon appelle *corlieu* , ou
petit courlis. Cette espèce paroît appartenir plus
particulièrement à l'Angleterre , et est très-rare
en France.

I I.

Du Grand-pluvier.

Salerne parle d'un oiseau de marais , qu'il
appelle le *grand-pluvier*, et qui n'est point le courlis de terre , auquel M. de Buffon donne cette
dénomination. Cet oiseau a le bec noir, long de
deux doigts et demi , le dessus du corps varié de
brun et de grisâtre , le bas du dos et le croupion
blancs , ainsi que tout le dessus du corps, la
queue bigarrée de lignes blanches et brunes,
alternativement ondées , les jambes fort longues
d'un verd livide. Salerne dit qu'il est très-rare
dans l'Orléanois ; et cependant il parle de deux
de ces oiseaux tués en Sologne , et envoyés
par lui à M. de Réaumur.

I I I.

De la Barge.

La barge ne se voit ordinairement que sur
les bords de la mer , ou dans les marais salés
qui

qui avoisinent les côtes maritimes, et rarement dans l'intérieur des terres , où on ne rencontre guères de ces oiseaux , à moins qu'ils n'y aient été jettés par quelque coup de vent. Elle est de la grosseur de la bécasse , à laquelle elle ressemble beaucoup par la forme du corps et par celle du bec, qui néanmoins surpasse en longueur celui de la bécasse , étant long de quatre pouces. Elle a aussi les jambes beaucoup plus hautes. Son plumage est gris , à l'exception du front et de la gorge , dont la couleur est roussâtre. Elle a le ventre et le croupion blancs. Cet oiseau vole ordinairement par troupes : il est timide et part de loin. Sa chair est délicate et fort estimée. Les naturalistes distinguent plusieurs espèces de barges, mais qui ne diffèrent guères entre elles , si ce n'est par la taille plus ou moins grande.

I V.

De l'Avocette.

L'avocette est un plus peu grosse qu'un vanneau. Ses jambes ont sept à huit pouces de hauteur, et ses pieds sont palmés, mais jusqu'à moitié des doigts seulement. Son bec a trois pouces, et est un peu recourbé en haut par le bout, singularité qui lui est particulière entre tous les oiseaux connus. Elle a le dessus du corps noir et blanc, et le dessous blanc comme neige. Rien n'est plus commun que cet oiseau sur les côtes maritimes, et notamment sur celles du Poitou, où, dans la saison des nids (dit Salerne) les paysans en prennent les œufs par milliers, pour les manger ; mais il est très-rare de le rencontrer dans l'intérieur des terres. Cependant, le même auteur rapporte qu'il en fut tué trois, de son temps, à Château-neuf-sur-Loire, à quatre lieues d'Orléans.

V.

De l'Echasse.

L'échasse est à-peu-près de la grosseur du vanneau ; ses jambes, de couleur rouge, ont près d'un pied de hauteur, d'où lui a été donné le nom d'échasse. Ses pieds sont palmés. Elle a le dessus du corps noirâtre, mêlé d'un peu de blanc et de gris-brun, et tout le dessous blanc depuis la gorge jusqu'à la queue. Son bec est noir et long de trois pouces. Cet oiseau hante les marais salés, et ne se rencontre que très-rarement.

VI.

De la Pie-de-mer.

La pie-de-mer est de la grosseur de la corneille ; son plumage est blanc et noir, d'où lui vient son nom. Son bec, long de quatre pouces, et ses pieds sont d'un beau rouge de corail. Elle se nourrit d'huîtres et autres coquillages, ce qui fait qu'on l'appelle aussi *l'huîtrier*. Elle se tient constamment sur les bancs et récifs découverts à basse mer, et sur les grèves, où elle suit le flux et reflux, et ne se retire que sur les falaises, sans s'écarter des terres et des rochers. Elle ne s'éloigne jamais de la mer, et ne hante point les marais, ni les embouchures des rivières. On voit de ces oiseaux sur les côtes de la Picardie et de la Saintonge.

VII.

Du Combattant ou Paon-de-mer.

Le combattant, ainsi appellé à cause des combats furieux que se livrent les mâles pour se disputer les femelles, est de la taille du chevalier aux pieds rouges, mais un peu moins haut sur jambes, et a le bec de la même forme. Les femelles sont ordinairement plus petites que les mâles, et les unes et les autres se ressemblent par le plumage, qui est blanc, mélangé de brun sur le manteau ; mais les mâles sont, au printemps, si différens les uns des autres, qu'on les prendroit chacun pour une espèce d'oiseau particulière. Ils ont au commencement de cette saison, un gros collier de plumes enflées autour du cou, qui ne subsiste que pendant le temps de leurs amours, et tombe, à la fin de juin, par une sorte de mue. Ces oiseaux arrivent

dans les marais de la Picardie , au mois d'avril,
avec les chevaliers , et disparoissent, dans le
courant de mai, pour s'en aller nicher sur les
côtes d'Angleterre.

CHAPITRE IV.

Des Goélands, Mouettes et Hirondelles de mer.

QUELQUES naturalistes n'ont fait qu'une même
espèce des goélands, des mouettes et des hirondelles de mer. Mais M. de Buffon en fait trois
espèces différentes. Cependant il n'établit de
véritable différence entre les goélands et les
mouettes, que la grandeur. Il appelle *goélands*
tous les oiseaux de ce genre dont la taille surpasse celle du canard, et qui ont 18 à 20 pouces
depuis le bout du bec jusqu'à l'extrémité de la
queue, et tous ceux qui sont au-dessous de ces
dimensions, il les appelle *mouettes*. Les uns et
les autres ont le bec tranchant, alongé, applati
par les côtés, avec la pointe renforcée et recourbée en croc. Ils n'ont point la queue fourchue
comme les hirondelles de mer. D'ailleurs, ils sont
fort hauts sur jambes , ce qui ne convient point
encore à ces autres oiseaux , qui ont les jambes
fort courtes ; ils ont les trois doigts engagés

par une membrane pleine, et celui de derrière seulement dégagé, tandis que les doigts des hirondelles de mer ne sont qu'à demi palmés. Ajoutez à toutes ces différences que les hirondelles de mer ont le bec tout droit et pointu.

Les goélands et mouettes se tiennent en troupes sur les bords de la mer. On les voit souvent couvrir de leur multitude les écueils et les falaises, qu'ils font retentir de leurs cris importuns. Il n'est pas d'oiseaux plus communs sur les côtes. Ils se nourrissent de petits poissons qu'ils prennent à la surface de l'eau, de poisson mort, de cadavres de toute espèce, que la mer rejette sur ses rivages. Ils accompagnent aussi les pêcheurs pour profiter des débris de la pêche. On les appelle *gabians* sur les côtes de la Méditerranée, *mauves* ou *miaules* sur celles de l'Océan.

M. de Buffon distingue cinq espèces de goéland; savoir: 1°. Le goéland à manteau noir, ainsi nommé d'un manteau noirâtre ardoisé qui lui couvre le dos. C'est le plus grand des goélands; il a deux pieds, et quelquefois deux pieds et demi du bout du bec à celui de la queue. En Picardie et en Normandie, on l'appelle *noir-manteau*.

2°. Le goéland à manteau gris, blanc partout, à l'exception du dos, couvert d'un manteau gris, et de taches noires aux grandes pennes de l'aile : on en voit beaucoup en novembre et

décembre , sur les côtes de Picardie et de Normandie, où on l'appelle *gros-miaulard*, et *bleu-
manteau.*

3°. Le goéland brun, qui a le plumage d'un
brun sombre sur le corps entier, à l'exception
du ventre , lequel est rayé de brun sur fond
gris , et des grandes pennes de l'aile qui sont
noires.

4°. Le goéland varié ou *grisard*, dont le plumage est moucheté de gris sur fond blanc.
Celui-ci est de la plus grande espèce, ayant cinq
pieds d'envergure, et le bec de quatre pouces
de long.

5°. Le goéland à manteau gris-brun , appellé
bourg-mestre par les Hollandois. Il est aussi
grand que le goéland à manteau noir. Il a le dos
gris-brun, ainsi que les pennes de l'aile , dont
les unes sont terminées de blanc , les autres de
noir , et tout le reste du plumage blanc.

A l'égard des mouettes, M. de Buffon en
distingue six espèces ; la *mouette blanche*, qui
paroît ne point se trouver sur nos côtes ; la
mouette tachetée, qu'on y voit quelquefois, et
dont il parut de grandes troupes, aux environs
de Sémur en Auxois, au mois de février 1775,
qu'on tuoit fort aisément , et dont plusieurs
furent trouvées mortes de faim dans les prairies,
les champs et au bord des ruisseaux ; *la grande
mouette cendrée*, appellée *grande-émiaule*, sur
les côtes de Picardie , que Salerne dit n'être

pas mauvaise à manger, et dont il y a beaucoup sur la Loire ; la *petite émiaule cendrée ;* la *mouette rieuse ,* ainsi nommée de son cri, qui imite un éclat de rire , et la *mouette d'hiver ,* ainsi appellée par les naturalistes anglois, mais que M. de Buffon soupçonne n'être autre que notre mouette tachetée.

M. de Buffon compte huit espèces d'hirondelles de mer, dont la plus grande est appellée *pierre-garin* sur les côtes de la Picardie ; elle a près de deux pieds d'envergure, est grise sur le dos, d'un beau blanc sur tout le devant du corps, avec une calotte noire sur la tête, et a le bec et les pieds rouges. On la voit quelquefois sur les rivières, dans l'intérieur des terres. La seconde, appellée *petite hirondelle de mer ,* ressemble parfaitement, pour les couleurs, à la précédente ; mais elle n'est pas plus grosse qu'une alouette. On la voit de même dans l'intérieur des terres , sur les étangs et rivières. La troisième, qui est de taille moyenne entre les deux précédentes, est blanche sous le corps ; et le reste de son plumage est mêlé de noir derrière la tête , de brun nué de roussâtre sur le dos , et de gris frangé de blanchâtre sur les ailes. On lui donne le nom de *guifette* sur les côtes de Picardie : on la voit sur la Seine et sur la Loire. La quatrième, appellée, en Picardie, *guifette noire ,* et ailleurs *épouvantail ,* a la tête, le cou et le corps d'un cendré très-foncé;

K k iv

ses ailes seules sont d'un joli gris, qui fait la livrée commune des hirondelles de mer. Voilà les quatre espèces que nous voyons ordinairement sur nos côtes; les autres paroissent n'appartenir qu'aux mers étrangères. Les plus grands de ces oiseaux vivent de poissons et d'insectes; les autres seulement d'insectes volans qu'ils gobent en l'air.

Au surplus, les goélands, les mouettes et les hirondelles de mer sont des oiseaux si peu intéressans pour les chasseurs, que j'aurois omis d'en faire mention, si ce n'étoit seulement pour en donner la connoissance à ceux qui ne sont pas à portée des côtes de la mer.

CHAPITRE V.

Du Héron; du Butor; de la Spatule; du Cormoran; de l'Alcyon, ou Martin-pêcheur, et du Merle-d'eau.

I.

Du Héron.

LES naturalistes distinguent plusieurs espèces de héron; mais nous nous contenterons de faire mention de trois espèces principales, qui sont le grand héron gris, le petit héron gris appellé aussi *bihoreau*, et le héron blanc.

Le grand héron gris, qui est celui qu'on rencontre le plus souvent, et le plus connu des
chasseurs, a le sommet de la tête blanc, et une
longue crête de plumes noires qui lui pend au
derrière de la tête. La gorge est blanche, et
tout le dessus du corps est d'un beau gris-de-
perle. Son bec, qui a environ six pouces, est
d'un verd tirant sur le jaune; ses jambes et ses
pieds sont verts. Il a cinq pieds d'envergure,
près de quatre du bout du bec aux ongles;
son cou a seize ou dix-sept pouces. Il perche
sur les grands arbres, et y fait son nid.

Le héron se fait appercevoir de très-loin, sur
le bord des rivières et. étangs, attendu que,
dressé sur ses jambes, il porte plus de trois
pieds de hauteur; et ainsi vu par devant à une
grande distance, il présente, au premier coup-
d'œil, l'apparence d'une femme, à cause de la
blancheur de son poitrail. Lorsqu'on l'apperçoit
ainsi de loin, il est presque impossible de l'approcher, quelque précaution que l'on prenne;
et l'on ne tue guères de ces oiseaux que par
rencontre, et au moment où on s'y attend le
moins, lorsque, par la disposition du terrein,
le hasard fait qu'on arrive sur eux sans en être
apperçu, assez près pour les surprendre, et les
tirer à la partie.

Pendant les fortes gelées, les hérons sont
obligés de chercher leur nourriture aux fontaines et aux petites rivières et ruisseaux qui ne

gèlent point. Alors on les trouve fréquemment cinq ou six ensemble, et ils se laissent approcher bien plus facilement. Les hérons affectionnent certains bois, où ils se rassemblent pour nicher au plus haut des chênes et sapins, et souvent on en voit plusieurs nids sur le même arbre. Tel est, entre autres, un petit bouquet de chênes, qui accompagne le château de *Romanieu*, village du Dauphiné, à une lieue du Pont-de-Beauvoisin.

On faisoit anciennement, en France, beaucoup de cas de la chair du héron. Les grands seigneurs avoient alors dans leurs terres, et à proximité de leurs châteaux, *des héronières*, qui étoient des lieux situés sur le bord de quelque étang ou canal, disposés et arrangés pour y élever de jeunes hérons. On appelloit encore héronières certaines guérites élevées sur des arbres plantés à dessein, au bord des eaux fréquentées par ces oiseaux, où l'on se postoit pour les tirer.

Dans toutes les ordonnances des chasses, depuis celle de François I, en 1515, jusqu'à celle de Henri IV, en 1600, les hérons et héronneaux se trouvent compris parmi les autres espèces de gibier dont la chasse est défendue. L'ordonnance du roi Henri II, du 5 janvier 1549, dans la vue de dégoûter les gens de la campagne du braconage, et pour empêcher la survente arbitraire du gibier, de la part des

rôtisseurs et poulailliers, porte « qu'ils ne pour-
« ront doresnavant vendre aucunes perdrix,
« perdreaux, lièvres, levreaux, ne hérons,
« sinon en plein marché, et plus haut prix que
« douze deniers tournois chacune perdrix, et
« en semblable le héron et le lièvre ; et de six
« deniers tournois chacun perdreau, et en sem-
« blable le levreau et le héronneau, etc. «

Depuis long-temps, on ne voit plus le héron
figurer sur nos tables, et l'usage qu'on en fait
le plus souvent, est de le clouer aux portes des
maisons, comme les oiseaux de proie.

Le petit héron gris, ou *bihoreau*, est beaucoup plus petit que le précédent ; il a le dos et
le sommet de la tête noirs, le cou cendré, la
gorge et le ventre jaunâtres. Trois plumes,
longues de cinq doigts, lui pendent derrière la
tête ; ses ailes et sa queue sont cendrées, et
ses pieds d'un jaune verdâtre. On le rencontre
rarement.

Le héron blanc, ou aigrette, qui est encore
plus rare en France que le bihoreau, diffère du
grand héron gris par sa couleur, étant blanc
comme neige, par sa taille qui est moindre, et
en ce qu'il n'a point de crête.

I I.

Du Butor.

Le butor a le cou moins long, et est moins

haut sur jambes que le héron, mais il a le
corps plus gros. Son plumage est bigarré de
roux et de noir, et ne ressemble pas mal à celui
de la bécasse. Il a le bec un peu moins long que
le héron, plus renforcé à sa base, et plus affilé
à son extremité. Ses jambes sont verdâtres. Il a
un cri très-fort, imitant le mugissement du tau-
reau, qu'il fait en fichant son bec dans l'eau;
mais il a un autre cri tout différent, lorsqu'il
quitte pendant la nuit un étang pour en
gagner un autre, ce qu'il a coutume de faire
en hiver. Alors il s'élève à une très-grande
hauteur, et fait entendre en l'air une espèce
de croassement, assez approchant de celui du
corbeau. Suivant quelques naturalistes, il fait
son nid dans les grands arbres, et selon d'autres
à terre, dans les lieux les plus inaccessibles des
marais. Cet oiseau est, à juste titre, l'emblême
de la paresse et de la stupidité, ce qui fait qu'en
certaines provinces on l'appelle *paresseux*, et
dans d'autres *las-d'aller*. Il se tient, pendant le
jour, rasé dans les joncs, à la queue des étangs,
et souvent dans des endroits où les joncs sont
si bas, qu'il seroit très-aisé de l'y appercevoir,
s'il n'étoit pas à-peu-près de la même couleur;
et il ne part ordinairement que lorsque le chasseur est prêt à lui marcher sur le corps. J'en ai
vu un sur lequel un chien forma son arrêt de si
près, qu'il se trouvoit presque entre ses jambes.
Cet oiseau est dangereux pour les chiens, lors-

qu'il n'est que démonté, et les coups de son bec, avec lequel il se défend, peuvent leur faire beaucoup de mal. Il vit de poisson, comme le héron, et il paroît qu'il ne cherche sa nourriture que la nuit, puisque, pendant le jour, on ne le trouve jamais qu'accroupi dans les joncs. D'ailleurs, on a observé que ceux que l'on tue, lorsqu'il ne fait point de lune, sont fort maigres, et qu'au contraire ils sont gras pendant le clair de lune. A en juger par le nom qu'on lui a donné en Sardaigne, l'anguille est le poisson sur lequel il donne le plus : ce nom, dans l'idiome sarde, répond à celui de *corbeau des anguilles*. Le butor n'est point un mauvais manger, lorsqu'il est écorché et cuit en ragoût, comme un chapon, avec des oignons. Il m'a paru beaucoup meilleur, ainsi apprêté, que rôti ou en salmis.

I I I.

De la Spatule.

La spatule, ainsi nommée à cause de son bec, dont l'extrémité, en s'élargissant circulairement, présente la forme d'une spatule, est toute blanche comme le cygne, et est beaucoup plus grande que le héron gris; mais elle a le cou moins alongé, ainsi que les jambes, qui sont noires et couvertes d'une peau dure et écailleuse. Cet oiseau, qui vit de poisson, se trouve assez

fréquemment sur les côtes marécageuses du
Poitou, de la Bretagne et de la Picardie. Dans
quelques provinces, on lui donne le nom de
cuiller, à cause de la forme de son bec. Il fait
son nid sur les grands arbres.

I V.

Du Cormoran.

Le cormoran est un peu plus petit qu'une
oie ; il a le dessus du corps d'un brun luisant,
la poitrine et le ventre blanchâtres. Il est palmipède ; son bec est long de deux pouces et demi,
et crochu par le bout. Ses jambes sont courtes
et très-fortes. Il vit de poissons, et va chercher sa
proie sous l'eau, où il reste long-temps plongé.
On l'a dressé, en Angleterre, pour la pêche, et
alors on lui boucle le bas du cou avec un anneau,
pour empêcher qu'il n'avale le poisson. Cet oiseau se tient presque toujours sur les bords de
la mer, et il est assez rare de le trouver dans
les contrées qui en sont éloignées.

V.

De l'Alcyon, ou *Martin-pêcheur.*

L'alcyon ou *martin-pêcheur*, que tout le
monde connoît, et qui se rencontre fréquemment
le long des ruisseaux, est (dit M. de Buffon)
le plus bel oiseau de nos climats, et il n'y

en a aucun en Europe qu'on puisse lui comparer pour la netteté, la richesse et l'éclat des
couleurs. Il est très-sauvage, et part ordinairement de loin. Son vol est droit et extrêmement
rapide; et il n'est peut-être point d'oiseau plus
difficile à tirer au vol. Pour pêcher, il se tient
sur une branche avancée au-dessus de l'eau, ou
sur quelque pierre voisine du rivage, et y reste
à l'affût, pendant des heures entières, épiant
le passage de quelque petit poisson, sur lequel
il fond en se laissant tomber dans l'eau. Il en
sort avec le poisson au bec, qu'il porte ensuite
sur la terre, contre laquelle il le bat, pour le
tuer avant de l'avaler. Le martin-pêcheur niche
au bord des rivières et ruisseaux, dans des trous
creusés par les rats-d'eau, dont il maçonne et
rétrécit l'entrée.

V I.

Du Merle d'eau.

Le merle-d'eau est un oiseau aquatique de la
grosseur et à-peu-près de la forme du merle.
Quant au plumage, il a un plastron blanc qui
s'étend sur la gorge et la poitrine; la tête et le
dessus du cou sont d'un cendré roussâtre ou
marron; le dos, le ventre et les ailes d'un cendré
ardoisé. Il a le pied conformé comme le merle
de terre, mais les ongles plus forts et plus courbés. Cet oiseau ne hante que les lacs et ruisseaux

des hautes montagnes qu'il ne quitte jamais, et
sur-tout les eaux vives et courantes, dont la
chute est rapide et entre-coupée de pierres et
de morceaux de roche. Ce qu'il a de plus singulier, c'est que, sans être palmipède, il plonge
et marche sous l'eau avec autant d'aisance que
sur la terre, pour aller y chercher les insectes
aquatiques, et les petits poissons dont il se nourrit. On le trouve en France dans les montagnes
d'Auvergne, du Bugey et des Vosges.

CHAPITRE VI.

Des Plongeons, et de la Foulque, Judelle ou Morelle.

I.

Des Plongeons.

Il y a plusieurs espèces de plongeons, différens
par la taille et le plumage, ainsi que par les
pieds, dont les doigts, dans les uns, sont liés
par une membrane pleine, et dans les autres
séparés et seulement garnis d'une membrane
découpée.

1°. Le *herle*, qui, pour la grosseur, est entre
l'oie et le canard, et pèse environ quatre livres.
Il a la tête et le dessus du cou d'un verd-luisant
noirâtre,

noirâtre, et sur la tête une espèce de toupet
relevé ; le dessus du corps bigarré de blanc et de
noir, le dessous œil-de-perdrix, la queue cendrée.
Ses ailes sont blanches par dessous, sauf le bout
des ailerons qui est noir. Il a le bec en partie
rouge, étroit, dentelé, crochu, arrondi par le
bout, et long de trois à quatre doigts. Ses pieds
sont rouges, et les doigts en sont liés par une
membrane. Il a les ailes fort courtes, comme
tous les plongeons, et les remue très-rapidement, en frisant la surface de l'eau. Il mange
beaucoup de poisson, plonge profondément,
reste long-temps sous l'eau, et parcourt un
grand espace avant de reparoître. Cet oiseau
se trouve en quantité sur la Loire. La femelle
est beaucoup plus petite que le mâle, dont elle
diffère aussi par les couleurs, ayant la tête
rousse et le manteau gris.

2°. Il y a une autre espèce de herle de la
grosseur d'un canard, avec une hupe bien formée et tout-à-fait détachée de la tête. Celui-ci
a la poitrine variée de blanc, le dos noir, le
croupion et les flancs rayés en zig-zag de brun,
de blanc et de cendré, le bec et les pieds
rouges, les doigts liés par une membrane. La
femelle diffère du mâle, en ce qu'elle a le dos
gris, et tout le devant du corps blanc, teint
de fauve sur la poitrine. On l'appelle *plongeon
de rivière*, parce qu'il hante les rivières, et
qu'on ne le voit point sur les étangs. En Picar-

die, on lui donne le nom de *raquet*, et aussi de *mangeur de plomb*, à cause de la difficulté de le tuer; car souvent ces oiseaux, qui plongent au feu du bassinet, essuient dix à douze coups de fusil sans être atteints, à moins qu'on ne les tire par derrière, ou qu'on ne prenne la précaution de passer le canon du fusil dans un rond de carton, pour leur cacher l'éclair de l'amorce, en laissant un petit jour pour pouvoir ajuster.

3°. La *piette*, troisième espèce de herle, à plumage pie. Elle est un peu plus grosse qu'une sarcelle de la grande espèce; elle a le dos noir, et tout le dessous du corps blanc comme neige; le bec noir, les pieds d'un gris plombé, dont les doigts sont joints par une membrane. La femelle n'a point de hupe; sa tête est rousse, et son manteau est gris. La piette est fort commune sur la rivière de Somme en Picardie.

4°. Le *petit plongeon*, que tout le monde connoît, et qui se trouve par-tout sur les étangs et rivières. Il est plus petit d'un tiers que la sarcelle, et ressemble beaucoup à un oison nouvellement né. Ses doigts ne sont point liés, mais ont seulement sur les côtés une membrane festonnée.

5°. Le *grèbe*. Il est un peu plus gros que la foulque; d'un brun foncé sur le dos, et sur le devant d'un très-beau blanc argenté. Il n'a point de queue. Ses jambes sont placées tout-à-fait en arrière, et presque enfoncées dans le ventre. Ses pieds ne sont point pleinement palmés, mais seulement garnis d'une frange découpée à chaque doigt. Il nage et plonge très-bien, et poursuit les poissons à une très-grande profondeur. Les pêcheurs le prennent souvent dans leurs filets. Il hante également la mer et les eaux douces. On le voit sur les étangs, les lacs et les anses des rivières, et plus fréquemment sur les eaux douces que sur la mer. Il y a beaucoup de grèbes sur le lac de Genève. On en voit quelquefois sur les étangs de la Lorraine et de la Bourgogne. Il y en a plusieurs autres espèces, différentes par la taille et le plumage de celle que je viens de décrire, qui est la plus connue. On fait de très-beaux manchons de la peau du grèbe.

I I.

De la Foulque, Judelle, ou Morelle.

La *foulque*, appellée aussi *judelle* ou *morelle*, suivant les différentes provinces, a le dessus du corps noir, et le dessous d'un gris très-foncé : elle est de la grosseur d'une petite poule, et pèse environ une livre et demie. Elle a le bec fort, pointu et blanc, et au-dessus du bec une plaque blanche, cartilagineuse et sans plume, formant une petite éminence, et qui, suivant M. de Buffon, est rouge dans le temps des amours seulement. Ses pieds sont bleuâtres ou d'un vert brun, avec les doigts séparés et garnis latéralement d'une membrane festonnée. Il y a deux espèces de foulques, qui ne diffèrent que parce que l'une est plus grosse que l'autre. Les foulques restent sur nos étangs pendant la plus grande partie de l'année; et en automne, toutes partent des petits étangs pour se rassembler sur les grands, où on les trouve alors en quantité.

Il est assez difficile de tuer les foulques sans le secours d'un bateau, parce qu'elles ne s'approchent que rarement du rivage. Etant en bateau, on peut en tuer quelques-unes, qu'on surprend au bord des joncs, lorsqu'elles prennent leur vol pour gagner d'autres joncs du côté opposé. Mais dans certains grands étangs, où elles se rassemblent en automne, il se fait tous les ans, pendant l'hiver, des chasses solennelles, dans chacune desquelles il s'en tue plusieurs centaines : de ce nombre est l'étang de *Montmorenci*, à quatre lieues de Paris, qui n'a qu'environ une demi-lieue de tour, et où ces oiseaux se trouvent en très-grand nombre, à la fin de l'automne. Voici comme cette chasse s'y fait, et ce que j'en dirai donnera l'idée générale de toutes les chasses de cette espèce qui se font en différens endroits. Douze ou quinze chasseurs, plus ou moins, chacun avec plusieurs fusils, se réunissent, et sont distribués sur sept ou huit bateaux qui suffisent pour la largeur de cet étang. Ces bateaux voguent en front de bandière de la chaussée vers la queue, espacés de manière que les intervalles qui les séparent ne soient pas assez grands pour que les foulques puissent passer entre deux sans être tirées. En même temps d'autres chasseurs se placent à terre sur les bords de l'étang, le plus près des joncs qu'il se peut, pour tirer celles qui passent à leur portée. A mesure que ces bateaux avancent, les foulques fuient devant eux, en nageant vers l'extrémité de l'étang. Lorsqu'on en approche, on a l'attention de former un demi-cercle, afin de les renfermer dans le moindre espace possible. Chemin faisant, on en tire quelques-unes de celles qui se trouvent cachées dans les joncs, et qui partent à l'approche des bateaux. Mais le moment le plus intéressant, c'est lorsque se voyant bientôt poussées jusqu'au bout de l'étang, elles prennent leur vol pour regagner la grande eau, ce qu'elles ne peuvent faire sans passer par dessus les bateaux. On en voit alors des nuages en l'air; à peine les chasseurs suffisent à faire feu, et les foulques pleuvent dans l'eau de toutes parts. Les bateaux revirent ensuite du côté de la chaussée, et les acculant une seconde fois, les contraignent de repasser par dessus la tête des chasseurs, et d'essuyer une nouvelle salve. Cette manœuvre se répète plusieurs fois, et l'on peut juger de la déconfiture qui se fait de

L l iij

ces pauvres oiseaux , tant par les chasseurs des bateaux que par ceux qui sont à terre. Il s'en est tué quelquefois sur cet étang cinq à six cents et plus en un jour.

Cette chasse se fait de la manière que je viens de le dire , dans les étangs de médiocre grandeur , et qui s'étendent beaucoup plus en longueur qu'en largeur ; mais sur les lacs et étangs d'une très-grande étendue , elle ne se fait que partiellement , et dans certaines parties qui forment de petits golfes ou angles , où on conduit les foulques, avec des bateaux rangés en demi-cercle , pour les y acculer : on les pousse ensuite vers un autre angle opposé. On chasse ainsi les foulques en différentes provinces du royaume sur les grands étangs, tant salés que d'eau douce , où ces oiseaux abondent. Je ne parlerai ici que de ceux de *Berre* , *Istre* et *Marignane* , en Provence , à six lieues à l'ouest de Marseille , les seuls sur lesquels je sois particulièrement instruit. Ce sont trois étangs salés, contigus , et qui communiquent l'un avec l'autre par des canaux. Celui de Berre , beaucoup plus grand que les deux autres , ayant huit à neuf lieues de tour , a une communication immédiate avec la mer , près la *Tour de Bouc*. De ces trois étangs, celui de Marignane , qui n'a que deux lieues de circuit , est le plus giboyeux en foulques[qu'on appelle *macreuses* en Provence] à cause d'une espèce d'algue très-fine appellée

lapon dans le pays , qui s'y trouve en abondance, et que ces oiseaux aiment beaucoup ; et
elles y sont en si grande quantité , que leur produit forme une portion considérable du revenu
de la terre de Marignane. Le seigneur , ou ses
fermiers , ont seuls le droit de les chasser avec
des bateaux ; mais tout particulier a celui de les
tirer du rivage. D'un autre côté , l'étang de
Marignane est beaucoup plus propre pour la
chasse dont il s'agit que celui de Berre , parce
qu'il forme beaucoup d'angles , où l'on peut,
avec peu de bateaux, se rendre maître du gibier ;
ce qui ne se rencontre pas dans l'autre , qui,
en outre , a l'inconvénient d'être d'une trop
grande étendue. Il faudroit aller trop loin pour
reprendre le gibier à la seconde battue, au lieu
que dans celui de Marignane on est toujours
en chasse. On emploie un autre moyen pour
chasser les foulques , tant sur l'étang de Marignane que sur ceux d'Istre et de Berre. Un
homme seul se met dans un très-petit bateau
appellé *néguéchin ,* et où à peine y a-t-il place
pour lui et un gros et long fusil ; il y est assis
à plat dans le fond , et le fait mouvoir sans
bruit, par le moyen de deux petits avirons , et
quelquefois avec les mains seules. Il avance ainsi
vers les foulques , qui souvent , à la vue du
bateau, ne font que se rassembler et se mettre
en peloton , ce qui donne occasion à des coups
d'autant plus meurtriers , qu'ils sont tirés

horizontalement , et que ces chasseurs , pour l'ordinaire , n'étant pas gens à craindre le recul d'un fusil, chargent à outrance. Il n'est pas rare que d'un seul coup ils en tuent ou blessent au-delà de cinquante. Cette chasse se fait aussi la nuit, au clair de lune , et non-seulement pour les foulques , mais pour diverses espèces de canards , qui, en hiver, couvrent ces étangs. Il y a encore une manière de chasser les foulques, particulièrement usitée en Languedoc , qui consiste à les attirer, en imitant un petit cri qu'elles font entendre de temps en temps. Le chasseur se poste la nuit dans un endroit favorable pour les tirer , et lorsqu'elles entendent ce cri , elles ne manquent pas d'accourir vers lui. Mais cette chasse est pratiquée par peu de personnes, parce qu'il en est peu qui parviennent à une imitation parfaite du cri de ces oiseaux , sans laquelle on se morfondroit inutilement pour les attendre.

La grande chasse des foulques avec plusieurs bateaux , est fort usitée en Corse sur les étangs ou lacs salés qui se trouvent en certaines plages sur les côtes de l'isle. Elle se fait aussi en Italie, notamment sur le lac de *Bientina* , à quatre ou cinq lieues de Pise, suivant le docteur Targioni, qui en donne le détail qui suit dans ses mémoires sur l'histoire naturelle de la Toscane (1) déjà cités.

____

(1) *Tom. I , p.* 3o1 *et* 3o2.

« Il se fait, en hiver, sur le lac de Bientina,
« une chasse fameuse et très-abondante de ces
« oiseaux (*folaghe*). Pour cet effet, plusieurs
« petits bateaux, appellés dans le pays *gusci*
« ou *sciatta-famiglie*, semblables aux canots
« des sauvages, et où il ne peut entrer que
« deux hommes, un chasseur et un rameur,
« s'assemblent et forment un demi-cercle d'une
« certaine étendue, entre la ligne duquel et la
« terre ils renferment les foulques, qu'ils pous-
« sent toujours devant eux. Tant qu'elles peu-
« vent avancer, elles ne s'envolent point; mais
« lorsqu'elles se trouvent enfermées entre les
« bateaux et les bords du lac, alors elles pren-
« nent leur vol, et sont obligées de passer par-
« dessus les bateaux, pour aller se poser de
« nouveau dans le lac, en s'en éloignant, et c'est
« alors que les chasseurs en tuent une grande
« quantité. » Cette chasse est appellée *la tela*.

Suivant la nouvelle histoire naturelle de la
Sardaigne, les foulques couvrent en hiver tous
les étangs de cette isle, autour desquels on se
garde bien de semer du blé, attendu que ces
oiseaux ne vivent pas seulement d'insectes et de
plantes aquatiques, mais qu'ils sortent de l'eau,
la nuit, pour manger l'herbe et les blés, lorsqu'ils en trouvent à leur portée : raison pour laquelle on ne sème que du lin autour de ces étangs.
L'auteur ajoute » qu'on n'a point, en Sardaigne,
« *la bénignité* de regarder les foulques comme

« poisson, et de croire faire maigre en les man-
« geant. » *In niuna parte della Sardegna si ha
la benignità di riguardarle per pesce, e di cre-
dere di poter far magro con esse.* Il n'en est
pas de même en France, où on ne se fait point
de scrupule de manger la foulque en maigre.

CHAPITRE VII.

Des grands oiseaux aquatiques palmi-
pèdes ; savoir , le Cygne ; l'Oie sauvage ; le Pélican , et le Flammant ou
Phénicoptère.

I.

Du Cygne.

Le cygne sauvage est différent du cygne domestique , et n'en est pas une simple variété, comme
l'ont pensé quelques naturalistes. 1°. Il est moins
grand , pesant au plus seize à dix-sept livres,
tandis qu'il y a des cygnes privés qui pèsent
jusqu'à vingt livres. 2°. Le cygne domestique est
par-tout blanc comme neige , et le sauvage a le
milieu du dos et les petites plumes des ailes
grisâtres et entremêlées de plumes brunes et
quelquefois blanches. Il y a beaucoup de cygnes
sauvages dans les pays du nord, particulièrement

en Laponie, où ils abondent sur toutes les rivières. Les grands hivers et les fortes gelées nous
en amènent quelques-uns. Pendant le rigoureux
hiver de 1784, il en fut tué un assez grand
nombre sur la Somme en Picardie, et en Bourgogne sur la Saone. Ils se laissoient aborder très-
facilement.

Le cygne forme avec ses ailes, en volant, un
certain bruit sonore et harmonieux, qui lui est
particulier, et qui s'entend de fort loin. Il ne
vole pas fort haut, et se trouve le plus souvent
à la portée du fusil, lorsqu'on se rencontre dans
la direction de son vol. Il ne paroît pas voler rapidement, à cause de son volume et de l'étendue de ses ailes, quoique chaque coup d'aile le
porte fort loin en avant, et avec beaucoup
de vîtesse ; ce qui fait que bien des chasseurs
y sont trompés, en l'ajustant seulement à la
tête, comme les oies et les canards, et manquent leur coup. Il est donc à propos, pour
tirer le cygne en volant, de le devancer d'un
pied, et quelquefois davantage, suivant l'éloignement. Du reste, un oiseau de cette taille
doit être tiré avec du plomb très-fort ; quoique cependant, malgré le duvet épais qui le
défend, le cygne ne soit pas aussi difficile à
tuer qu'on pourroit se l'imaginer, ce duvet étant
fin comme la soie, et ses os d'ailleurs étant très-
fragiles.

I I.

De l'Oie sauvage.

Les oies sauvages passent des pays septentrionaux dans nos contrées, vers la saint-Martin, par bandes de dix, douze, quinze, vingt et rarement de trente, volant toujours dans un ordre régulier, et s'annonçant de loin par leurs cris. Elles se tiennent, pendant le jour, dans les terres ensemencées, pour y pâturer, et y causent beaucoup de dommage. Elles les quittent vers midi pour aller se désaltérer dans les rivières et les grands étangs voisins, d'où elles partent, vers trois heures, pour retourner à la pâture. Sur le soir, elles regagnent les eaux pour y passer la nuit. Comme elles sont très-défiantes, les lieux qu'elles fréquentent le plus volontiers sont les grandes plaines découvertes, telles que celles de la Beauce et de la Brie, où il est presque impossible de les joindre, à moins d'user de quelque stratagême ; et lorsqu'elles vont à l'eau, c'est toujours au milieu des grands étangs et marais qu'elles se retirent, sans jamais approcher des bords. Il est rare qu'elles s'arrêtent dans les rivières, à moins qu'elles ne soient fort altérées, mais elles se tiennent volontiers dans les grandes prairies qui les bordent. Un des moyens les plus sûrs pour en tuer, est d'observer les endroits par où elles viennent le soir se jetter

dans les étangs , et de les y attendre pour les
tirer au passage , ce qu'on peut faire de même
le matin à la pointe du jour , lorsqu'elles en
sortent pour gagner les plaines. On peut encore
leur tendre un piège dans ces étangs , qui consiste à y conduire un bateau ,, et l'amarrer au
milieu de l'eau , l'y laisser trois ou quatre jours ,
afin qu'elles s'y accoutument, et n'en soient point
effarouchées , et au bout de ce temps se faire
conduire au bateau, et y rester à l'affût , armé
d'une canardière , ou d'un fusil de gros calibre, pour faire son coup lorsque l'occasion s'en
présentera. Mais il arrive le plus souvent , que
dès la prèmière fois qu'elles ont été tirées, elles
désertent l'étang pour aller ailleurs. Les chasseur de canards à la hutte , de la vallée d'Abbeville , dont je ferai mention dans le chapitre suivant , en tuent , de temps en temps , quelques-
unes qui viennent tomber dans leurs mares
pendant la nuit ; mais cela est assez rare.

La chasse des oies sauvages n'est facile et
abondante que dans les temps de grande gelée,
lorsque les rivières et étangs sont fermés par la
glace , et sur-tout quand la terre est couverte
de neige. Alors, outre qu'on en voit beaucoup
plus qu'en ·tout autre temps , elles sont bien
moins farouches; on les aborde aisément dans
les plaines , et lorsqu'elles partent , c'est pour
aller se remettre à peu de distance. Mais , si la
chasse en est facile alors , au moins n'est-elle

pas trop bonne, attendu qu'en pareil temps les oies, ainsi que tout autre gibier, souffrant de la disette, maigrissent, et ne sont pas en chair. Il s'en est tué en quantité pendant l'hiver de 1784, et j'ai su particulièrement que les marchés de Châlons-sur-Saone en étoient remplis.

L'oie sauvage diffère de l'oie domestique, en ce qu'elle est plus petite, et quelle a ordinairement le dessus du corps d'un cendré obscur.

I I I.

Du Pélican.

Le pélican est plus gros qu'un cygne, et tout blanc, excepté les plumes en recouvrement des ailes et de la queue, qui sont d'un brun grisâtre, comme dans les oies. Il pèse jusqu'à vingt-cinq livres; l'envergure de ses ailes est de onze à douze pieds, et c'est le plus grand de tous les oiseaux aquatiques de l'Europe. Il a le bec jaunâtre, long de neuf à dix pouces, et recourbé à la pointe, qui est d'un beau rouge. Ses jambes sont fort basses; la couleur de ses pieds est jaune ou rouge, suivant l'âge (1). Il se nourrit de poisson,

______

(1) L'auteur de l'histoire naturelle de la Sardaigne fait mention d'un pélican tué dans cette isle, en 1775, vu et mesuré par lui. Cet oiseau avoit 54 pouces de l'extrémité du bec à celle de la queue; et le bec seul emportoit près de 12 pouces de cette longueur; (*e di questa estensione ben dodici pollici appartenevano al solo becco.*)

dont il fait une très-grande destruction, et avale aisément un poison de sept à huit livres. Cet oiseau a sous la gorge une bourse dont la naissance est attachée à la bifurcation que forme sa mandibule inférieure vers la tête, et qui lui sert de magasin pour loger une provision de poisson. Il retire quelquefois cette bourse de manière qu'elle n'est presque plus visible, et lorsqu'il en est besoin, elle se dilate au point de pouvoir contenir jusqu'à vingt pintes d'eau. Dans ce jabot extérieur, qui n'a point la chaleur digestive de celui des autres oiseaux, le pélican rapporte frais à ses petits le poisson de sa pêche ; et c'est ce qui peut avoir donné lieu à la fable si généralement répandue, que cet oiseau s'ouvre la poitrine pour nourrir ses petits de sa propre substance. Quoique palmipède, le pélican se perche sur les arbres. Il vole seul et quelquefois en troupe.

Le pélican est très-rare en France, et ne se voit que de loin en loin, sur-tout dans nos provinces septentrionales. Il est moins rare dans celles du midi, où il se fait voir quelquefois sur certains lacs ou étangs, tels que celui de *Maguelonne* en Languedoc, ceux d'Arles et de *Berre* ou *Martigues* en Provence. Pierre de Quiqueran, évêque de Sénès, dans son livre intitulé *De Laudibus Provinciæ*, que j'ai déjà cité, fait mention d'un oiseau inconnu, tué de son temps sur l'étang d'Arles, dont il ne put

voir que les pieds et la tête , conservés par
le chasseur qui avoit dépecé l'oiseau pour le sa-
ler. A travers quelque exagération dont est chargée la description qu'il en fait , sur le rapport de
ceux qui l'avoient vu entier , il est aisé de reconnoître que cet oiseau n'étoit autre qu'un pélican,
notamment par la circonstance de la largeur de
son gosier , qui étoit telle , suivant sa relation,
qu'on y avoit fait entrer un bouclier de navire
(*scutum nauticum*) d'un pied et demi de large
en tout sens (*sesquipedali quaquaversus lati-
tudine*) (1). Ce qu'il y a de vrai , au moins
suivant le témoignage des naturalistes , c'est
qu'on a vu un homme introduire sa tête , et un
autre ses jambes dans le gosier d'un pélican. A
l'égard de ses pieds , ils étoient (dit-il) de la
forme de ceux d'une oie , et larges comme la
main. Au reste , il n'est pas étonnant que cet
oiseau restât alors inconnu. A l'époque où Quiqueran écrivoit , Gesner , le premier des modernes qui ait commencé à débrouiller l'histoire
naturelle , n'avoit encore rien publié.

Il y a deux pélicans au cabinet du roi, dont
l'un a été tué en Dauphiné , et l'autre sur la
Saone. M. de Buffon en cite deux autres tués

---

(1) Je traduis le *scutum nauticum* par *bouclier de navire*; mais j'a-
voue que j'ignore ce que c'est. Quant à la dimension d'un pied et
demi qu'on lui donne , elle me paroît si outrée , dans le cas dont
il s'agit , que je soupçonne ici faute d'impression dans le texte , et
qu'on doit lire *semipedali* au lieu de *sesquipedali*.

l'un

l'un dans un marais près d'Arles, l'autre sur un étang entre Dieuze et Sarrebourg en Lorraine.

J'ai regardé long-temps comme des pélicans trois oiseaux extraordinaires, tués il y a 28 ans, sur un des étangs de l'abbaye de la Trappe, en Perche. M'étant trouvé dans ces cantons, vers le temps où cela arriva, j'en entendis parler, mais comme d'oiseaux qui n'avoient été connus de personne. N'ayant alors aucun intérêt bien pressant d'éclaircir les particularités de ce fait, je ne poussai pas plus loin les informations. Mais depuis quelque temps me l'étant rappellé, à l'occasion du traité que je publie aujourd'hui, il m'est venu en pensée de faire des recherches sur les lieux, et de me procurer, s'il étoit possible, des renseignemens touchant ces oiseaux. Je ne comptois guères y réussir, après un laps de temps aussi long ; mais sur les indications données à un ami que j'ai dans le pays, il a retrouvé, comme à point nommé, le garde-chasses qui tua lui seul ces trois oiseaux, étant alors au service de l'abbaye de la Trappe, lequel est aujourd'hui garde de la terre du *Val*, située dans le Maine, à quatre lieues d'Alençon, et appartenante à madame la marquise de *Viennay*. Je me suis procuré une relation du fait, écrite par le garde lui-même, de laquelle il résulte que les oiseaux en question n'étoient point, comme je l'avois soupçonné, des pélicans, mais des oiseaux véritablement inconnus, et dont la

M m

description ne se trouve point dans les ouvrages des naturalistes ; et j'ai cru pouvoir placer ici cette anecdote , comme un fait intéressant pour les chasseurs, et peut-être pour les naturalistes. Voici la relation , dont je conserve le style original.

« En 1758 , entre le 20 et le 25 novembre,
« étant jeune garde à la Trappe , me promenant
« sur l'étang de *Chaumont*, le plus proche de
« la maison , j'apperçus trois oiseaux d'une gran-
« deur prodigieuse , qui étoient à 30 pas du bord;
« je m'approchai en me baissant , de peur qu'ils
« ne s'en aillent. Ils étoient tous trois en pied de
« marmite , et il n'y avoit qu'un demi-pied entre
« ces trois oiseaux. Je les tirai avec du gros
« plomb ; je ne leur fis rien du tout, et ils ne
« s'envolèrent point ; ils s'avancèrent dans l'étang
« bien de trente pas de plus , sans ouvrir les ailes.
« Je chargeai à chevrotines , et je les tirai pour
« la seconde fois : il y en eut une qui cassa l'aile
« d'un de ces oiseaux , où il quitta les autres, s'en
« fut dans le milieu de l'étang , et les deux au-
« tres suivirent le rivage. Je fus après chargé à
« balle ; j'en tirai un , je lui coupai le cou d'une
« balle qui le tua, et ça après soleil couché. Le
« lendemain de grand matin , j'y retournai ; j'ap-
« perçus mes deux oiseaux point loin du rivage.
« Celui qui avoit l'aile cassée retourna au milieu
« de l'étang ; je tirai l'autre , que je tuai d'une
« balle , et mon autre oiseau se cacha dans les
« joncs avec son aile cassée. Le lendemain de

« grand matin, j'y retournai, et l'apperçus au
« milieu de l'étang, où il y avoit au moins 150
« pas. Je me mis à le canonner a balle ; le quin-
« zième coup, je lui mis une balle sur le crou-
« pion, qui l'obligea de se retirer de l'eau. Je
« fus aussitôt que lui à bord. Je lui campai une
« balle qui le tua ; et je ne les ai point vus voler.

« Le mâle avoit cinq pieds de hauteur du bout
« du bec aux pieds, pesant vingt-deux livres ; le
« bec rouge et les jambes ; les pattes *toilées*
« comme celles d'une oie, et grandes comme
« une main ouverte, et des écailles aux jambes,
« comme celles de poisson ; la tête hupée de plu-
« mes d'un brun noir, de la hauteur d'un pouce,
« le plumage du dos comme celui d'un canard
« sauvage, le cou en devant et tout le dessous
« du ventre argenté, la queue comme celle
« d'une oie, proportion gardée ; les ailes de
« sept pieds de long, y compris le corps ; les
« maîtresses plumes des ailes grosses comme
« une chandelle moulée de douze à la livre ; le
« bec de quatre pouces de grosseur, et de cinq
« pouces et demi de longueur, et coupant comme
« des ciseaux.

« Les femelles ne pesoient que dix-huit livres,
« moins hautes d'un demi-pied ; point de hupe
« sur la tête, et plus brunes que le mâle, et
« point argentées ; les plumes très-lissées des-
« sous le ventre et *charrées* comme le canard
« sauvage. Personne n'a connu ces oiseaux. Il

» falloit qu'ils fussent bien fatigués pour ne
« pouvoir s'envoler.

« Voilà la description de ces oiseaux juste et
« véritable, comme il est vrai que je m'appelle
« *BOULEY, garde des chasses de madame la*
« *Marquise de Viennay.* »

Quoique, suivant le signalement de ces oiseaux,
leur plumage, leur bec, leur envergure n'annoncent point des pélicans, cependant craignant que
la mémoire du sieur *Bouley* ne lui eût pas rappellé bien au juste tous les détails de leur conformation, je lui ai écrit de nouveau pour savoir
s'ils n'avoient point sous la gorge cette grande
poche qui n'appartient qu'aux pélicans; et voici
ce qu'il m'a répondu, en date du 25 janvier 1787.

« Les oiseaux, Monsieur, que j'ai eu l'hon-
« neur de vous en faire la description, n'ont
« point de poche, comme vous me le mandez,
« et même ils ne me paroissent pas voraces. C'est
« tout au plus si l'on auroit pu passer un œuf
« de poule dans leur gorge; et on n'a point trouvé
« de poisson dans leur jabot, soit qu'ils l'eussent
« digéré par le long vol qu'ils avoient fait; car
« il n'y avoit pas long-temps qu'ils étoient des-
« cendus dans l'étang. Il en fut mangé un au
« *Nuisement* (1) qui se trouva bon, et cependant
« sans délicatesse; mais tout le monde pouvoit
« en manger. »

---

(1) Maison de campagne de l'abbé de la Trappe.

I V.

Du Flammant ou *Phœnicoptère.*

Le *flammant* est l'oiseau le plus élevé sur jambes que l'on connoisse en Europe; mais le volume de son corps ne répond pas à cette haute stature; car il est moins gros que la cigogne. Il a le cou et le corps blancs, les ailes mi-parties de noir et de couleur de feu; et c'est de cette dernière couleur que lui vient le nom grec de *phœnicoptère,* rendu en françois par celui de *flammant* ou *flambant.* Ses cuisses, ses jambes et ses pieds sont rouges. La cuisse n'est pas plus charnue que la jambe, et l'une avec l'autre forment une longueur de 20 pouces; le cou est aussi de vingt pouces; le corps en a quinze. En y ajoutant la longueur du bec, qui est de plus de cinq pouces, le flammant doit avoir plus de cinq pieds de l'extrémité du bec à celle des pieds. Quoiqu'il ne nage point, et se tienne toujours dans les marais et sur les bords des rivières, il est palmipède. Son bec est en forme de cuiller. Ces oiseaux vont en grandes troupes, et se posent dans des lieux découverts, au milieu des marécages, où il est extrême-ment difficile d'en approcher. On prétend, néanmoins, que lorsqu'on en a tué un, les au-tres restent en place, et se déterminent diffici-lement à quitter le mort. On en voit beaucoup en Languedoc , pendant l'hiver , sur les bords marécageux de certains étangs voisins de la mer , tels que l'étang de *Maguelone* , près de Montpellier, ceux des salines de *Peccais* , à une lieue d'Aigues-mortes ; et en Provence, sur les bords du *Vacarès* , grand étang salé de la Camargue , aux environs d'Arles. Il est bien rare d'en voir dans nos provinces intérieures et septentrionales. Salerne parle d'un qui fut tué de son temps à Sully sur Loire. Ces oiseaux sont gras et fort bons à manger.

Le docteur Targioni (1) , déjà cité , dit qu'on voit quelquefois des flammants dans les prairies qui environnent *Poggio à Cajano* , maison de plaisance des grands-ducs de Toscane, voisine de Florence , et que ces oiseaux y sont portés par les grands vents , des côtes de la Morée, de la Provence et du Languedoc. Il ajoute que Laurent de Médicis, dit le *magnifique* , avoit fait venir de Sicile , dans son oisellerie de *Poggio à Cajano* , la race de ces oiseaux.

Il y a une très-grande quantité de flammants en Sardaigne , où ils arrivent au mois de septembre , et restent six mois entiers. On les voit quelquefois par bandes de plus de mille sur les étangs de cette isle , au centre desquels ils ont coutume de se placer dans les endroits les moins accessibles. Les étangs voisins de Cagliari sont ceux qu'ils

______
(1) *T.* v , *p.* 78.

hantent le plus; c'est ce que m'apprend l'auteur
de la nouvelle histoire naturelle de la Sardaigne,
de qui j'ai emprunté, en grande partie, la description de cet oiseau, qu'il a été à portée d'observer
mieux que tout autre. J'ajouterai encore, d'après
le même auteur, que l'os de la jambe du flammant est singulièrement recherché des habitans
du *Campidano*, contrée de la Sardaigne, pour
en faire certaines flûtes champêtres, appellées
dans le pays *lionedde*, qui se font ordinairement de roseau. Ils prétendent que le son de
cet os est d'une douceur et d'un charme inex-
primables; et ils sont tellement préoccupés de
cette idée, que l'opinion s'est établie parmi eux
que les flûtes qui en sont faites sont prohibées,
par la raison qu'on pourroit en abuser, pour
exalter les passions, et porter les hommes à
toutes sortes d'excès.

CHAPITRE VIII.

Du Canard sauvage proprement dit, et autres oiseaux aquatiques appartenans au genre du Canard.

LA famille des canards sauvages, en comprenant sous ce nom générique tous les oiseaux qui
ont la figure et la conformation du canard, est
très-nombreuse, et il n'y a point de genre d'oi-

seaux qui fournisse autant d'espèces différentes
que celui-ci. J'indiquerai seulement les principales de celles que nous connoissons en France,
en commençant par celle du canard sauvage
proprement dit, qui se trouve par-tout, tant
dans l'intérieur des terres que sur les côtes de
la mer; au lieu que plusieurs autres ne sont
connues que dans les provinces maritimes.
Mais j'observerai qu'il est très-difficile de présenter une nomenclature exacte et précise de
ces oiseaux, et qui puisse les faire reconnoître
de tous les chasseurs, non-seulement à cause
de la diversité des noms qu'on leur donne dans
les différentes provinces du royaume, mais
parce que, dans la plupart, la couleur du plumage est sujette à des variations considérables,
dépendantes du sexe, de l'âge, ou de la saison.
Après avoir décrit chacun de ces oiseaux le plus
exactement qu'il me sera possible, j'entrerai
dans le détail des différentes manières de les
chasser qui sont venues à ma connoissance; et
il s'en faut bien que je les connoisse toutes, car
il n'y a point de chasse qui varie autant, suivant
les lieux, que celle des oiseaux aquatiques.

I.

Du Canard sauvage.

Le canard sauvage est un oiseau de passage
qui arrive dans nos contrées en très-grand

nombre, vers le commencement de l'hiver, des pays septentrionaux, ainsi que beaucoup d'autres oiseaux aquatiques ; et la raison pour laquelle ces oiseaux quittent alors ces régions, c'est que les rivières et lacs étant gelés, ils ne peuvent plus y jouir du genre de vie qui leur est propre, étant faits pour vivre dans les eaux. Ils n'attendent pas pour cela que les eaux soient gelées ; ils savent prévoir les approches du froid qui opère cette congélation, et s'acheminent d'avance vers les pays moins froids. Ce sont les canards et les oies qui forment le plus grand nombre de ces oiseaux émigrans. Linné (1), étant en Laponie, en 1732, a vu le fleuve *Calix* entièrement couvert de canards nuit et jour, pendant une semaine, au point de ne pouvoir se persuader qu'il en existât une si grande quantité. Ces canards suivoient le fleuve jusqu'à son embouchure dans la mer, et ensuite continuoient leur route vers le midi. Qu'on se figure qu'il s'en voit autant sur tous les fleuves de ce pays, et qu'on juge de-là combien d'émigrans de la seule Laponie ; car il en est de même de plusieurs autres contrées septentrionales. Quoique les canards sauvages soient de passage, il en reste cependant beaucoup sur nos étangs, pendant toute l'année, et qui y font leur ponte,

______

(1) *Amœnit. Academ.* 1759, *in-8°*. T. IV, dans la Dissertation qui a pour titre *Migrationes Avium.*

La cane sauvage établit ordinairement son nid au bord de l'eau, sur quelque touffe de joncs un peu élevée, mais quelquefois aussi dans une bruyère ou un taillis, à une assez grande distance de l'eau, et même (à ce qu'on prétend) sur les arbres, dans quelque nid abandonné de pie ou de corneille. La ponte se fait en mars ou avril ; l'incubation est de 30 jours, et les petits éclosent en mai pour l'ordinaire. L'accroissement de leurs ailes est très-lent, et ils ont acquis plus de la moitié de leur croissance, avant d'être en état de s'essayer à voler, ce qui n'arrive qu'au bout de trois mois, c'est-à-dire, vers le commencement d'août. Tant que leur vol n'est pas encore assez ferme pour quitter l'étang ou le marais qui les a vu naître, on les appelle *hallebrans.*

Le canard sauvage ne diffère presque point, par son plumage, du canard privé ; mais on le reconnoît aisément par son volume qui est un peu moindre, par le cou qu'il a plus grêle, par la patte qui est plus menue, les ongles plus noirs, et sur-tout par la membrane des pieds, qui est beaucoup plus mince, et plus satinée au toucher.

On distingue les jeunes canards de l'année d'avec les vieux, à la patte qu'ils ont plus lisse, et d'un rouge plus vif. On les distingue encore en arrachant une plume de l'aile : si c'est un jeune, la racine ou extrémité du tuyau est molle et sanguinolente ; s'il est vieux, cette extrémité est ferme, et ne donne point de sang.

I I.

Du Canard à longue queue ou *Pilet*.

Ce canard, qu'on nomme également *pilet* ou *penard* en Picardie, *bouis* en Provence, est d'un fort joli plumage. C'est un gris tendre orné de petits traits noirs qu'on diroit tracés à la plume. Les grandes couvertures des ailes sont par larges raies, noir de jayet et blanc de neige. Il a sur les côtés du cou deux bandes blanches, semblables à des rubans, qui le font reconnoître, même d'assez loin. Il est plus petit que le canard sauvage, a la tête petite, et de couleur de marron, le cou singulièrement long et menu, la queue noire et blanche, terminée par deux filets étroits, qu'on pourroit comparer à ceux de l'hirondelle. La femelle diffère du mâle, autant que dans l'espèce du canard sauvage. A observer que ce canard naît gris, et qu'il conserve cette couleur jusqu'au mois de février, en sorte que, dans ce premier période de l'âge, on ne distingue point la femelle d'avec le mâle (1). Les pilets arrivent dans nos con-

____

(1) Tel est le pilet décrit par M. le C. de Buffon, et je veux croire que c'est-là le vrai pilet. Mais j'observerai qu'en Picardie on donne ce nom à plusieurs autres canards. « Il y en a (des pilets) de dix « espèces, mais qu'on ne peut particulièrement dénommer, si ce

trées au mois de novembre, et s'en vont au mois de mars. On en voit en quantité, et plus que par-tout ailleurs en Picardie, dans la vallée qui règne le long de la Somme, depuis Amiens jusqu'a Saint-Valery. A leur arrivée, ils se tiennent à l'embouchure de cette rivière, qu'on appelle la *baie de Somme.* Les grands froids et les gelées les font ensuite circuler et remonter par la vallée jusqu'à Amiens et plus loin. Les dégels les font redescendre vers la mer; et c'est dans les commencemens de gelée et de dégel que la chasse de ces oiseaux devient le plus abondante. Ils se répandent aussi dans les provinces intérieures, et l'on en voit, de temps en temps, des troupes sur les grands étangs. Le pilet est du nombre des oiseaux réputés maigres. Il s'en mange beaucoup chez les chartreux de Paris, où il s'en fait des envois considérables de la vallée d'Abbeville.

III.

Du Canard siffleur.

Ce canard est ainsi nommé, à cause de sa voix claire et sifflante, qui peut être comparée au son d'un fifre, et qui se fait entendre de fort

---

« n'est trois, la *nonette,* qui est petite et blanche sur les ailes, le « *hupé* et l'*émaillé* comme le canard. » C'est ce que m'a marqué un chasseur de la vallée d'Abbeville, très-instruit sur la chasse des oiseaux aquatiques.

loin. Il est un peu moins gros que le canard
commun ; son bec est bleu, fort court, et assez
menu ; le plumage, sur le haut du cou et la
tête, est d'un beau roux. Le sommet de la tête
seulement est blanchâtre. Le dos est liséré et
vermiculé finement de petites lignes noirâtres
en zig-zag, sur un fond blanc ; le dessous du
corps est blanc ; mais les deux côtés du cou et
des épaules sont d'un beau roux pourpré. La
femelle est un peu plus petite que le mâle,
et reste toujours grise. Ces oiseaux arrivent,
comme les pilets, au mois de novembre, et
disparoissent en mars. Ils volent et nagent toujours par bandes. On en voit en hiver quelques-uns dans la plupart de nos provinces ; mais
ils passent en plus grande quantité sur les
côtes, notamment sur celles de Picardie, où ils
sont connus sous le nom *d'oignes*.

I V.

Du Chipeau ou *Ridenne*.

Ce canard, moins gros que le canard sauvage,
est appellé *ridenne* en Picardie, *chipéau* en
Normandie, et *rousseau* sur les côtes de la
Bretagne et du bas-Poitou. Il a la tête finement mouchetée de brun noir et de blanc, la
teinte noirâtre dominant sur le haut de la tête
et le dessus du cou. Les mêmes couleurs, différemment distribuées, règnent sur la poitrine,

le dos et les flancs. Sur l'aile, sont trois taches ou bandes, l'une blanche, l'autre noire, et la troisième d'un marron rougeâtre. Le chipeau est aussi habile à plonger qu'à nager, et il sait, comme le plongeon, éviter le coup de fusil. On le voit souvent voler de compagnie avec les siffleurs. Le bec de cet oiseau est noir; ses pieds sont d'un jaune sale, avec la membrane noire. La femelle est moins grosse que le mâle, et a le dessous de la queue gris, au lieu que le mâle l'a noir. Ces oiseaux arrivent en novembre, et s'en vont en février.

V.

Du Souchet ou Rouge.

Le souchet est un peu plus grand que le canard sauvage. Il est sur-tout remarquable par un grand et large bec arrondi et dilaté par le bout en forme de cuiller; ce qui le fait appeller aussi *canard-cuiller, canard-spatule.* Sa tête et moitié du cou sont d'un beau vert. Les couvertures des ailes sont variées, par étages, de bleu tendre, de blanc et de vert bronzé. Le bas du cou et la poitrine sont blancs, et tout le dessous du corps est d'un beau roux; cependant quelques individus ont le ventre blanc; tel est le mâle. A l'égard de la femelle, les mêmes couleurs se marquent sur ses ailes, mais foiblement; et du reste, elle n'a que des couleurs obscures, d'un gris-blanc mélangé de roussâtre et de noirâtre. On ne peut mieux comparer le cri du souchet , qu'au bruit d'une crécelle à main tournée par petites secousses. Le souchet passe pour le meilleur et le plus délicat des canards sauvages. Ces oiseaux arrivent sur les côtes de Picardie, où on les appelle *rouges*, au mois de février. Ils se répandent dans les marais, et quelques-uns y couvent tous les ans; les autres paroissent gagner les contrées du midi. Ceux qui sont nés dans le pays s'en vont au mois de septembre. Il est rare d'en voir pendant l'hiver , et ils semblent craindre le froid. On en voit de temps en temps quelques-uns sur les étangs, dans les provinces intérieures.

V. I.

Du Milouin.

Le milouin, appellé *moreton* en quelques provinces, *rougeot* en Bourgogne, et *cataroux* en Provence, est plus gros que le canard sauvage. Il a la tête et une partie du cou brun-roux ou marron. Cette couleur, coupée én rond au bas du cou, est suivie par du noir ou brun noirâtre, qui se coupe de même en rond sur la poitrine et le haut du dos : l'aile est d'un gris teint de noirâtre ; le dos et les flancs sont ondés par de petites lignes noires en zig-zag , sur un fond

gris-de-perle. Ces oiseaux se laissent difficilement approcher sur les grands étangs; ils ne
tombent point sur les petites rivières par la
gelée, et on ne les tue pas à la chute sur les
petits étangs.

V I I.

Du Tadorne.

Le *tadorne* est un peu plus grand que le
canard sauvage, et plus haut sur jambes : sa
figure, son port et sa conformation sont les
mêmes; il n'en diffère que par son bec, qui est
plus relevé et rouge, avec l'onglet et les na-
rines noirs. Son plumage est coupé par grandes
masses de trois couleurs, blanc, noir et jaune-
cannelle. La tête et le cou, jusqu'à moitié de sa
longueur, sont d'un noir lustré de vert; le bas
du cou est entouré d'un collier blanc : au-dessous
est une large zône de jaune-cannelle qui couvre
la poitrine et forme une bandelette sur le dos;
le bas-ventre est teint de la même couleur : ses
pieds et leurs membranes sont de couleur de
chair. La femelle est beaucoup plus petite que
le mâle, auquel elle ressemble par les couleurs.
Le tadorne hante principalement la mer. On
en voit aussi quelquefois sur les rivières, même
assez avant dans les terres; mais le gros des
tadornes ne quitte pas les côtes de la mer. Il
en arrive quelques troupes au printemps sur les
côtes

côtes de Picardie et de Normandie. Ce que ces oiseaux ont de plus singulier, c'est de faire leur nid dans des trous de lapin, que leur offrent les plaines de sable voisines de la mer, où il se trouve beaucoup de garennes, dans ces deux provinces. Ils choisissent pour cela les terriers qui n'ont qu'une toise ou une toise et demie de profondeur.

V I I I.

Du Cravant.

Le cravant est une espèce de canard qui a la tête haute et petite, le cou long et grêle. Sa couleur est un gris brun ou noirâtre, assez uniforme sur tout le plumage. Sous la gorge est une bande blanche formant un demi-collier, ce qui a donné lieu à Bélon de le désigner sous le nom de *cane-de-mer à collier.* Il est gris-cendré sur le dos et les flancs, et gris-pommelé sous le ventre. Les pieds et leurs membranes sont noirâtres. Le cri du cravant est un son sourd et creux, une sorte d'aboyement rauque, qu'on peut exprimer par *ouan ouan.* Ces oiseaux sont communs sur les côtes du bas-Poitou. Ils ne quittent guères les bords de la mer, et il est bien rare de les rencontrer dans les eaux douces. Ils se mangent en maigre.

N n

I X.

De la Bernache.

La bernache, qu'on a souvent confondue avec
le cravant, a plus la forme d'une petite oie que
d'un canard. Un domino noir lui couvre le cou,
et vient tomber, en se coupant, sur le dos et
la poitrine. Tout le manteau est ondé de gris
et de noir, avec un frangé blanc, et tout le
dessus du corps est d'un beau blanc moiré.
C'est encore un oiseau de mer, qu'on voit rarement sur les eaux douces et loin des côtes.
M. de Buffon fait mention d'une qui fut tuée
en Bourgogne, où des vents orageux l'avoient
jettée, au fort d'un rude hiver. Bélon lui donne
le nom de *nonette* ou *religieuse*, à cause de
l'espèce de guimpe que représente son domino
noir. Il la regarde comme une espèce d'oie sauvage; et dit qu'elle en a le cri, vole de même
en troupes, et ravage, comme les oies, les terres
ensemencées. Cette dernière habitude, sur-tout,
ne convient guères à un oiseau de mer. La bernache se mange en maigre. On l'appelle *jau-
selle* sur les côtes du Poitou, où elle paroît au
mois de septembre.

X.

Du Digeon.

Si nos ornithologistes ont fait mention de

cet oiseau, ce n'est pas sous le nom de *digeon*, qu'on lui donne sur les côtes du bas-Poitou, où il est fort commun, et je n'ai pu le reconnoître dans aucune description d'oiseau aquatique, ni de M. de Buffon, ni de Salerne, ni de M. Brisson. Je ne puis donc en parler que d'après un signalement assez superficiel que je me suis procuré sur les lieux. La conformation du digeon ressemble beaucoup à celle du chipeau ou ridenne, excepté qu'il a le corps plus gros, particulièrement la tête, les yeux rouges, et point de blanc aux ailes. Le plumage de la tête est roux, et le reste du corps d'un beau gris, plus clair sous le ventre. C'est un oiseau plongeur qui ne hante que la mer, et se prend à des filets tendus sur fond, comme les macreuses. On ne le voit arriver sur nos côtes qu'au mois de décembre, lorsque le froid est rigoureux, et il s'en va à la fin de mars. Il se mange en maigre, et passe pour le plus exquis des oiseaux de mer.

X I.

Du Morillon.

Le morillon est un joli petit canard, qui a le bec bleu et large. Il a la tête de couleur tannée, le dos noir, le haut des épaules et l'estomac blancs. Les plumes du derrière de sa tête se redressent en panache, ce qui n'appartient qu'au mâle. Il a le dedans des pieds et des jambes rougeâtre, et le dehors noir. Il est moins défiant que le canard sauvage, hante les étangs et rivières, et se trouve aussi sur la mer.

XII.

Du Garot.

Le garot est un petit canard dont le plumage est noir et blanc. Sa tête est remarquable par deux mouches blanches posées au coin du bec, qui, de loin, semblent deux yeux placés à côté l'un de l'autre, ce qui l'a fait nommer par les Italiens *quatr'occhi* (quatre-yeux). Ses pieds sont très-courts, et leurs membranes s'étendent jusqu'au bout des ongles, et y sont adhérentes. La femelle est un peu plus petite que le mâle, et en diffère d'ailleurs par les couleurs, qui, comme on l'observe généralement dans toutes les espèces de canard, sont plus ternes, plus pâles dans les femelles. Celle-ci les a grises ou brunâtres, où le mâle les a noires, et gris-blanches où il les a d'un beau blanc ; d'ailleurs, elle n'a point la tache blanche au coin du bec. On voit des garots sur les étangs pendant l'hiver. Ils disparoissent au printemps.

XIII.

Des Sarcelles.

On distingue trois espèces de sarcelle ; savoir,

la *sarcelle commune*, la *petite sarcelle*, et la *sarcelle d'été*. La plus grande est de la grosseur d'une perdrix. Dans le mâle, le devant du corps présente un beau plastron moucheté de noir sur gris : le dessus de la tête est noir ainsi que la gorge : les flancs et le croupion sont hachés de noir sur gris-blanc. Le plumage de la femelle est beaucoup plus simple ; elle est vêtue par-tout de gris et de gris-brun, et n'a point de noir sur la tête et sur la gorge ; et en général, il y a, comme dans les canards, tant de différence entre les deux sexes des sarcelles, que les chasseurs peu expérimentés les méconnoissent, et ont souvent donné aux femelles des noms impropres de *tiers*, *racanettes*, *mercanettes*, les prenant pour des espèces d'oiseaux particulières. Cette sarcelle arrive au commencement de l'hiver, et nous quitte au plus tard en avril. On l'appelle *moreton* sur la côte du Poitou.

La petite sarcelle diffère de la grande, non-seulement par la taille, mais par la couleur de la tête qui est rousse, et rayée d'un long trait de verd bordé de blanc, qui s'étend des yeux à l'occiput. Le reste du plumage est assez ressemblant à celui de la sarcelle commune, excepté que la poitrine n'est point aussi finement mouchetée. Celle-ci niche sur nos étangs, et reste dans le pays toute l'année. On l'appelle *criquard*, ou *criquet* en Picardie.

La sarcelle d'été est encore un peu moins grosse que la petite sarcelle. Elle a le bec noir, tout le manteau cendré-brun, avec une bande noire large d'un doigt sur l'aile. Tout le devant du corps est d'un blanc lavé de jaunâtre, tacheté de noir à la poitrine et au bas-ventre. Ses pieds sont bleuâtres avec des membranes noires.

Venons maintenant à la description des différentes chasses de canards sauvages et autres oiseaux de ce genre, particulières à certaines provinces du royaume. Mais avant d'entrer dans ce détail, il est à-propos de dire quelque chose des moyens les plus connus et le plus généralement usités pour chasser cette espèce de gibier, tels qu'ils se pratiquent dans la plupart des provinces intérieures, sur-tout dans les endroits où il n'y a ni grands marais, ni grandes rivières, et où l'on n'a pour cette chasse que la ressource des étangs et des petites rivières, qui ne fournissent que rarement d'autres espèces de canards, que celle du canard sauvage proprement dit.

En été, lorsqu'il y a dans un étang une couvée de hallebrans qui commencent à voler, en faisant le tour de cet étang, dès le grand matin, on est sûr de les rencontrer barbottant sur les bords, dans les grandes herbes, où ils se laissent approcher de fort près : il est encore assez ordinaire de les y trouver vers l'heure de midi.

On peut aussi, à toutes les heures du jour, les chasser sur l'étang en bateau, ce qui réussit sur-tout dans les petits étangs, où il est aisé de tuer jusqu'au dernier, attendu qu'ils s'écartent moins, et qu'on ne les perd point de vue. La chose est encore plus facile, si le hasard permet qu'on tue leur mère. Alors on prend une cane domestique, qu'on attache par un pied avec une ficelle à un piquet, sur le bord de l'étang, de manière qu'elle ait la liberté de se promener un peu dans l'eau, et l'on se tient caché à quelque distance. Bientôt la cane se met à *caneter*, et dès que les hallebrans l'entendent, ils ne manquent pas de s'approcher d'elle, la prenant pour leur mère. Si l'on veut les avoir sans tirer, il ne s'agit que de jetter sur l'eau, aux environs de l'endroit où est la cane, des hameçons garnis de mou de veau, et attachés à des ficelles retenues par des piquets plantés au bord de l'eau.

Il n'est presque point d'étang qui, dès le commencement de l'automne, ne soit hanté par quelques bandes de canards sauvages, qui s'y tiennent habituellement, pendant le jour, cachés dans les joncs. Lorsque ces étangs ne sont que d'une médiocre étendue, deux chasseurs qui se partagent d'un côté et de l'autre de l'étang, en faisant du bruit, et jettant quelques pierres dans les joncs, les font partir, et trouvent souvent l'occasion de les tirer, sur-tout lorsque l'étang n'a que peu de largeur, et se resserre vers la queue. Mais le moyen le plus sûr, et qui réussit le mieux, est de se faire conduire en bateau sur l'étang, et de traverser les joncs par les clairières qui s'y trouvent, en observant de faire le moins de bruit possible. De cette manière, les canards se laissent ordinairement approcher d'assez près pour les tirer au vol; et il arrive même quelquefois que lorsqu'on les a levés, après avoir fait un circuit assez grand dans la campagne, ils reviennent s'abattre sur l'étang, au bout de quelques momens, et alors le chasseur tente de nouveau de les approcher. Si l'on est plusieurs chasseurs de compagnie, on se partage de manière qu'un ou deux montent sur le bateau, tandis que les autres se tiennent sur les bords de l'étang, pour tirer les canards au passage.

On a encore, pour tuer des canards sauvages en hiver, la ressource de l'affût, sur-tout dans les temps de gelée, où ils circulent et sont en mouvement plus qu'en tout autre temps. On peut les attendre vers la brune, au bord des petits étangs où ils viennent se jetter, et on les tire, soit au vol, soit à leur chute dans l'eau. Lorsque la gelée est très-forte, et que les étangs et rivières sont fermés par la glace, on se met à l'affût aux endroits où il y a des fontaines et eaux chaudes qui ne gèlent point, et la chasse alors est d'autant plus sûre, que les canards sont restreints à ces seuls endroits pour se procurer quelques herbes aquatiques, qui sont presque la seule nourriture qui leur reste. Mais dans ces temps de grande gelée, ce sont surtout les petites rivières et ruisseaux qui ne gélent point, qui offrent la chasse la plus facile et la plus abondante de ces oiseaux. En suivant les bords de ces rivières, à toutes les heures du jour, mais sur-tout dès le grand matin, il est immanquables d'y en rencontrer, qui le plus souvent enfoncés sous les berges, et sous les racines des arbres, pour y chercher des écrevisses, de petit poissons et des insectes, ne partent que lorsqu'on arrive sur eux, et quelquefois même attendent pour partir que le chasseur soit passé.

Il n'est point de pays en France, où il se tue plus de canards sauvages de toutes les espèces, et où il s'en prenne plus aux filets que les marais de la Picardie, particulièrement ceux qui règnent le long de la Somme, depuis Amiens, jusqu'à son embouchure à Saint-Valery ; et c'est ce canton qui, en grande partie, approvisionne Paris d'oiseaux aquatiques. La chasse à *la hutte* est celle qui en détruit le plus : voici comme elle se fait.

La hutte est une petite cabane très-basse, propre à contenir une ou deux personnes seulement, qui se construit dans le marais, avec des

branches de saule recouvertes de terre, sur laquelle on plaque du gazon. On l'établit près
d'un endroit où le terrein se creuse et fait la
jatte, et où l'on conduit l'eau de quelque fossé
voisin; ce qui forme une petite mare de 50 à
60 pas de diamètre, plus ou moins, à une extrémité de laquelle est la hutte, qui doit être
avancée de quelques pas dans l'eau, et dont le
sol est assez exhaussé pour qu'on puisse y être
à sec. Le *hutteur* (1) est muni de deux ou trois
appellans, c'est-à-dire, un canard et deux ou
trois canes domestiques, pour attirer et faire
descendre dans la mare les canards sauvages.
Ces appellans se placent dans l'eau, à quelque
distance du bord, attachés par la patte avec
des ficelles de deux ou trois pieds de longueur,
à des piquets qui n'excèdent point la surface de
l'eau. Le hutteur a des bottes pour cette opération, ainsi que pour gagner sa hutte; il les
quitte lorsqu'il s'y est renfermé. Là, couché
sur la paille, enveloppé dans une couverture
pour se garantir de la rigueur du froid, et accompagné d'un fidèle barbet, qui va chercher
les oiseaux lorsqu'ils sont tués, il attend patiemment, pendant les nuits entières, que les
canards, pilets, sarcelles et autres espèces
qu'attire également la voix des canards appellans, viennent à descendre dans la mare, où

---

(1) De *hutte*, on a fait dans le pays *hutter*, et *hutteur*.

il les tue par des meurtrières pratiquées à sa cabane. Outre les appellans, on place quelquefois dans les mares des figures de canards faites avec de la terre et du gazon, qu'on y dresse sur des piquets à fleur-d'eau, et qu'on appelle des *étalons*.

Cette chasse commence au mois de novembre, qui est le temps où arrivent du nord la plupart des diverses espèces de canards sauvages, et dure jusqu'au carême. Elle ne se fait que la nuit, et l'on ne hutte point pendant le jour, si ce n'est les premiers jours d'une gelée ou d'un dégel, parce qu'alors les canards vont et viennent, et sont dans un mouvement continuel. Le clair de lune n'est pas le temps le plus favorable; les canards sont alors plus défians, et s'abattent moins près de là hutte. Il se tue de temps en temps quelques oies sauvages à la hutte. Il s'y tue aussi quelquefois des hérons, lorsque l'on hutte pendant le jour; et il est arrivé plus d'une fois qu'un renard est venu la nuit pour prendre les appellans et y a perdu la vie. Les hutteurs sont, pour la plupart, des paysans qui font métier de cette chasse, et qui en obtiennent la permission du seigneur de l'endroit, moyennant une redevance de quelques canards.

Outre les chasseurs à la hutte, il y en a d'autres qui se logent, pendant une partie de la nuit, dans des trous creusés en terre le long de la Somme, et tout au bord de l'eau. Ils ont

trois ou quatre appellans comme ceux des hutteurs, qu'ils attachent de même par la patte à
des ficelles arrêtées près d'eux à des piquets,
de manière qu'ils ont la liberté de se promener
un peu sur l'eau. Ces appellans font descendre
dans la rivière, de même que dans les mares,
diverses espèces de canards. Tous ces chasseurs
ont des fusils de gros calibre, où ils n'épargnent
ni la poudre ni le plomb, et tuent très-souvent
douze ou quinze canards d'un seul coup.

La chasse qui se fait aux canards sauvages
dans des mares, sur les côtes de la basse-Normandie, est un peu différente de celle dont
je viens de parler. Ces mares sont en grand
nombre sur-tout dans le Cotentin. Elles sont
situées dans des marais à une lieue ou deux de
la mer, et de l'étendue d'environ un demi-
arpent. A six ou huit pieds du bord de la mare,
est une petite isle couverte de roseaux, et d'un
massif de jeunes plantes de saule ou d'osier; et
au milieu de cette isle, est une petite cabane
couverte en chaume et si basse, qu'un homme
à genoux en touche le toît avec sa tête. Pour
faire descendre les canards sauvages et autres
oiseaux dans la mare, le chasseur attache sur
le bord un ou deux canards privés; et en
outre il a dans sa cabane un canard mâle,
qu'il lâche en l'air, dès qu'il apperçoit une
volée de canards sauvages; celui-ci va se joindre

à eux , les amène dans la mare , et il a l'instinct particulier de s'en séparer , et de se ranger à part dès qu'il est dans l'eau , afin de n'ê-
tre pas tué avec eux. C'est le soir, à la chute du
jour, et le matin , avant qu'il paroisse , que
se fait cette chasse ; l'habitude des canards sauvages, sur les côtes, étant de venir aux marais
le soir , et de les quitter de grand matin pour
retourner à la mer.

Voici une autre chasse toute particulière qui
se fait à Chaource , petite ville de la Champagne , à trois lieues de Bar-sur-Seine.

Sur les bords de l'Armance , petite rivière
qui prend naissance à Chaource , et dont les
eaux sont chaudes en hiver et très-fraîches en
été, il y a de magnifiques prairies, qui , pendant
les hivers, sont recouvertes par les eaux de cette
rivière , et des ruisseaux qui la grossissent dans
son cours. Les eaux de l'Armance sont très-
abondantes en canards sauvages proprement
dits; les autres espèces y sont assez rares. Cette
rivière, qui ne gèle jamais, coule dans un pays
très-plat; les prairies sont très-unies et point
entrecoupées de fossés ni de plantations, ce qui
facilite aux chasseurs les moyens de faire la
guerre aux canards , pendant les temps de
gelée , de la manière suivante :

L'équipage de chasse consiste dans des bottes
à l'épreuve de l'eau , une canardière , et une

hutte de trois pieds de large sur quatre de long
et six de hauteur, tressée légèrement en osier;
enduite, pour garantir le chasseur des injures de
l'air, de fiente de vache et de glaise, et fermée
également avec de l'osier et le même enduit.
Cette hutte, qui n'a point de plancher en bas,
mais seulement deux traverses pour y poser les
pieds, est montée sur des rouleaux placés de
manière qu'on peut leur donner telle direction que l'on veut; et il est aisé à celui qui s'y
loge de la conduire à l'aide d'une perche
armée d'un croc, qu'il enfonce dans la glace:
en appuyant du pied contre une des traverses
dont j'ai parlé, et faisant effort pour tirer le
croc, il la fait avancer. Les prairies où se fait
cette chasse sont partagées entre les chasseurs:
chacun a ses limites qu'il ne franchit pas. Tous
les soirs, ils entrent dans leur hutte, après
avoir observé les endroits où les canards se sont
portés en plus grande abondance pendant le
jour; ce sont ordinairement ceux où la rivière
coule en serpentant et forme des angles. Là,
ils attendent tranquillement que le bruit des canards leur annonce qu'ils sont en grand nombre
et, dirigés autant par l'oreille que par les yeux,
ils tirent à l'endroit d'où vient le bruit par une
lucarne pratiquée à la hutte, se renferment
ensuite pour attendre que les canards se soient
rassemblés de nouveau : et si le point de rallie-
ment se fixe en un autre endroit, ils s'y traînent

avec leur machine, tirent leur coup, et recommencent cette manœuvre jusqu'au jour. Mais ils sont rarement obligés de se déplacer, et de faire de longs trajets avec leur hutte. Le jour venu, ils vont ramasser leur chasse, qui est ordinairement très-abondante. Cette chasse dure autant que les gelées, les canards ne quittant point la rivière, quelque vif que soit le froid.

Il se tue beaucoup de canards en Bourgogne pendant tout l'hiver, sur la Saone, et sur les prairies qui la bordent, lorsqu'elles sont inondées. La chasse se fait avec des bateaux légers, longs, étroits et pointus sur le devant, appellés dans le pays *fourquettes*. Il y en a de trois sortes; la plus petite fourquette, construite en sapin, pour plus de légèreté, n'a que neuf à dix pieds de longueur, deux pieds de large dans le fond, et un pied de bord; les chasseurs lui donnent le nom d'*arlequin* ou *nageret*. La moyenne est en planches de chêne, et a 14 ou 15 pieds de long, deux pieds et demi de large dans le fond, et un pied de bord. La plus grande, appellée *grosse fourquette*, pareillement en bois de chêne, est de 18 ou 20 pieds de longueur, de trois pieds de large au moins dans le fond, et d'un pied et demi de bord. Celle-ci est faite pour chasser par les grands vents, contre lesquels les deux autres espèces de bateau ne tiendroient que difficilement. Un chasseur seul peut monter la première par un temps bien calme; mais quant à la seconde, il lui faut un rameur, et pour la troisième, ou grosse fourquette, il en faut le plus souvent deux. Une partie essentielle de l'équippement de ces bateaux est un fagot de menu bois, bien garni, d'environ deux pieds et demi de long, qui se couche en travers à l'extrémité sur l'avant, où il est fixé par deux chevilles de fer ou de bois. Ce fagot sert à couvrir et le chasseur et le rameur assis à plat sur le fond du bateau. Il est percé dans son milieu d'un trou rond, en forme de chatière, par lequel on passe le bout du fusil, ou plutôt canardière; car on se sert pour cette chasse de fusils longs et de gros calibre. Ces canardières sont de trois sortes, l'une est appellée *la grosse canardière*, l'autre *la moyenne*, et la troisième le *grand fusil*. La première, qui a 6 à 7 pieds de canon, se charge d'environ une once de poudre et de plomb à proportion, la moyenne de quelque chose de moins. L'une et l'autre restent toujours le bout passé dans le trou du fagot. Quant au grand fusil, on peut s'en servir pour tirer au vol. Ces armes se commandent exprès à Saint-Etienne, ou à Pontarlier, et chacun les fait fabriquer à sa guise, pour la longueur et le calibre. Les chasseurs suivent dans ces bateaux le cours de la rivière, où il se trouve de fréquentes occasions de tirer sur les canards de diverses espèces. Le succès de la

chasse

chasse dépend, en grande partie, de celui qui conduit le bateau, et de son adresse à bien prendre son tour pour approcher le tireur du gibier. Elle ne réussit guères par les grands vents, et lorsque le temps est fort clair : un temps calme et sombre est le plus favorable. Dans les débordemens de la rivière, on conduit le bateau sur les prairies inondées, où le gibier se trouve en plus grande abondance que sur la rivière, lorsqu'elle est resserrée dans son lit. Dans ces occasions, un chasseur peut tuer, dans sa journée, 30 à 40 canards, sarcelles, et autres oiseaux.

L'auteur des *Ruses du Braconage* fait mention d'une chasse nocturne aux canards qu'il dit fort usitée sur la Saone, et qui se fait de la manière suivante. Plusieurs chasseurs se mettent la nuit sur un bateau bien couvert de roseaux, à l'avant duquel est fixée horizontalement une longue perche, dont l'extrémité porte une terrine remplie de suif avec trois mèches. On laisse aller le bateau au fil de l'eau, en le gouvernant avec un croc seulement, parce que des avirons feroient trop de bruit. Les canards voyant cette lumière qui se répand au loin sur l'eau, quittent les bords de la rivière, et viennent se placer dans l'espace éclairé, où les chasseurs peuvent les tirer à leur aise. Il peut se faire que cette chasse se pratique quelque part; mais j'ai lieu de douter qu'elle soit en usage sur la Saone ; car j'ai consulté à ce sujet un chasseur bourguignon, très-expérimenté particulièrement sur les chasses de cette rivière, celui même dont je tiens le détail que je viens d'en donner, qui m'a assuré qu'elle étoit inconnue sur tout le cours de la Saone. A l'égard d'une autre chasse, dite au *réverbère*, dont parle le même auteur, où les chasseurs suivent de nuit les bords d'une rivière, ayant devant eux un homme qui porte pendu à son cou un chaudron de cuivre bien écuré, dans lequel est une terrine garnie de suif et de mèches allumées, dont la lueur, réfléchie par le chaudron, attire les canards : comme il assure avoir assisté lui-même à cette chasse sur la Durance, en Dauphiné, y avoir fait la fonction de porte-réverbère, et vu tuer quinze canards en une nuit, je ne crois pas devoir la révoquer en doute.

Il me reste à dire quelque chose des chasses de canards sauvages et autres oiseaux de cette famille, qui se font sur les bords de la mer, dans nos provinces maritimes bornées par l'océan. Je ne puis parler un peu pertinemment que de ce qui se pratique à cet égard sur la côte du Poitou, n'ayant pu parvenir à me procurer des informations sur les autres provinces; mais la chasse de cette côte ne doit pas différer beaucoup de ce qui se fait ailleurs.

Sur les côtes de l'océan, tous les oiseaux aquatiques en général, tant oiseaux de rivage, comme le courlis, la barge, le pluvier, le chevalier, et autres, qu'oiseaux nageurs, comme les canards de diverses espèces, dont quelques-uns ne hantent que la mer, d'autres la mer et les eaux douces, se tiennent, à marée basse, sur les rochers et les vases, pour y chercher les coquillages, le frai, les petits poissons et quelques herbes marines dont ils se nourrissent, et regagnent la terre à la mer montante. De plus, la plupart des oiseaux nageurs quittent régulièrement la mer tous les soirs, pour gagner des marais ou prairies, où il y a des eaux douces, soit qu'on y ait formé des mares artificielles, soit qu'elles soient le produit des pluies retenues dans les bas-fonds, et ils quittent les eaux douces dès la pointe du jour, pour retourner à la mer. C'est dans ces marais ou prairies que les chasseurs les attendent le soir, cachés dans des trous. Pour mieux les attirer, ils emploient des figures d'oiseaux appellées *formes*, posées sur le bord de l'eau. Ces formes sont faites avec des peaux d'oiseaux écorchés, remplies de paille ou de gazon. Le matin, lorsque ces oiseaux regagnent la mer, ils les attendent sur le rivage dans des huttes construites en pierre, et recouvertes de varec ou de terre. Quelques chasseurs, au lieu de se mettre à l'affût le soir dans les marais, les attendent dans ces mêmes huttes , pour les tirer au passage, lorsqu'ils sortent de la mer. Mais il est une circonstance particulière , où ces oiseaux sont obligés de quitter la mer pendant le jour ; c'est lorsque les grands vents les en chassent , ne pouvant s'y tenir à flot. Alors ils se répandent dans les marais et les prairies des environs. Dans ces occasions, on peut les tirer au vol en plein jour, en se tenant sur le rivage , dans les huttes dont j'ai parlé. Les oiseaux qui passent ainsi de la mer aux eaux douces , et des eaux douces à la mer., sont des canards de plusieurs espèces; mais il y en a quelques-uns qui restent toujours à la mer , et ne hantent point la terre : de ce nombre sont le cravant, la bernache et le digeon. On tue peu de ces derniers au fusil , si ce n'est des cravants , de la manière que je le dirai ci-après ; mais il se prend beaucoup au filet des uns et des autres. Le digeon , qui est un oiseau plongeur , se prend aux filets tendus sur fond horizontalement ; les autres avec des filets à trois mailles, tendus verticalement, à mer basse , à 200 toises du rivage , sur des perches plus élevées que le niveau de l'eau. Lorsque ces oiseaux sont chassés par les hautes marées , par la fin du jour , et quelquefois par des vents forcés, ils donnent dedans et s'y prennent. Quant aux cravants , il s'en tue souvent au fusil , mais ce n'est qu'à la faveur de la nuit ; car le jour ils sont inabordables. On les approche alors, à marée basse, avec de petits bateaux plats, qu'on fait glisser sur la vase, ou bien on va les forcer à mer haute avec ces bateaux; mais on ne peut guères les tirer qu'au vol, ce qui réussit malgré l'obscurité de la nuit, parce que ces oiseaux volent toujours en très-grandes bandes. Par les vents forcés, les cravants, ainsi que la bernache et le digeon, au lieu de quitter la mer comme les autres, se rapprochent seulement de la côte. Alors il est possible de les surprendre, et de les tirer sur l'eau, en se cachant à marée basse, dans les rochers. Telle est la chasse des diverses espèces d'oiseaux aquatiques, du genre des canards, sur la côte de Poitou, vers *Beauvoir,* et l'isle de *Noirmoutier,* et qui, comme je l'ai dit, est à-peu-près la même sur les autres côtes de l'océan. Cette chasse ne peut avoir lieu sur la méditerranée, attendu que, n'ayant point le flux et reflux de l'océan, elle ne dépose point sur ses bords cette quantité de coquillages dont se nourrissent les oiseaux aquatiques; aussi n'y voit-on que très-peu de ceux de rivage. Quant aux oiseaux nageurs et plongeurs, ils ont sur les côtes de la méditerranée, comme sur celles de l'océan, l'habitude de sortir de la mer au déclin du jour, pour s'en aller passer la nuit dans les marais, lacs ou étangs voisins, soit salés, soit d'eau douce, tels qu'il s'en trouve plusieurs en Languedoc et en Provence, ce qui fournit aux chasseurs une occasion de les tirer au vol, en se postant soir et matin aux endroits par où ils ont coutume d'aborder dans ces marais ou étangs, et d'en sortir pour retourner à la mer. C'est tout ce que je puis dire en général sur la chasse des côtes de la méditerranée, faute d'informations plus particulières.

Il y auroit donc encore bien des choses à dire sur la chasse, infiniment variée suivant les lieux, des oiseaux qui composent la nombreuse famille du canard, et je sens combien je suis loin d'avoir épuisé la matière. Je regrette sur-tout de ne pouvoir entrer dans le détail des chasses du Languedoc et de la Provence, où il se trouve un grand nombre d'étangs salés ou d'eau douce, et de vastes marais, qui abondent non-seulement en canards, mais en gibier d'eau de toute espèce. Tels sont, entre autres, les étangs de *Maguelone*, près Montpellier ; du *Thau*, près de Cette ; de *Peccais* et de *Mauguio*, dans le voisinage d'Aigues-mortes ; de *Vacarès*, dans la Camargue à trois lieues d'Arles ; les marais de *Saint-Gilles*, de la *Souteyrane*, de *Vauvert*, du *Caylar*, de *Saint-Hyppolite*, etc., en Languedoc, qui fournissent des oiseaux aquatiques sans nombre, et des espèces les plus rares. Mais les instructions me manquent pour en parler.

APPROBATION.

J'ai lu, par ordre de Monseigneur le Garde des Sceaux, un Manuscrit ayant pour titre : *La Chasse au fusil*, par M. MAGNÉ DE MAROLLES. La première partie de cet ouvrage a déjà paru il y a quelques années, et a été reçue favorablement du public. Comme l'Auteur a fait des changemens et des additions considérables à cette première partie, et que dans la seconde qu'il publie aujourd'hui, il s'est beaucoup étendu sur la manière de chasser les différentes espèces de gibier ; détails qui contiennent une infinité de recherches neuves, amusantes et utiles pour les amateurs de la chasse, je crois que cette nouvelle édition, qu'on peut regarder comme un ouvrage neuf, sera reçue avec le même plaisir que la précédente. Je puis certifier d'ailleurs qu'elle ne contient rien qui puisse en empêcher l'impression. A Paris, ce 31 Août 1787.

DUDIN, Censeur Royal.

PRIVILÉGE.

LOUIS, PAR LA GRACE DE DIEU, ROI DE FRANCE ET DE NAVARRE : A nos amés et féaux Conseillers, les Gens tenans nos Cours de Parlement, Maîtres des Requêtes ordinaires de notre Hôtel, Grand-Conseil, Prévôt de Paris, Baillifs, Sénéchaux, leurs Lieutenans civils et autres nos Justiciers qu'il appartiendra : SALUT. Notre amé le sieur MAGNÉ DE MAROLLES Nous a fait exposer qu'il désireroit faire imprimer et donner au Public un ouvrage de sa composition, intitulé *La Chasse au fusil* ; s'il Nous plaisoit lui accorder nos Lettres de Privilége pour ce nécessaires. A CES CAUSES, voulant favorablement traiter l'Exposant, nous lui avons permis et permettons par ces présentes, de faire imprimer ledit Ouvrage autant de fois que bon lui semblera, et de le vendre, faire vendre et débiter par-tout notre Royaume,

Voulons qu'il jouisse de l'effet du présent Privilége, pour lui et ses hoirs à perpétuité, pourvu qu'il ne le rétrocède à personne; et si cependant il jugeoit à propos d'en faire une cession, l'acte qui la contiendra sera enregistré en la Chambre Syndicale de Paris, à peine de nullité, tant du Privilége que de la cession; et alors, par le fait seul de la cession enregistrée, la durée du présent Privilége sera réduite à celle de la vie de l'Exposant, ou à celle de dix années, à compter de ce jour, si l'Exposant décède avant l'expiration desdites dix années; le tout conformément aux articles IV et V de l'Arrêt du Conseil du 30 août 1777, portant Réglement sur la durée des Priviléges en Librairie. FAISONS défenses à tous Imprimeurs, Libraires et autres personnes de quelque qualité et condition qu'elles soient, d'en introduire d'impression étrangère dans aucun lieu de notre obéissance; comme aussi d'imprimer ou faire imprimer, vendre, faire vendre, débiter ni contrefaire ledit ouvrage, sous quelques prétexte que ce puisse être, sans la permission expresse et par écrit dudit Exposant, ou de celui qui le représentera, à peine de saisie et de confiscation des exemplaires contrefaits, de six mille livres d'amende qui ne pourra être modérée pour la première fois, de pareille amende et de déchéance d'état en cas de récidive, et de tous dépens, dommages et intérêts, conformément à l'Arrêt du Conseil du 30 Août 1777, concernant les contrefaçons : A LA CHARGE que ces Présentes seront enregistrées tout au long sur le Registre de la Communauté des Imprimeurs et Libraires de Paris, dans trois mois de la date d'icelles ; que l'impression dudit ouvrage sera faite dans notre Royaume et non ailleurs, en beau papier et beaux caractères, conformément aux Réglemens de la Librairie, à peine de déchéance du présent Privilége ; qu'avant de l'exposer en vente, le manuscrit qui aura servi de copie à l'impression dudit ouvrage, sera remis dans le même état où l'Approbation y aura été donnée, ès mains de notre très-cher et féal Chevalier Garde-des-Sceaux de France, le sieur DE LAMOIGNON, Commandeur de nos ordres ; qu'il en sera ensuite remis deux exemplaires dans notre Bibliothèque publique, un dans celle de notre Château du Louvre, un dans celle de notre très-cher et féal Chevalier Chancelier de France, le sieur DE MAUPEOU, et un dans celle dudit sieur DE LAMOIGNON ; le tout à peine de nullité des présentes : DU CONTENU desquelles vous MANDONS et enjoignons de faire jouir ledit Exposant et ses hoirs pleinement et paisiblement, sans souffrir qu'il leur soit fait

aucun trouble ou empêchement. V O U L O N S que la copie des
Présentes , qui sera imprimée tout au long , au commencement
ou à la fin dudit ouvrage , soit tenue pour duement signifiée , et
qu'aux copies collationnées par l'un de nos amés et féaux Couseillers-
Secrétaires , foi soit ajoutée comme à l'original. C O M M A N D O N S
au premier notre Huissier ou Sergent sur ce requis , de faire pour
l'exécution d'icelles , tous actes requis et nécessaires , sans deman-
der autre permission , et nonobstant clameur de Haro , Charte
Normande , et Lettres à ce contraires : Car tel est notre plaisir.
Donné à Versailles , le dix-huitième jour du mois d'Octobre , l'an
de grace mil sept cent quatre-vingt sept , et de notre Règne le
quatorzième. Par le Roi en son Conseil.

LE BEGUE.

*Registré sur le Registre XXIII , de la Chambre Royale et Syndicale
des Libraires et Imprimeurs de Paris , n°. 1296 , folio 385, conformément aux dispositions énoncées dans le présent Privilége ; et à
la charge de remettre à ladite Chambre les neuf exemplaires prescrits
par l'Arrêt du 16 avril 1785. A Paris , le treize novembre 1787.*

KNAPEN , Syndic.

PLANCHE I.

CET arbalète est composé d'un arbrier de bois d'érable, de deux pieds cinq pouces de long, et de l'épaisseur d'un pouce sept lignes sur toute sa longueur. Sa largeur, proche de l'arc, est de deux pouces et demi, et vers l'autre extrémité, il est terminé en crosse de fusil, comme il est aisé de le voir par les *figures* 2 et 3 qui en sont le profil. A un pouce près de l'extrémite supérieure de l'arbrier, est placé l'arc qui le traverse. Cet arc est large de deux pouces vers son milieu, et se rétrécit insensiblement jusqu'aux deux bouts qui servent à tenir la corde, où il est réduit à un pouce. Les extrémités qui reçoivent la corde, sont arrondies en forme de cylindre, ainsi qu'on peut le voir par la *fig.* 9., qui représente cet arc vu de plat. Sa longueur est de deux pieds ; son épaisseur, dans le milieu, est de 5 lignes et demie, et se réduit à trois aux deux extrémités. Cet arc est solidement arrêté dans l'arbrier par deux *apes* de fer, serrées et retenues par une clavette qui traverse l'arbrier et les embrasse toutes deux. Dans la *fig.* 1, ces deux *apes* sont vûes de face ; dans la *fig.* 3, elles sont vues de profil. Cet arc est d'acier, ou d'un fer bien trempé ; il n'est point placé perpendiculairement à l'arbrier, mais il fait un angle aigu avec sa face supérieure, de façon que la corde ne touche que légèrement les deux bords de la rainure, où l'on place le trait ou flèche. Cette rainure est peu profonde ; elle est à-peu-près le cinquième du diamètre du trait ; elle commence sur la noix, et continue jusqu'au bout de l'arbrier.

La noix, qui est un petit cylindre d'os d'un pouce d'épaisseur, et d'un pouce et demi de diamètre, a un cran sur sa circonférence, de la profondeur de 4 lignes et demie, pour recevoir la corde de l'arc, lorsqu'on veut le tendre, et un autre dans la partie opposée, qui sert à recevoir le bout de la gâche qui l'empêche de tourner lorsque l'arc est tendu. Cette noix est placée dans un trou qui lui est exactement proportionné, excepté qu'il n'est profond que des trois quarts de son diamètre, l'autre quart restant en dehors de l'arbrier pour accrocher la corde de l'arc. Ce trou est placé à neuf pouces de distance de l'arc ; la noix n'y est retenue par aucune goupille, parce qu'étant plus étroit en haut qu'à son diamètre, dès qu'on l'y a fait entrer sur un certain sens, elle n'en peut plus sortir qu'en la présentant sur le même sens ; et lorsqu'elle est armée par le moyen de la gâche qui entre dans le cran inférieur, il est impossible, quelque effort que l'on fasse, de la faire tourner. Ce cran est garni de fer à l'endroit où la gâche appuie, pour empêcher que l'os ne vienne à s'éclater.

La *fig.* 6 représente la noix vue de côté avec ses deux crans : celui qui reçoit la gâche est seulement ponctué, parce qu'il n'occupe pas comme l'autre toute l'épaisseur de la noix, mais seulement le tiers de cette épaisseur.

La *fig.* 7 représente le cran supérieur de la noix posée dans l'arbrier, avec la petite rainure qui reçoit le bout du trait.

La *fig.* 8 représente le cran sur lequel appuie la gâche, avec le petit morceau de fer qui garantit l'os des frottemens.

La *fig.* 4 représente l'intérieur de l'arbrier. Il est aisé de comprendre le mouvement que fait la gâche pour tendre et détendre l'arc. Cette gâche est fixée à l'arbrier par une goupille qui lui sert de point d'appui, et sur laquelle elle se meut à deux pouces de son extrémité, qui entre dans le cran inférieur de la noix. Elle est naturellement portée vers la face supérieure de l'arbrier du côté de sa queue, qui est recourbée et terminée en crochet, par un ressort fixé dans le morceau de fer qui sert de garde à la petite gâchette de détente. En tirant par le crochet qui sort de l'arbrier, l'autre bout de la gâche entre dans le cran, et en même temps, le petit crochet de la gâchette de détente qui passe par le milieu de la gâche, est poussé par un petit ressort qui est derrière ; il s'accroche à la gâche, et la retient dans le cran. Lorsqu'on veut faire partir le trait, on tire la gâchette à soi ; le crochet s'enlève de dedans la gâche, qui reprend sa première situation ; la noix ne trouvant plus aucune résistance tourne sur elle-même, et l'arc se détend.

A trois pouces et demi de la noix, du côté de la crosse, est placée une pièce de fer mobile par le moyen d'une vis qui la serre contre l'arbrier. On l'appelle *tient-tout*. Elle sert à retenir le trait sur l'arbrier, lorsqu'on veut tirer en haut. Son extrémité passe d'un demi-pouce au-delà de la noix, et appuie sur le trait. Elle sert en même temps de mire ou de visière, étant pliée dans son milieu, et faisant un coude d'un pouce et demi, sur lequel est une petite rainure qui sert à diriger la vue du tireur, lorsqu'il tire en haut.. Son œil , le but , le bout de fer dont le trait est armé , et la rainure , doivent être sur la même ligne , comme on le voit *fig.* 3. A un pouce de là , vers la crosse , est une autre visière , ou fronteau de mire , qui sert pour tirer horizontalement. C'est une lame de fer longue de 4 pouces , mobile par le moyen d'une charnière , afin de pouvoir la coucher sur l'arbrier lorsqu'on n'en a pas besoin. Cette lame est percée de plusieurs trous dans son milieu ; les plus proches de l'arbrier servent pour tirer à une petite distance , et les plus éloignés , lorsqu'on tire plus loin.. Lorsque l'on mire un objet , cette lame doit être fixée verticalement sur l'arbrier , et l'on ajuste de façon que le rayon de l'œil passe par le trou que l'on aura choisi dans la mire , et rase le bout du trait.

Les traits sont de bois de chêne , longs d'un pied deux pouces six lignes : leur diamètre est de sept lignes à la tête , réduit à quatre à la queue. Ils sont garnis de deux lames de corne : leur extrémité est armée d'un fer pointu , quelquefois carré , et q'el- .quefois d'un carré dentelé , comme on le voit *fig.* 5.

Le *guindard* (c'est ainsi qu'on appelle la machine pour tendre l'arc) est composé de deux crochets qui accrochent la corde de l'arc , et qui sont joints par une lame de fer. Leur queue sert de moufle à deux petites poulies de laiton , sur lesquelles passe une corde qui va se plier sur un cylindre de fer placé entre deux mon- tans qui composent la partie supérieure du guindard qui s'appuie à l'extrémité de la crosse. Sur cette partie sont deux autres poulies . plupi tes que les premières , sur lesquelles passe la même corde. Cette corde est fixée aux moufles des poulies des crochets , et de là elle passe sur les poulies de la crosse , ensuite sur celles des crochets. , et de celles-ci sur le cylindre de fer , où elle se roule par le moyen de deux manivelles qui sont fixées aux deux extré- mités de ce cylindre. Ces manivelles sont le plus souvent con- tournées en S , comme on le voit ici ; mais il y en a aussi de tout droites. Le *guindard* s'emboîte dans la crosse , par le moyen d'une petite rainure qu'on peut voir dans la *fig.* 3 , et s'enlève lorsque l'arbalète est tendu.

PLANCHE II.

Fig. 1. Cet arbalète est moderne , et a été , ainsi que le précé- dent , à l'usage de quelque compagnie du Jeu de l'arbalète. Au lieu d'une pointe , comme celui d'Anneci , il a sur le devant une boucle, non pour y passer le pied, mais pour le contenir avec la main gauche dans une situation verticale, lorsqu'il s'agit de le bander. L'arbrier a trois pieds deux pouces de long. Pour mettre en joue, on n'appuie pas son extrémité inférieure contre l'épaule, comme une crosse de fusil, mais on la pose simplement sur le haut de l'épaule, qu'elle dépasse de deux ou trois pouces.

Fig. 2. La noix, qui est formée de trois plaques de corne l'une sur l'autre, jointes ensemble par deux goupilles. Elle est à-peu-près de même dimension que celle de l'arbalète d'Anneci, et s'en-châsse dans l'arbrier de la même manière, c'est-à-dire, sans qu'aucune goupille l'y retienne.

Fig. 3. Bandage. Pour se servir de cet instrument, on accroche la corde avec les deux griffes qui sont assemblées par une traverse. Les deux branches parallèles qui forment le derrière de l'instrument, posent à droite et à gauche sur un tourillon marqué *a*, qui se voit à quelque distance de la noix, et glissent sur ce tourillon, à mesure qu'on appuie de la main droite sur le levier pour faire descendre la corde jusqu'au cran de la noix.

b. Fronteau de mire fixé sur l'arbrier par un pivot écroué.

c. Petit morceau d'ivoire incrusté dans l'arbrier pour marquer l'endroit où doit être posé le pouce de la main droite, lorsque l'on tire.

PLANCHE III.

Fig. 1. Arbalète dont l'arbrier, d'une forme arrondie, et de 27 pouces de longueur, sans rainure pour recevoir le trait, est tout-à-fait moderne, portant l'année 1757, et le nom d'un ouvrier allemand. Il n'a point de noix. La corde vient s'arrêter à une coche faite à l'arbrier même. Elle y est contenue par une petite plaque de fer qui s'abaisse sur la coche, et se relève pour la laisser échapper, par le moyen d'un ressort intérieur que fait jouer une double détente semblable à celle d'une carabine ou d'une arquebuse de prix. Cet arbalète a comme celui de la pl. 1, le *tient-tout*; mais ici il est de corne, au lieu d'être de fer. Il se bande avec un pied-de-chèvre de bois (*fig.* 2.), dont la grande branche, ou le levier a 26 pouces et demi de long : à la partie supérieure de cet instrument est un crochet de fer mobile qu'on passe, lorsqu'on veut s'en servir, dans une boucle pareillement de fer qui se voit au haut de l'arbrier. En voyant ce bandage tel qu'il est ici représenté, il est aisé de comprendre la manière de s'en servir. Il agit avec beaucoup de force. La *fig*. 3 représente un trait de bois de chêne, dont l'extrémité formant une pointe obtuse est garnie en cuivre. Il est empenné de plume.

PLANCHE IV.

Fig. 1. Cet arbalète est marqué de l'année 1579. L'arbrier, fort massif et arrondi, n'a que 22 pouces de longueur. Il est incrusté par-tout en ivoire, et orné de figures assez bien dessinées. Il porte des armoiries, ce qui prouve qu'il a appartenu à quelque personne distinguée. La noix est d'ivoire ou de meule de tête de cerf; c'est ce que je n'ai pu bien distinguer. Quant à la détente, ce n'est plus celle qui y étoit originairement, le feu sieur *Bletterie*, arquebusier de Paris, à qui il appartenoit lorsque je l'ai fait dessiner, ayant jugé à propos d'y faire des changemens. Mais ce que cet arbalète a de plus curieux, c'est le bandage (*fig.* 2.) qui l'accompagne, qui est une espèce de cric très-bien imaginé, avec lequel, posé à plat sur une table, il se bande sans effort, en faisant tourner la manivelle, quoique l'arc soit trèsépais. Lorsqu'on veut en faire usage, après avoir accroché la corde avec le double crochet qu'on voit dans sa partie supérieure, on passe dans l'extrémité de l'arbrier une boucle de corde qui est par-dessous, laquelle vient s'arrêter à un tourillon qui traverse l'arbrier, et sert de point d'appui.

PLANCHE V.

Cet arbalète est à Dijon, dans le cabinet de M. le *Goulx de Saint-Seine*, premier président du parlement. Mademoiselle *De Brosses*, sa petite-fille, a bien voulu prendre la peine de le dessiner. La tradition veut qu'il ait appartenu à un des derniers ducs de Bourgogne. Ce qu'on peut assurer, c'est qu'il est au moins du XVe. siècle, ayant la véritable forme et le goût des arbalètes de ce temps-là. L'arbrier a deux pieds de long, et est incrusté en nacre de perle. L'arc est aussi enrichi de filets d'or. Cet arbalète se bande avec un guindard à-peu-près semblable à celui de la pl. 1, dont je n'ai pu donner le dessin, parce qu'il n'est plus en son entier.

PLANCHE VI.

Fig. 1. Arc-à-jallet, que je crois du dernier siècle. C'est le même que l'on voit dans l'*Hist. de la Milice Françoise* du P. Daniel, et dont j'ai fait réduire le dessin pour la copie que j'en donne ici. Le P. Daniel l'a pris mal à propos pour un arbalète à trait et pour un arbalète de guerre ; et cela est d'autant plus singulier, qu'il dit en avoir vu de plusieurs espèces dans le cabinet d'armes de Chantilly, où il auroit pu faire un meilleur choix. Il ne dit point quelles étoient ses dimensions. La noix est d'acier, et fixée dans l'arbrier par une goupille qui la traverse, ce qui ne se voit point dans les anciens arbalètes à trait, où elle est toujours d'os ou de corne, et tient sans aucune goupille, ainsi qu'on peut le voir dans l'explication de la pl. 1. Le P. Daniel ne fait point non plus mention de la manière dont cet arbalète se bandoit.

a. La noix.

b. Le fronteau de mire isolé, et vu de face.

Fig. 2. Arc-à-jallet fort léger et se bandant avec la main, qui me paroît être du commencement du dernier siècle. L'arbrier, qui est d'ébène, a deux pieds quatre pouces de long. La corde, lorsqu'on le bande, vient s'arrêter à un petit crochet (*a*) qui se desserre par le moyen d'une détente recouverte d'une sous-garde. Derrière ce crochet, est une petit anse de fer (*b*), embrassant l'arbrier, où elle est assujettie par une goupille qui traverse l'extrémité de ses deux branches. C'est cette anse qui se dressant ou se baissant à volonté, sert de fronteau de mire, au moyen d'une rainure semblable à celle de la visière d'une carabine, qui se trouve à sa sommité, et se rencontre avec ce petit grain appellé *le point*, suspendu à l'extrémité de l'arbrier. J'ai vu cet arc-à-jallet dans le cabinet des antiquités de sainte Géneviève.

ERRATA,

CORRECTIONS ET ADDITIONS.

P**AGE** 5 , ligne 5 , Et le xxxiiie, *lisez* xxiiie.

Pag. 16 , lig. 16 , de cette arme , *lisez* de l'arme.

Page 20 , lig. 12 , *retranchez la virgule après* Anneci.

Pag. 36 , lig. 13 , marqué , *lisez* marquée.

Pag. 41 , lig. 13 , portour , *lisez* pourtour.

Pag. 53 , lig. 12 , ni aisant , *lisez* niaisant.

Pag. 55 , lig. 15 , *après le mot* cylindre , *mettez un point-virgule, ajoutez* cette broche fait ici l'office d'une bigorne.

Pag. 80 , lig. 25 , *après ces mots* fort mince , *ajoutez* simplement.

Pag. 126 , lig. 11 , qu'on , *lisez* qu'un.

Pag. 238 , *dans la note*, 1776 , *lisez* 1774.

Pag. 274 , dans la note, *Casannoux*, lisez *Casaunoux. Ajoutez à la fin de cette note* : Le chasseur que M. le baron d'Agieu ne nomme point, est *Jean Laforgue* dit *Julien*, charpentier.

Pag. 279 , *ajoutez à la fin du chapitre de l'Ours* : La chair du vieux ours est assez bonne , quoiqu'un peu huileuse , et les pieds sont excellens ; mais la chair de l'ourson est une viande très-délicate.

Pag. 293 , lig. 14 , *après le mot* retraite , *ajoutez* ou dans un antre creux.

Pag. 331 , lig. 6 , *après ces mots* , n'en sont qu'à trois quarts de lieue , *ôtez le point , et le remplacez par un point-virgule.*

Pag. 340 , lig. 26 , orex et crtygometra , lisez crex et ortygometra.

Pag. 358 , lig. 2 , *ôtez la virgule après le mot* où.

Pag. 377 , lig. 15 , *pantaine*, lisez *pantière*.

Pag. 380 , lig. 4 , depuis , *lisez* de.

Pag. 390 , lig. 4 , *après ces mots* de passage , *ôtez les deux points , et les remplacez par une virgule.*

Pag. 393 , lig. 2 , *après ces mots* , cherchent l'eau , *ajoutez* le matin.

Pag. 407 , lig. 19 , rameraux , *lisez* ramereaux.

Pag. 448 , lig. 28 , *après ces mots* , se couvrant , *ajoutez* de.

Pag. 453 , lig. 26 , dé , *lisez* de.

Pag. 541 , lig. 16 , chasseur , *lisez* chasseurs.

Pag. 543 , lig. 27 , Senès , *lisez* Senez.

Pag. 569 , lig. 10 , immánquable , *lisez* immanquable.

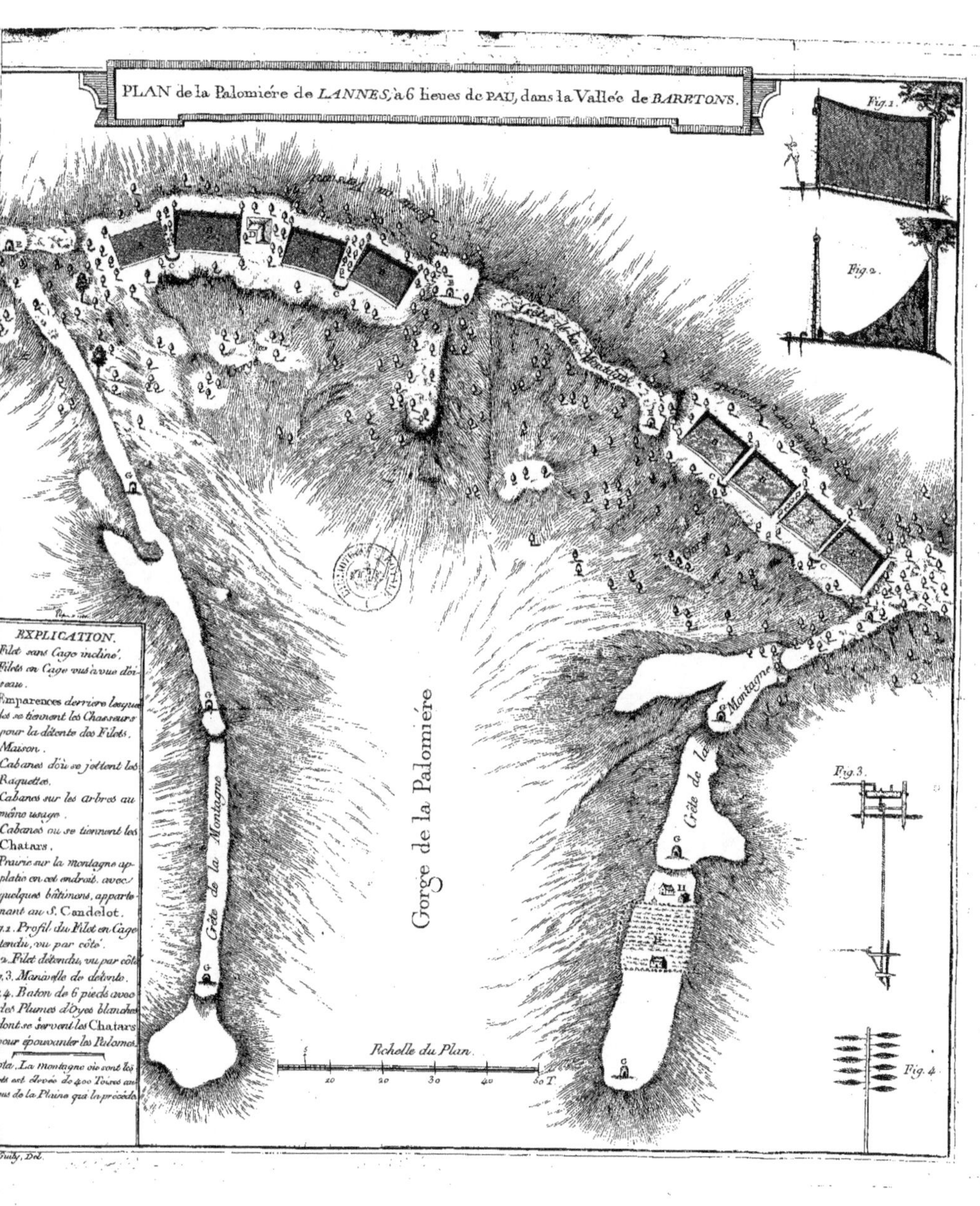

PLAN de la Palomiére de LANNES, à 6 lieues de PAU, dans la Vallée de BARETONS.
Fig. 1.
Fig. 2.
Fig. 3.
Fig. 4.
Gorge de la Palomiére
Crête de la Montagne
Crête de la Montagne
Echelle du Plan.
5   10   20   30   40   50 T
EXPLICATION.
Filet sans Cage incliné.
Filets en Cage vus à vue d'oi-
seau.
Emparences derriere lesquel-
les se tiennent les Chasseurs
pour la détente des Filets.
Maison.
Cabanes d'où se jettent les
Raquettes.
Cabanes sur les Arbres au
même usage.
Cabanes ou se tiennent les
Chatars.
Prairie sur la montagne ap-
platie en cet endroit, avec
quelques bâtimens, apparte-
nant au S. Candelot.
7.1. Profil du Filet en Cage
tendu, vu par côté.
2. Filet détendu, vu par côté.
7.3. Manivelle de détente.
7.4. Baton de 6 pieds avec
des Plumes d'Oyes blanches
dont se servent les Chatars
pour épouvanter les Palomes.
Nota. La montagne ou sont les
Filets est élevée de 400 Toises au
dessus de la Plaine qui la précéde.
Guiby, Del.

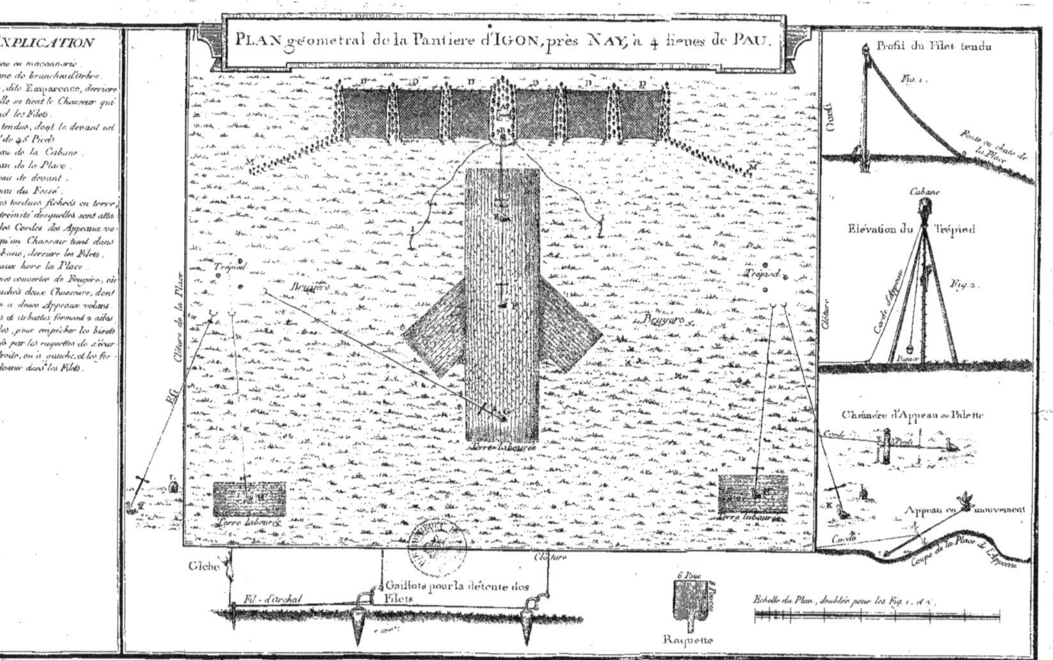
EXPLICATION
PLAN géometral de la Pantiere d'IGON, près NAY, à 4 lieues de PAU.
Profil du Filet tendu
Fig. 1.
Ouest
Pente ou chute de la Place
Cabane
Elévation du Trépied
Fig. 2.
Corde d'Appeau
Clôture
Panier
Chênéte d'Appeau ou Palette
Corde
Corde
K
Appeau en mouvement
Coupe de la Place à l'Appeau
Echelle du Plan, doublée pour les Fig. 1. et 2.
Clôture de la Place
Trépied
Trépied
Bruyère
Bruyère
Terre labourée
Terre labourée
Terre labourée
Gléhe
Clôture
Fil-d'Archal
Gaillots pour la détente des Filets
6 Pouc
Raquette
EG

RBALÊTE à l'uſage de la Comp.e de M. M. les Arbalêtriers, autrement dits Chevaliers Tireurs, d'Anneci en Savoye.

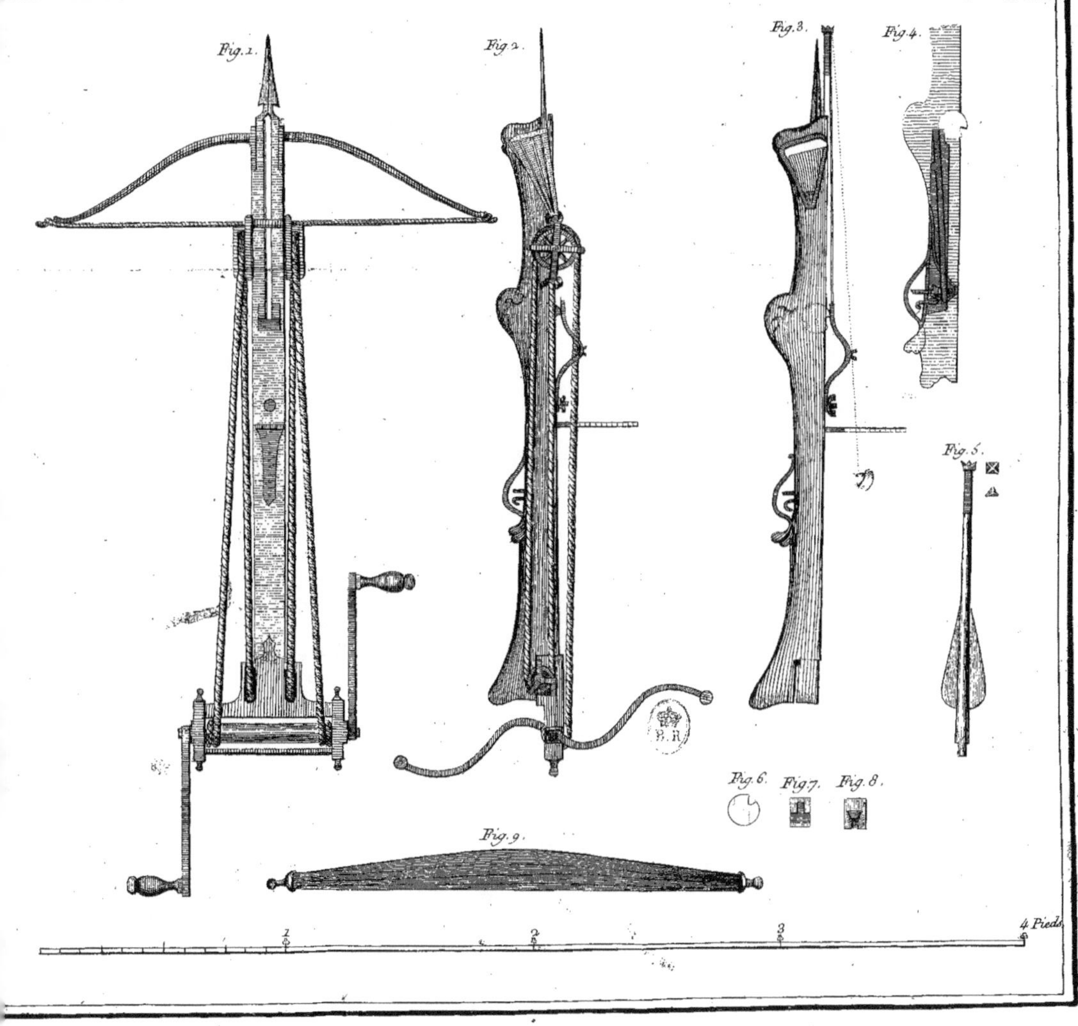
Fig. 1.
Fig. 2.
Fig. 3.
Fig. 4.
Fig. 5.
Fig. 6.
Fig. 7.
Fig. 8.
Fig. 9.
1
2
3
4 Pieds

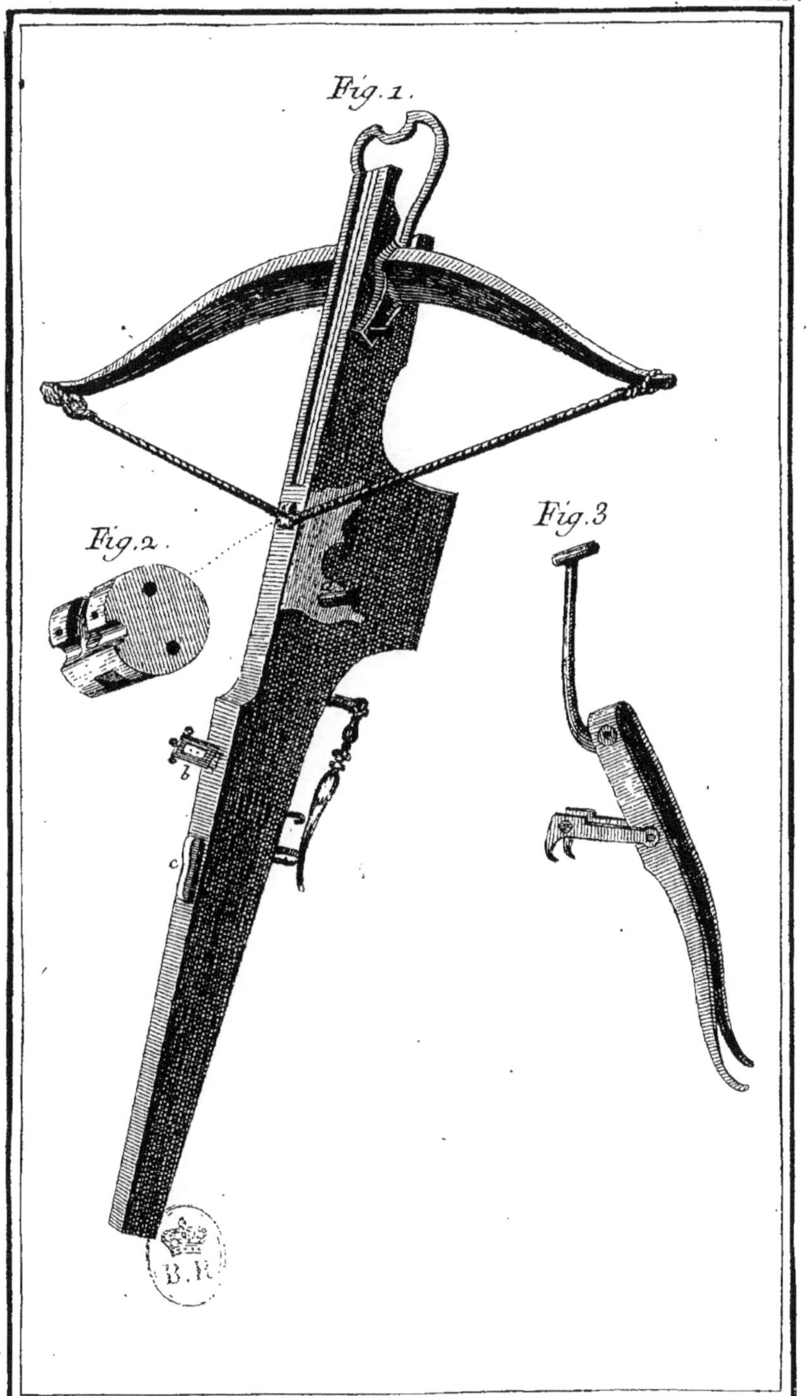
Fig. 1.
Fig. 2.
Fig. 3.
b
c

Fig. 1.

Fig. 2.

Fig. 3.

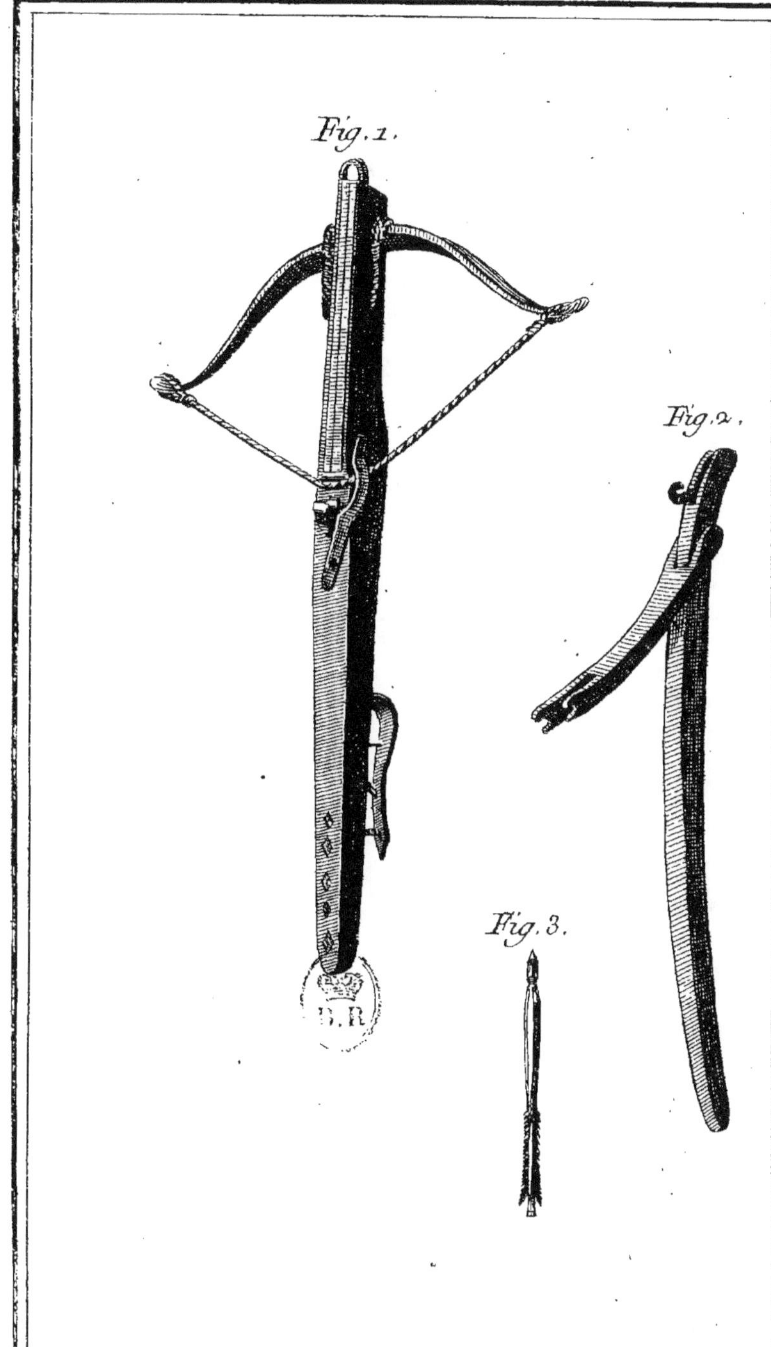

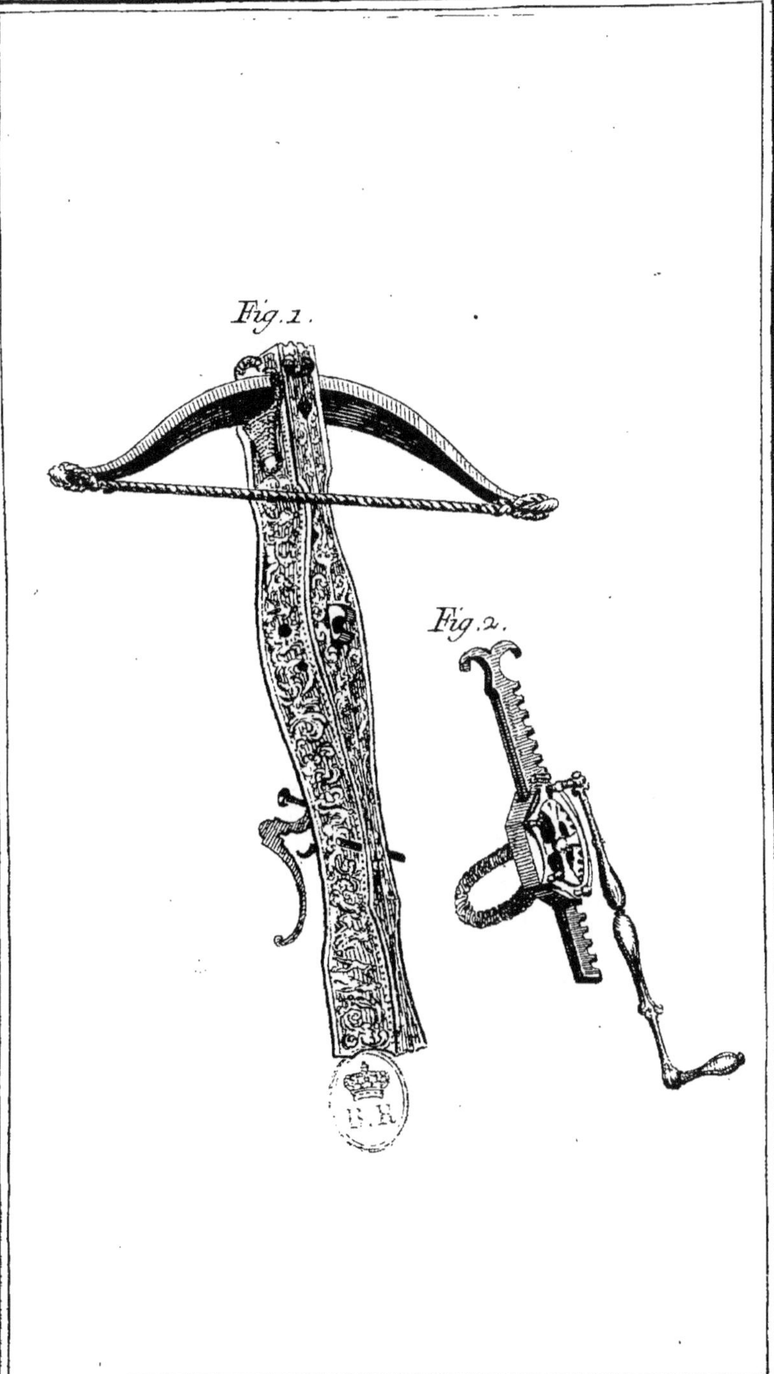

Fig.1.
Fig.2.

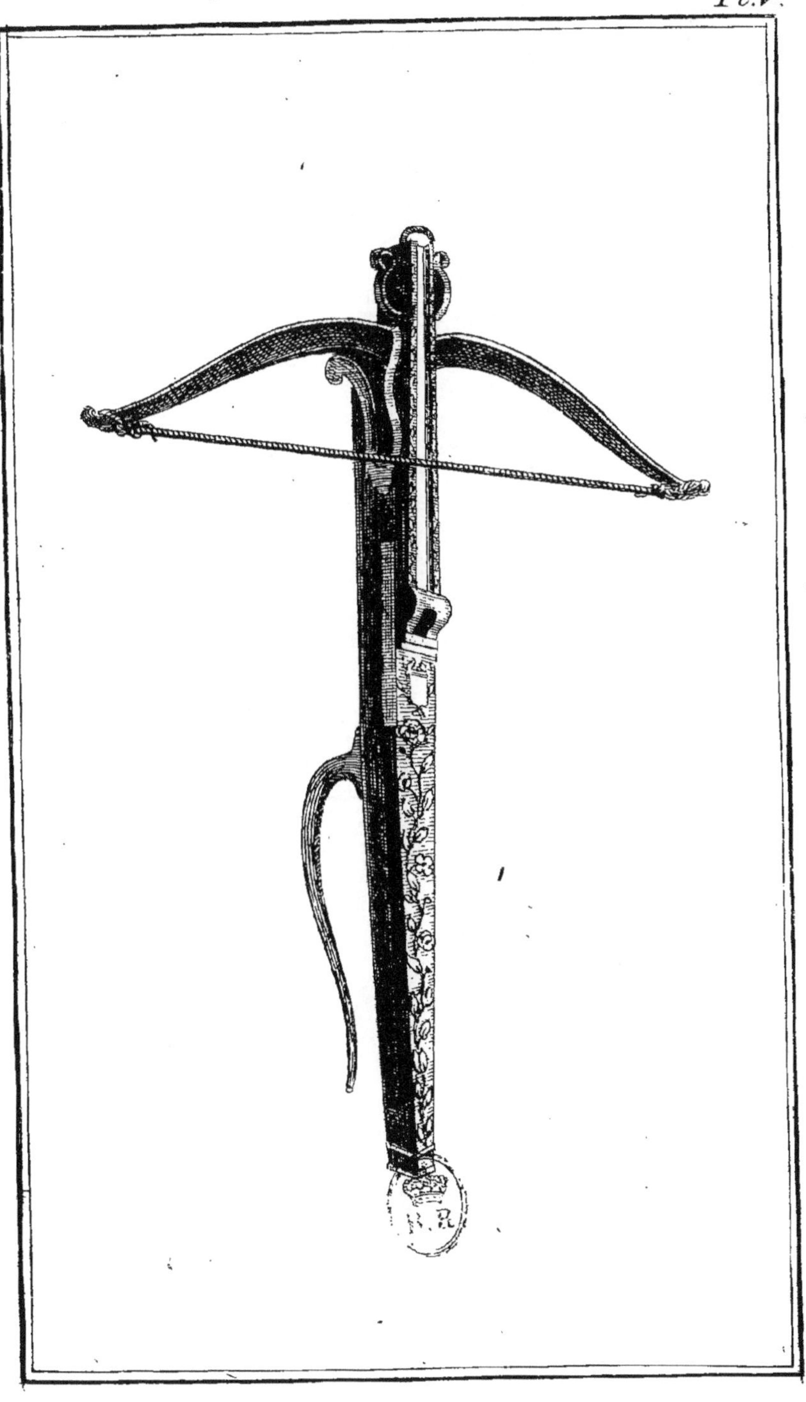

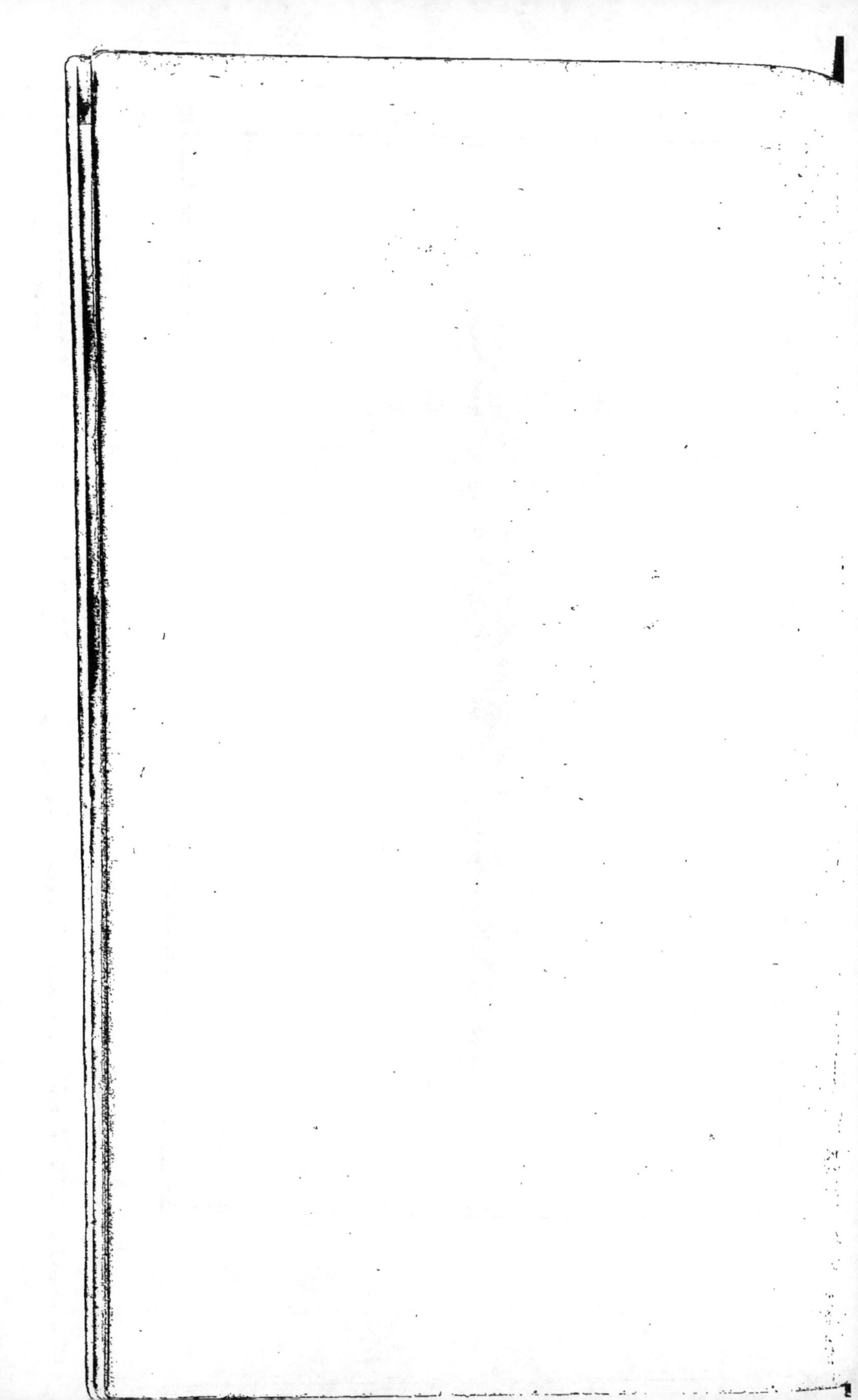

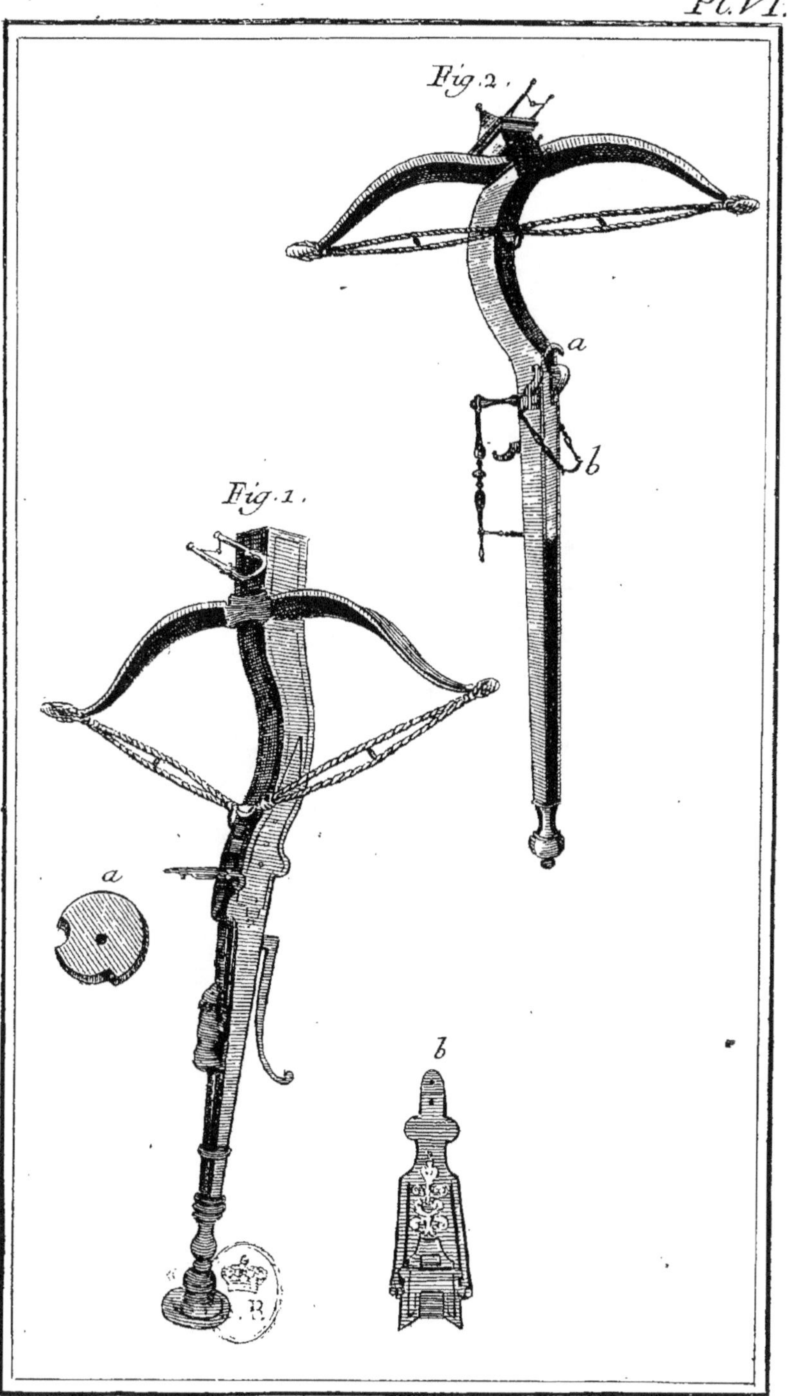
Fig. 2.
a
b
Fig. 1.
a
b
R

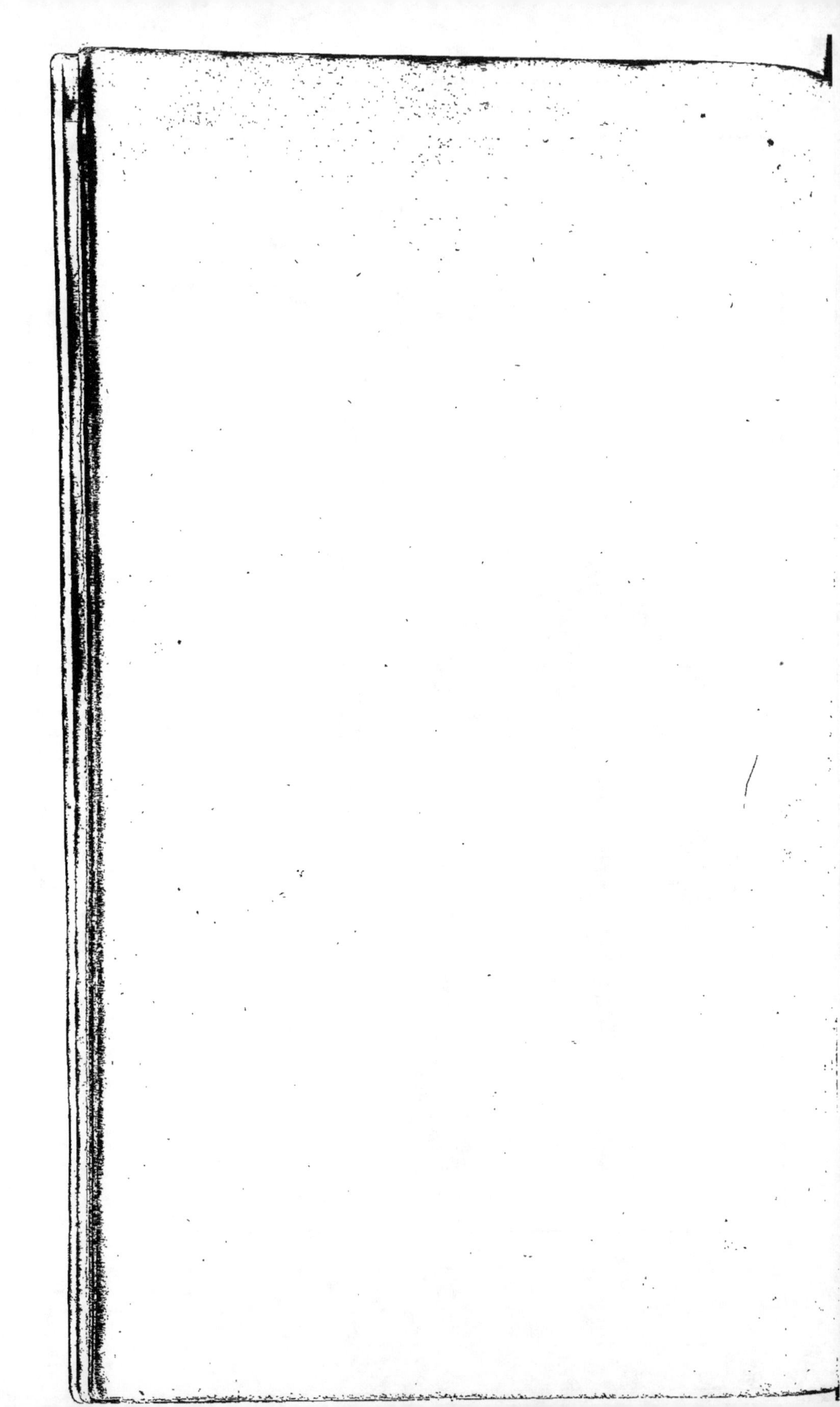